中巴经济走廊水电开发水文测报关键技术与实践

段光磊　鄢双红　许弟兵　杨军　邓颂霖　等　著

中国水利水电出版社
www.waterpub.com.cn
·北京·

内 容 提 要

本书主要介绍中巴经济走廊水电开发水文测报的相关技术成果与实践经验，主要内容包括绪论、水文测报技术体系构建、站网规划研究与实践、水文监测技术与应用、河床组成勘测与调查、喜马拉雅山南麓河流测绘技术研究与运用、水文气象预报技术与实践、工程关键节点水文测报技术、水文工作管理实践以及结论与展望。

本书创建了作业标准化、监测高效化、预警智能化、规章体系化、管理国际化的水文业务新范例，创造了水文技术及管理经验跨国移植的成功案例，可供中巴经济走廊、"一带一路"沿线乃至其他相似国家或地区的类似项目参考与借鉴。

图书在版编目（ＣＩＰ）数据

中巴经济走廊水电开发水文测报关键技术与实践 /
段光磊等著. -- 北京：中国水利水电出版社，2023.11
ISBN 978-7-5226-1991-0

Ⅰ．①中… Ⅱ．①段… Ⅲ．①水利水电工程－国际合作－中国、巴基斯坦 Ⅳ．①TV

中国国家版本馆CIP数据核字(2023)第252078号

书　　名	**中巴经济走廊水电开发水文测报关键技术与实践** ZHONG－BA JINGJI ZOULANG SHUIDIAN KAIFA SHUIWEN CEBAO GUANJIAN JISHU YU SHIJIAN	
作　　者	段光磊　鄢双红　许弟兵　杨　军　邓颂霖 等 著	
出版发行	中国水利水电出版社 （北京市海淀区玉渊潭南路１号Ｄ座　100038） 网址：www. waterpub. com. cn E - mail：sales@mwr. gov. cn 电话：（010）68545888（营销中心）	
经　　售	北京科水图书销售有限公司 电话：（010）68545874、63202643 全国各地新华书店和相关出版物销售网点	
排　　版	中国水利水电出版社微机排版中心	
印　　刷	北京印匠彩色印刷有限公司	
规　　格	184mm×260mm　16 开本　24.75 印张　603 千字	
版　　次	2023 年 11 月第 1 版　2023 年 11 月第 1 次印刷	
定　　价	**168.00 元**	

　　中巴经济走廊是中国"一带一路"倡议的样板工程和旗舰项目，卡洛特水电站是中巴经济走廊首个水电投资项目。长江水利委员会水文局从 2012 年开展现场水文泥沙监测调查，到 2022 年卡洛特水电站开始商业运营，历时 10 年时间，全程参与了水电站的可研设计和建设施工，充分展现了长江水利委员会水文局精湛的水文服务保障能力，为拓展国际水文合作、服务海外水电工程建设积累了宝贵的实践经验。

　　卡洛特水电站建设和运行凝聚了长江水利委员会水文局的创新精神。项目所在流域水文气象因素十分复杂，由于当地水文逐时成果缺乏、观测要素不全、信息化程度不高，为了满足工程设计、施工、运行全过程需要，长江水利委员会水文局在该流域内开展水文泥沙观测，建设自动测报遥测站网，构建水文气象预报平台，创新技术服务方式方法，开展了大量系统的水文泥沙监测和水文气象预报工作，总结形成流域暴雨洪水特性、产沙特性等一系列成果，为卡洛特水电站工程设计、施工管理、运行调度提供了关键支撑。基于流域特殊的水文特性和需求，长江水利委员会水文局加强水文科技攻关，突破解决了水文资料整编技术、控制测量技术、水深测量技术等众多适应性难题。针对海外项目的技术条件和安全管理，长江水利委员会水文局创新海外项目管理模式，探索开展水文巡测管理、员工属地化管理研究，为推进国际水文技术合作与交流提供了宝贵经验。

　　作为长江设计集团卡洛特水电站设计项目负责人，我和设计团队，以及水文气象保障服务、安全监测、物探检测专项工作团队的同事们，共同见证了卡洛特水电站从可研到运行如火如荼的历程。《中巴经济走廊水电开发水文测报关键技术与实践》编写者以自己参与卡洛特水电站建设的亲身经历，向我们展示了复杂条件下水文服务科技成果，饱含对吉拉姆河的情感，对中巴友谊的崇尚，对事业的热爱与执着。本书蕴含的技术及背后的原型观测成果，不仅为工程设计、施工、运行提供了重要依据，还为"一带一路"贡献了可复制的中国工程水文经验，造福巴基斯坦人民，为中巴友谊添彩。

全国工程勘测设计大师、长江设计集团有限公司董事长

2023 年 5 月

卡洛特水电站位于巴基斯坦旁遮普省境内的吉拉姆河干流上，是巴基斯坦境内吉拉姆河规划的5座梯级水电站中的第4级，电站总装机容量720MW，每年将向巴基斯坦提供32亿kW·h廉价清洁电能，满足当地500万人用电需求，有效缓解巴基斯坦电力供应不足。卡洛特水电站是中巴经济走廊能源合作优先实施项目和"一带一路"倡议首个大型水电投资建设项目，该项目被写入中巴两国政府的联合声明。2015年项目筹建及准备期工程开工，2016年12月主体工程开工，2018年9月主河床截流，2021年11月水库蓄水，2022年6月29日开始商业运营。中巴两国建设者们克服一系列困难和挑战，历时7年完成这一项目，再次成为中巴"铁杆"友谊的实证。

卡洛特水电站是中国长江三峡集团有限公司在巴基斯坦进行水电开发的重点项目。卡洛特电力有限责任公司是项目业主单位，长江三峡技术经济发展有限公司为EC＋P总包单位。设计单位长江勘测规划设计研究有限责任公司2010年起对卡洛特水电站前期工作进行评估，长江水利委员会水文局2012年起到现场开展设计阶段水文泥沙监测调查工作，2015年电站建设项目开工，长江勘测规划设计研究有限责任公司与长江水利委员会水文局以水情自动测报＋安全监测＋物探检测的"三专项"新模式开展工作，2015年12月编制了《巴基斯坦卡洛特水电站水情自动测报系统及水文气象泥沙监测项目实施计划》，并到现场开展工作。

吉拉姆河卡洛特坝址以上流域地理位置特殊，安全风险较大。流域内为双雨季气候，降雨丰富，地形落差大，河流水系丰富，径流组成复杂，洪水峰高流急，传播时间短，地质条件差，泥沙问题严重。一方面，暴雨洪水影响施工安全，泥沙量大可能带来水库淤积问题和水轮机磨损问题，防洪、排沙和防沙是本工程的重点和难点。另一方面，流域内可供利用的技术资源较少，有约13500km^{2}的区域更是无水文资料可用。水文专项项目部在流域内规划建设了由34个遥测站＋1个中心站＋多个后方工作平台组成的、基于北斗短报文通信技术的水情自动测报系统，建设了入库、出库2个水文气象站及5个工区水位站；开展系统的水文泥沙监测工作，形成了大量详实的原型观测成果；实施了为期 6 年的水文气象预报服务，进一步摸清了水文气象规律及泥沙特性。首次分析了吉拉姆河卡洛特以上流域暴雨洪水特性和组成规律，首次开展了卡洛特库区及坝下游 1∶2000 河道地形和 1∶1000 断面测绘，以及工程河段的河床组成勘测调查，分析产沙特性；开展了流量、悬移质泥沙测验整编新方法研究和新仪器设备的试验与研制；开展了基于精密星历控制测量技术、局部大地水准面精化技术、无验潮水道测量技术应用研究，解决了吉拉姆河高山峡谷地区控制测量、水深测量的技术难题；采用一维、三维水沙数学模型对库区淤积与水面线变化进行了预测；开展了新安江模型、地貌瞬时单位线、SWAT 模型、临近流域替代法适用性研究；开展了技术条件复杂、安全敏感地区的水文巡测管理、员工属地化管理研究，推进了技术合作与交流。施工期建设的水文测报体系及研究取得的成果还将在卡洛特水电站运行期继续发挥重要作用。

针对卡洛特水电开发流域内复杂的自然条件和公共安全高风险地区作业环境，水文测报工作充分借鉴中国水电开发水文泥沙监测研究及水文气象预报实践经验，并因地制宜开展系列技术创新、管理创新，采用了定点监测、流动监测、巡回测验、远程在线监测、卫星监测相结合的水文泥沙监测模式，构建了中巴通力协作、颇具国际特色的水文监测体系、水文气象预报服务体系、质量管理体系、安全管理体系，创建了作业标准化、监测高效化、预警智能化、规章体系化、管理国际化的水文业务新范例，创造了水文技术及管理经验跨国移植的成功案例，可供中巴经济走廊、"一带一路"倡议乃至其他相似国家或地区的类似项目参考与借鉴。

本书由长江水利委员会水文局荆江水文水资源勘测局和长江勘测规划设计研究有限公司共同编写。全书由段光磊主持编写；第 1 章由段光磊、侯钦礼、邓颂霖、李然编写，第 2 章由许弟兵编写，第 3 章由解祥成、邓颂霖、田次平、张利、李然编写，第 4 章由解祥成、邓颂霖、孙明元、李然编写，第 5 章由王维国、侯钦礼编写，第 6 章由解祥成、侯钦礼编写，第 7 章由冯宝飞、邓颂霖、刘启松、杨军、胡建华编写，第 8 章由邓颂霖、李然编写，第 9 章由杨军、胡建华编写，第 10 章由鄂双红、许弟兵、侯钦礼、邓颂霖、李然编写；全书由鄂双红组稿、统稿，邓颂霖、徐志、刘天勇、李艳校核，郭海晋、鄂双红、唐从胜、段光磊、易路、周儒夫审定。胡春平、李清华、张俊、许银山、杜兴强、吴立健、李小波等人参与了本书相关的实践与研究工作。

全书分为 10 章。各章节主要内容如下：

第 1 章为绪论。主要介绍中巴经济走廊、吉拉姆河流域和卡洛特水电开发概况、水文测报技术研究现状。

第2章为水文测报技术体系构建。是卡洛特水电站水文泥沙监测和水文气象预报工作的总体布局，主要介绍研究基础与技术问题、技术体系构建原则、水文测报主要关键技术、国际标准与中国标准的采标协调及管理体系引入。

第3章为站网规划研究与实践。主要介绍卡洛特坝址以上流域水文站网的规划、建设、运行管理方案策划，以及基于北斗短报文通信技术的水情自动测报系统的设计、建设与运行。

第4章为水文监测技术与应用。主要介绍卡洛特水电站水文监测关键技术、新仪器试验研制和测验整编方法创新研究，比较研究中巴水文测验技术并提出资料转换应用方法。

第5章为河床组成勘测与调查。该章对卡洛特水电工程河段的河床组成特性进行了归纳，研究了河床组成三维分布特征及推移质产沙特性。

第6章为喜马拉雅山南麓河流测绘技术研究与运用。主要介绍高山峡谷地区水道测绘关键技术，以及库容、水面线分析和水库淤积预测研究。

第7章为水文气象预报技术与实践。重点介绍卡洛特水电站水文预报方案研制、预报软件平台开发和水文气象预报服务体系的构建，对预报方法进行研究，对预报服务效果进行评价。

第8章为工程关键节点水文测报技术。对大江截流、下闸蓄水水文测报技术进行专题介绍，并简述应用效果。

第9章为水文工作管理实践。主要介绍水文巡测管理、员工属地化管理创新和质量管理体系、安全管理体系构建与运行。

第10章为结论与展望。包括对卡洛特水电站水文泥沙监测和水文气象预报工作的主要认识，并对运行期技术布局优化、科技创新与分析研究、国际合作与交流进行了展望。

本书的出版，要感谢所有直接参与、指导、支持卡洛特水电站水文工作实践及本书编撰的专家、领导、专业技术人员、项目员工；感谢中国三峡南亚投资有限公司、三峡技术经济发展有限公司、卡洛特电力有限责任公司等业主单位及 N-J 水电站、帕春水电站在项目工作中的鼎力支持；感谢巴基斯坦水电发展署地表水文部门、巴基斯坦气象局在现场技术交流中的帮助与支持；感谢工作所在地巴基斯坦朋友的帮助与支持。

限于本书编写人员的水平，书中难免存在疏漏和不当之处，敬请读者批评指正。

作者
2023 年 5 月

目 录

第1章

绪　论

1.1 中巴经济走廊概述

中巴经济走廊（China-Pakistan Economic Corridor，CPEC）是"一带一路"重要先行先试项目。自2013年启动以来，中巴经济走廊已经成为中巴全天候友谊的生动诠释，为两国构建新时代更加紧密的中巴命运共同体提供了重要支撑。

1.1.1 项目线路与规划

1.1.1.1 项目线路

起始点。中巴经济走廊起点在喀什，终点在巴基斯坦瓜达尔港，全长3000km，北接"丝绸之路经济带"，南连"21世纪海上丝绸之路"，是贯通南北丝绸之路的关键枢纽，是一条包括公路、铁路、油气和光缆通道在内的贸易走廊，也是"一带一路"的重要组成部分。

西、中、东线。中巴经济走廊项目共分西、中、东三线，经过巴基斯坦国内各派协调确定以西线为优先路线。中巴经济走廊西线起始于瓜达尔，经俾路支省的图尔伯德、本杰古尔、纳格、巴斯玛、索拉巴、卡拉特、奎塔、基拉赛福拉、兹霍布进入开伯尔-普赫图赫瓦省的德拉伊斯梅尔汗，到达伊斯兰堡，最终连接到巴基斯坦西北部的中国边境。西线主要发展港口、贸易和物流等领域。中线起点是巴基斯坦中部的穆扎法拉巴德，经过巴哈瓦尔布尔、萨戈德、拉合尔等城市，最终连接到巴基斯坦西北部的巴基斯坦控制的克什米尔地区。中线主要发展工业、农业和旅游等领域。东线出喀喇昆仑公路的曼瑟拉，经伊斯兰堡进旁遮普省，过拉合尔直至木尔坦，然后，沿木尔坦-海德拉巴和海德拉巴-卡拉奇M-9高速公路前进，最后沿信德省卡拉奇-瓜达尔港的沿海高速N-10到达瓜达尔港。东线主要发展交通、能源和基础设施等领域。

1.1.1.2 项目规划

中国和巴基斯坦政府初步制定了修建新疆喀什地区到巴基斯坦西南港口瓜达尔港的公路、铁路、油气管道及光缆覆盖"四位一体"通道的远景规划。中巴两国将在沿线建设交通运输和电力设施，预计总工程费将达到450亿美元，计划于2030年完工。中巴经济走廊规划不仅涵盖通道的建设和贯通，更重要的是以此带动中巴双方在走廊沿线开展基础设施、能源资源、农业水利、信息通信等多个领域的合作，创立更多工业园区和自贸区。

1.1.2 主要水电能源项目

2015年以前，巴基斯坦面临能源危机，全国范围内每天停电4～8h是常态。在能源领域，双方签署了建立中巴小型水电技术国家联合研究中心的谅解备忘录，这是中方全力支持巴基斯坦解决能源短缺问题的具体体现。巴基斯坦正面临严重的能源短缺，电力短缺是其面临的最大挑战之一，该国夏季用电缺口有时达5000MW。巴基斯坦希望依靠其丰富的太阳能、风能和大量煤炭、化石燃料资源改善能源结构。

2021年12月，中国已在中巴经济走廊框架下启动了一系列电力工程，帮助巴基斯坦

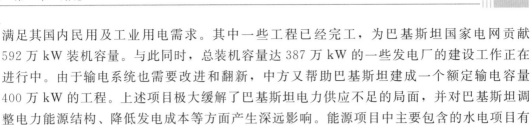

满足其国内民用及工业用电需求。其中一些工程已经完工，为巴基斯坦国家电网贡献592万kW装机容量。与此同时，总装机容量达387万kW的一些发电厂的建设工作正在进行中。由于输电系统也需要改进和翻新，中方又帮助巴基斯坦建成一个额定输电容量400万kW的工程。上述项目极大缓解了巴基斯坦电力供应不足的局面，并对巴基斯坦调整电力能源结构、降低发电成本等方面产生深远影响。能源项目中主要包含的水电项目有卡洛特水电站、苏基克纳里水电站、科哈拉水电站、阿扎德帕坦水电站等。

1.1.2.1　卡洛特水电站

卡洛特水电站位于巴基斯坦旁遮普省吉拉姆河上，总装机容量72万kW，是中巴经济走廊能源合作优先实施项目和"一带一路"首个大型水电投资建设项目，也是首个被写入中巴两国政府联合声明的水电投资项目。项目从设计到施工全部采用中国技术和中国标准，在与世界接轨的同时，也将中国技术和中国标准推广到世界。

1.1.2.2　苏基克纳里水电站

苏基克纳里水电站项目位于巴基斯坦北部开伯尔-普什图省曼塞拉地区的昆哈河上，距首都伊斯兰堡约250kW，总装机容量884万kW，总投资约19.6亿美元，于2017年正式开工建设。项目建成后，每年可为巴基斯坦提供32亿kW·h的清洁电能，助力巴基斯坦电力能源结构优化，有效缓解能源紧缺问题。

苏基克纳里水电站坝址以上控制流域面积为1311km²。电站厂房位于下游约20km处，厂址以上控制流域面积为1931km²。厂房尾水出口与大坝之间相距35km，是典型的高水头、长隧洞、小流量、大容量引水式电站。

苏基克纳里水电站是中巴经济走廊优先实施的重点项目之一。2019年9月，苏基克纳里水电站大坝河道截流成功；2021年4月30日，苏基克纳里水电站成功实现二期截流。

1.1.2.3　科哈拉水电站

科哈拉水电站距伊斯兰堡的公路里程为85km，距上游的MFD约35km，坝址距下游的MFD约30km。工程开发任务为发电。

科哈拉水库正常蓄水位905.00m，正常蓄水位以下库容1780万m³。电站总装机容量1124MW，其中主电站装机容量1100MW（4×275MW），生态基流电站装机容量24MW（2×12MW）。主电站多年平均发电量49.81亿kW·h，保证出力102MW，装机利用小时数4528h。生态基流电站多年平均发电量1.68亿kW·h，保证出力14.2MW，装机利用小时数6979h。主电站与生态基流电站总发电量51.49亿kW·h。科哈拉水电站工程为引水式电站，工程主要建筑物由首部枢纽、发电引水系统及电站厂房系统等三部分组成。

科哈拉水电站是中巴经济走廊能源合作优先推进项目，目前已完成四大特许经营协议，包括购电协议、执行协议和用水协议等。项目建成后，将显著改善当地供电环境，促进巴基斯坦及当地社会经济发展。

1.1.2.4　阿扎德帕坦水电站

阿扎德帕坦水电站位于巴基斯坦境内印度河支流吉拉姆河上，是该河水电梯级规划中的第四级电站，距伊斯兰堡约90km，距上游的MFD约90km。阿扎德帕坦水电站的开发任务为发电。

阿扎德帕坦水电站水库正常蓄水位526.00m，正常蓄水位以下库容1.12亿m³。电站总装机容量700.7MW，电站多年平均发电量32.33亿kW·h，保证出力100.7MW，装机利用小时数4614h。

阿扎德帕坦水电站工程永久建筑物由拦河坝、电站进水口、引水压力管道、地下厂房、尾水洞及地面开关站等组成。拦河坝采用曲线形碾压混凝土重力坝，坝顶高程536.00m，最大坝高96m，坝顶全长约264m。自左向右依次为左岸非溢流坝段、左岸表孔坝段、底孔坝段、右岸表孔坝段、右岸非溢流坝段。

阿扎德帕坦水电站项目是中巴经济走廊优先实施项目，目前已完成执行协议和用水协议等五项协议，项目将为巴基斯坦带来廉价、清洁的能源，同时将为当地民众提供大量就业岗位，并带动当地交通运输业、建材业等相关产业发展。

1.1.3　项目意义

借助中巴经济走廊项目，中国和巴基斯坦能够实现全方位的互联互通、多元化的互利共赢。

对巴基斯坦，建设中巴经济走廊，可优化巴基斯坦在南亚的区域优势，有助于促进整个南亚的互联互通，更能把南亚、中亚、北非、海湾国家等通过经济、能源领域的合作紧密联合在一起，形成经济共振，其建设将惠及近30亿人。

对中国，中巴经济走廊贯通后，能把南亚、中亚、北非、海湾国家等通过经济、能源领域的合作紧密联合在一起，形成经济共振，同时强化巴基斯坦作为桥梁和纽带连接欧亚及非洲大陆的战略地位。

1.2　吉拉姆河流域概况

1.2.1　自然地理

卡洛特水电站位于巴基斯坦旁遮普省境内的吉拉姆河干流上，是巴基斯坦境内吉拉姆河规划的5座梯级水电站中的第4级。阿扎德帕坦水电站为其上一级电站，曼格拉水电站为其下一级电站。卡洛特水电站坝址位于旁遮普省境内卡洛特桥上游约1km，下距曼格拉水电站74km，与伊斯兰堡直线距离约55km，坝址以上流域面积26700km²。

1.2.1.1　地形地貌

吉拉姆河流域总体地势北高南低（图1.2-1）。卡洛特水电站区域北部处于喜马拉雅山南麓中高山区，海拔在2000.00~3500.00m之间。东侧为克什米尔盆地，西侧为白沙瓦盆地。南部为旁遮普平原区，高程约200.00m。卡洛特水电站水库长约26km，库段内河谷深切，多呈V形谷，两岸谷坡基本对称。

卡洛特水电站坝址位于吉拉姆河中上游河段，坝址区属中低山地貌，两岸临江岸坡山顶地面高程多为510.00~870.00m。吉拉姆河呈"几"字穿过坝址区，在右岸形成宽约

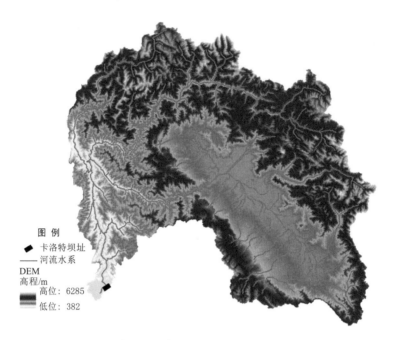

图 1.2 - 1　卡洛特水电站坝址以上流域地形地貌示意图

700m 的河湾地块。吉拉姆河枯水期水面宽 30～60m，水面高程 388.00～391.00m，相应水深一般为 6～8m。坝址区地形封闭，左岸山体浑厚，右岸河湾地块高程 461.00m 处宽 380～700m，不存在地形垭口。

1.2.1.2　河流水系

　　吉拉姆河是印度河流域水系最大的河流之一，发源于克什米尔山谷的韦尔纳格深泉，向西北流经乌拉湖，在苏布尔市附近出湖，经陡峭峡谷穿过皮尔潘杰尔山脉，至 MFD 汇入基尚冈加河后向南，在曼格拉附近穿过夏瓦利克山脉进入冲积平原，然后在吉拉姆河镇沿盐山转向西南至库沙布，最后向南在特里姆穆附近注入琼纳布河。干流全长 725km，流域面积 6.35 万 km^2。

　　吉拉姆河沿皮尔潘杰尔山脉的背风坡呈西北向流至乌拉湖，乌拉湖以上集水面积为 10308km^2。在该河段的源头地区，吉拉姆河流经峡谷地区，左岸为皮尔潘杰尔山脉，右岸为喜马拉雅山脉。当低压抵达吉拉姆河流域附近地区时，潮湿的西南气流由于地形抬升作用常在该区域形成强降雨。降水量随地形抬升而增加，夏季在海拔 1829.00～3048.00m 附近达到最大值，冬季在 2438.00～3658.00m 附近达到最大值。在海拔 3658.00m 以上，降雨量逐渐下降。河源在斯利那加尔附近出峡谷地区之后，流经较为平坦的谷地进入乌拉湖。乌拉湖是一个天然的大水库，对进入湖里的洪水起着调节、削峰和滞时作用。

　　出乌拉湖之后，吉拉姆河流经一段长达 12km 的相对平坦的区域至巴拉木拉，随后河道坡度陡增至 1∶35 流至 MFD，区域集水面积为 4196km^2。与上游地区的降雨相比，乌拉湖至 MFD 区域的降雨有所增加，区域产水量较大。MFD 上游约 54km 处设有 C 站，上游约 2km 处设有 D 站。

穆扎法拉巴德至卡洛特坝址区集水面积 $2429 km^2$，河流向南流经高山区，该区域位于皮尔潘杰尔山脉和夏瓦利克山脉之间，在季风加强情势下，是强季风雨区，西南和东南季风气流均可抵达该区域。由皮尔潘杰尔山脉和夏瓦利克山脉地形抬升形成的降雨强度仅次于河源地区。

吉拉姆河卡洛特水电站以上有两条主要支流，分别为尼拉姆河和昆哈河。尼拉姆河是吉拉姆河干流右岸的最大支流，集水面积为 $7278 km^2$，其上游地区为高山区，少有季风雨。因上游位于流域东北地区，远离季风低压活动路径，季风极少到达该区域。因此，在上游地区会出现冬季降雨大于夏季降雨。与上游相比，下游地区的季风雨显著增加。当热带低压抵达拉瓦尔品第附近时，下游地区有时会受到强季风入侵的影响，如 1929 年、1992 年和 1997 年暴雨洪水。

昆哈河是吉拉姆河干流右岸从水量角度仅次于尼拉姆河的重要支流，集水面积为 $2489 km^2$。当热带低压抵达其北部地区时，整个河流位于西南季风气流控制之下。在夏季，流域上游地区降水大于下游地区；在冬季，形势发生改变，流域下游地区降水大于上游地区。

1.2.1.3 气象特性

吉拉姆河流域属亚热带季风气候区，全年共划分四季，即东北季风季（12 月至次年 2 月）、热季（3—5 月）、西南季风季（6—9 月）和 10—11 月过渡期。

受地形和季节影响，降水分配不均，1—3 月降水量逐渐增加，3 月出现年内第一个峰值，月降水量占全年的 10%左右，4—5 月降水量有所回落，自 6 月起受季风影响，降水量迅速增加，7—8 月降水量约占全年的 35%，9 月之后降水量减少，月降水量一般占全年的 5%左右。降水量年际变化不大，极值比一般在 1.7～2.3 之间。根据巴拉科特、葛里杜帕塔、穆扎法拉巴德、穆里、萨尔普尔、拉瓦尔科特等站降水资料统计，坝址以上流域多年平均降水量约 1430mm，最大年降水量 1793mm（1977 年），最小年降水量 1046mm（2001 年）；降水量年内分配以 7 月最大，为 289mm，11 月最小，为 34mm。

根据曼格拉水库 1983—2007 年蒸发资料统计，平均年蒸发量为 2016mm，最大、最小年蒸发量分别为 2255mm（1985 年）、1832mm（2003 年）。蒸发量年内分配以 5 月最大，为 322mm，12 月最小，为 61mm。

吉拉姆河流域多年平均气温约 20℃，随高程变化有所不同。根据 R 站 1954—2005 年资料统计，多年平均气温 22.2℃，6 月最高，为 33.2℃，1 月最低，为 9.9℃。

1.2.2 水文气象

1.2.2.1 水文测站基本情况

吉拉姆河流域内有 9 个水文站，由巴基斯坦水电发展署（Pakistan Water and Power Development Authority，WAPDA）的地表水文部门（Surface Water Hydrology Project，SWHP）建立与管理。其中，吉拉姆河干流上有奇纳里、哈田巴拉、多迈尔、卡拉斯、哈拉、阿扎德帕坦和卡洛特 7 个站，昆哈河、尼拉姆河上分别设有加赫里哈比卜拉站和穆扎法拉巴德站。卡洛特水电站坝址附近的水文站有阿扎德帕坦水文站和卡洛特水文站，基本情况见表 1.2 - 1。

表 1.2 - 1 坝址附近水文站观测资料情况

水文站	所在流域	控制面积/km²	资料年限	观测项目
阿扎德帕坦	吉拉姆河	26485	1979—1992 年，1994 年至今	水位、流量、泥沙
卡洛特	吉拉姆河	26677	1969 年 4 月至 1979 年	水位、流量、泥沙
坝址专用站	吉拉姆河	26800	2016 年 1 月至今	降水、水位、流量、泥沙

阿扎德帕坦水文站和卡洛特水文站为距卡洛特水电站坝址最近的 2 个水文站。卡洛特水文站 1969 年建站，1979 年撤销；阿扎德帕坦水文站 1979 年设立，位于坝址上游约 15km，观测至今（1993 年缺测）。

为进一步满足本工程设计需要，水文专项项目部于 2016 年 1 月设立卡洛特水电站坝址专用水文站，控制流域面积 26800km²。基本水尺断面位于卡洛特大桥下游约 2100m，为巴基斯坦正高高程，左岸山崖极为陡峭，右岸稍平缓，低水有部分沙滩；水文缆道断面及船测断面位于基下 2m。河段较为顺直，但河段落差较大，上下游均有跌坎，水流湍急，在水文缆道断面上下游有 100m 左右缓水区，中低水水流较平稳，高水水流湍急。基本水尺断面上游约 1500m 有支流汇入。测站观测的项目有降水、水位、流量、泥沙等。水文站和水尺现状照片见图 1.2 - 2 和图 1.2 - 3。

图 1.2 - 2 卡洛特水电站专用
水文站现状照片

图 1.2 - 3 卡洛特水电站专用
水文站水尺现状照片

1.2.2.2 气象站基本情况

巴基斯坦的气象站主要隶属于巴基斯坦气象部门，水文站也观测一些气象资料。流域内巴基斯坦水电发展署地表水文部门设的气象站有多迈尔、巴拉科特、纳兰、拉瓦尔科特、巴格、帕兰德里、杜德利尔等；巴基斯坦气象局设的气象站有葛里杜帕塔、穆扎法拉巴德、穆里、曼格拉等。

为进一步满足本工程设计需要，水文专项项目部于 2016 年 8 月 16 日新建卡洛特水电站专用气象站，位于距卡洛特水电站坝址约 5km 的比尔营地，2017 年 4 月 15 日迁至施工区内卡洛特主营地山顶，距坝址约 1.8km，现有 2016 年 9 月至今的降水、气温等气象资料。专用气象站现状照片见图1.2-4。

1.2.3　泥沙

图1.2-4　卡洛特水电站专用气象站现状照片

吉拉姆河流域内植被覆盖情况从中等到茂密不等。由于流域内降雨丰沛，每月均有降雨产生，因此山坡上植被生长良好。

流域内泥沙大多数是地质侵蚀和地震运动引起的。野外勘察发现坝址上游吉拉姆河沿线几乎都有滑坡发生，带来大量泥沙，相关研究认为2005年地震以来，滑坡现象有所增加。流域内泥沙来源还包括降雨引起的片状侵蚀和冲沟侵蚀，以及人类活动引起的土壤侵蚀。

1.2.3.1　输沙量

在卡洛特水电站泥沙研究前期，统计的卡洛特水电站坝址以上流域年均悬移质输沙量为3190万t。依据相关泥沙资料，采用 Meyer Peter & Muller 公式、Parker 公式、Einstein-Brown 公式、Duboys 公式和 Shields 公式等方法进行了推移质估算，确定推悬比为15%。据此得推移质输沙量为474万t，总输沙量为3664万t。

根据 AP 站泥沙资料，推算电站坝址年均悬移质输沙量为3315万t，最大年输沙量为1992年的8160万t，最小年输沙量为2001年的3.8万t，多年平均含沙量为1.28kg/m³。卡洛特水电站坝址多年平均年、月输沙量见表1.2-2。

表1.2-2　　　　　　　卡洛特水电站坝址多年平均年、月输沙量　　　　　　　单位：万t

月 输 沙 量												年输沙量
1月	2月	3月	4月	5月	6月	7月	8月	9月	10月	11月	12月	
14.85	33.20	160.45	406.15	743.50	732.81	672.31	363.10	128.35	31.26	15.01	13.73	3315

分析表1.2-2中数据可知，卡洛特水电站坝址年输沙量在4—8月高度集中，5个月输沙量占年输沙量的比重在88%以上；12月和1月输沙量较小。

2013年1—9月共测验悬移质输沙率30次，统计该年最大、最小实测含沙量见表1.2-3。由表1.2-3可知，2013年最大断面平均含沙量为0.483kg/m³，出现在8月16日，瞬时最大流量为2660m³/s，出现在8月19日。测验数据表明，2013年的最大含沙量小于卡洛特水电站坝址多年平均含沙量1.28kg/m³，该年的最大瞬时流量也小于卡洛特水电站坝址多年平均洪峰流量3550m³/s。

表1.2-3　　　　　　　　2013年AP站附近实测含沙量特征统计

最大断面平均含沙量 /(kg/m³)	出现时间	相应日平均含沙量 /(kg/m³)	相应日平均流量 /(m³/s)	瞬时最大流量 /(m³/s)	出现时间
0.483	8月16日	0.477	1110	2660	8月19日
最小断面平均含沙量 /(kg/m³)	出现时间	相应日平均含沙量 /(kg/m³)	相应日平均流量 /(m³/s)	瞬时最小流量 /(m³/s)	出现时间
0.027	1月24日	0.028	217	184	1月4日

卡洛特水电站参考工程河段上下游梯级相关泥沙设计和卡洛特库区河段泥沙取样成果,结合野外勘察分析,确定推移质输沙量取为悬移质输沙量的 15%,则推移质输沙量为 497 万 t,卡洛特水电站坝址总输沙量为 3812 万 t。

1.2.3.2　悬移质泥沙级配

2013 年 5—8 月,在卡洛特水电站工程河段开展了 4 次悬移质泥沙取样,并委托巴基斯坦当地的国家实验室完成了悬移质级配分析,成果见表 1.2-4。

表 1.2　4　　　　　　　卡洛特水电站坝址悬移质泥沙颗粒级配成果

施测日期	小于某粒径沙量百分数/%										中数粒径/mm	平均粒径/mm	最大粒径/mm
	粒径级/mm												
	0.002	0.004	0.008	0.016	0.031	0.062	0.125	0.25	0.5	1			
5 月 1 日		5.5	18.1	30.2	52.9	82.6	86.9	92	97.6	100	0.029	0.068	1
6 月 3 日		14.3	33.6	43.8	64.1	93.9	100				0.021	0.025	0.125
6 月 7 日		13	32	43.1	63.6	89.2	95.4	99.1	100		0.022	0.033	0.5
8 月 15 日		9.9	21.7	30.9	44.6	61.8	72.8	84.9	95.5	100	0.038	0.111	1

1.2.4　悬移质泥沙矿物组成

为配合水电机组选型,2013 年 9 月 9 日,在卡洛特水电站工程坝址河段实施了悬移质泥沙取样,开展了悬移质泥沙的矿物组成分析,成果见表 1.2-5。

表 1.2-5　　　卡洛特水电站工程坝址河段悬移质泥沙 X 射线物相分析　　　单位：$\omega(B)/10^{-2}$

采样时间	蒙脱石	绿泥石	伊利石	闪石	长石	石英	方解石	白云石
2013 - 9 - 9	10	15	10	4	7	30	11	13

1.3　卡洛特水电开发概况

1.3.1　工程概况

卡洛特水电站坝址位于巴基斯坦旁遮普省境内卡洛特桥上游约 1km,下距曼格拉大坝 74km,向西与伊斯兰堡直线距离约 55km。

坝址以上控制流域面积 26700km²,根据 40 年径流系列分析,坝址处多年平均流量 819m³/s,多年平均年径流量 258.3 亿 m³。大坝设计洪水标准为 500 年一遇,相应洪峰流量为 20700m³/s;校核洪水标准为 5000 年一遇,相应洪峰流量为 29600m³/s。坝址以上流域多年平均悬移质输沙量为 3315 万 t,多年平均含沙量为 1.28kg/m³,推移质输沙量为 497 万 t,总输沙量为 3812 万 t。

工程开发任务为发电,水库正常蓄水位 461.00m,死水位 451.00m,正常蓄水位以下库容 1.52 亿 m³,死库容 1.03 亿 m³,调节库容 0.49 亿 m³,水库库沙比 5.2。电站装机容量 720MW (4×180MW),保证出力 116MW,多年平均年发电量 32.06 亿 kW·h,

装机年利用小时数 4452h；安装 4 台单机容量 180MW 的混流式水轮发电机组，额定水头 65.00m，单机引用流量 312.1m³/s。

枢纽工程主要由沥青混凝土心墙堆石坝、溢洪道、引水发电建筑物和导流建筑物等组成。沥青混凝土心墙堆石坝布置在河湾湾头，溢洪道斜穿河湾地块山脊布置，出口在最下游，其控制段布置泄洪表孔和泄洪排沙孔；电站进水口布置在溢洪道进水渠左侧靠近控制段，厂房布置在卡洛特大桥上游；导流洞布置在电站与大坝之间。卡洛特水电站枢纽平面布置见图 1.3-1。

图 1.3-1　卡洛特水电站枢纽平面布置图

沥青混凝土心墙堆石坝坝顶高程 469.50m，最大坝高 95.5m，坝顶宽 12.0m，坝顶长 460.0m。

溢洪道由进水渠、控制段、泄槽、挑坎及下游消能区组成。进水渠表孔侧渠底高程 431.00m，泄洪排沙孔侧渠底高程 423.00m，渠底总宽 143.9m，渠长约 250.54m。控制段坝顶高程 469.50m，最大坝高 55.5m，坝顶长 218.0m。为满足排沙调度要求，在排沙水位 446.00m 时，泄洪冲沙孔泄洪能力按满足下泄 2 年一遇洪峰流量（2460m³/s）或稍有富余，枢纽总的泄流能力按不小于 5 年一遇洪峰流量（4660m³/s）的原则进行设置，控制段坝身布置 6 个泄洪表孔和 2 个泄洪排沙孔。表孔堰顶高程 439.00m，孔口尺寸为 14m×22m（宽×高）；泄洪排沙孔进口底板高程 423.00m，出口尺寸为 9m×10m（宽×高）。

引水发电建筑物布置在吉拉姆河右岸河湾地块内，采用引水式地面厂房。进水口位于溢洪道进水渠左侧岸坡，底板高程 430.50m，前缘设拦沙坎，坎顶高程 440.00m；进水塔采用岸塔式。引水隧洞采用一机一洞布置，洞径 7.9~9.6m。主厂房为岸边引水式地面厂房，总尺寸为 164.9m×27m×60.5m（长×宽×高），安装 4 台单机容量为 180MW 的混流式水轮发电机组。

上游土石围堰堰顶高程 435.00m，下游土石围堰堰顶高程 407.50m；导流隧洞进口底板高程 388.00m，出口高程 385.00m，隧洞断面为直径 12.5m 的圆形洞，3 条导流隧洞长度分别为 420.7m、447.3m 和 473.8m。

该工程施工总工期为 5 年（60 个月），首台机组完成试运行工期 53 个月。其中，施

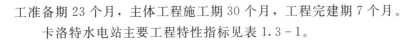

工准备期 23 个月，主体工程施工期 30 个月，工程完建期 7 个月。

卡洛特水电站主要工程特性指标见表 1.3-1。

表 1.3-1　　　　　　　　卡洛特水电站主要工程特性指标表

序号	项　　目	单　位	数　值
1	水文参数		
1.1	坝址控制流域面积	km^2	26700
1.2	坝址多年平均流量	m^3/s	819
1.3	坝址多年平均输沙量	万 t	3812
1.4	设计洪水标准	年	500 年一遇
	相应洪峰流量	m^3/s	20700
1.5	校核洪水标准	年	500 年一遇
	相应洪峰流量	m^3/s	29600
1.6	多年平均悬移质年输沙量	万 t	3315
1.7	多年平均含沙量	kg/m^3	1.28
1.8	多年平均推移质年输沙量	万 t	497
2	水库特征水位及参数		
2.1	正常蓄水位	m	461.00
2.2	死水位	m	451.00
2.3	设计洪水位	m	461.13
2.4	校核洪水位	m	467.06
2.5	总库容	万 m^3	18810
2.6	正常蓄水位以下库容	万 m^3	15200
2.7	死库容	万 m^3	10295
2.8	调节库容	万 m^3	4905
2.9	库容系数	%	0.19
2.10	库沙比		5.2
2.11	调节性能		日调节
3	动能参数		
3.1	装机容量	MW	720
3.2	机组台数	台	4
3.3	保证出力	MW	116.1
3.4	年发电量	亿 kW·h	32.06
3.5	装机年利用小时数	h	4452
3.6	额定水头	m	65.00
3.7	额定流量	m^3/s	1248.4
4	主要建筑物		
4.1	坝型		沥青混凝土心墙堆石坝

序号	项 目	单 位	数 值
4.2	最大坝高	m	95.5
4.3	泄洪排沙建筑物数量	孔	表孔 6 泄洪排沙孔 2
4.4	表孔孔口尺寸	m	14×22
4.5	泄洪排沙孔孔口尺寸	m	9×10
5	施工总工期	月	60

1.3.2 开发状态

卡洛特水电站是"一带一路"中巴经济走廊丝路基金的首个能源投资项目，由中国长江三峡集团有限公司投资建设，采用建设—拥有—转让模式。2014 年 4 月完成项目可行性研究报告；2014 年 12 月，确定总承包商；2015 年 4 月，中巴两国领导人共同启动了项目的破土动工仪式；2016 年 12 月，项目融资关闭。主要工程节点如下：

（1）2016 年 12 月，主体工程（溢洪道、引水发电系统及导流洞）开工。

（2）2018 年 9 月 22 日，主河床截流。

（3）2021 年 11 月 20 日，水库蓄水。

（4）2022 年 6 月 29 日，商业运营。

1.4 水文测报技术研究现状

随着社会发展，水文已经成为水旱灾害防御、水资源管理、水环境保护、水生态修复及涉水工程建设的重要基础支撑。水利水电工程设计所需的长系列水文资料来源于水文站网的实测水文资料成果，工程施工安全度汛以及工程运行调度所需的实时与预报水雨情信息，需要及时准确的实测水文信息做支撑。对预报成果进行检验，对预报方案进行修正与优化，也需以实测成果为依据。多年来，水利水电工程建设、水资源评价和防洪减灾需要是水文测报基础研究和技术创新的主要驱动因素。此外，交通、能源、核电、厂矿、港口码头等涉水工程，农村用水节水，环境资源开发与保护协调，地震、泥石流自然灾害及溃坝、水污染事件应急抢险，以及应急水上搜救等，也迫切需要优质高效的水文技术服务，需求扩展加快了水文测报技术研究的进程。一方面，为了满足社会需求，国家专业机构管理的基本水文站网滚动开展水文测报技术创新研究，推动了水文监测体系变革；另一方面，工程建设迫切需要水文测报技术更新换代，专项技术服务需求也逐渐增长，催生了一批工程水文新技术。水文技术研究呈现出基本水文的成熟经验在工程水文中的移植应用与工程水文的先行先试成果在基本水文成功应用两相促进的新生态。

1.4.1 水文测报技术研究与进展

水文工作自古有之。从大禹治水，古埃及人在尼罗河观测水位、记载洪水，李冰父子在都江堰设立石人水尺，中国古人在长江白鹤梁石鱼题刻，到世界各国设立正规水文测站开展水文要素的系统观测，再到 20 世纪 70 年代的水文测报自动化技术，21 世纪以来的水文信息化、"互联网＋"水文、"智慧水文"，以自动化、智能化、集约化、多元立体化、"互联网＋"等为特征的水文测报技术新时代已经到来。水文监测内容已经由水位、流量、降雨量等基本要素监测，拓展为包括水位、流量、水质、水温、泥沙、冰情、水下地形和地下水资源，以及降水量、蒸发量、墒情、风暴潮等多要素综合监测。水文发展也不再是简单的技术进步，而是集技术、质量、管理、服务为一体的系统化发展。技术发达国家在水文站网建设、水文信息采集、水文测验方式、水文管理体制等方面开展了全方位的创新研究，水文监测技术研究已经步入包含监测管理、监测服务、监测技术、质量控制等内容的体系级研究阶段。

　　水文站网是水文测报的基础。世界气象组织推荐温热带区和内陆区平原容许最稀站网密度为 1000～2500km²/站，山区为 300～1000km²/站。据统计，世界各国水文站网分布不均衡，欧洲国家、中东国家每 1000km² 为 1～10 站，非洲国家更低。日本站网密度达 100km²/站，英国站网密度约 200km²/站，德国约 80km²/站，意大利站网密度超过 300km²/站。发达国家对水文基础资料的管理十分重视，水位、雨量基本上全部采用自动测报。美国基本水文站网布设由美国地质调查局（United States Geological Survey，USGS）负责，现有各类水文测站 153 万个，其中水文站、水位站 12268 处，地下水监测站 3 万多处，水质站近万处，站网密度约 500km²/站。有 7600 多个水文站常年测流，其中约有 10% 开展泥沙测验，所有测站水文监测的技术标准统一。中国从 20 世纪 50 年代的 353 处，发展到 2014 年，已经形成由 10 余万个监测站组成的水文监测站网体系；到 2020 年年初，有国家基本水文站 3154 处，地表水水质站 14286 处，地下水监测站 26550 处，站网总体密度达到了中等发达国家水平，实现了对大江大河及其主要支流、有防洪任务的中小河流水文监测全面覆盖。水文监测站网体系一直服务于防汛抗旱减灾、水资源管理和水生态保护工作并发挥重要作用。在站网规划技术研究方面，中国的国家水文管理机构统筹全国，提出了地理景观法、等值线图法、产流特性分区法、暴雨洪水参数法、流域模型水文参数法、主成分聚类法、自组织特征映射神经网络法等水文分区的方法，提出了"依据国民经济和社会发展需要""遵循流域与区域相结合、区域服从流域，布局科学、密度合理、功能齐全、结构优化""经济高效、适度超前"等站网规划原则，并按流量、水位、泥沙、降水量、水面蒸发、地下水、水质、墒情等水文要素分类研究了站网密度要求与站网规划方法。

　　测验方式研究与实践方面，欧洲、美国基本上实现全面巡测，美国的大部分测站的设施只有一个数据采集平台和水准点，部分船测站有简易码头，大量水文站使用水平式声学多普勒流速剖面仪（Horizontal Acoustic Doppler Current Profiler，H-ADCP）在线测流。中国已经实现由驻测为主向"驻巡结合、巡测优先、测报自动、应急补充"的水文监测模式转变。中国的国家基本水文测站，水位、水温、降雨量、蒸发量等要素基本全面实现在线自动测报，H-ADCP、坐底式声学多普勒流速剖面仪（Vertical Acoustic Doppler Current Profiler，V-ADCP）、定点或机器人雷达波流速仪、侧扫雷达、视觉测流、超声波时差法等技术运用于流量在线监测日趋成熟，红外测沙、量子点光谱测沙等技术推动了悬移质泥沙在线监测应用进程，含沙量、颗粒级配分析一体化的设备也有了应用实例，水位—流量单值化技术在平原河道水文站精简流量测次方面得到广泛应用，是流量在线监测技术的有效补充。报汛技术方面，自动测报技术持续创新，由早期的水位、雨量的实时自动测报，向"全要素、全时段、全量程"的在线监测方向发展，并贯穿信息化、可视化、智能化元素，以应对防洪、水资源管理及水工程调度对信息采集传输的时效性、准确性要求，并有效支撑"预报、预警、预演、预案"。2022年，长江水利委员会水文局（简称长江水文）所辖水文测站的在线监测率已达55%以上，并提出了建设"功能完备的综合站网体系、透彻感知的立体监测体系、智慧协同的专业支撑体系、优质高效的信息服务体系和科学规范的管理保障体系"的构想。

水文预报研究具有漫长的历史。早在公元前3500年，古埃及人就对尼罗河开展水位观测，记载发生的洪水。古代萌芽时期研究概念很朦胧，方法简单，很少使用仪器，仅凭经验计算与估计。公元1500—1953年，在概念、实验研究和量测工具、经验相关方法、简单水文机制的实验模拟等方面有了很大进展，巴利西提出了水文循环概念，巴斯卡提出了使用仪器设备，蒸发试验、水流研究、河道流速公式、地下水流理论、暴雨成因公式、河道流量演算、下渗公式等理论与实践研究成果丰硕，产汇流分析的基本理论体系逐渐完善。1954年以来，计算机技术的发展推动了水文规律的综合性研究、复杂模型研究，也推动了流域或区域性大范围的洪水、旱情预测研究。现代水文预报研究主要集中在基本规律和误差修正等领域，在预报方法层面，还和分布式技术、人工智能技术相结合，改善预报的精度和时效，并将气象预报与水文预报相结合，延长有效预见期。长江水文在流域预报调度研究方面开展了卓有成效的实践研究，通过水文监测技术、设备、方法、算法等要素的常态化研究，以及时准确的实测成果做好"硬核"支撑；建立集卫星、雷达、水文站、气象站、水利工程站等空天地于一体的流域全覆盖水雨情立体监测体系，快速汇集全流域3万余个水雨情监测站点报送的监测信息；通过短、中、长期预报相结合，水文气象相结合，加强降雨预报技术和方法的研究与实践，并通过预报员的能力和经验，加强专家交互，对预报成果进行校正，从而提高精准度，提前预见期，实现短中期1～7d、延伸期8～20d和包括月、季、年等不同时段的长期预报。

河流与水工程的泥沙问题是"治水"行业的重点关切，泥沙监测是治沙的重要基础工作，泥沙监测技术研究颇具中国特色。河流泥沙监测的主要方法包括水沙平衡法和断面地形法。全沙测验是水沙平衡法（也称输沙法）的主要技术手段，悬移质泥沙是河流泥沙的主体部分，是水文泥沙监测的重点内容。悬移质泥沙监测的理论体系较丰满，感知技术是创新瓶颈。作为国际标准化组织水文测验技术委员会（ISO/TC 113）主要成员国内的水文机构，长江水文在泥沙测验感知技术研究方面，引进了浊度计、LISST系列仪器、OBS等现场测沙仪器，分别用于长江上游、下游、长江口河段比测试验，取得了一定实效。近年来，声学测沙、光学测沙、同位素测沙也有一定的应用实例，悬移质泥沙在线监测的发展方向已经十分明确。颗粒级配测验方面，激光粒度仪能有效提高分析时效，含沙量、级配一体化仪器研制工作也在进行。推移质测验方面，已经有相关机构在开展地震波推移质测验方法研究，研发声学与称重原理相结合的卵石推移质在线监测系统。砂质推移质、床砂测验方面的投入实际生产应用的新技术尚不多见。对泥沙资料缺乏的流域，开展河床组成勘测调查，采用一定的方法估算推移质量，是一项十分有效的补充手段。河床组成勘测调查技术在长江三峡工程建设与运行管理、长江河道治理中得到充分运用。

断面地形法是河流泥沙监测的另一种行之有效的方法。在工程水文应用中，河道地形测量，或固定断面测量，是水库库容计算、水面线计算、冲淤计算分析的重要基础工作。与海洋、陆地测绘相比，内陆水体种类多，组成复杂，形态多变，其边界在水流运动、泥沙输移等影响下呈动态变化，准确测量内陆水体边界是世界公认难题，测量手段也相对落后。20 世纪 50 年代，平面测量一般采用交会法，陆上高程测量一般采用水准测量施测控制点，三角测量测散点。20 世纪 80 年代后出现了微波定位、GPS 定位等新技术、新设备，平面测量技术进入了新时代，GPS 高程测量技术也有研究突破。水深测量经历了测深杆测深、测深锤或铅鱼测深，其后发展到测深仪测深，并发展到与平面定位测量同步进行，提升了边界测量的整体经度。其后的几十年，特别是 21 世纪以来，随着空间技术、导航定位技术、计算机技术、信息技术和通信技术的飞跃式发展，测绘科学出现了从经典到现代的跨越。内陆水体地形测量技术变革贯通从部署、测量、绘图到信息化、成果运用全过程，涵盖从方法、设备、软件、标准、体系的全方位。长江水文对内陆水体边界测量技术开展了深入系统的研究，1956 年编制《河道观测资料整理及初步分析纲要》，1982 年编制《长江河道观测技术规定》，2000 年以后先后主编中国水利行业技术标准《水库水文泥沙观测规范》（SL 339—2006）、《河道演变勘测调查规范》（SL 383—2007）、《水道观测规范》（SL 257—2000）、《水文数据 GIS 分类编码标准》（SL 385—2007），引领内陆水体边界测量标准化工作。2010 年以来，在水面线的精确计算、水深的高精度测量、无人区边界测量、河口地区高程与深度基准转换、不同基准全息图形数据转换、多平台多传感器、海量数据处理等关键技术方面进行了深入研究，进一步推动内陆水体测绘技术现代化进程。

库容计算常用的方法有断面法及等高线法。在冲淤计算方法研究方面，段光磊以三峡大坝下游河段为研究对象，采用实测资料分析与理论研究相结合的方法，根据丰富的水文泥沙观测资料，对断面地形法、网格地形法和输沙量平衡法 3 种冲淤量计算模式的精度及其影响因素进行了全面系统的研究，提出了满足河道冲淤量计算精度的水文测验和地形测量改进措施；得到了满足计算精度的网格尺寸取值范围；首次对固定断面冲淤量计算精度与河床表面起伏程度的关系进行了研究。GIS 技术和计算机技术发展推动了数学模型方法在库容计算领域的应用，通过建立水库库区的数字高程模型（DEM），利用 GIS 软件强大的空间分析功能进行水库库容的自动计算，得到精度更高的计算结果。在水面线计算方面，河道水面线计算主要有传统的恒定流推算方法和河道非恒定流数学模型计算方法。天然河道恒定均匀流水面线计算原理基于一维能量方程，然后逐个断面采用直接步进法推求，目前常用美国的 HEC - RAS 软件分析计算。非恒定流一般使用丹麦的 MIKE 水力模型软件计算，算法包括完全圣维南方法、扩散波和动力波简化方法等，既能推算纵坡较缓的平原河流水面线，又能推算纵坡变化较大的山区河道水面线。

质量是水文资料的生命，水文部门对成果质量的控制工作十分重视。以中国的水文机构为例，早期质量控制焦点在仪器设备质量的控制、测验方法精度研究等方面，并通过职业道德教育与"三清""四随"习惯培养等手段促进原始资料可靠收集。早期的水文质量管理经历了质量检验、统计质量控制、全面质量管理等各个阶段。20 世纪 90 年代起，水文标准化工作与国际接轨，系统制定水文技术标准，推进水文作业标准化，进一步拓展质量管理外延。一方面，随着经济社会飞速发展，社会公众、水利工作、工程建设对水文服务需求越来越多，要求越来越高，发展给水文质量管理带来新挑战。另一方面，随着国际贸易迅速扩大，国际产品质量保证和产品责任问题应运而生，在国际标准化组织质量管理和质量保证技术委员会（ISO/TC176）的努力下，制订了 ISO 9000 标准体系，它们不受具体行业和经济部门制约，只为质量管理提供指南和为质量保证提供通用的质量要求。长江水文是中国第一家引进 ISO 质量管理体系的水文专业机构，采用 PDCA 循环（Plan，Do，Check，Act，计划—执行—检查—处理）的质量哲学思想，在质量理念上经历了从"以产品为关注焦点"到"以顾客为关注焦点"，再到"持续创新，追求卓越"的飞跃。贯彻质量管理体系，以方针为遵循，以目标为导向，对人力资源、基础设施、知识、安全生产和工作环境、成文信息、法律法规识别、风险、信息沟通等支持系统进行管理，对项目要求确定、策划、实施控制、交付服务等产品实现过程进行控制，并对监督检查、信息收集、绩效评价、合规性分析评价、改进措施确定、实施评价等持续改进过程进行有效管控，以工作质量促成果质量，实现水文质量管理与国际接轨。随着市场准入规则的更新发展，相关机构对管理体系运用的研究已经由单一的质量管理向质量、环境和职业健康安全等多领域扩展。

1.4.2　工程水文测报研究实践案例

不论是防水害的防洪、河势控制等工程，还是兴水利的水电、灌溉等工程，均需要水文技术支撑。在水利水电工程设计阶段，需要使用长系列的水文资料进行工程水文分析计算，开展洪水、年径流、枯水频率分析，获取设计洪水、设计枯水和设计年径流成果，有些工程还需要悬移质泥沙、推移质泥沙、水位—流量关系、气象要素、水面蒸发、水温和冰情等分析成果。在资料缺乏地区，需开展水文勘测调查，并设立水文测站补充收集实测资料，或比测验证，对历史资料进行审查与分析，确认资料系列的可靠性、一致性、代表性。施工阶段，开展水文测报工作，为施工设计提供水文支撑，为指导现场施工度汛、防灾减灾提供实时水雨情和水文预报信息。运行管理阶段，建设自动测报系统，提供各类水文预报成果，开展水文泥沙观测，支撑工程安全管理，保障工程效益发挥；同时，还应根据需要进行水文复核，必要时更新设计水文数据。此处以长江水文为例，简要列举几个工程水文测报实践应用方面的成功案例。

1. 长江三峡工程水文泥沙监测研究

三峡工程是迄今世界上最大的水利水电工程，是治理开发长江的关键骨干工程，具有巨大的防洪、发电、航运等综合效益。大坝坝顶总长 3035m，坝高 185m，设计正常蓄水位为 175.00m，水库库容 393 亿 m^3，防洪库容 221.5 亿 m^3，共装机 32 台，总装机容量 22400MW，多年平均发电量 882 亿 kW·h。工程于 1993 年开工建设，1993—1997 年为准备工程和一期工程阶段，1998—2003 年为二期工程阶段，2004—2009 年为三期工程阶段。2003 年 6 月进行 135.00m 蓄水，2006 年 10 月进行 156.00m 蓄水，2008 年汛末进行试验性蓄水，2010 年首次达到 175.00m 蓄水位。

泥沙问题是三峡工程的关键技术问题之一，关系三峡水库的长期使用，工程安全运行和防洪、航运、发电、供水及生态效益的发挥，变动回水区港口、航道正常运行，水库回水上游城市防洪，坝区正常通航和电站正常运行，以及坝下游河道冲刷对长江中下游防洪、航运和取水的影响等。为应对泥沙问题，政府部门、工程建设方、水文专业机构通力协作，有计划、系统地开展了三峡工程水文泥沙原型观测与分析研究，推动了工程水文泥沙新理论、新方法的发展与应用，丰富了水文泥沙科学研究实践成果库。

三峡工程水文泥沙原型观测工作贯穿于工程的论证期、设计与施工期、蓄水运行期等各个阶段。观测范围包括水库库区、坝区和坝下游三大部分。观测主要内容包括：三峡工程上、下游及进出库水文泥沙测验、水环境监测，库区及坝下游河道地形（固定断面）观测、河床组成勘测调查、重点河段河道演变，坝区河道演变、通航建筑物、电厂水流泥沙监测等。同时，还开展了工程大江和明渠截流、施工围堰及导流明渠水流泥沙、库区泥沙淤积物干容重、变动回水区走沙规律、临底悬沙等专题观测工作。研究内容主要包括：三峡工程水情自动测报技术，水情预报技术，设计洪水、工程截流、洪水期特征、水文情势变化、库区水质变化等水文专题，长江上游主要河流泥沙变化与调查，水库泥沙淤积及坝下游河道演变，三峡水文泥沙监测资料数据库系统、长江水文泥沙信息分析管理系统、水情数据库和水质数据库开发等。还以专题方式开展了水文、泥沙、水情自动测报和预报等研究工作。此项工作注重基础资料收集与整理，加强基本规律的分析研究，注重多学科结合和新理论、新技术的应用，集中优势力量，组织协作攻关，取得了大量优质创新研究成果。项目按《质量管理体系 要求》（GB/T 19001—2008），实行规范管理，对影响质量的因素实施全过程的控制，对产品实行"三级检查，二级验收"，确保最终成果质量充分满足用户的要求。

2. 金沙江下游梯级水电开发水文泥沙监测研究

金沙江下游有乌东德、白鹤滩、溪洛渡和向家坝四座巨型梯级水电站，四座水电站的总装机容量相当于两个三峡工程，具有防洪、发电、航运、水资源利用和生态环境保护等巨大的综合效益。

乌东德水电站坝址下至宜宾河道长567km，控制集水面积40.61万km²，设计正常蓄水位975.00m，调节库容30.2亿m³，防洪库容24.4亿m³，总装机容量10200MW，设计年平均发电量389.1亿kW·h/376.9亿kW·h（考虑盘龙/不考虑盘龙），2015年4月实现大江截流，2020年5月初期蓄水，2021年6月全部机组投产发电。

白鹤滩水电站位于乌东德水电站下游182km，水电站控制集水面积43.03万km²，设计正常蓄水位825.00m，调节库容104.36亿m³，防洪库容75.0亿m³，总装机容量16000MW，设计年平均发电量624.4亿kW·h/610.9亿kW·h（考虑盘龙/不考虑盘龙），2015年12月实现大江截流，2021年5月初期蓄水，2022年6月全部机组投产发电。

溪洛渡水电站位于白鹤滩水电站下游195km，水电站控制集水面积45.44万km²，设计正常蓄水位600.00m，调节库容64.6亿m³，防洪库容46.5亿m³，总装机容量13860MW，设计年平均发电量616.2亿kW·h，2005年年底正式开工，2007年11月实现大江截流，2013年5月初期蓄水完成，2014年6月底全部18台机组投产发电。

向家坝水电站位于溪洛渡水电站下游157km，水电站控制集水面积45.88万km²，设计正常蓄水位380.00m，总库容51.63亿m³，调节库容9.03亿m³，总装机容量6400MW，设计年平均发电量307.5亿kW·h，2006年11月开工建设，2008年12月实现大江截流，2012年10月初期蓄水完成，2014年7月底全部8台机组投产发电，2018年5月升船机正式试通航。

金沙江下游的泥沙问题非常突出。针对乌东德、白鹤滩、溪洛渡和向家坝四座水库建设运行及水沙条件，结合水库淤积和坝下游冲刷的潜在影响，开展有针对性、系统性、动态性的水文泥沙监测，支撑梯级水库的调度与长期运行，回答社会关注的焦点热点问题，进一步丰富水文泥沙问题研究成果宝库。

金沙江下游梯级水电站水文泥沙监测于2008年开始，监测范围包括干流观音岩电站坝址至宜宾约842km，其中乌东德以上河段长度273km。监测内容主要包括基础性观测和专题观测两部分。基础性观测项目主要包括进出库水沙观测、水位观测、水道地形观测、固定断面观测、重点河段河道演变观测、河床组成勘测调查、水库淤积物干容重观测、坝下游水沙测验等，主要目的是系统全面收集支撑梯级水库正常运行调度的长系列水库水文泥沙资料。专题观测工作包括河道观测设施、来水来沙调查、水库运行调度观测、异重流观测、拦门沙观测、水流流态观测、减淤调度观测等。金沙江水文泥沙研究范围涵盖金沙江下游干流及主要支流，重点研究金沙江下游水沙变化规律、已建成运行和正在建设中的梯级水库库区及坝下游河段的河道基本特征、泥沙冲淤规律。研究还构建了基于长系列海量数据的金沙江下游梯级水电站水文泥沙数据库及信息管理分析系统，为工程调度提供了坚实的技术支撑。

3. 长江流域防洪预报调度系统与上游梯级水库联合调度研究

水文预报调度是水旱灾害防御、水资源综合管理最重要的非工程性措施，在防汛调度、水资源管理、水工程运用等工作中发挥着重要作用。长江水文依托空天地一体化水文监测体系以及坚实的基础数据，从20世纪80年代"联机实时预报"起步，到1994年"长江专家交互式预报系统"问世，到2006年研发"基于Web应用的通用型水文预报平台"，通过持续继承发展、迭代更新，最终打造成了支撑洪水防御和水库调度决策的重要"利器"——长江防洪预报调度系统。拥有自主知识产权的长江防洪预报调度系统，将流域自上而下精细划分为数十个预报调度体系、数百个预报节点，构建了包括近千套预报调度方案、数十个预报调度模型的预报调度模型库，并纳入干支流主要水库的实时调度规则库，形成了耦合近百座控制性水库群、蓄滞洪区以及数十个沿江主要控制站的全流域预报调度一体化模型，能够有效完成覆盖全流域的洪水预报及不同调度方案的快速、准确分析。在这一"利器"的支撑下，预报调度更加精准，3d预报的平均误差几乎控制在10%以内。

长江防洪预报调度系统不仅满足三峡、南水北调以及流域防洪与水资源管理的需求，还积极服务于乌东德、白鹤滩、溪洛渡和向家坝等重大水利工程的建设管理，以及金沙江中游、雅砻江、大渡河等流域梯级水库群的运行管理研究，并在金沙江白格、云南鲁甸红石岩堰塞湖及东方之星沉船等突发水安全事件应急处置中发挥重要的技术支持作用，当今更成为"预报、预警、预案、预演"的核心利器。

4. 金沙江下游梯级水电开发水文气象预报实践

金沙江下游乌东德、白鹤滩、溪洛渡和向家坝四座梯级水库，不仅是"西电东送"的骨干电源，也是长江上游"一个核心，一组骨干和五大群组"防洪体系的骨干工程，在防洪、发电、航运、生态、枯期补水等方面发挥了巨大的综合效益，不仅承担提高川渝河段防洪标准的任务，还承担配合三峡水库对长江中下游防洪的任务。水文监测预报是保障金沙江上游梯级水电站施工安全及运行设计方式优化和综合效益发挥的重要前提，更是提升流域内水旱灾害防御和水资源综合利用水平的重要举措。

金沙江下游梯级水文监测预报工作采用"规划先行、精准施策、现场值守"的原则开展。水文气象保障服务系统建设遵循"统一规划，分期实施"的原则，统一规划水雨情站网、水文气象信息采集处理、预报及服务系统。施工期水文气象监测以现有国家和地方的基本站网为基础，在考虑交通、通信条件、便于维护管理的前提下，对施工期水文气象站网进行科学论证和布设，并对不具备报汛条件的测站进行适当改造。其中，水文站网分为流域、坝（库）区水文（位）站，按坝址来水预报预见期和坝址水位流量监测要求布设；气象站网主要依托气象部门监测成果，并在施工区补充布设气象站网，按工区气候地理条件选择适宜的仪器进行监测。在施工前期，建设水文气象自动测报系统和预报服务系统，并在使用中逐步更新完善，为施工提供坚实的水文气象信息保障。

施工期水文气象预报分为短期、中期和长期预报，其中，短期以定量的过程预报为主，现场每日滚动开展；中期和长期预报以趋势预报为主，现场按年、季、月、旬定期或不定期（按需）开展。施工期气象预报包括施工区天气预报和流域面雨量定量预报，预报时间尺度、技术方法视预报要素而异；施工期水文预报需编制短期、中长期水情预报方案，其中短期预报方案包括河系预报、坝区来水预报及坝区重要部位的水位预报，以及根据河流水系拓扑结构形成的洪水预报体系。

水文气象预报作业采用"常态＋精准"的模式，在日常提供常态化水文气象预报基础上，根据施工单位需求，定制化开展水情气象保障服务，精准提供所需点位的实况预报信息，编写分析材料供决策参考，还根据施工期不同阶段，及时调整站网布设和水文气象服务内容，全力保障施工安全。现场成立水文气象中心，派驻专业技术人员，快速响应服务需求，规范预报预警信息发布，保障成果的时效性与准确性。

在中国，除了规模庞大的流域级防汛指挥系统与预报调度系统外，中小流域预报预警系统、山洪灾害预警系统、中小水库自动测报与安全监测系统也大量建设运用，此处不再赘述。

第2章

水文测报技术体系构建

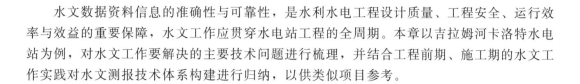

水文数据资料信息的准确性与可靠性，是水利水电工程设计质量、工程安全、运行效率与效益的重要保障，水文工作应贯穿水电站工程的全周期。本章以吉拉姆河卡洛特水电站为例，对水文工作要解决的主要技术问题进行梳理，并结合工程前期、施工期的水文工作实践对水文测报技术体系构建进行归纳，以供类似项目参考。

2.1 研究基础与技术问题

吉拉姆河雨季降水多，夏季气温高，汛期长、洪峰高、洪枯比较大；工程区地质条件复杂，施工场地分散，社会环境复杂；环境保护要求高，水土保持难度大；社会资源供应条件不平衡。卡洛特水电站是吉拉姆河规划的 5 个梯级电站的第 4 级，上一级为阿扎德帕坦水电站，下一级为曼格拉水电站。在卡洛特水电站开发过程中，须充分认识卡洛特水电站工程河段及坝址以上流域水文气象特征及水文工作现状，综合考虑自然条件及技术、经济、安全、政治等多方面因素，科学合理地规划水文测报体系，并在实施中调整与优化。

2.1.1 研究基础

2.1.1.1 电站早期论证情况

1975 年，巴基斯坦水电发展署开始进行许多成本效益水电发电计划的排名研究，以满足巴基斯坦长期电力需要。1984 年、1994 年，有关机构分别对吉拉姆河流域水电资源进行综合规划论证。

2007 年，由澳大利亚雪山工程公司、巴基斯坦米尔扎联合工程服务有限公司、巴基斯坦工程总咨询有限公司组成的联合技术有限公司（ATL）建立了咨询联合体，进行卡洛特水电站可行性研究和编制融资可行性报告。ATL 对所有项目，包括大坝、溢洪道、围堰、导流洞、压力隧洞、尾水隧洞/渠道、厂房及其选址，做了大量的研究和分析，于 2009 年 9 月提出《720MW 卡洛特水电站可行性研究报告》，通过了巴基斯坦相关部门的审批。据此报告，卡洛特项目以发电为单一开发目标。根据 ATL 提出的建议方案，卡洛特水电站工程主要由大坝、溢洪道、引水发电系统以及导流设施等组成，为混凝土重力坝。水库蓄水位 461.00m，最大坝高 91m，正常蓄水位以下库容 1.6 亿 m^3，调节库容 842 万 m^3，为日调节水库，水电站 4 台装机总容量为 720MW，额定总水头 79.00m，溢洪道泄流能力 28500m^3/s，最大发电流量 1200m^3/s，多年平均发电量 3436GW·h，计划建设工期 4 年。水库淹没影响涉及 10 户居民，约 70 人。

根据 ATL 联合咨询体的可研成果，卡洛特水电站坝址处控制流域面积 26700km^2，多年平均流量 816m^3/s，多年平均年径流量 257.3 亿 m^3，历年最大年平均流量 1300m^3/s（1996 年），历年最小年平均流量 382m^3/s（2001 年）。坝址处 5 月、6 月来水量最大，11 月至次年 1 月来水量最小，多年平均最大月平均流量出现在 5 月，为 1706m^3/s，最小出现在 12 月，为 218m^3/s。采用耿贝尔、皮尔逊-Ⅲ 和对数—正态三种方法进行频率分析计算，卡洛特水电站坝址 10000 年一遇洪水洪峰流量 13478～30184m^3/s，2000 年一遇洪水洪峰流量 11613～21441m^3/s，500 年一遇洪水洪峰流量 10005～15748m^3/s（最后水工设计采用 10000 年一遇洪水洪峰流量 20140m³/s，2000 年一遇洪水洪峰流量 15545m³/s，500 年一遇洪水洪峰流量 12247m³/s，可能最大降雨量 456mm，估算坝址可能最大洪水的洪峰流量 28440m³/s。卡洛特水库坝址以上流域年均悬移质输沙量 3140 万 t（对应含沙量 1.22kg/m³），推移质输沙量 467 万 t，总输沙量 3607 万 t。推移质输沙量为悬移质输沙量的 15%。卡洛特水库正常蓄水位以下库容为 16450 万 m³。具有泥沙量大、库容小的特点。咨询联合体可研报告泥沙研究的结果显示，在不考虑排沙运行方式的情况下，卡洛特水库使用寿命约 15 年。泥沙量大可能带来水库淤积问题和水轮机磨损问题，因而排沙和防沙是本工程的重点和难点。

卡洛特水电站是中国三峡集团计划在巴基斯坦进行水电开发的重点项目，基础是 ALT 联合咨询体的《720MW 卡洛特水电站可行性研究报告》。根据中国三峡集团中国水利电力对外有限公司（以下简称中水电国际）和长江勘测规划设计研究有限责任公司（以下简称长江设计公司）对卡洛特水电站前期工作的评估，已有前期工作深度尚未达到中国规范要求的水电站可行性研究工作范围和深度的要求。因此，中水电国际于 2010 年委托长江设计公司开展卡洛特水电站可行性研究阶段勘测设计工作，2010—2013 年，长江设计公司开展了大量现场勘察及设计研究工作。2010 年 10 月和 2011 年 4 月，长江设计公司先后完成了《巴基斯坦卡洛特水电站可行性研究报告评估意见》和《巴基斯坦卡洛特水电站可行性研究报告补充评估意见》。长江设计公司评估指出：①设计依据站仅在白天观测水位，存在漏测高水位和洪峰流量的可能性，各专题报告中所列的流量资料有不一致的情况；②卡洛特水电站坝址径流成果基本合理；③卡洛特水电站坝址设计洪水成果比上游科哈拉水电站厂址设计洪水成果小，坝址设计洪水成果存在偏小的可能性；④采用曼宁公式推求坝、厂址处水位流量关系的方法基本可行，各专题报告中坝、厂址水位流量关系不一致，计算中所采用的比降、糙率等参数选取理由不充分，建议在坝址和厂址设专用水尺进行水位观测，以对水位流量关系进行复核；⑤悬移质和推移质输沙量的计算方法基本可行。

2.1.1.2 流域内水文气象站网及可利用的成果

巴基斯坦水电发展署的地表水文部门，以及巴基斯坦国家气象局（Pakistan Meteorological Department，PMD），是水文气象站网的主要运行管理机构。吉拉姆河流域内的水文气象站网及其历史资料长系列成果，是卡洛特水电站工程设计的重要依据，也是水文测报体系构建的重要依托。

1. 水文测站及成果

吉拉姆河流域内有 9 个水文站，吉拉姆河干流上有 C、HB、D、CK、KH、AP 和卡洛特 7 个站，昆哈河、尼拉姆河上分别设有 GHU 站和 MFD 站。各站观测资料有日、月、年平均流量和年瞬时最大流量及泥沙资料。卡洛特水电站坝址附近的水文站有 AP 站和卡洛特站，卡洛特站 1969 年建站，1979 年撤销；AP 站 1979 年设立，其位于坝址上游约 15km，观测至今（1993 年缺测）。吉拉姆河流域水系及骨干站网概化图见图 2.1-1。

2. 气象站及成果

巴基斯坦的气象站主要隶属于巴基斯坦气象局，水文站也观测一些气象资料。流域内水文站观测气象要素的站有 D、BL、NA、L、B 等；气象局设的气象站有 MFD、MR、

L、MGL 等。

巴基斯坦历史水文成果是工程前期水文分析计算及施工期水文测报技术体系构建的重要基础资料，但也有一些不便之处，即没有逐时成果，可供使用资料的最小时段尺度是逐日。因巴中两国技术方法与技术标准的差异，在使用历史资料时，需要开展分析，并适当研究一些资料转换技术。

2.1.2 技术问题

前已述及，水电工程前期、施工期均需要详实的水文数据做支撑。

2.1.2.1 前期水文测报工作

2012 年 6 月开始，根据建设方要求，在进行引水发电系统专题研究的同时，为全面深入了解项目，设计单位提前开展了水文成果复核，库首岸坡稳定调查，工程规模复核，枢纽布置调整，坝型、坝线和枢纽布置初比，坝基稳定复核，泄洪规模调整、导流方案比较

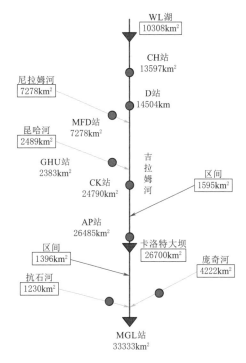

图 2.1-1　吉拉姆河流域水系
及骨干站网概化图

等工作。其中水文成果复核后发现咨询联合体可行性研究阶段存在原设计洪水来源不清、原设计泄洪规模不够、复核的设计洪水远大于原报告设计洪水、泄洪标准差别大等技术问题。

2012 年 8 月进行现场查勘并收集了部分水文基本资料，其中在收集到的资料中：①没有水位资料；②流量、悬移质含沙量按过程线法布置测次含沙量（体积浓度单位mg/kg）；③悬移质泥沙级配仅有 2007 年 12 月在 4 个地点取的共 8 次资料；④2007 年 11—12 月有 16 次实测岸边土壤级配资料，取样点分布在阿扎德帕坦大桥上游 2km 至卡洛特大桥下游 2km 的河岸（多数点在右岸）；⑤现场查勘了解到吉拉姆河存在泥沙问题，卡洛特下游的曼格拉水库就发生了较严重的淤积问题；⑥建坝区上游无水下地形资料。

资料不完整给设计工作带来一定的不确定性。考虑到工程设计及复核水文分析成果的需求，有必要开展水位、流量、泥沙等水文要素的观测或比测，在工程河段开展地形测量与固定断面测量，开展坝上河段的河床组成调查，以及在有关河段设立比降水尺及观测断面，在高、中、枯 3 个流量级下开展试验，完整地收集该河段在天然水流状态下地形、水文、河床组成等基础资料，为进一步分析研究坝区邻近河段河床演变趋势及其对下游河段泥沙的影响及有关技术论证等提供可靠的科学依据。

2.1.2.2 施工期水文测报体系

卡洛特水电站项目筹建及准备期工程于 2015 年 12 月 21 日开工，计划主体和导流工程于 2016 年 3 月 1 日开工，主河床 2017 年 10 月 15 日截流，水库 2019 年 11 月 1 日蓄水，首台机组 2020 年 1 月 1 日具备商业运营条件，2020 年 11 月 30 日工程完工。实际实施情

况是：因某些因素及新型冠状病毒肺炎影响，工期有所后延，2016 年 12 月项目融资关闭，主体工程（溢洪道、引水发电系统及导流洞）开工，2018 年 9 月 22 日主河床截流，2021 年 11 月 20 日水库蓄水，2022 年 6 月 29 日开始商业运营。水文工作贯穿全周期，各个阶段有不同的重点。

水电开发水文工作与其他大多数专业不同之处在于：目标是坝址，工作在流域。就卡洛特水电站而言，需建设水文自动测报系统，开展施工期水文预报，支撑施工度汛安全；需开展水文泥沙观测，支撑泥沙问题应对；需开展气象观测，支撑气象预报并为工程施工气象灾害监测提供依据。

1. 水文测报主要技术工作内容

卡洛特水电站水文自动测报系统及水文泥沙气象观测工作的主要内容如下：

（1）布设遥测站网。在乌拉尔湖出口以下至坝址河段范围内合理布设水文气象监测站网，收集并积累水位、雨量、流量、气象、悬移质输沙率等资料，改善该地区水文资料匮乏的现状，为水电站建设提供较详实的水文气象等资料。

（2）建设水情自动测报系统。实现水位、雨量信息的自动采集、存贮和传输，在10min 内收齐整个系统水情数据，为水电站的施工安全度汛及水文预报提供实时准确的水雨情信息；编制水文预报方案，开发水文预报系统，为水电站施工运行乃至建成后水电站的实时调度提供水情支撑。

（3）建设专用水文气象、水位站，为相关资料收集创造条件。

（4）开展重要控制站的水文泥沙与气象观测以及库区固定断面和水下地形测验，收集水电站运行前的本底资料。

（5）开展现场水文预报服务。包括预报方案修编、洪水预报作业、水情咨询以及水情测报系统运行维护等，为工程施工期提供水情保障服务。随着实测资料系列的积累，逐步改善洪水预报精度，并视情况研究增长洪水预报有效预见期的技术手段。

2. 水文测报需要解决的关键技术问题

在卡洛特水电站水文测报工作中，需妥善应对以下技术难题：

（1）不同区域实时水情信息可获得性的问题。吉拉姆河卡洛特以上流域，地形复杂，需分门别类考虑现有水文气象测站利用、新建测站，以及对无资料地区的水情控制。

（2）巴基斯坦历史资料与现有站网充分利用的技术问题。巴基斯坦历史资料在卡洛特水电站设计中发挥了重要作用，但与施工期水文预报对流域遥测站网的要求还有差距，如何充分利用现有站网，以及深度挖掘历史资料的价值，在预报方案构建中发挥作用，缓解遥测站网建设前期与建设初期实测资料系列不足的问题，应对水电工程施工阶段初期地燃眉之急。

（3）双雨季气候、短河长大比降河网、融雪径流与降雨径流组合、水文气象过程资料匮乏复合应用情景下水文预报模型研制与参数选配问题，并需协调好有效预见期与工程需求之间的矛盾。

（4）针对工程所在流域区域内的通信现状，需解决北斗导航系统在大海拔差异流域、高信息安全要求、单信道通信备份的实景应用问题。

（5）地质地貌复杂山区的测绘技术问题。吉拉姆河地质条件复杂，陡峭河段、巨石河

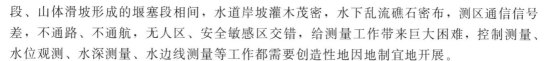

段、山体滑坡形成的堰塞段相间，水道岸坡灌木茂密，水下乱流礁石密布，测区通信信号差，不通路、不通航、无人区、安全敏感区交错，给测量工作带来巨大困难，控制测量、水位观测、水深测量、水边线测量等工作都需要创造性地因地制宜地开展。

（6）恶劣自然条件和公共安全高风险地区作业开展水文测报工作的技术方法选择、技术标准采标、安全进度质量管理问题。

2.2　技术体系构建原则

水电站水文工作布局，既需考虑水电工程自然地理条件、河流水文气象特征、交通通信条件、综合安全状况，也需要考虑现有技术基础、工程对水文技术支撑的需求。对于国际性项目，还要考虑业主投资理念、管理理念、社会形象以及一些特定的目标需求等。测报技术体系构建要通用性与针对性相结合，考虑现状与远景，在综合分析技术、经济、安全的基础上，科学审慎提出切实可行的方案。

2.2.1　综合条件分析

吉拉姆河径流组成复杂，洪水陡急传播快，工程影响显著，综合条件复杂，地理位置特殊，安全风险巨大，技术资源有限，水文工作困难重重。

1. 水系丰富，且受工程影响，径流组成复杂，泥沙问题较严重

吉拉姆河是印度河流域水系最大的河流之一，干流全长 725km，流域面积 6.35 万 km²。尼拉姆河是吉拉姆河干流右岸的最大支流，在 MFD 从右岸汇入吉拉姆河，集水面积为 7278km²，昆哈河是吉拉姆河干流右岸从水量角度仅次于尼拉姆河的重要支流，集水面积为 2489km²。除主要支流外，吉拉姆河沿岸还有一些小支流汇入，雨季区间径流往往对坝址洪水造峰贡献较大。由于不同时段分别受东北季风、西南季风影响，年内降水分配有典型的双雨季特征。降水量年际变化不大，极值比一般在 1.7～2.3 之间。

流域内巴基斯坦境内已建较大水电站有 N-J 水电站，从尼拉姆河 MFD 汇合口以上约 43km 引水，发电尾水在 CK 站下游约 4.5km（科哈拉厂址上游约 5km）汇入吉拉姆河。昆哈河汇合口上游约 15km 亦有帕春水电站已经投运，上游的苏基克纳里水电站也正在建设中，上游工程的运行将使卡洛特水电站以上流域的来水组成复杂化。另外，干流吉拉姆河 CH 站（科哈拉坝址上游约 24km）上游约 17km 有已建水电站，装机容量 720MW。该水电站水库调节对吉拉姆河干流（巴基斯坦境内）水情影响较大，中低水影响尤为显著。

吉拉姆河流域洪水主要为暴雨洪水，枯水期径流受北部山区冰雪融化影响，以及水电站运行影响。受双雨季气候、降水的区域性、地形地质及工程运行影响，径流组成较复杂。卡洛特水电站具有泥沙量大、库容小的特点，泥沙量大可能带来水库淤积问题和水轮机磨损问题，因而排沙和防沙是本工程的重点和难点。

2. 洪水涨率大，峰高流急，传播时间短，工程存在安全风险

吉拉姆河属典型的山溪性河流，比降大，水流急，洪水陡涨陡落。暴雨洪水是汛期洪水的主要成因，全流域暴雨洪水及区间来水均可能威胁施工安全。吉拉姆河 1992 年 9 月

10 日发生了特大洪水，距 AP 站上游约 7km 的阿扎德帕坦大桥被洪水冲毁，巴基斯坦地表水文部门发布的 1992 年水文年鉴中刊出该站的该年最大洪峰流量为 14730m³/s。9 月的流域面均累积雨量达 285.8mm，比历史同期均值偏多约 1.8 倍，属于显著偏多，MFD、GLD 等站 1992 年的 9 月累积降水量均超过历史同期均值 2 倍以上，其中 GLD 超过历史同期达 3 倍。9—10 日的全流域性暴雨是导致"1992·9"洪水的直接原因。就 D 站个例而言，9 月的强降水均集中在 9 日和 10 日两天，日降水量分别达到了 103.1mm、245.1mm。干支流各站来水 9 日迅速上涨，10 日出现洪峰，此后快速消落，洪水过程呈陡涨陡落态势，各站涨退水步调基本一致。干支流各站的日均流量过程线见图 2.2－1。由于巴基斯坦水文年鉴只刊布逐日成果，水文专项项目部实测的逐时成果能够更好地展现洪水陡涨过程，卡洛特水电站坝址洪水实测成果表明，坝址洪水主要是区间和干流共同来水的结果，而坝址上游的区间洪水往往参与造峰，快速加大洪峰流量，成为工程施工度汛的较大安全风险。

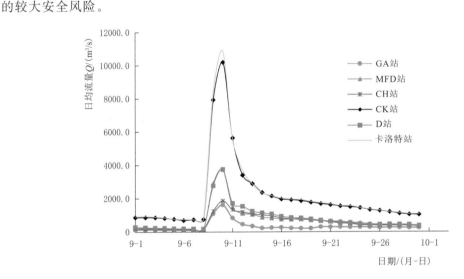

图 2.2－1　1992 年 9 月吉拉姆河干支流各站的日均流量过程线

　　水文专项项目部在 2017 年汛后修订卡洛特水电站水文预报方案时，分析的卡洛特坝址以上干支流控制站河长及洪水传播时间见图 2.2－2，对应的卡洛特水电站坝址流量仅为 3280m³/s。由图 2.2－2 可见，吉拉姆河 CH 站至 HB 站的距离为 16km，洪水传播时间仅 0.5～1h，HB 站至 D 站的距离为 39km，传播时间为 2～3h，D 站至 CK 站的距离为 23km，传播时间为 1.5～3h，CK 站至 AP 站的距离为 68km，传播时间为 3～5h，AP 站至卡洛特水电站坝址的距离为 16km，传播时间为 0.5～1h；支流尼拉姆河的 DH 站至 MFD 站的距离为 114km，洪水传播时间约为 5h，MFD 站至吉拉姆河干流 CK 站的距离为 24km，传播时间为 1.5～3h；支流昆哈河 TH 站至吉拉姆河干流 CK 站的距离为 35km，传播时间约为 2h。通过分析，吉拉姆河上游干支流发生洪水时卡洛特水电站坝址的预见期不超过 12h，发生流域性洪水时吉拉姆河卡洛特水电站坝址的预见期仅 6h 左右，AP 区间洪水到卡洛特水电站坝址几乎没有预见期。值得指出的是，上述分析所采用的资料中，实测的流量最大值出现在 2017 年 4 月 6 日，TH、MFD、D、CK、

AP、卡洛特专用水文站瞬时流量洪峰值分别仅为
52.0m³/s、635m³/s、1020m³/s、1820m³/s、2700m³/s、
3280m³/s。

3. 技术资源匮乏，水文测报预报较为困难

在 CH 站以上没有水文、气象历史资料及水文
测站、雨量站、气象站实时信息可供利用，仅能依
据卡洛特水电项目站网的实测成果。然而，因卡洛
特项目收集的资料时间序列短，洪水量级不大，代
表性不够，水文预报方案的不确定性大，会给水文
预报工作带来一定的难度。

气象服务方面，流域内可供利用的气象站不
多，实时降雨公共信息资源未能覆盖全流域，降雨
径流关系或水文模型预报技术手段也难以施展。

4. 综合条件复杂，严重影响工作开展

根据现场踏勘了解到的情况，卡洛特坝址以上
河段为峡谷型河道，不通航，两岸多峭壁，河底多
乱石，下河道路稀少，沿河野外工作自然条件较
差，工作的难度较大。另外，工程施工条件特性，
以及文化习惯差异、工作习惯差异等，都会影响水
文、水位、气象站及自动测报系统的建设，以及水
文泥沙观测、气象观测工作实施的时效性，增大工
作难度。

工程所在地区可能发生的地震、山洪、泥石
流、强风等自然灾害，公共安全原因导致的交通管
制，雨季公路塌方导致的交通中断，或遇大范围或

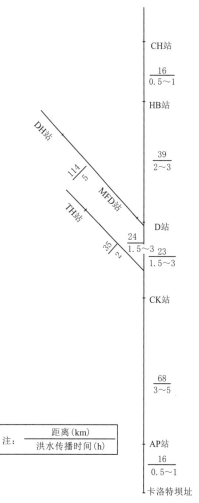

图 2.2-2　卡洛特坝址以上干支流控制站
河长及洪水传播时间图

全国性流行性疾病等及其他不可抗力，也可能导致
公共通信中断、交通阻滞、设施设备损毁、技术资源瘫痪、人员不在状况等后果，致使工
作中断或无法正常开展。

5. 地理位置特殊，施测人员安全风险大

巴基斯坦的国内安全形势复杂。政局虽然基本稳定，但受多方面因素影响，政治稳定
性受到多种因素冲击，导致水文工作的公共安全威胁随时可能存在。

水电站水文专项工作与其他参建单位的最大差别，是工作区域位于厂址以上流域，工
作区域范围大。

从水文工作情况来看，一些区域限入，军警安保协调时效性差，极大地影响流域内水
文工作的效率。站网巡检需要军警、保安等安保力量，野外勘测工作多在营地外，安保准
备及非工作时间禁行等规定使水文工作的有效时间大大缩短，工作滞后，根本无法满足时
效性要求，以致经常发生漏测洪峰沙峰及过程的情况；库区河道地形测量、断面测量及河
床组成调查等工作，更存在"跑7个小时路，干1个小时活"的奇特现象。诸如此类的状

况均会影响工作效果。

2.2.2　构建原则

通过前面的综合条件分析，可知巴基斯坦吉拉姆河流域水电开发的水文工作不同于中国境内的三峡工程、金沙江梯级工程。水文测报技术体系构建必须综合考虑项目所在国及所在地实情，根据需要和可能，原则性与灵活性相结合，因地制宜实施。技术体系构建主要宜遵循以下原则：

1. 符合资方发展战略的原则

中国三峡集团实施"走出去"战略，服务"一带一路"倡议，努力打造中国水电"走出去"升级版，致力于成为中国水电全产业链"走出去"的引领者，在国际市场形成有影响力的三峡品牌。水文专项项目部在三峡工程中的技术工作经验，结合三峡国际发展战略，可在水电开发中发挥重要的技术支撑作用。卡洛特水电站是中巴经流走廊能源合作优先实施项目和首个大型水电投资项目，也是被写入中巴两国政府联合声明的水电投资项目。水文工作理应成为三峡国际化示范作用的重要组成部分，在水文工作策划、实施，设备走出去、技术走出去、方案走出去，技术标准国际化，以及管理经验积累、科技成果凝练等方面，均需发挥应有的示范作用。卡洛特水电站是三峡集团在吉拉姆河流域投资的第一个水电站，上游水文自动测报站网的规划建设成果，收集到的宝贵水文资料成果，以及工程水文的管理与科技成果，最好能供其他梯级开发使用或借鉴，以期发挥最大功效。

2. 满足工程需要，兼顾阶段需求与长远需求的原则

水文工作的总体布局，专用水文站网的规划、设计、建设及运行，水文泥沙观测方案的编制与实施，水文气象预报的资源配备与技术实施，以满足工程需要为原则，有树立社会形象考虑时可适当展现公益或其他功能。鉴于工程以 BOOT 模式投资建设，水文工作的安排宜综合考虑水电站工程设计、建设、运行等各个阶段的需要，并注意各个阶段工作的衔接，观测时机和观测方案与工程各阶段的需求相匹配，在条件允许的情况下，尽早收集基本资料，对收集的系列水文泥沙资料成果，应充分发挥其使用价值。可研阶段，摸清流域水文状况，收集历史资料，开展可靠性、一致性、代表性分析，复核水文实测成果，补充比测验证，为确定工程规模、工程布局提供可靠的径流、洪水、泥沙等水文分析计算成果；施工阶段，建设流域站网及自动测报系统，实施水文泥沙观测，开展工程水文气象预报预警，为工程施工度汛提供强劲的技术支撑，收集的水文资料同时满足工程设计复核的需要；运行阶段，优化水文站网，开展水文泥沙观测和运行期水文气象预报，为水库和水电工程自身安全运行及水调、电调提供专业支撑，并为适时优化调度方案提供科学依据。各阶段收集的水文实测资料，积累到一定时间后，既可开展科学研究，还可用于分析规律，及时调整优化水文工作方案。

3. 符合项目所在国法律法规政策，满足规程、规范的原则

水文工作的实施，应遵守巴基斯坦及当地的法律法规，并充分利用中巴经济走廊和水电工程的相关政策，妥善应对工作中的实际困难与问题。水文工作人员应尊重当地宗教文化及民族习俗，适应工作所在地人文环境。水文站网规划以中国的站网规划导则及其实践

运用经验为指导，与所在区域自然地理特性和流域水文气象特征相结合，科学布设；充分参考国内三峡工程、金沙江梯级工程等专用水文站网，东南亚、南亚等国类似工程的专用水文站网建设运行实践经验，拟定建设标准及技术装备配置标准。水文泥沙观测应满足中国水文勘测与资料整编相关规范的技术标准，做到规范化、标准化，保证观测成果质量。自动测报系统以现行的相关水文气象监测、通信系统组网、软件开发、数据库构建等方面的规程、规范为依据；水情服务系统的开发应具有兼容性、开放性和可拓展性。设立的工地水文气象站，应通过技术管理或计量部门的检测或认证，为工程遭遇自然灾害受损时的索赔工作提供合法准确的依据。

4. 因地制宜，科学高效的原则

编制的方案在巴基斯坦经济社会条件下具备可行性，设计适合区域条件的水文气象监测和自动测报系统。采用先进科学设计理念，在流域现有站网和水文测验设备的基础上，根据水电站施工期安全，兼顾运行期防洪调度等的需要，优化系统功能，合理布设站网，避免重复建设。水文站站址选择、水文站的建设方案适应电站工程河段的自然状况、水文气象条件、河势河床特点，还应适应水电工程设施布局。观测项目及观测方案紧扣工程需要；观测设施设备的配备首先考虑以满足基本功能为前提，适当引入自动监测装备以减少运行管理的人力投入，补充适量的备品备件。水文气象预报预警工作，根据需要和可能，结合不同的水情工情，确定合理的精度标准；根据流域水文特征，分析不同水雨情条件下可能达到的预见期，结合工程需求科学安排作业预报的频次；充分利用所在国及当地气象资源，开展气象预报预警。

5. 经济实用，可靠性与先进性相结合的原则

尽量配备简单实用且适应观测河段水沙特点的水文观测设施设备，应尽可能选用稳定可靠的自动监测仪器设备，同时尽量运用在多年实践中总结出的先进技术及管理经验。适当安排水文专家在现场或后方工作，解决工程水文关键技术难题，配备有经验的高素质水文专业技术人员，开展核心技术工作，辅以适量的当地员工，开展一般技术工作和辅助工作；在仪器设备配备和运行方案的编制上，充分考虑在正常情况下能完整地收集水文资料，在特殊情况下能尽可能收集高洪、大沙资料，按合理的性价比确定建设标准；建设及运行设备材料物资，国际采购与本地添置相结合；方案总成时，综合考虑建设及运行投资后确定最优方案，尽量保证人力和物力运用的最优化，做到人尽其才，物尽其用。

6. 管理方便、生产安全的原则

水文工作规划布局、水文站网和自动测报系统设计、水文泥沙观测布置，除满足工作需要外，还应兼顾交通方便、生活方便、管理方便，观测方案确定及观测设施的配备均应满足安全使用前提。鉴于吉拉姆河流域所在地区的特殊性，综合考虑政治局势、安全形势特点，水文工作将人身安全放在首位，充分依托社会大安全、项目大安保、强化属地安保措施，密切关注安全信息，严格遵守安全规定，并适当辅以科学手段，平衡好技术服务需求与安全保障要求。对工作中面临的实际技术困难，前后方分析解决方案。若收集不到资料，则尽可能做一些基础性、辅助性工作，并尝试开展新技术研究，优化洪水预报模型，设法提高预报预警服务质量。对一些中国专业技术人员不能到达的区域，还可考虑通过委托代建代管、共建共管、远程控制等多种方法手段解决问题。总之，要将严谨的管理规则

与灵活的工作思路相结合，方可适应所在区域复杂的综合条件。

2.3　主要关键技术

为适应水利水电工程设计需要，统一水文计算的技术要求，保证成果质量，卡洛特水电站水文工作分可行性研究和初步设计阶段、施工期、运行期分别规划实施。由于已有 ALT 的可研成果，卡洛特水电站前期测报工作主要聚焦工程设计复核，工作范围主要在库区、坝址及坝下游附近，技术工作以监测、勘测调查为主。施工期水文工作主要支撑水电站建设安全，并兼顾设计成果合理性检校，以及与水电站运行期的衔接。其技术复杂度猛增，涵盖站网规划、水情自动测报系统建设、水文泥沙监测、水文预报、分析研究、质量安全管理等系列内容，技术体系的构建更加复杂。

2.3.1　前期水文测报技术

前期水文测报主要支撑设计复核工作，安排了库区及坝下游大断面测量、坝址河段 1∶2000 河道地形测量、库区历史洪水调查，以及设计依据站水文比测、坝址厂房及试验河段水文观测、河床组成勘测调查、历史资料收集等工作。

2.3.1.1　技术工作内容

1. 大断面测量

（1）卡洛特库区大断面测量。对测区内布设的 47 个断面进行固定断面测量，两岸测至 470.00m 高程，具体断面布置详见图 2.3 - 1。

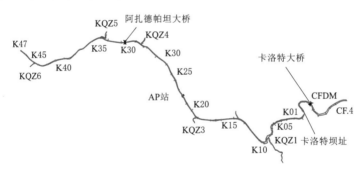

图 2.3 - 1　卡洛特库区固定断面测量布置图

（2）卡洛特水电站坝下游大断面测量。卡洛特水电站大坝至曼格拉水库（吉拉姆河与曼格拉水库交汇处，距曼格拉水电站 9km），河流全长约 75km，可每 3km 左右布设一个大断面，若顺直河段断面间距可适当延长；对有桥梁、建筑物、厂房等重要地物位置宜布设大断面。两岸测至高程根据水位落差而定，最下游测至高程为曼格拉水库最高蓄水位以上 1m。

2. 卡洛特库区历史洪水调查

在大断面施测的同时，对所在断面其历史洪水位尽量采取多人多点调查，并进行平面定位及高程接测。

3. 1∶2000 河道地形测量

坝址所在河段进行 1∶2000 河道地形测量（范围坝址上游 3km，坝址下游 1km，总长 4km），岸上高程测至校核标准 2000 年一遇洪水，即测至 470.00m 高程。

测次安排：由于测区综合条件十分困难，仅施测坝址河段，其余河段暂不作系统安排，待条件具备后施测。在条件许可的其余河段先期可加密施测一些大断面供库容计算使用。

4. 水文测验

（1）AP 站比测。2012 年 12 月水文技术人员现场查勘期间，考察了 AP 站的测验内容与方式、所使用的主要仪器以及技术条件。AP 站站房位于测验断面下游约 300m 的支流入汇处，有办公室 2 间、仓库 2 间，另有水情传控制室 1 间。测验断面位于吊索桥下游 150in❶，建有基本水尺 2 组和手摇式吊箱式缆道 1 座，该站的测验项目有水位、流量、悬移质输沙率等。该站现有职工 6 人，水位采用人工观测，流量采用旋杯式流速仪施测，悬沙采用瓶式积深法取样后送至拉瓦尔品第实验室处理分析；水位为逐时观测，沙及流量按过程线法控制。

由于该站的测验技术条件相对有限，有必要在该站开展水位、流量、悬移质泥沙等项目的比测，并进行大断面测量，开展历史洪水调查，收集降水量资料。

比测工作在水文站断面进行，测验与该站常规法进行同步比测，比测期至少一年，一年后视资料情况确定是否继续延长比测。

（2）坝址及厂房河段水文观测。AP 站与坝址之间有支流加入，为建立坝址水位流量关系，并建立坝址、厂房处的水位相关关系，需在坝址附近设立专用水文站，收集水位、流量、悬移质泥沙、降水资料，在厂房附近设立专用水位站，收集水位资料。

为了充分利用 AP 站的资料，坝址专用水文站宜与 AP 站同步或准同步观测，以便使用资料移用技术将 AP 站的资料移用到坝址。

（3）试验河段水文观测。收集试验河段水位、断面流速分布及相应流量资料，选取有代表性的洪、中、枯三级流量。在各试验河段布置临时水尺 6 个（临时水尺间隔 1.0～2km 1 个，其中坝址处布置 1 个水尺），流速观测断面 4 个（流速观测断面布置在临时水尺断面即可），提供工程河段天然条件下三级流量对应的临时水尺的水位值以及其中一级流量条件下测速断面的流速分布特征资料。

5. 河床组成勘测调查

对枢纽所在工程河段及坝下游河段（吉拉姆河与 MGL 水库交汇处）进行河床组成勘测调查，其中包括推移质、悬移质和床砂级配、中值粒径、覆盖层厚度等，同时对工程附近堆积体活动进行调查。

为了验证推算的卡洛特水电站入库推移质量，还需调查收集其下游 MGL 水库的泥沙淤积相关资料作辅证。

6. 历史资料收集

工程附近水文站的多年已有水文泥沙资料，如水位、流量、悬移质含沙量和输沙率、

---

❶　1in＝25.4mm。

床砂、推移质等。

2.3.1.2　主要技术方法

1. 控制测量

(1) 图根控制测量。测区内基本控制可满足断面测量及水文测验精度需要，局部河段只需进行加密图根控制。1 级图根控制（三维坐标）可采用 GPS RTK（Real time kinematic）双站双测的方法施测；大断面起点标、方向标、水文测验断面标点可直接采用 GPS RTK 法施测。

(2) 基本高程控制测量。利用测区高等级水准点按三等几何水准接测各水尺校核点，按四等水准精度接测水尺零点。测验条件困难的断面无法用几何水准接测水尺零高可采用三角高程测量，但必须符合规范要求。

2. 卡洛特库区大断面测量

卡洛特库区共施测 47 个固定断面。

(1) 岸上断面测量。

1) 岸上断面测量测至历史最高洪水位以上 1m，但凡水位能淹没的沙滩、边滩、江心洲，均应全部施测。

2) 岸上断面测量可采用 GPS RTK、全站仪进行测量。所测断面其流动站、棱镜必须严格控制在断面线上。

3) 如遇悬崖等，跑尺人员无法立尺的少数特殊困难地区，可采用免棱镜全站仪施测；若遇浓密的芦苇林、树林区，可采用全站仪转站施测。

(2) 水下断面测量。

1) 平面定位。水下断面测点定位采用 GPS RTK 实时差分定位测定平面定位。测点间距一般为 5～15m，当河宽小于 100m 时测点适当加密（点距小于 10m），陡坎、深泓及河床明显转折变化处应加密测点；断面测点应严格控制在断面线上。固定断面水边可采用 GPS RTK 或全站仪施测。

2) 水深测量。水深测量采用单频数字回声测深仪，导航采用专业导航软件，保证平面坐标、水深同步采集。

(3) 水位控制测量。可采用 GPS RTK 进行接测。测时于左、右岸各观测 2 个测回，各测绘间水边测点高程较差应小于 0.03m，取平均值作为断面一岸的接测水位。当两岸水位较差在 0.1m 以内时，取平均值作为测时断面水位；当两岸接测水位大于 0.1m 时，需现场根据水流方向判定确认，若一致则断面按横比降推算水下高程。

3. 卡洛特库区历史洪水调查

与卡洛特库区断面测量结合实施库区历史洪水调查工作，具体按《水文调查规范》(SL 196) 相关要求实施。尽量多人多点调查，并进行平面定位及高程接测。

4. 1:2000 地形测量

(1) 陆上地形测量。岸上地形测量采用清华山维电子平板测图，即以全站仪配合便携式计算机利用清华山维软件数字化成图；对于地形相对简单的区域，采用 GPS RTK 法和测记法数字化成图。

测量范围：坝址上游 1km，厂房下游 1km，河道总长约 4km。测图岸上高程至 470m

以上高程。

（2）水下地形测量。

1）平面定位。采用横断面法，断面方向大致与水流方向垂直，断面间距为40m，测点间距8～15m，但在矶头上下腮、崩岸、陡坎、冲刷坑等处应适当加密断面和测点。

水下地形测点定位采用 GPS RTK 实时差分测定平面位置。水边测点采用 GPS RTK 或全站仪极坐标法测定。水边测点间距一般不超过 40m，地形变化转折处应适当加密，以真实反映河岸形态。

2）水深测量。水深测量采用单频数字回声测深仪，导航采用专业导航软件，平面坐标、水深同步采集。

（3）水位控制测量。

1）常规水位控制测量。水位接测精度应满足五等水准的精度要求。因水位高低或地形条件人为改变等情况形成水潭的河段，每个死水区要接测 1 个水位（在满足全站仪施测河底高程的水域，可直接采用全站仪施测出河底高程）。

受当日上、下游测段间水位涨落影响，根据水面落差变幅情况，控制好水位接测次数。当日上、下游测段间水面落差大于 0.5m 时，应在开工、测中、结束时各接测 1 次水位，接测点选择在同时段水下地形测量处，避免测区外延和时间外延，水位必须反映水下地形测量时的适时水位值。

2）GPS RTK 水位控制测量。由于本河段为山区河段，水位落差加大，水位接测较为频繁，可采用 GPS RTK 进行补充接测，保障上下游接测水位合理、正确。测量方法必须满足于左右岸观测各观测 2 次，两岸测定水边测点高程较差应小于 0.05m，满足上述取平均值作为断面接测水位。

当上下邻近断面水位出现异常时，应认真分析查找原因，保障水位准确合理，否则重测。

5. 水文测验

（1）在 AP 站比测。在 AP 站开展水位、流量、悬移质泥沙等项目的比测，并进行大断面测量，开展历史洪水调查，收集降水量资料。比测工作在水文站断面进行，与该站巴方常规法进行同步比测。比测期暂定 2013 年一年，对观测资料进行分析后确定是否需要继续比测。

主要技术方案如下：①水位利用该站现有水尺作为基本水尺，新建设压力式水位自记设施，配备压力式水位、固态存储器计、通信设备进行自动测报；②流量拟采用缆道牵引三体船载走航式 ADCP 施测，测验时 AP 站同步采用常规方法测验；③悬移质输沙率拟采用瓶式采样器积深法采样，取样用垂线混合法或全断面混合法，用流量加权法或全断面混合法计算断面输沙率，样品拟委托拉瓦尔品第的分析实验室分析；④悬移质颗粒级配拟采用瓶式采样积深法采样，取样用垂线混合法或全断面混合法，悬移质输沙率加权法计算断面平均级配，样品拟委托拉瓦尔品第的分析实验室分析；⑤在 AP 站安装翻斗式自记雨量计，配备固态存储器进行自动测报；⑥历史洪水调查，调查 AP 站河段的洪痕及出现年份和在调查期内的排序情况，并进行水准测、断面测量，推算历史洪水；⑦大断面测量，对 AP 站的基本水尺断面及流量断面进行测量，汛前、汛期较大洪水后、汛后各测 1 次，了解断面冲淤变化情况；⑧资料收集，收集比测期内 AP 站同步常规法资料，若条件具备，还应收集 AP 站的实测断面成果历史资料。

（2）坝址及厂房河段水文观测。为满足卡洛特水电站工程所在河段水文资料需求，在坝址设立专用水文站，收集水位、流量、悬移质泥沙、降水资料，在厂房附近设立专用水位站，收集水位资料。

1）坝址专用水文站。根据工程需求，需要坝址的水位、流量（含大断面）、悬移质泥沙资料。拟将基本水尺断面设在坝址附近，并安装自记雨量计收集坝址处的降水资料。根据 2012 年 12 月水文技术人员现场查勘结果，坝址和厂房之间没有大的支流分入分出，拟将流量测验断面设在厂房附近卡洛特桥上游附近。规划卡洛特水电站上游约 15km 处的 AP 站，流域面积约 26485km^2，与坝址（临时水文站）之间虽有支流加入，但区间面积不大，可以考虑暂时借用 AP 站的悬移质泥沙成果。坝址专用水文的观测期暂定 2013 年一年，观测期结束后再确定是否需要继续观测。

主要技术方案如下：

a. 水位。设立基本水准点、校核水准点、直立式校核水尺，新建设压力式水位自记设施、仪器房，配备压力式水位、固态存储器计、通信设备进行自动测报。开展少量的人工校核水位观测。

b. 流量。根据坝址水文测验河段的水面比降、流速、地形特点综合确定测验方法，应兼顾测洪能力与测验安全。参照连时序法布置流量测次，收集一定资料后分析优化测验方案，若水位流量关系为单一线，则可按水位级均匀布置测次，以控制水位流量关系的变化为原则。与流量配套的测量工作还有断面标志测量及大断面测量。测验时尽量与 AP 站同步或准同步。

c. 悬移质输沙率。暂借用 AP 站成果。

d. 悬移质颗粒级配。暂借用 AP 站成果。

e. 降水量。在基本水尺断面水文站安装翻斗式自记雨量计，配备固态存储器，进行自动测报。

f. 历史洪水调查。若现场具备条件，宜调查坝址河段的洪痕及出现年份，在调查期内的排序情况，并进行水准测、断面测量，推算历史洪水。

g. 大断面测量。对坝址断面及流量断面进行测量，汛前、汛期较大洪水后、汛后各测 1 次，了解断面冲淤变化情况。

2）厂房专用水位站。厂房专用水文站的观测目的在于建立相关关系，了解电站尾水条件，为工程布局提供技术依据。仅观测水位，观测期暂定至 2013 年年底，观测结束后视资料情况确定是否需要继续观测。

需设立基本水准点、校核水准点、直立式水尺，人工观测水位。观测段制以满足建立与坝址站的相关关系为原则。亦可新建自记设施，以自动测报的方式运行。

（3）试验河段水文观测。

1）观测布置。设立两个试验河段，即水库回水区试验河段、水电站工程试验河段。临时水尺及测流断面具体布设位置参见图 2.3-2 和图 2.3-3。

a. 水库回水区试验河段。6 组水尺布设在 K22（AP 站）、K24、K26、K28、K31、

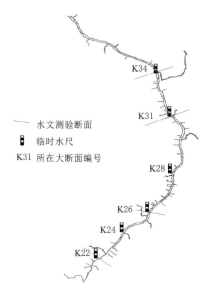

图 2.3 - 2　卡洛特水电站水库回水区试验河段
临时水尺及测流断面具体布设位置示意图

图 2.3 - 3　卡洛特水电站工程试验河段临时
水尺及测流断面具体布设位置示意图

K34，进行比降水位观测；4 个测流断面拟布设在 K22、K26、K31、K34，进行断面流速、流量观测。

b. 水电站工程试验河段（坝址、厂房河段）。6 组水尺布设在厂房、厂房与 K1 间弯道、K1（坝址断面）、K4、K7、K9，进行比降水位观测；4 个测流断面拟布设在厂房、K1（坝址断面）、K4、K9，进行断面流速、流量观测。

2）观测技术方案。首先，测次拟安排在 2013 年 2—3 月，代表枯水；其次，三测次拟安排在 2013 年汛期，分别代表洪、中水。同一测次各断面的比降水位同步观测，流量、流速测验期间水流应基本平稳。

比降观测要求：①高程基面采用与电站工程高程系统一致的基面或与原有水文站一致的基面；②与水位观测相关的还有水准点联测及水尺零点高程测量，其中水准点联测等级一般为三等，水尺零点高程测量等级一般为水文四等；③观测方法：每次观测 30min，每隔 5min 读数 1 次，共观读 7 次，水尺读数读至 0.5cm，以算术平均法计算瞬时比降水位。

流速及测验流量要求：①可采用大功率测船或冲锋舟作为测验渡河设施，实施时需根据坝址水文测验河段的水面比降、流速、地形特点综合确定，兼顾测洪能力与测验安全；②一般采用 ADCP 施测，流速仪法、浮标法为备用方案；③对测流断面同时进行大断面测量。

6. 河床组成勘测调查

在卡洛特水电站及其上游河段开展河床组成勘测调查，分析推移质泥沙入库情况，为分析水库淤积等泥沙问题收集基础资料。河床组成勘测调查安排在 2013 年汛前实施。

（1）河床组成勘测。

1）勘测范围为坝址、库区、库尾及较大支流入汇口，选择洲滩开展河床组成勘测调查。

2）一般采用坑测法、散点法取样分析。取样点应尽量选择在大洲滩和新近堆积床砂的部位，以"选大不选小，选新不选陈"为原则，力求代表性高，尽量避免人为干扰区。

3）勘测过程中，要求测量各断面水面宽、断面宽、河床宽度、水位、滩高。水位、滩高可用手持 GPS 测量，手持 GPS 使用前应尽量找已知平面、高程的点校核和设置参数。

具体河床组成勘测布设位置主要选取在坝区、库区干流洲滩、支流出口段等位置。

（2）河床组成调查。

1）绘制典型洲滩表层床砂颗粒平面分布图（简易测绘）。

2）沿程基岩、洲滩调查描述，并尽可能地给出其面积及占河段长度比例的定量估计。

3）滑坡、泥石流调查。调查内容为滑坡、泥石流发生的时间、地点及数量。

（3）曼格拉水库淤积情况调查。为验证推算的卡洛特水电站入库推移质量，还需调查收集其下游曼格拉水库的泥沙淤积相关资料作辅证。调查内容为水库的建设情况、运行情况。特别关注水库的泥沙淤积的数量及分布，淤积物级配、水库的排沙情况。必要时，应在有代表性的河段取样分析。

2.3.2　施工期水文测报技术

卡洛特水电站项目总投资约 17.4 亿美元，总装机容量 720MW。该水电站每年将向巴基斯坦提供 32 亿 kW·h 廉价清洁电能，满足当地 500 万人的用电需求。施工期的水文工作，最主要的目的是为施工安全提供技术保障，也是工程建成投运阶段的基础。

根据工程河段及坝址以上流域内的水文基础条件现状，需要规划流域水文站网，建设工区水文气象测站，建设自动测报系统，开展施工期水文气象预报预警服务，并补充收集工程河段在天然水流状态下的地形、水文、河床组成等基础资料，在工程运行前收集本底资料。还需根据水文测报技术工作建立质量管理体系并持续有效运行。

2.3.2.1　技术工作内容

卡洛特水电站施工期水文工作的主要内容如下：

1. 布设遥测站网

在 WL 湖出口（CH 站以下）至坝址河段范围内合理布设水文气象监测站网，收集并积累水位、雨量、流量、气象、悬移质输沙率等资料，改善该地区水文资料匮乏的现状，为水电站建设提供较详实的水文气象等资料。根据流域水系分布特征初步规划站网如下：

（1）干流水文站。本系统干流尽量利用原有的 6 个水文站监测水位、雨量。

（2）支流水文站。支流昆哈河设 GHU 站，尼拉姆河设 MFD 和 DH 站，在此 3 站监测水位、雨量。

（3）工程河段专用站。

1）入库（库尾）水文站。经实地查勘库尾目前暂不具备新建水文站条件，先期在库尾水文站站址处先建设水位站观测水位，第五年条件成熟后再建设入库水文站，收集水位、流量、雨量、泥沙、气象等资料。

2）导流洞进口、导流洞出口水位站。在导流洞进口及出口分别布设水位站，施工期监测导流洞进口及出口水位，运行期撤销。

3）上围堰、下围堰水位站。在上、下围堰布设水位站，施工期监测上围堰、下围堰水位，运行期撤销。

4）出库水文站。新建出库水文站位于坝址处下游，测验项目有水位、流量、泥沙、雨量、气象。出库水文站作为永久站，运行期仍然沿用。

5）坝区雨量站。在坝区重要部位（营地、坝址等）新建 3 个雨量站。

（4）雨量站。含新建的水文站均兼测报雨量，在卡洛特水电站坝址以上流域新建雨量站 19 个，全流域累计共 30 个雨量站（包括兼测报雨量），平均雨量站网密度约为 $480km^2/站$。

综上，卡洛特水电站水情自动测报系统拟建 34 个遥测站，分别为 11 个水文站、4 个水位站、19 个雨量站。

2. 建设水情自动测报系统

实现水位、雨量信息的自动采集、存贮和传输，在 10min 内收齐整个系统水情数据，为水电站的施工安全度汛及水文预报提供实时准确的水雨情信息；编制水文预报方案，开发水文预报系统，提高洪水预报精度，增长洪水预报有效预见期，为水电站施工运行及建成后水电站的实时调度提供水情支撑。

（1）系统总体方案规划。卡洛特水电站水情自动测报系统由 34 个遥测站（分别为 11 个水文站、4 个水位站、19 个雨量站）和 1 个中心站组成。遥测站自动采集的水情信息通过北斗卫星方式自动传送到中心站，中心站将所接收的水情信息经数据处理后存入实时数据库，供水文预报及信息查询调用，水情自动测报系统总体结构见图 2.3－4。

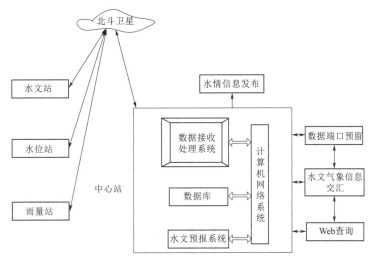

图 2.3－4　卡洛特水电站水情自动测报系统总体结构示意图

（2）信息采集和传输方案。雨量实现自动采集、固态存贮、自动传输，雨量传感器采用翻斗式雨量计。水位实现自动采集、固态存储、自动传输，根据各水文站、水位站的水位观测条件，水位传感器拟采用气泡压力式水位计。实测流量信息可在本站通过计算机或置数键盘置入遥测终端设备，并通过数据传输通信网自动传输至系统中心站，中心站可根据实测流量点数据修订该站水位流量关系曲线。同时部分水文站可由中心站通过本站的水位流量关系（单一线）曲线由水位推算成流量存入数据库中。

遥测站与中心站之间的数据传输利用北斗卫星为数据传输信道。根据卡洛特水电站水情自动测报系统所采用北斗卫星通信方式的特点，系统采用自报式工作体制，具有定时自报或事件自报（参数变化达到加报标准的加报）功能。

（3）遥测站集成方案。遥测站建设采用测、报、控一体化的结构设计，以自动监控及数据采集终端（Remote terminal unit，RTU）为核心，并根据各种类型的遥测站，相应地配备水位传感器、雨量传感器、通信设备、人工置数键盘、供电系统、避雷系统等主要设备。遥测站设备采用太阳能浮充蓄电池直流供电，以适应恶劣的工作环境。遥测站由水位和雨量传感器（根据需要相应配置）、遥测终端、通信终端和供电电源系统组成。

（4）中心站集成方案。中心站是自动测报系统数据信息接收处理的中枢，主要由遥测数据接收处理系统、计算机网络系统、数据库系统组成。

数据接收处理系统主要完成系统各遥测站水情信息的实时接收、处理和入库，并可对遥测站进行查询。

计算机网络系统主要为系统数据接收、处理、查询、转发以及信息交换、水情预报与服务提供硬软件平台。

数据库系统主要包括建立的实时数据库和水情数据库。

3. 建设专用水文、气象、水位站

专用水文、气象、水位站为前面站网规划中提到的入库（库尾）水文站、出库水文站、坝上水位站。

经实地查勘库尾目前不具备新建水文站条件，先期在入库水文站址处建设水位站观测水位，第五年条件成熟后再建设入库水文站，收集水位、流量、雨量、泥沙、气象等资料。入库水文站建筑工程主要包括站房，附属设施，水位、水温观测设施，流量、悬沙测验设施，气象观测设施等。仪器设备主要包括水位、水温观测仪器设备，流量测验仪器设备，悬移质泥沙测验及分析仪器设备，气象观测仪器设备，数据处理设备，安保及监控设备，其他设备等。

出库水文站在第一年建设，收集水位、水温、流量、悬移质输沙率、悬移质颗粒级配、降水量、蒸发量、气温、湿度、日照等资料。在建设前需进行站址地形测量，流向测量，征地、建设审批手续办理，测区清障等工作。出库水文站建筑工程主要包括站房，附属设施，水位、水温观测设施，流量、悬沙测验设施，气象观测设施等。仪器设备主要包括水位、水温观测仪器设备，流量测验仪器设备，悬移质泥沙测验及分析仪器设备，气象观测仪器设备，数据处理设备，安保及监控设备，其他设备等。

坝上水位站由上围堰水位站改建，收集水位、水温、降水量等资料。坝上水位站的建设内容包括建筑工程和仪器设备及安装工程两部分。在建设前需进行站址地形测量、征地、测区清障等工作。建筑工程内容主要包括测验设施建设，不考虑观测站房，仅修建一体化自记仪器房。仪器设备主要包括水位观测仪器设备、办公设备及常用工具等。

4. 开展重要控制站的水文泥沙与气象观测以及库区固定断面和水下地形测验

（1）水文、气象观测。入库水文站的观测要素包括水位、水温、流量、悬移质输沙率、悬移质颗粒级配、降水量、蒸发量、气温、湿度、气压、风速风向等。

坝上水位站观测水位、水温、降水量。

出库水文测站的观测要素包括水位、水温、流量、悬移质输沙率、悬移质颗粒级配、降水量、蒸发量、气温、湿度、气压、风速风向、日照等。

观测要素中的水位、水温、流量、悬移质输沙率、悬移质颗粒级配、降水量、蒸发量观测执行中国相应的国家标准及水利行业标准；气温、湿度、气压、风速风向、日照观测执行中国的气象行业标准。巴基斯坦官方所需接口资料应执行巴基斯坦标准。

在工程施工及运行期，需要提供实时水情服务及水文预报服务，水位、流量、降水量、蒸发量等基础信息必须通过专用的报汛设备及专用信道发送到中心站及工地水情室。拟好的报文还需及时传达到信息使用部门。

（2）水文站比测与资料收集。水文站比测以满足设计复核工作需求为目的，主要比测水位、流量、泥沙，比测工作参照水文气象站的观测要求进行，观测期暂定 3 年。

收集 2014 年以前巴基斯坦库区附近河段水文资料，以满足设计复核工作需求。

（3）库区及坝下游河道泥沙冲淤观测。观测河段上起卡洛特水电站库尾，下至卡洛特坝下 4km，另加几条支流固定断面观测河段，观测范围约 40km。为了验证水文分析计算成果的可靠性，还需在上下游的部分河段进行观测或调查。

1）固定断面测量。为了及时掌握库区泥沙淤积和坝下游河道冲刷情况，为水电站建设、运行和调度等提供科学依据，在卡洛特水电站下游 4km 至上游 29km 范围内，按 500～800m 的间距，干流布设 51 个固定断面，对库区重要支流新设 5 个断面，共 56 个断面。两岸测至 475.00m 高程。

2）河道本底地形测量。对坝址所在河段进行 1:2000 河道本底地形测量。测量范围为：坝址上游 17km（至变动回水区），坝址下游 4km，总长 21km。岸上高程测至校核标准 2000 年一遇洪水，即测至 470.00m 高程。

3）河床组成勘测调查。勘测调查工作的范围为：卡洛特水电站工程库区及坝下游，干流长约 40km，以及勘测河段范围内，吉拉姆河的主要支流口门段。主要采用坑测、散点床砂取样等方法，从立体空间和平面分布查明测验河段内床砂分布情况及级配组成情况。

勘测调查以收集洲滩泥沙的组成分布规律和特征为主。其内容主要包括洲滩的沿程分布、洲体形态、规模，尤其是洲滩活动层的泥沙组成及相应的平面、垂向分布变化规律，同时还应对河段内侵蚀产沙、地质灾害（滑坡、崩塌、泥石流）现象以及对影响河床组成的人类活动（如采砂、修路、开矿、建水库等情况）做简要的了解和调查。成果包括勘测调查综合分析报告，坑测及散点的平面坐标、级配成果等。

4）测次安排。实施期第一年进行 1:2000 地形测量。实施期第一年开展河床组成勘测调查。实施期第二年进行 1:1000 固定断面测量。

5. 开展现场水文预报服务

现场水文预报服务包括预报方案修编、洪水预报作业、水情咨询以及水情测报系统运行维护等，为工程施工期提供水情保障服务。

（1）预报方案规划。以吉拉姆河干流 CH 站为上边界，卡洛特水电站坝址预报预见期约 12h，具体的预见期时长需待收集及积累水文站资料后，根据实测资料系列进行传播时间分析后确定。

根据河道上下游流域洪水特点，卡洛特水电站水情预报采用 API 模型、新安江模型、马斯京根河道演算、洪峰（过程）流量（水位）相关图法。水情预报的主要要素为坝址流量和坝区水位。

根据卡洛特水电站施工期、运行期水情预报需求，建立全流域一体化的预报体系，每站配置主方案及辅助方案，采用多模型、多方案综合会商等手段提高预报精度。

降水预报主要为水情预报延长预见期，降雨预报预见期为 1～2d。

（2）预报系统开发。根据编制预报方案和施工期对水情服务的需求，开发预报系统软件，监视流域内水情变化，为水情预报的制作提供工具。

水文预报系统功能如下：

1）预报系统的基本功能是依据水情数据库内的实时水、雨情数据，实现水文预报多模型的作业计算和对预报成果的分析、综合。

2）具有较强的实时校正等综合分析功能，做到计算机技术与洪水预报技术的有机结合；具有利用降雨综合分析信息，对不同降雨量级水文情势变化的模拟功能。

3）有较为完善的实时水雨情信息、历史洪水资料检索功能，并力求图形技术和数据的密切结合。

4）可自动对实时水情数据库进行预处理，生成预报使用的水情数据，具有一定的数据插补纠错功能。

5）允许用户交互指定预报模型及在不同的预报站上进行不同的预报方法组合，可单站预报或河系连续自动预报两种运行方式；用户作业预报时，根据需要可选择是否进行交互修正，并具有加入新的预报方法库功能。

6）用户管理功能，由系统管理员管理用户，包括用户的创建、删除、用户权限分配、用户权限更改等。

7）软件系统应操作简便，人机交互界面友好。

（3）施工期水文预报服务。卡洛特水电站施工期水文预报服务主要包括短期降水预报、短期水情预报、重要水雨情报告、实时水雨情数据库维护、水文资料整编、水情预报方案补充修编等。

短期降水预报包括上游流域面雨量预报，包括坝址以上流域分区 24～48h 的面雨量预报；每日提供坝区点降水、风速或气温等要素的实况。坝区短期水情预报，一般情况下包含预见期 6～24h 坝址流量过程预报及坝区重要部位的水位预报（视流域实际网站布设和河道天然传播时间确定预见期）。较大洪水时，每天增报 1 次；大、特大洪水时，每 6h 发布 1 次预报信息，洪峰前后或因临时需要，随时加报。重要部位水位预报可根据施工需要及时调整。短期降水预报中的上游流域面雨量预报由后方技术人员完成日常服务，并与现场人员实时对接，达到现场水情预报的需求。重要水雨情的预报启动前后方联合会商预报机制，预报产品由后方进行校核把关。预报发布后，若预报水情与实测水情有较大偏差，应及时发布修正预报。

实时（预报）水位（流量）达到或超过工程设计防洪水位（流量）、工程设计警戒水位（流量），或危及某施工部位安全，高水时出现洪峰、高水时出现洪峰后将回落等重要水雨情需及时报告。通过手机短信、传真、电话、邮件等方式发布水情实况及预报信息，并提供24h水情信息咨询，重要水雨情报告一般为电话、传真、短信等比较方便快捷的方式。

日常做好实时水雨情数据库维护，对收集的水雨情信息进行分析、纠错，保障水雨情数据及时、准确，并定期对数据库备份。定期、不定期开展雨水情分析及技术总结分析编写，如月报、年度水情总结、重大水情服务等阶段性技术总结等。每年向业主提交水情总结和工作总结。在服务期间若发生重大灾害性洪水，对工程造成一定的影响，还要向业主提交灾害分析总结报告。每年对工程相关的水文资料进行整编，及时提交水文整编成果（含电子文件），为工程运行积累水文资料。

随着资料的积累，根据工程施工对水情需要不断修订完善方案，提高预报精度；工程截流后根据河道传播特性发生的变化要及时修订、补充预报方案。

6. 其他必要的工作

根据工程需要及工作经费情况，按业主或设计单位要求开展其他必要工作，如关键节点水文站水位流量关系实测验证、重要支流水量实测验证、溃坝洪水分析配套测量调查、截流期龙口水力学要素预报等。

还需根据水文测报工作需要建立应急工作机制，以及施工现场与后方支撑团队的联动机制。

2.3.2.2　主要技术要点

1. 水文气象站、水位站建设标准及运行管理模式

（1）建设标准。建设标准将根据水电站建设项目业主需求，参考《防洪标准》（GB 50201）和《水文基础设施建设及技术装备标准》（SL 276）有关规定，结合巴方历史水文站资料分析确定。在方案设计时按调查到的历史最高洪水位加上适当的安全值（安全超高大于1.0m）进行计算，并根据设站目的，参照相关水文规范确定防洪标准及测洪标准的重现期。

（2）运行管理模式。卡洛特入库水文站、出库水文站拟采用驻测方式，以中方技术人员为主，巴方人员为辅进行运行管理。

卡洛特坝上水位站拟采用"无人值守，有人看管"的巡测运行方式，由巴方人员看管，中方人员进行巡回检查维护。

2. 自动测报系统功能与技术指标要求

（1）系统主要功能应满足以下要求：

1）采集功能。遥测站能及时、准确、自动地采集系统范围内各遥测站的水雨情信息。

2）存储功能。遥测站具有存储功能，存储容量至少为2年。

3）传输功能。能将遥测站采集到的水情数据正确、快速、安全、及时地传输到中心

站，通过计算机网络为系统内水库调度提供实时、准确、可靠的水情信息，并为其他相关部门预留数据接口。

4）数据接收与处理功能。中心站能自动接收北斗卫星通信信道传输的遥测站水位、雨量数据。中心站将处理后的数据存入数据库，并能编制水文图表，实现水文数据查询、输出、发布功能。

5）报警功能。可选用屏幕显示、声、光等方式对水文要素越限、供电不足、设备事故等情形进行报警。

（2）系统主要技术指标如下：

1）数据收集时间：中心站在 15min 内能收集齐所有遥测站的水情数据。

2）误码率：$Pe \leqslant 1 \times 10^{-6}$。

3）数据收集的月平均畅通率大于 95%。

4）数据处理作业完成率大于 95%。

5）系统 MTBF>8000h。

6）系统可利用率（系统有效度）大于 95%。

（3）系统及数据维护软件功能要求。遥测站维护与接口软件的主要功能包括参数设置、数据读取、数据批量传输、人工置入发送等四部分，遥测站维护与接口软件通过便携式计算机的 RS-232 口与遥测终端进行有线通信，具有在测站现场的参数设置、数据读取、人工置数发送和 RTU 固态存储数据的本地下载等各项功能。

1）设置及读取的内容包括遥测站要求的全部参数，并可根据需求扩充。

2）批量数据传输功能按设定的起止时间本地读取固态存储数据，并可分片对存储芯片进行刷新操作。

3）可人工置入五位人工报汛信息（如流量）后向中心站发送。

采用网络通信、计算机技术以及信息处理和水情预报方法，建立满足卡洛特水电站施工及运行期要求的水情预报和服务系统，实现水情信息的自动处理、分析预报和服务，通过多种预报方法和预报模型的平行运行，多方案成果的交互式分析、比较，为吉拉姆河的卡洛特水电站建设及运行期提供及时、准确的短期水文预报成果及技术支持。

3. 水文、气象要素观测的主要技术手段

（1）水位观测。采用压力式水位自记仪作为水位采集记录设备，并具备自动测报功能，直立式水尺作为水位基准及校核设备。高程基面可采用与卡洛特水电站工区同一基准面。

（2）水温观测。采用自记水温计作为主要手段，并配备人工观测的水温计作为备用手段，兼作校核用。

（3）流量观测。水文站拟采用水文缆道作为测验渡河设备，配备智能缆道控制系统，流速仪法施测流量，浮标测流、雷达波流速仪作为备用方案。冲锋舟装载 ADCP（含 GNSS）或手持雷达波流速仪作为库尾断面的流量巡测设备。参照连时序法布置测次，收集一定资料后分析优化测验方案。

（4）悬移质输沙率、悬移质颗粒级配。悬沙测验利用水文缆道作为跨河设备，常用方法有积时式采样器取样，烘干法求含沙量，筛析法、粒径计法、粒移结合法分析泥沙颗粒

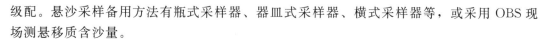

级配。悬沙采样备用方法有瓶式采样器、器皿式采样器、横式采样器等，或采用 OBS 现场测悬移质含沙量。

（5）降水量观测。降水量在专用的场地内，采用翻斗式自记雨量器观测，并具备自动测报功能。

（6）蒸发量观测。蒸发采用 E601B 型蒸发器或蒸发自记设备观测。

（7）气温、湿度、气压、风速风向、日照观测。气象要素采用自动气象站观测。

（8）报汛。在工程施工及运行期，需要提供实时水情服务及水文预报服务，水位、流量、降水量、蒸发量等基础信息必须通过专用的报汛设备及专用信道发送到中心站及工地水情室。拟好的报文还需及时传达到信息使用部门。水文站仅作为数据采集终端站，还需另外建设中心站及工地水情室，收集各终端的实时水情信息。

（9）AP 站的比测工作参照水文气象站的观测要求进行。

4. 库区及坝下游河道泥沙冲淤观测主要技术要点

（1）固定断面测量。

1）采用基准。

a. 平面及高程系统。平面采用巴基斯坦国家坐标系统，高程采用巴基斯坦国家正高高程基准。

b. 时间系统。当地时间＋3h＝北京时间。

c. 度量衡。采用国际单位制。

d. 固定断面测量比例尺为 1∶1000。

e. 成图比例。纵向和横向比例视河道高差及宽度而定（采用 A3 幅面绘制）。

2）精度控制。采用 RTK 测量前检校已知点的较差应满足：平面点位移差不大于±0.4m、高程较差值不大于±0.2m。固定断面测量点距控制在 5～15m。全站仪测量前与 RTK 进行互校，其较差应满足：平面点位移差不大于±0.4m、高程较差值不大于±0.2m。

（2）河道本底地形测量。

1）采用基准及测图比例尺。

a. 平面及高程系统。平面采用巴基斯坦国家坐标系统，高程采用巴基斯坦国家正高高程基准。

b. 时间系统。采用 UTC＋05∶00（即世界时区东五区，伊斯兰堡时间）。

c. 度量衡。采用国际单位制。

d. 河道本底地形测量按 1∶2000 数字化测图，测图基本等高距为 2m；图幅编号采用西南角坐标千米数编号法编号，冠以河段地名加序号，图幅采用 50cm×50cm 正方格分幅。

2）精度控制。河道本底地形测量地形图陆上、水下测点对于邻近图根点的平面位置中误差分别应不大于图上±0.8mm、±1.6mm。河道本底地形测量高程注记点对于邻近加密高程控制点的高程中误差应不大于±h/3（h 为基本等高距）。河道本底地形测量图幅等高线高程中误差应不大于±h。

（3）河床组成勘测调查。

1）坑测法布置。探坑主要布置在勘测河段有代表性的洲滩上，视勘察现场情况布置探坑、散点，取样坑点坐标用手持 GPS 定位，现场拍照，完成床砂取样及分析。

2）样品分析要求。野外作业时，采用人工开挖标准坑，分层做现场筛分，获取 $D>$ 2mm 的颗粒级配；对 $D<2$mm 的尾沙样，带回室内，使用专门的泥沙分析仪器进行颗粒级配分析。

3）调查成果分析要点。

a. 洲滩床砂沿程分布特点。定性描述泥沙岩性、形状、大小、分类、结构组成，分析其沿程分布；根据洲滩床砂洲滩坑测法级配成果，分粒径组定量分析 D_{max}、D_{50} 变化范围及粒径沿程变化规律，重点分析卵石洲滩床砂级配可参与推移质运动的部分。

b. 洲滩床砂沿深度（垂向）分布特点。主要分析卵石洲滩床砂级配沿垂向分布特点，通过 D_{max}、D_{50} 垂向分布研究表层粗化、深层分层情况。

c. 洲滩分布及形态特征。根据现场勘察及照片、视频资料，总结归纳坡积锥（裙）、冲积锥（扇）、边滩、心滩、碛坝等的形态特征、质地构成、分布位置、发育规模等，并适当往沿程支流延伸调查分析。

d. 滑坡调查。可研阶段初步调查发现，卡洛特水库库区，由于山坡陡峻，在库区干、支流发现多处山体滑坡现象。这些都是区间泥沙的主要来源之一，本阶段对库区、主要支流的自然滑坡及人类活动影响情况做进一步调查，了解潜在的区间产沙源分布情况。

e. 泥沙来源及来量调查分析。调查分析水库泥沙的来源，定性或定量分析水库上游、库区区间、库区支流的来沙情况，评估水库泥沙的主要产沙源、泥沙类别。通过调查卡洛特水库坝上、坝下河段在天然状态下的泥沙沉积情况，调查曼格拉水库库尾河段的泥沙淤积情况，从总量上对推移质有一个定性认识。

4）总体评估。对调查河段的河流形态、水流特性、河漫滩发育及洲滩分布情况进行归纳描述，对调查河段的床砂级配与岩性进行定量定性归纳描述，对水库推移质泥沙来源、库区河段输沙能力、推移质数量、类别进行评估。

5. 洪水预报系统功能要求

（1）预报系统的基本功能是依据水情数据库内的实时水、雨情数据，实现水文预报多模型的作业计算和对预报成果的分析、综合。

（2）具有较强的实时校正等综合分析功能，做到计算机技术与洪水预报技术的有机结合；具有利用降雨综合分析信息，对不同降雨量级水文情势变化的模拟功能。

（3）有较为完善的实时水雨情信息、天气信息、历史洪水资料检索功能，并力求图形技术和数据的密切结合。

（4）可自动对实时水情数据库进行预处理，生成预报使用的水情数据，具有一定的数据插补纠错功能。

（5）允许用户交互指定预报模型及在不同的预报站上进行不同的预报方法组合，有单站预报或河系连续自动预报两种运行方式；用户作业预报时，根据需要可选择是否进行交互修正，并具有加入新的预报方法库功能。

（6）用户管理功能，由系统管理员管理用户，包括用户的创建、删除、用户权限分配、用户权限更改等。

（7）软件系统应操作简便，人机交互界面友好。

6. 水文工作的动态调整

随着工程施工的进展，水文工作的重心会动态调整，相应的技术方案也需动态补充、更新与优化，以更好地满足工程各阶段对水文技术支撑的需求。

以上仅为监测体系构建的初步思路，在实施时需因地制宜，并根据实际情况开展技术创新。

2.3.2.3 关键工作进度计划

根据工程的计划进度，水文主要工作集中在 2016—2021 年，各年度工作安排见表 2.3-1。

表 2.3-1　　　　　　　　　　　水文关键工作分年计划表

年份	工 作 内 容 安 排
2015	前期准备工作（包括人员等前期准备工作）
2016	现场查勘、方案设计、营地建设、伊斯兰堡办事处建设
	8 个遥测水文站新建、20 个遥测雨量站新建，建成后即运行； 导流洞进口、出口 2 个工区遥测水位站新建，建成后即运行； 入库水位站、出库水文气象站建设，具备遥测功能，建成后即运行，建成前用临时手段监测
	水情自动测报中心站建设，建成即运行
	AP 站比测及资料收集
	实时水情服务、水文预报方案编制及预报服务
	河道地形测量
	河床组成勘测调查
2017	水情自动测报中心站及仪器设备运行维护； 已建 32 个遥测站运行维护
	上围堰水位站、下围堰水位站新建，建成后即运行
	入库水位站、出库水文气象站观测运行
	AP 站比测
	实时水情服务、水文预报方案维护及预报服务
	河道固定断面测量
2018	水情自动测报中心站及仪器设备运行维护； 已建 34 个遥测站运行维护
	入库水位站、出库水文气象站观测运行
	AP 站比测
	实时水情服务、水文预报方案维护及预报服务
2019	水情自动测报中心站及仪器设备运行维护； 已建 34 个遥测站运行维护
	入库水位站、出库水文气象站观测运行
	实时水情服务、水文预报方案维护及预报服务

续表

年份	工 作 内 容 安 排
2020	入库水文站建设，坝上水位站建设
	水情自动测报中心站及仪器设备运行维护； 已建 34 个遥测站运行维护
	入库水位站、出库水文气象站观测运行
	实时水情服务、水文预报方案维护及预报服务
2021	整体移交

以上是按照水电工程计划进度对实施期水文工作做出的总体安排，若工程施工实际进度有调整变化，水文工作也应相应做出调整。

2.4　国内外技术标准的研究与协调

标准（Standard），有时也称规范、规程，是通过标准化活动，按照规定的程序经协商一致制定，为各种活动或其结果提供规则、指南或特性，供共同使用和重复使用的文件。标准来源于人类社会实践活动，其产生的基础是科学研究和技术进步的成果，是实践经验的总结。在保障健康、安全、环保等方面，标准化具有底线作用。在促进经济转型升级、提质增效等方面，标准化具有规制作用。在促进国际贸易、技术交流等方面，标准化具有通行证作用。

2.4.1　国际水文技术标准

产品进入国际市场，首先要符合国际或其他国家的标准，同时标准也是贸易仲裁的依据。国际权威机构研究表明，标准和合格评定影响着 80% 的国际贸易。

全球最具影响力的三大国际标准组织分别是国际标准化组织（ISO）、国际电工委员会（IEC）和国际电信联盟（ITU）。ISO 是全球最大、最权威的国际标准化机构，负责工业、农业、服务业和社会管理等各领域（除 IEC、ITU 以外的领域）的国际标准，其成员人口占全世界人口的 97%，成员经济总量占全球的 98%，被称为"技术联合国"。IEC 成立于 1906 年，已有 110 多年的历史，负责制定发布电工电子领域的国际标准和合格评定程序。ITU 是主管信息通信技术事务的联合国专门机构，也是联合国机构中历史最长的一个国际组织，始建于 1865 年，拥有 193 个成员国。世界标准合作组织（World Standards Cooperation，WSC）是 ISO、IEC、ITU 的合作组织，在世界标准合作（WSO）的框架下达成一致协议，采用统一的方法处理标准中的知识产权问题。截至 2019 年，三大国际标准组织已发布国际标准 32000 多项，被世界各国普遍采用，在推动全球经贸往来、支撑产业发展、促进科技进步、规范社会治理等方面发挥着重要的基础性、战略性作用。

2.4.1.1　ISO 的水文技术标准

明渠水流测量技术委员会（ISO/TC 113）是国际标准化组织专门负责制订水文测验国际标准的组织。明渠水流测量技术委员会（ISO/TC 113）成立于 1964 年，成立时有 7 个分委会，分别是流速面积法（ISO/TC 113/SC1）、堰槽测流（ISO/TC 113/SC2）、

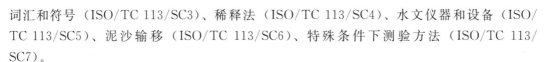
词汇和符号（ISO/TC 113/SC3）、稀释法（ISO/TC 113/SC4）、水文仪器和设备（ISO/TC 113/SC5）、泥沙输移（ISO/TC 113/SC6）、特殊条件下测验方法（ISO/TC 113/SC7）。

截至 2021 年官网上的主要技术标准有：SC1，流速面积法，已颁 12 项；SC2，堰槽测流，已颁 17 项，在编 2 项；SC5，仪器、设备和数据管理，已颁 12 项；SC6，泥沙输移，已颁 11 项，在编 1 项；SC8，地下水，已颁 6 项。

1. 流速面积法的主要标准

Hydrometry—Acoustic Doppler profiler—Method and application for measurement of flow in open channels from a moving boat（ISO 24578：2021）

Hydrometry—Selection，establishment and operation of a gauging station（ISO 18365：2013）

Hydrometry—Measurement of liquid flow in open channels—Determination of the stage-discharge relationship（ISO 18320：2020）

Hydrometry—Guidelines for the application of acoustic velocity meters using the Doppler and echo correlation methods（ISO 15769：2010）

Measurement of liquid velocity in open channels—Design，selection and use of electromagnetic current meters（ISO/TS 15768：2000）

Hydrometry—Measurement of free surface flow in closed conduits（ISO/TR 9824：2007）

Hydrometry—Measurement in meandering river and in streams with unstable boundaries（ISO/TR 9210：2017）

Hydrometry—Stage-fall-discharge relationships（ISO 9123：2017）

Hydrometry—Measurement of discharge by the ultrasonic transit time（time of flight）method（ISO 6416：2017）

Hydrometry—Measurement of liquid flow in open channels under tidal conditions（ISO 2425：2010）

Hydrometry—Slope-area method（ISO 1070：2018）

Hydrometry—Measurement of liquid flow in open channels—Velocity area methods using point velocity measurements（ISO 748：2021）

2. 泥沙输移的主要标准

Hydrometry—Functional requirements and characteristics of suspended-sediment samplers（ISO 3716：2021）

Measurement of liquid flow in open channels—Methods for measurement of characteristics of suspended sediment（ISO 4363：2002）

Measurement of liquid flow in open channels—Bed material sampling（ISO 4364：1997）

Measurement of liquid flow in open channels—Bed material sampling—Technical Corrigendum 1（ISO 4364：1997/Cor 1：2000）

Liquid flow in open channels—Sediment in streams and canals—Determination of concentration，particle size distribution and relative density（ISO 4365：2005）

Hydrometry—Methods for assessment of reservoir sedimentation（ISO 6421：2012）

Determination of concentration or density of Suspended and deposited sediment in water bodies by Radiometric Methods（ISO/CD 6640）

Liquid flow measurement in open channels—Sampling and analysis of gravel - bed material（ISO 9195：1992）

Hydrometry—Methods of measurement of bedload discharge（ISO/TR 9212：2015）

Hydrometric determinations—Measurement of suspended sediment transport in tidal channels（ISO 11329：2001）

Estimation of sediment deposition in reservoirs using one dimensional simulation models（ISO/TR 11651：2015）

Hydrometry—Suspended sediment in streams and canals—Determination of concentration by surrogate techniques（ISO 11657：2014）

2.4.1.2　WMO 的水文技术标准

世界气象组织（World Meteorological Organization，WMO）成立于 1950 年 3 月 23 日，1951 年成为联合国的专门机构，是联合国关于地球大气状况和特征、与海洋相互作用、产生和导致水源分布气候方面的最高权威机构，其总部设在瑞士日内瓦。WMO 拥有国家会员 187 个，地区会员 6 个。它的前身是诞生于 1873 年的国际气象组织（IMO）。WMO 设有航空气象学委员会（CAeM）、农业气象学委员会（CAgM）、大气科学委员会（CAS）、基本系统委员会（CBS）、水文学委员会（CHy）、仪器和观测方法委员会（CIMO）、海洋气象学委员会（CMM）、气象学和气候学专门应用委员会（CoSAMC）8 个技术委员会。

WMO 和工程水文相关的技术手册指南主要如下：

Manual on stream gauging，Volume Ⅰ，*Fieldwork*（WMO - No. 519，1980）

Manual on stream gauging，Volume Ⅱ，*Computation of discharge*（WMO - No. 519，1980）

Technical regulations，Volume Ⅲ，*Hydrology*（WMO - No. 49，2006）

Guide to hydrological practices，Volume Ⅱ，*Management of water resources and application of hydrological practices*（WMO - No. 168，Sixth edition，2009）

Guide to the implementation of education and training standards in meteorology and hydrology，Volume Ⅰ - *Meteorology*（WMO - No. 1083，2015）

Guide to competency（WMO - No. 1205，2018）

Guide to the implementation of quality management systems for national meteorological and hydrological services and other relevant service providers（WMO - No. 1100，2017）

上述标准或指南涉及技术手册、能力准则、质量管理等方面。

2.4.2　中国水文技术标准

2.4.2.1　中国水文技术标准的发展

1928 年，扬子江水道整理委员会颁布《水文测验规范》；1938 年，扬子江水利委员会水文总站颁布《水文测量规范》。

中华人民共和国成立初期，基本没有自己的水文技术标准，在实际工作中要大量引用苏联标准。1955 年首次颁布《水文测验暂行规范》，这是我国第一部水文技术标准。1959 年和 1972 年，对水文技术标准进行了两次大的补充和修改。1975 年出台《水文测验试行规范》和《水文测验手册》。1980 年前后，初步完成了一系列水文标准的制定。1980 年中国正式参加国际标准化组织明渠水流测量技术委员会（ISO/TC 113），为水文技术标准与国际标准接轨提供了方便。1983 年原水电部水文局做出修改水文测验规范的决定，这是中国水利系统参加有关国际标准化组织后，第一次借鉴国际标准对中国水利标准进行修改。1992 年，水利部颁布了《水利行业标准管理办法》，全面规范了水文技术标准的制（修）定工作程序。各类水文技术标准的补充和修订开始按标准化程序进行。水文标准化工作包括计划、立项、编制、修订、宣传、贯彻、实施、监督及检查等方面的工作。

1993 年 1 月由国家技术监督局批准，水利部门成立了第一个全国性标准化组织全国水文标准化技术委员会，并于 1994 年 7 月成立了该委员会的水文测验分技术委员会和水文仪器分技术委员会。这标志着水文标准化工作已具备相当完善的基础，并已进入了一个新的阶段。水文标准化工作的主要内容是制定全面的系列的水文测验技术标准，并组织贯彻实施，开展全面的水文测验质量管理及技术监督；积极参加国际标准化组织（ISO）的活动，使中国水文标准与国际标准接轨。

随着经济社会的发展，水文的公益定位，水文服务职能进一步彰显。水文服务主要体现在：为防汛抗旱、饮水安全、水环境保护、水生态建设提供基础支撑，为公共突发事件提供水文技术保障，为水资源优化配置及最严格的水资源管理提供扎实的技术支撑，为流域开发治理提供有力的水文支撑，为国民经济建设提供广泛的专业服务，为社会公共需求提供便利的信息服务。2021 年版《水利技术标准体系表》中，水文技术标准共 47 项，主要是水文测报方面的标准。其中，通用类标准 2 项，规划类 1 项，勘测类 1 项，设计类 1 项，施工与安装类 2 项，监测预测类 23 项，运行维护类 1 项，材料与试验类 2 项，仪器与设备类 9 项，质量与安全类 1 项，计量类 4 项，见表 2.4-1。水文工作中还有一些常用的技术标准分列在水资源、水环境水生态、水利水电工程、水灾害防御、水利信息化等专业类目中。

表 2.4-1　　　　　　　2021 年版《中国水利技术标准体系表》概况

专业 \ 功能	合计	01 通用	02 规划	03 勘测	04 设计	05 施工与安装	06 监理与验收	07 监测预测	08 运行维护	09 材料与试验	10 仪器与设备	11 质量与安全	12 计量	13 监督与评价	14 节约用水
合　计	504	67	21	14	95	33	21	60	30	21	22	29	18	45	28
A　水文	47	2	1	1	1	2		23	1	2	9	1	4		

2.4.2.2　中国技术标准国际化

近年来，中国水利国际合作与交流工作稳步发展。随着落实"创新、协调、绿色、开放、共享"的发展理念和"一带一路"倡议，深度参与 2030 年可持续发展议程水目标国际合作，坚持推进水利"走出去"，进一步深化南南合作等一系列举措的实施，将推动水利国际合作交流向纵深发展。在中国"走出去"战略指引下，长江水利委员会水文局积极服务于国家"一带一路"倡议实施，开展了厄瓜多尔全国水资源规划、澜湄水资源合作，以及缅甸、巴基斯坦、老挝、印度尼西亚、尼泊尔、秘鲁、安哥拉、刚果金等数十个国家的水文技术服务，涉及水资源规划管理、防洪规划及水电、交通、电力、桥梁、港口工程等多个领域，众多项目采用中国技术标准。

标准是经济活动的技术依据，以标准化促进政策通、设施通、贸易通，支撑互联互通建设，促进投资贸易便利化，是推进"一带一路"倡议的重要抓手。在跨界河流合作、水利多双边合作、对外援助、海外市场服务等领域中，水文站网、水文自动测报系统的规划、设计、验收、运行管理，以及水文测验、河道水文泥沙观测、水文气象预报服务等工作均需以技术标准为依据。中国水利技术标准国际化工作，经历了从"引进来"到"走出去"两个阶段。在水利发展初期，主要采用"引进来"策略，积极采用国际标准，引进消化吸收先进技术；从 2008 年开始，以启动水利技术标准翻译项目为标志，中国水利逐步采用"走出去"的标准国际化策略，至此，中国水利行业技术标准发展步入了向国际推广的时期。

关于推动中国水利电力技术标准"走出去"的策略，业内专家学者见仁见智。有的学者提出了完善中国水利标准国际化规则、推进中国水利技术标准外文出版、争取承担国际标准化组织工作、积极参与国际标准化活动、实质性参与国际标准制定、建立区域或国际标准化联盟等思路。水电水利规划设计总院提出了三条主要技术路线：一是调研交流、双向转化，积极参与国际水电行业标准化工作，争取更多话语权，让国际社会逐步认识、接纳中国水电行业技术标准，即中国标准的国际化；二是统筹规划、稳步推进，按照"整体推进、分步实施"的原则，逐步制定、推出与国际接轨的英文版标准，并最终建立一套较为完整的水电标准英文（海外）版，让国际社会逐步认识、接纳中国水电行业技术标准；三是重点推广、持续完善，在加快水电技术标准翻译的同时，对重点、关键标准进行重点宣传推广，促进其在国际水电项目中实践应用。同时，及时收集、快速响应，不断修改、补充、完善中国水电技术标准英文（海外）版，促使其更加适应国际市场。

长江水利委员会水文局从事涉外水文工作，大多采用中国技术标准（也有部分项目有所在国技术标准的接口工作要求），中国技术标准也因此"走出去"。一些有"业主工程师"管理的项目，或者有咨询培训需求的项目，经常要求提供中国技术标准英文译本，需求还十分迫切。在国际援助和技术交流中，也十分有必要让世界了解我国的水文技术标准和方法。为保证标准译文的合法地位，立项、翻译、审核、批准发布等一系列法定程序十分必要。

2.4.3　卡洛特水文测报技术标准采标协调

近年来，南亚、东南亚等国家和地区与世界银行、亚洲开发银行有关的一些水文类的项目，有的以 ISO 或者 WMO 的技术标准为依据，其中 ISO 标准比 WMO 标准的深度和广度要大。另外，从上述比较可以看出，现行中国水文技术标准体系，部分源于 ISO/TC 113（ISO 中的标准有些是中国贡献），但在 ISO 标准的基础上进行了扩展和完善。当前的中国水文技术标准，其系统性更强，门类更细，功能更完备，要求更细致。

2.4.3.1 采标协调分析

1. 主要采用中国技术标准

水文工作是一门交叉性的工作，与测绘、气象专业耦合性较强，与水利水电工程、工业与民用建筑工程的建设规定也有耦合。从卡洛特水电站开发各个阶段所依据和参考的技术标准清单还可以看出，水文工作执行的技术标准不仅仅涉及水文水利行业，还有测绘、气象等行业的标准。综合分析后，决定采用中国技术标准，主要理由如下：

（1）从标准体系、范围、适应性而言，最能适应中国水电工程的设计与建设的标准是中国的水文技术标准。

（2）从标准层次、要素而言，中国技术标准规范化程度更高，有利于信息的交换，部分思想来源于 ISO 标准体系，也便于与国际接轨，有中国特色，特别是一些优势标准，如泥沙监测、预报等已经领先于国际水平。

（3）从操作性层面而言，中国的技术标准与工程水文需求整合时，在水文专业人员、任务设计人员根据工程需要确定水文技术工作框架后，细节要求基本上都能找到相关的依据规定，对任务方案的设计、实施都能找到较好的规约。

2. 根据需要采用其他标准

若有水文资料转换成巴方格式的需求，则依据巴基斯坦国相关的国际标准或者国家、行业和地方规范、标准。

2.4.3.2 采用的主要中国技术标准

卡洛特水电站前期水文工作主要包括河道测量、水文测验，施工期的主要水文工作包括建设遥测站网、建设自动测报系统、建设工区水文气象水位站、开展水文气象泥沙观测、实施水文气象预报预警等，策划、实施、检查过程中引用的标准、规范和其他技术文件如下：

1. 国家标准

《国家三、四等水准测量规范》（GB/T 12898）

《国家基本比例尺地形图分幅和编号》（GB 13989）

《中短程光电测距规范》（GB/T 16818）

《差分全球导航卫星系统（DGNSS）技术要求》（GB/T 17424）

《全球定位系统（GPS）测量规范》（GB/T 18314）

《数字测绘成果质量检查与验收》（GB/T 18316）

《国家基本比例尺地形图图式　第 1 部分：1∶500、1∶1000、1∶2000 地形图图式》（GB/T 20257.1）

《水文情报预报规范》（GB/T 22482）

《测绘成果质量检查与验收》（GB/T 24356）

《水文基本术语和符号标准》（GB/T 50095）

《水位观测标准》（GB/T 50138）

《河流悬移质泥沙测验规范》（GB 50159）

《河流流量测验规范》（GB 50179）

《防洪标准》（GB 50201）

2. 水利行业标准

《降水量观测规范》（SL 21）

《水文站网规划技术导则》（SL 34）

《河流泥沙颗粒分析规程》（SL 42）

《河流推移质泥沙及床沙测验规程》（SL 43）

《中小型水利水电工程地质勘察规范》（SL 55）

《水文测量规范》（SL 58）

《水文自动测报系统技术规范》（SL 61）

《堤防工程地质勘察规范》（SL 188）

《水文巡测规范》（SL 195）

《水文调查规范》（SL 196）

《水利水电工程测量规范》（SL 197）

《河流泥沙测验及颗粒分析仪器》（SL/T 208）

《水文资料整编规范》（SL 247）

《水道观测规范》（SL 257）

《水文基础设施建设及技术装备标准》（SL 276）

《基础水文数据库表结构及标识符标准》（SL 324）

《声学多普勒流量测验规范》（SL 337）

《水文船舶测验规范》（SL 338）

《水库水文泥沙观测规范》（SL 339）

《河道演变勘测调查规范》（SL 383）

《水位观测平台技术标准》（SL 384）

《水文缆道测验规范》（SL 443）

《水面蒸发观测规范》（SL 630）

3. 测绘行业标准

《测绘技术总结编写规定》（CH/T 1001）

《测绘技术设计规定》（CH/T 1004）

《测绘作业人员安全规范》（CH 1016）

《全球定位系统实时动态测量（RTK）技术规范》（CH/T 2009）

4. 电力行业标准

《水电水利工程水情自动测报系统设计规定》（DL/T 5051）

《水电水利工程泥沙设计规范》（DL/T 5089）

5. 气象行业标准

《地面气象观测规范》（QX/T 47）

6. 团体标准或作业文件

《水道数字化测绘技术指南》（CSWH 202）

《水深测量技术规程》（CSWH 203）

2.4.3.3 中国标准的英文翻译

卡洛特水电站项目涉及水文测验、河道观测调查、水文情报预报等方面。该项目合同约定采用中国技术标准，涉及的技术标准有 40 余项，项目实施中业主工程师（SMEC、SIDRI、SECEC 组成）要求参建单位提供相关的技术标准英文版。项目业主的有关领导也提出中国要"走出去"，技术标准得先行，对推出中国技术标准十分支持。卡洛特水电站施工阶段，水文工作团队还组织对一些中国技术标准的翻译工作，也用到了少量已经翻译出版的技术标准。主要有以下标准：

Standard for Observations of Precipitation（SL 21—2006）

Specification for Hydrological Data Auto – quisition and Transmission System（SL 61—2015）

Code for Hydrologic Data Processing（SL 247—2012）

Standard for Hydrology Information Forecasting（SL 250—2000）

Standard for Construction of Hydrological Fundamental Facilities and Technical Equipment（SL 276—2002）

Standard for Structure and Identifier in Fundamental Hydrological Database（SL 324—2005）

Code of practice on construction and installation of hydrological facilities and equipments（SL 649—2013）

Code of Practice on Completion Review and Acceptancy of Hydrological Facilities and Equipment（SL 650—2014）

Standard for Stage Observation（GB/T 50138—2010）

Technical Specification for Hydrologic Telemetry System of Hydropower Projects（NB/T 35003—2013）

2.5 质量管理体系构建

基于国际化工作的要求，ISO 质量管理体系贯穿卡洛特水电站水文工作全过程。卡洛特水电站水文工作承担机构——中国长江水利委员会水文局，于 2002 年 11 月编制、发布并实施了 A 版质量管理体系文件，2003 年 7 月获得质量管理体系认证证书，卡洛特水电站完工时管理体系文件已经随着《质量管理体系 要求》（GB/T 19001—2016/ISO 9001：2015）的修订发布，相应更新到 F 版。

2.5.1 水文测报质量管理体系简介

质量管理体系文件包括《质量手册》《程序文件》《作业文件》三个层次，涵盖六大产品（水文测验、测绘、水环境监测、水文气象预报、水文水资源分析计算、水文自动测报）、以及资源与档案等管理等。

1．质量方针

科学管理，质量至上，持续改进，优质服务。

2．总体质量目标

（1）科学管理，全员参与，求真求准，质量至上，产品合格率达100％。

（2）技术领先，设备先进，精益求精，持续改进，创长江水文品牌。

（3）信守承诺，诚信为本，顾客至上，优质服务，合同履约率100％。

3．过程方法和基于风险的思维

根据水文质量管理体系方针和总体目标要求，考虑发展进程中内外部变化环境和面临的风险（顾客的要求不断变化、法规变化、上级要求的提高、组织机构调整、国外项目面临的战争与恐怖活动风险等），结合产品特点、顾客的需求和期望，同时考虑组织机构和规模，运用"PDCA"过程方法和基于风险的思维，确定建立以过程为基础的质量管理体系，详见图2.5-1。

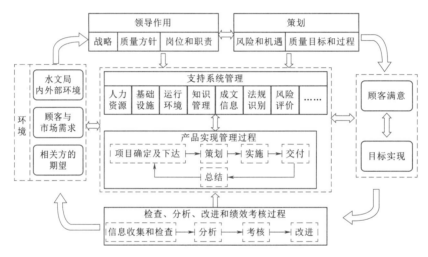

图 2.5-1　长江水利委员会水文局质量管理体系框图

2.5.2　卡洛特水文测报质量管理体系构建

卡洛特水电站的水文工作，包含水文测验、测绘、水文气象预报、水文自动测报等产品。为确保卡洛特水文工作顺利实施，严格按照当地法律、法规从事测量任务。在实施过程中，认真执行该项目的若干规范及技术文件，对项目的质量控制、进度控制、资料成果管理、信息管理和工作协调均按 ISO 9001 的要求及业主的需要进行。质量控制主要措施包括确定质量方针与质量目标、建立项目组织机构、明确质量管理要求，并建立配套的管理制度体系。具体细节见本书相关章节。

国际化项目，除采用 ISO 9001 质量管理体系进行质量控制外，还可视管理需要引入 ISO 14001 环境管理体系、ISO 45001 职业健康安全管理体系。

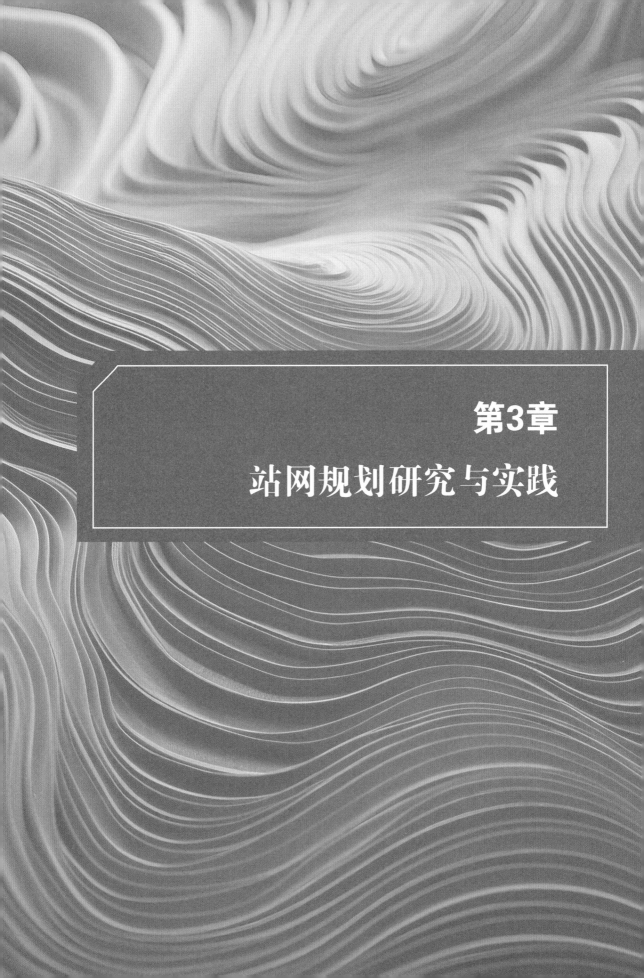

第3章
站网规划研究与实践

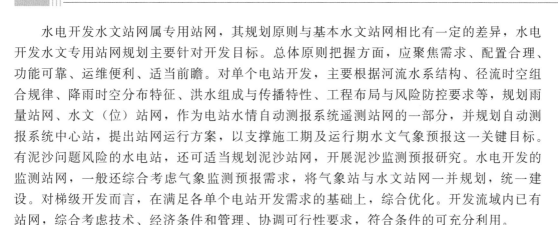

　　水电开发水文站网属专用站网，其规划原则与基本水文站网相比有一定的差异，水电开发水文专用站网规划主要针对开发目标。总体原则把握方面，应聚焦需求、配置合理、功能可靠、运维便利、适当前瞻。对单个电站开发，主要根据河流水系结构、径流时空组合规律、降雨时空分布特征、洪水组成与传播特性、工程布局与风险防控要求等，规划雨量站网、水文（位）站网，作为电站水情自动测报系统遥测站网的一部分，并规划自动测报系统中心站，提出站网运行方案，以支撑施工期及运行期水文气象预报这一关键目标。有泥沙问题风险的水电站，还可适当规划泥沙站网，开展泥沙监测预报研究。水电开发的监测站网，一般还综合考虑气象监测预报需求，将气象站与水文站网一并规划，统一建设。对梯级开发而言，在满足各单个电站开发需求的基础上，综合优化。开发流域内已有站网，综合考虑技术、经济条件和管理、协调可行性要求，符合条件的可充分利用。

3.1　站网规划研究

　　站网规划遵循既定原则，先初步规划站网布局，再根据查勘实际情况优化调整，制定测站运行管理方案。

3.1.1　规划原则

　　卡洛特水电站水文站网规划，在分析流域水文气象特性的基础上，结合自然地理条件，以满足水文资料收集、水文预报要求为主导，充分考虑水电站建设对水文特性的影响，组建水情测报水文站网框架，在现场查勘及通信测试基础上论证并确定最终站网。根据水利工程建设各阶段水文资料收集需求，施工及运行期对水文预报的需要，卡洛特水电站以上流域需布设雨量站、干支流水文控制站及坝区水位站、气象站等。站网规划总体原则如下：

　　（1）节省投资、便于管理，满足控制暴雨洪水、水情预报方案编制及实时预报需要。

　　（2）在来水对工程影响较大的未控支流，适当增设水文站，实时收集水雨情资料，掌握支流的来水情况。

　　（3）根据交通、通信、电力、安全等情况，对条件较差的站点做适当调整或替换，以利报汛通信组网和系统维护。

　　（4）满足卡洛特水电站施工期洪水预报及运行期的发电、防洪等调度需要。

　　（5）能控制水文预报区间的基本水情，满足预报的精度、时效的要求。

　　（6）符合"容许最稀站网"原则，符合水情站网布设、水文要素测验等相关技术规范标准要求。

　　（7）遵循"临时与永久相结合"的原则。站网投入运行后，根据水情实时预报检验和工程建设需要，逐步完善。

3.1.2　测站选址

3.1.2.1　图上初步规划方案

　　卡洛特水电站水情自动测报站网规划前，对水电站所在流域的水文气象特性、自然地理条件等进行了分析，以地理信息系统（Geographic Information System，GIS）GIS 底图、卫星图片为参考进行站网规划和研究。对卡洛特坝址以上流域及电站工区的站多进行了初步布局，这些站网作为卡洛特水电站水情自动测报系统的重要组成部分，并根据水文预报要求规划各测站功能。

1. 干流水文站

本系统干流在巴基斯坦已有的 6 个水文站附近，新建监测水位、雨量设施并在干流 CA 站新建 1 个水位站，监测水位、雨量。

2. 支流水文站

支流昆哈河设 GHU 站，尼拉姆河设 MFD 站，监测水位、雨量。

3. 工程河段专用站

（1）入库（库尾）水文站。经实地查勘库尾目前暂不具备新建水文站条件，先期在库尾水文站站址处先建设水位站观测水位，第五年条件成熟后再建设入库水文站，收集水位、流量、雨量、泥沙等资料。

（2）导流洞进口、导流洞出口水位站。在导流洞进口及出口分别布设水位站，施工期监测导流洞进口及出口水位，运行期撤销。

（3）上围堰、下围堰水位站。在上围堰、下围堰布设水位站，施工期监测上围堰、下围堰水位；运行期将上围堰水位站改建为常年水位站，作为运行期坝上水位站使用，下围堰水位站在运行期撤销。

（4）专用水文站。专用水文站位于坝址处下游，测验项目有水位、流量、泥沙、雨量、气象。专用水文站作为常年站，运行期仍然沿用。

4. 雨量站

新建水文（水位）站均兼测报雨量，在卡洛特水电站坝址以上流域新建雨量站 19 个，累计共 30 个雨量站（包括兼测报雨量），平均雨量站网密度约为 $480 \text{km}^2/$站。

综上，卡洛特水电站水情自动测报系统拟建 34 个遥测站，分别为 10 个水文站、5 个水位站、19 个雨量站，站网布设详见表 3.1－1。

表 3.1－1　　　　　　　卡洛特水电站水情自动测报系统遥测站点表

序号	站　　名	河　名	站类	测报项目				备注
				水位	流量	泥沙	雨量	
1	CA 站以上干流水位站	吉拉姆河	水位	√			√	新建
2	CH	吉拉姆河	水文	√	√		√	新建
3	HB	吉拉姆河	水文	√	√		√	新建
4	D	吉拉姆河	水文	√	√		√	新建
5	CK	吉拉姆河	水文	√	√		√	新建
6	KH	吉拉姆河	水文	√	√		√	新建
7	AP	吉拉姆河	水文	√			√	新建
8	GHU	昆哈河	水文	√	√		√	新建
9	MFD	尼拉姆河	水文	√	√		√	新建

续表

序号	站　　名	河　名	站类	测报项目				备注
				水位	流量	泥沙	雨量	
10	入库水文站	吉拉姆河	水文	√	√	√	√	新建
11	上围堰水位站	坝区	水位	√				新建
12	下围堰水位站	坝区	水位	√				新建
13	导流洞进口水位站	坝区	水位	√				新建
14	导流洞出口水位站	坝区	水位	√				新建
15	专用水文站	坝区	水文	√	√	√	√	新建
16	L		雨量				√	新建
17	BL		雨量				√	新建
18	MR		雨量				√	新建
19	GLD		雨量				√	新建
20	DH		雨量				√	新建
21	NA		雨量				√	新建
22	新雨量站1		雨量				√	新建
23	新雨量站2		雨量				√	新建
24	新雨量站3		雨量				√	新建
25	新雨量站4		雨量				√	新建
26	新雨量站5		雨量				√	新建
27	新雨量站6		雨量				√	新建
28	新雨量站7		雨量				√	新建
29	新雨量站8		雨量				√	新建
30	新雨量站9		雨量				√	新建
31	新雨量站10		雨量				√	新建
32	新雨量站11		雨量				√	新建
33	新雨量站12		雨量				√	新建
34	新雨量站13		雨量				√	新建

3.1.2.2　站网布设点查勘

依据站网规划初步方案及站网功能布局，组织了由水文、测绘、水文自动测报等专业组成的查勘小组，分别于 2015 年 12 月和 2016 年 2—4 月对流域站网基本情况进行了查勘，并进行通信信道测试。

1. 查勘内容

（1）根据卡洛特水电站坝址流域水系站网布置图拟定的遥测站网地理坐标，实地查勘是否适合建站，如果不适合建站则在周边区域重新选址；对选定的站址测量高程及地理坐标。

（2）了解遥测站的水文、气象、地理特性以及周边环境。

（3）测试遥测站所在地北斗卫星和移动通信信道信号强度情况。

（4）对拟建遥测站今后的运行保障情况进行勘查，主要包括遥测站交通、供电、供水、日照、安防条件等，实地调查洪水、雷电、泥石流和滑坡等自然灾害对站点安全运行的影响情况。

（5）了解站点所属流域内的水利工程项目建设情况及可能对流域水文情势的影响。

2. 查勘情况

第一次查勘了站网规划中站点28个，尚未查勘站点6个。未查勘站点及原因见表3.1-2。

表3.1-2　　　　　　　　　　　　　　未查勘站点及原因一览表

序号	站　名	河　名	未 查 勘 原 因
1	DH	尼拉姆河	无通行证明
2	NA	昆哈河	高山地区大雪封山交通受阻
3	新雨量站2	昆哈河	高山地区大雪封山交通受阻
4	新雨量站5	尼拉姆河	无通行证明
5	新雨量站6	尼拉姆河	无通行证明，属于高山地区
6	新雨量站8	吉拉姆河	高山地区大雪封山交通受阻

对于未查勘的站，计划在下一阶段的建设过程中，边查勘边建设。

（1）交通情况。卡洛特水电站水情自动测报系统站点分布在旁遮普省等省区，大部分属于巴基斯坦东北部山区，是地震和泥石流易发区，道路等级一般，基本都是柏油路面，但是修建时间已久，路面多有破损。除NA、新雨量站2、新雨量站6、新雨量站8等4个雨量站受季节影响冬春季节大雪封路外，已查勘站点车辆基本可以直达（少量站点需短距离人工搬运）。但是雨季交通没有保证，系统相关路段极易发生塌方，查勘期间塌方路段随处可见。因此系统建设需要预留足够的时间应对交通原因对工期的影响。考虑到电站流域上游站网稀少，待道路解冻后再实地查看NA站、新雨量站2、新雨量站6、新雨量站8等4个雨量站，尽量在规划站址或附近建设，为汛期水情预报提供数据支撑。

（2）治安情况。站网规划、建设、维护需有必要的防御措施或应急预案。一般在系统建设区域内开展工作需要配备一定比例的安保人员护送。巴方对"一带一路"项目积极支持，开展工作一般会派专门的警力护送。

（3）通信信道测试情况与信道规划。站网规划中通信信道为北斗卫星，站址所处位置在北纬33°～35°，东经73°～75°区间，处于"北斗一号"的覆盖范围北纬5°～55°，东经70°～140°范围内，已查勘站点都进行了北斗卫星信号测试，所有站点都可以收发卫星短信报文，但是少量站点收发报文有一定的延时，这些站点呈现一个规律，基本集中在高海拔地区。测试结果表明所有站址第一通道锁定10波束，第二通道锁定6波束，响应波束为10波束，因此系统按照北斗卫星单一通信信道组网。查勘期间也测试了规划站点所在位置的移动通信信号情况和GSM制式，大部分站点有移动网信号，但是网络信号不稳定，上网速度慢，甚至不能上网。移动网SIM卡的GSM短信制式与国内兼容，将卡插在短信猫内，短信猫能够发送短信，也可以接收短信，因此短信信道可以作为系统备用信道。

（4）在建水利工程项目对水情的影响与应对措施。流域内目前有两个在建水利工程项目：一是塔哈塔水文站下游 6km 昆哈河上有一个在建水电站，预计近期会投产发电，水电站投产后昆哈河下游来水规律会发生显著改变；二是尼拉姆河与吉拉姆河之间有在建的 N-J 水电站，是引水电站，该水电站的取水口位于尼拉姆河上游约 37km（自 MFD 县城算起），取水口处修有拦水坝，坝高约 60m。水电站尾水出口位于吉拉姆河下游 30km（自 MFD 县城算起），预计 2017 年发电，投产后尼拉姆河与吉拉姆河的水流特性将会发生显著改变。因此以上两个水电站投产后应加强协调，力争向卡洛特水电站通报水情。

（5）水文站所在位置的河流断面水文特性。站点所在区域都属于高山峡谷地带，落差较大，水流湍急，具有山区河流陡涨陡落的特点，夏天融雪水和强降雨极易形成洪水。河流两岸山体松软，降雨汇流挟裹大量泥沙，夏季河流含沙量较高，且流速较大。降雨过后河流水量陡降后随即进入平稳期，此时河水以雪山融水补给为主。

（6）日照情况。系统站点海拔在北纬 33°～35° 区间，纬度低，日照充足，紫外线强烈。因河流呈南北走向，太阳能板朝向与河流方向大致一致，因此虽山高谷深但采光并不受影响。

（7）建站用地情况。导流洞进口水位站和导流洞出口水位站位于施工坝区，电站开工前已经妥善办理了土地征用手续，站点选址只需做到和电站施工布置规划项目不冲突，报项目业主单位批准即可。其他站点因不在电站施工区，需要根据实际情况办理土地租用手续和委托看管手续。巴方实行土地私有化政策，本项目涉及的土地大致分为三种类型：①农民私有土地，大部分雨量站占地都属于此种类型，租用此类土地需要征得所有者的同意，并签订土地租用协议；②政府单位办公土地，部分雨量站占地属于此种类型，要想租用此类土地最好请建设单位向巴基斯坦政府开具项目介绍信，在政策上取得相关单位的支持，并签订土地租用协议；③所有权不明的土地，这类土地一般位于河流的边坡或陡坡上，或者桥梁的岸墩附近，这类土地一般无法签订租用协议，但是项目建设不能影响到相关者的利益，如有影响则需补偿。本次查勘仅对站址周边环境进行考察，尚未落实土地租用手续，需在建设阶段逐一落实。查勘站点基本情况明细见表 3.1-3。

表 3.1-3　　　　　查勘站点基本情况明细（站点为第一次调整后名录）

站　名	位置	岸别	海拔 /m	水位变幅 /m	气管长度 /m	信道状况 卫星锁定波束	信道状况 GPRS	信道状况 GSM	交通情况	备　注
CA	吉拉姆河	左	997	15	30	10/6	可上网	满格	车可到	需新设水尺，100m 搬运；已取消
HB	吉拉姆河	右	887	15	30	10/6	可上网	满格	车可到	有英制水尺和自记设备
D	吉拉姆河	左	677	15	20	10/6	可上网	满格	车可到	有自记设备，悬垂式水尺
CK	吉拉姆河	左	608	10	30	10/6	可上网	满格	车可到	有英制水尺
KH	吉拉姆河	右	560	15	50	10/6	可上网	满格	车可到	未找到巴方站址；改成雨量站
AP	吉拉姆河	右	430	30						已建
加赫里哈比卜拉	昆哈河	左	957	5	30	10/6	可上网	满格	车可到	设计位置上游 6km；下游 8km 在建电站（韩国）；英制水尺；100m 搬运

续表

站 名	位置	岸别	海拔/m	水位变幅/m	气管长度/m	卫星锁定波束	GPRS	GSM	交通情况	备 注
DH	尼拉姆河									因通行证问题警方限制进入该区域
MFD	尼拉姆河	左	691	10	20	10/6	可上网	满格	车可到	有自记设备，无水尺
入库水文站	吉拉姆河	左	418	20	50	10/6	可上网	满格	车可到	需150m搬运；已建
上围堰水位站	坝区									地点未定
下围堰水位站	坝区									地点未定
导流洞进口水位站	坝区	右	380	20	70	10/6	无	无		需200m搬运；已建
导流洞出口水位站	坝区	左	382	20	70	10/6	无	无		需100m搬运；已建
专用水文站	坝区	左	390	20	80	10/6	可上网	满格		需2000m搬运；已建
工区雨量站1	坝区		528			10/6	可上网	满格	车可到	拟建建设营地
工区雨量站2	坝区		509			10/6	可上网	满格	车可到	拟建坝址附近
工区雨量站3	坝区		419			10/6	可上网	满格	车可到	拟建卡洛特大桥左岸渣场附近
L	吉拉姆河		1680			10/6	可上网	满格	车可到	卫星测试信息延时
BL	吉拉姆河		1107			10/6	可上网	满格	车可到	需搬运50m
MR	吉拉姆河		1998			10/6	可上网	满格	车可到	卫星测试信息延时
GLD	吉拉姆河		789			10/6	可上网	满格	车可到	
NA	昆哈河									雪山封路，未查勘
新雨量站1	昆哈河		1512			10/6	无	无	车可到	
新雨量站2	昆哈河									雪山封路，未查勘
新雨量站3	尼拉姆河		980			10/6	可上网	满格	车可到	
新雨量站4	尼拉姆河		1414			10/6	无	无	车可到	无移动信号，其他网有信号
新雨量站5	尼拉姆河									无通行证明
新雨量站6	尼拉姆河									无通行证明
新雨量站7	昆哈河		1430			10/6	可上网	满格	车可到	
新雨量站8	尼拉姆河									因交通原因未查勘该站
新雨量站9	吉拉姆河		1113						车可到	
新雨量站10	吉拉姆河		1928			10/6	可上网	满格	车可到	
新雨量站11	吉拉姆河		623						车可到	

3.1.3 站网优化调整

自巴基斯坦卡洛特水电站项目水情自动测报专项工作开展以来，对卡洛特水电站流域水文特性、交通条件了解不断深入，先后两次对流域站点进行了优化调整。

3.1.3.1 第一次站网优化调整

2015 年 12 月，实地查勘了流域站网布设情况，因 CA 站地理不便，取消该站建设；考虑尼拉姆河上游没有水位监测项目，新建 DH 站，将规划的 CA 站仪器设备配置到该站。

由于新建的 DH 站有雨量观测项目，原规划到该处的雨量站撤销。由于原雨量站 3 和原雨量站 8 地处高寒地区，交通不便，且以降雪为主，故撤销上述 2 个站。将上述 3 个雨量站的设备调整至工区，分别为工区雨量站 1、工区雨量站 2、工区雨量站 3。

调整前后总站数不变，仍然为 34 个站。

3.1.3.2 第二次站网优化调整

2016 年 2—4 月，再次对规划站点进行了详细查勘。根据查勘情况，在吉拉姆河恰可迪附近新建 1 个水文站。原昆哈河上的 GHU 站已经撤销，调整为 TH 站。

调整前总站数为 34 个站，调整后总站数也为 34 个站，其中水文站 10 个、水位站 4 个、雨量站 20 个，站网统计见表 3.1-4。

1. 干流水文（位）站

吉拉姆河干流上布设 CH 站、HB 站、D 站、CK 站、AP 站 5 个水文站。上述 5 个水文站监测水位、雨量。以上站点若受上游工程影响，可再调整站网及预报方案。

2. 支流水文站

吉拉姆河右岸主要支流有昆哈河、尼拉姆河。昆哈河上设有 TH 站，尼拉姆河上设有 MFD 站，新建 DH 站。在 3 个站布设自动测报系统，监测水位、雨量。

3. 工程河段专用站

为开展施工期坝址的水位流量预报，并满足水库建成后的运行需要，监测入库来水、泥沙，需新建卡洛特水电站的入库水文站（初期暂建库尾水位站）、上围堰水电站、下围堰水位站、导流洞进口水位站、导流洞出口水位站及坝下专用水文站，其中坝下专用水文站为常年水文站，上围堰水位站在运行期改建为坝上水位站，为常年水位站，导流洞进、出口水位站及下围堰在完成施工期使命后撤销。

（1）卡洛特（入库）水文站。经实地查勘，前期在入库位置先期建设水位站，观测水位、雨量，第五年条件成熟后再建设入库水文站，其河段河底高程宜高于 461.00m，且不在上游电站水库内，收集水位、流量、雨量、泥沙、气象等资料。

（2）卡洛特（导流洞进口）、卡洛特（导流洞出口）水位站。在导流洞进口及出口分别布设水位站，施工期监测导流洞进口及出口水位，电站运行期撤销。

（3）卡洛特（上围堰）、卡洛特（下围堰）水位站。在上、下围堰布设水位站，施工期监测上围堰、下围堰水位；运行期将上围堰水位站改建为常年水位站，作为运行期坝上水位站使用，下围堰水位站在电站运行期撤销。

（4）卡洛特（专用）水文站。新建专用水文站位于坝址处下游，布设自动测报系统，监测坝址下游水位、流量、出库泥沙及坝区雨量，该站测验项目有水位、流量、泥沙、雨量、气象。专用水文站作为常年站，电站运行期仍然沿用。

（5）卡洛特工区雨量站。在工区重要部位（营地、坝址、左岸渣场冲沟、右岸支流等）新建 3 个雨量站。

4. 流域面雨量站

卡洛特水电站坝址及以上流域新建雨量站 20 个（KH 建设雨量站），加上水文站兼测报雨量，累计共 30 个雨量站，平均雨量站网密度约为 480km^2/站，详见表 3.1-4。

表 3.1-4　　　　卡洛特水电站水情自动测报系统遥测站点表

序号	站　名	位置	站类	测报项目				备注
				水位	流量	泥沙	雨量	
1	CH	吉拉姆河	水文	√			√	新建
2	HB	吉拉姆河	水文	√	√		√	新建
3	D	吉拉姆河	水文	√	√		√	新建
4	CK	吉拉姆河	水文	√	√		√	新建
5	AP	吉拉姆河	水文	√	√		√	新建
6	TH	昆哈河	水文	√			√	新建
7	MFD	尼拉姆河	水文	√			√	新建
8	DH	尼拉姆河	水文	√			√	新建
9	卡洛特（入库）	吉拉姆河	水文	√	√	√	√	新建
10	大坝上围堰	坝区	水位	√				新建
11	大坝下围堰	坝区	水位	√				新建
12	导流洞进口	坝区	水位	√				新建
13	导流洞出口	坝区	水位	√				新建
14	坝上水位站	吉拉姆河	水文	√	√	√	√	新建
15	工区雨量站 1	工区	雨量				√	新建
16	工区雨量站 2	工区	雨量				√	新建
17	工区雨量站 3	工区	雨量				√	新建
18	L		雨量				√	新建
19	BL		雨量				√	新建
20	MR		雨量				√	新建
21	GLD		雨量				√	新建
22	NA		雨量				√	新建
23	KH		雨量				√	新建
24	新雨量站 1		雨量				√	新建
25	新雨量站 2		雨量				√	新建
26	新雨量站 3		雨量				√	新建
27	新雨量站 4		雨量				√	新建
28	新雨量站 5		雨量				√	新建

续表

序号	站　　名	位置	站类	测报项目				备注
				水位	流量	泥沙	雨量	
29	新雨量站 6		雨量				√	新建
30	新雨量站 7		雨量				√	新建
31	新雨量站 8		雨量				√	新建
32	新雨量站 9		雨量				√	新建
33	新雨量站 10		雨量				√	新建
34	新雨量站 11		雨量				√	新建

注　开展站网详勘、建设人员落实征地方案后，站网可能还会进一步优化调整。

3.1.4　站网运行管理方案

1. 近中期方案

卡洛特专用站采用驻测模式，入库水文站采用驻巡结合模式，即汛期驻测，其他时间巡测（仍要本地员工驻守看管），其他测站采用巡测和汛前汛后巡查模式，发挥好中巴联合测验组的作用和优势。

2. 长远目标

视电站运行业主安排，将测站交由当地公司维护和观测。当地测验人员经实践和考核后，其能力素质包括技术能力、契约精神、时间观念、规范意识、质量意识、服务意识等达到要求后，将交由当地公司维护和观测。另积极与当地水文气象部门及相关公司开展技术人才交流，提升站点运行管理能力保障。

3.2　自动测报系统构建与运行

自动测报系统构建与运行从遥测站集成、中心站集成两个方面入手，重点依托北斗通信技术，保障系统站网信息可靠传输。

3.2.1　遥测站集成

1. 总体方案

卡洛特水电站水情自动测报系统建设 34 个遥测站，分别为 10 个水文站、5 个水位站、19 个雨量站。第二次站网调整后，分别为 10 个水文站、4 个水位站、20 个雨量站和 1 个中心站。遥测站自动采集的水情信息通过北斗卫星方式自动传送到中心站，中心站将所接收的水情信息经数据处理后存入实时数据库，供水文预报及信息查询调用。

2. 实现功能

（1）水位、雨量自动采集。能自动采集到 1cm 的水位变化值和 0.5mm 的降雨量；水位采样间隔可编程设置，并具有数字滤波功能。

（2）定时自报。按预先设置的定时时间间隔，向中心站发送当前的水位、雨量数据，同时包括测站站号、时间、电池电压、报文类型等参数。

（3）自动加报。在规定的时段内水位变幅以及降雨量超过设定值时，且设定的发报时间未到时，自动加报。时段和设定值根据各站实际需要，可编程设置。

（4）应答查询。具有响应中心站查询指令的功能，按接收到的指令报送实时数据和批量数据。

（5）现场固态存储。采集的水位、雨量可现场带时标存储，存储时间间隔可编程，至少能够存储 2 年以上的数据。当通信设备出现故障没有及时报送时，可响应中心站指令，将现场存储的数据批量报送。同时，也可供现场人员查看、下载数据。

（6）人工置数。可将流量数据和人工观测值通过人工置入的方式向中心站报送。

（7）现场或远地访问。可在现场或远地对设备进行各项参数设置或读取操作。

（8）自动校时。能通过接收中心站指令自动校时。

（9）自维护功能。具有定时工况报告、低电压报警、掉电保护以及自动复位等自维护功能。

（10）工作环境。能在雷电、暴雨、停电的恶劣条件下正常工作。

3. 设备设施配置

遥测站由水位和雨量传感器（根据需要相应配置），遥测终端、通信终端和供电电源系统组成。

（1）遥测终端。遥测终端应具有广泛应用性和实用性，稳定可靠，功耗低，能够支持各种有线、无线、卫星、移动通信等通信组网方式和主备信道自动切换，能够支持自报、自报加应答、查询应答和兼容式等各种数据传输体制要求，支持远程设置、远程数据下载等遥测遥控系统功能。

（2）传输方式。主要采用北斗卫星传输，同时兼顾超短波通信。数据由遥测站传感器采集，经过遥测终端处理，经信道传输到达分中心。

（3）工作模式。在水情信息遥测系统中，数据传输常用的工作模式有自报式、应答式和混合式。在确保数据传输的实时性和可靠性基础上，并结合北斗卫星通信的特点以及通信费用问题，一般采用混合式的工作模式。

4. 建站方案

水利水电开发所在地一般都处于经济欠发达偏远山区，交通极其不便，通信不畅或根本无通信覆盖，其流域内可供规划设计利用的水文气象资料有限。为满足水电开发施工期流域水雨情信息、工程防汛调度信息、运营期流域水雨情信息及水库经济调度信息收集等需求，需在工程河段内建设一定规模的水文站网，以收集必要的水文、气象基本资料。

目前相关遥测站都没有整体设计，整体不美观；在安装过程中没有统一样式标准；自动化（一体化）程度不高；站房故障率较高，收集数据不完全，错误率较高。水雨情遥测一体化装置方便组装，实用性强，适用于不同的环境条件，可以实现水文数据的自动采集和传输。无人值守的水雨情遥测装置提供了一种具有结构紧凑、组装快捷、运输方便，适合无人值守水文（雨量）站使用的解决方案，无人值守的水雨情遥测装置组成框图见图 3.2 - 1。

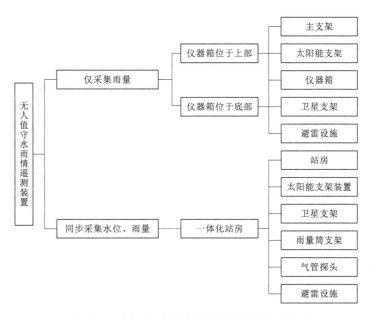

图 3.2 - 1 无人值守的水雨情遥测装置组成框图

（1）雨量站。考虑到节约用地、安装方便和后期维护，本系统所有遥测雨量站均采用单杆式安装方式，设备采用太阳能浮充蓄电池供电，遥测终端机采用自报模式通过北斗卫星终端机发降雨量信息。为保障设备稳定运行，安装有避雷针对仪器设备进行防雷保护，示意见图 3.2 - 2。

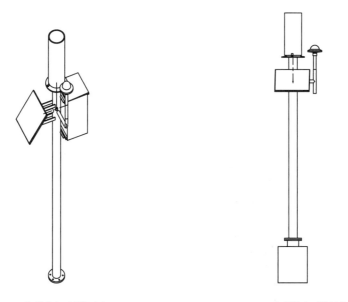

（a）仪器箱在雨量杆上部　　　　　　　　　　　（b）仪器箱在雨量杆底部

图 3.2 - 2　雨量遥测支架安装方式

无人值守的雨量遥测支架有两种安装方式：一种为主要仪器箱在雨量杆上部，另一种为主要仪器箱在雨量杆底部，但主要组成部分相似，皆由主支架、太阳能支架、仪器箱、卫星支架、避雷设备支架等组成。

无人值守的雨量遥测支架装置能自动采集、存储和传输水位、雨量等信息，实测流量信息可采用人工置入方式，通过所建立的传输通信网自动传送至中心站，实现设备全天候值守、不中断运行、无人值守的运行模式。

1）水雨情信息采集系统能及时、准确、自动地采集系统范围内各水雨情遥测站点的水雨情信息，并实现水雨情数据固态存储。

2）能将遥测站采集到的水雨情数据及时地传输到中心站，为水情信息服务系统提供数据支撑。

3）中心站能自动接收遥测站通过各种通信信道传输的水位、雨量、流量数据。

4）雨量筒选型。选用 JDZ05 - 1 型雨量计。JDZ05 - 1 型雨量计是一种水文、气象仪器，其将降雨量转换为以开关量形式表示的数字信息量输出，以满足信息传输、处理、记录和显示等的需要，其主要技术指标见表 3.2 - 1。

表 3.2 - 1　　　　　　　　　　　JDZ05 - 1 型雨量计主要技术指标

指　标	说　明
承雨口内径	200mm
分辨率	0.5mm
测量精度	≤±0.5mm（排水量≤12.5mm），≤±4%（排水量＞12.5mm）
雨强范围	0.01～4mm/min（允许通过最大雨强 8mm/min）
工作环境	温度：0～±50℃，湿度：95%，40℃（凝露）

根据《降水量观测规范》（SL 21）观测场地环境要求，在山区，观测场不宜设在陡坡上、峡谷内和风口处，要选择相对平坦的场地，使承雨器口至山顶的仰角不大于 30°。

（2）水文（位）站。本系统所有水文（位）站采用金属仪器柜一体化站房安装方式，RTU、蓄电池、卫星终端、气泡水位计安装在仪器柜内，雨量计、太阳能板、卫星天线安装在仪器柜顶盖上。气管从仪器房引出，沿着水文站测验断面敷设，仪器房效果示意见图 3.2 - 3～图 3.2 - 5。

站房上安装有顶板，顶板上可安装避雷针、太阳能装置、北斗卫星装置和雨量装置，站房的下方可以连接钢管，内敷压力管线连接至水位计探头，其中安装探头的槽钢可以根据水道的材质来设计。该站房装置方便组装，实用性强，适用于不同的环境条件，以实现水文数据的自动采集和传输。

1）水位计选型。选用 HS - 40 气泵恒流式压力水位计，其主要性能参数见表 3.2 - 2。

图 3.2 - 3　水文（位）站安装方式示意图

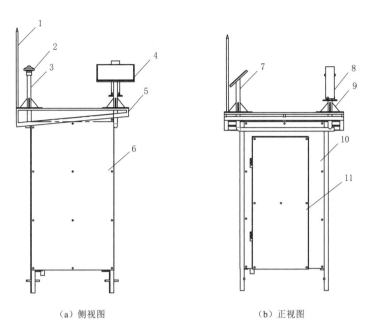

（a）侧视图　　　　　　　　　　　（b）正视图

图 3.2-4　水情遥测站房（一体化站房）正侧视图

1—避雷针；2—北斗卫星；3—北斗卫星支架；4—太阳能板；5—顶板；6—右侧板；

7—太阳能支架；8—雨量筒；9—雨量筒支架；10—前门板；11—前门

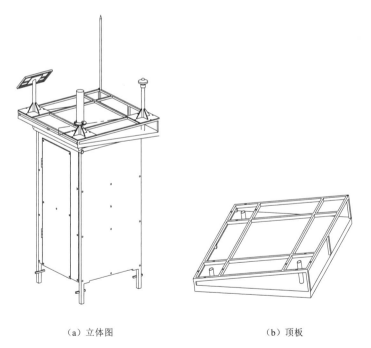

（a）立体图　　　　　　　　　　　（b）顶板

图 3.2-5　水情遥测站房（一体化站房）立体图

表 3.2 - 2　　　　　　　　　　HS - 40 气泵恒流式压力水位计主要性能参数

参　　数	数　　值	参　　数	数　　值
测量范围	0～40m	平均电流	24.2mA
分辨率	±0.02％F.S	工作温度范围	-40～+80℃
气管长度	最大 150m	感压气管	低密度聚乙烯气管
电源	DC10～18V		

2）压力管线设计与维护关键技术。由于水电规划区域经济相对落后，考虑无人值守，安装维护方便而选用气泡压力式水位计。气泡压力式水位计的压力管线一定要加保护装置，通常使用的套管为优质镀锌钢管，靠近水下探头部位一定要使用钢管固定。转弯的地方使用 1 个或 2 个 45°的弯头，管线中在 90°转弯部位使用 1～2 个三通，以便维修时直接拉动气管。在初始安装气管时，若未到最低水位，水下部分需预留一定长度的气管及套管，并考虑能灵活调整。

不同的测站，因河岸地形不同，河床组成不同，水位探头的安装形式也不同。水位探头应尽量避免安装在砂质和冲淤变化大的地方，避开大回流，保证固定桩不被冲倒，探头不被淤积，记录的水位稳定、可靠。

探头安装架为钢桩，其强度应能保证在水流冲击和水中杂物的撞击下不致弯曲、倒覆或产生剧烈振动。钢桩的长度视河岸地形和地质以及当时的水位与最低水位之差而定，顶部留 200～300mm 作为锤击变形部位，并预留足够数量的 ϕ12～12.5mm 的钻孔以备调整探头深度。

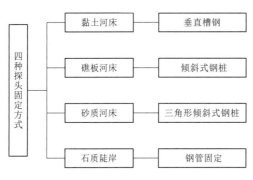

图 3.2 - 6　河床探头固定方式

3）水位站探头固定方式。对不同的河道边坡应采用不同的处理方式，探头固定的四种方式见图 3.2 - 6。

如坡度均匀的土质边坡，一般采用直立式钢桩；当水下是大块石（且没有淤积），致使没有办法将钢桩直立固定时，可采用倾斜式钢桩，探头架固定在斜面上；当水下是砂质、块石、砂卵石河床，致使槽钢无法固定时，可将槽钢加工成三角形倾斜式安装架；当边坡为基岩陡岸时，可将小口径探头放在 50mm 的钢管中直接入水，在水面附近将钢管固定即可；当边坡为砂卵石浅水平滩，无法使用直立式或倾斜式钢桩时，可采用预制混凝土块的方法固定；港区船多、锚链多，常发生水下钢桩被船撞、被锚链拉弯，探头被拉掉事件，一定要采取措施保护钢桩和探头。

5. 供电

为保证在"有人看管、无人值守"的运行模式下，测站设备能在雷电、暴雨、停电的恶劣条件下可靠、正常地工作，测站的供电系统采用太阳能板浮充蓄电池直流供电，充电电压钳位控制。太阳能板浮充蓄电池直流供电的优点是可防止感应雷击，防止恶劣天气时供电线路毁坏和电网停电。

太阳能板的功率、蓄电池的容量以及充电控制器根据以下因素选配：

（1）设备功耗，包括守候功耗、工作功耗以及通信设备发送数据的功耗。

（2）保证在 45d 连续阴雨天气情况下，设备能维持正常工作。

（3）在连续 45d 阴雨天气后，能在 10d 时间内将蓄电池充足。

（4）当地的日照指数。

（5）充电控制器的钳位电压阈值应保证电池充足且不因过充而损坏。

综合以上各种因素，并充分考虑电源的容量冗余，遥测站的电源供电容量按 1 块 42W 太阳能板、1 个 100A·h/12V 蓄电池配置；每个遥测站配置 1 个太阳能充电控制器。

6. 避雷

为保证工程可靠运行，防止设施、设备被雷击损坏，在系统建设中将采取以下避雷措施：

（1）遥测站安装避雷接地系统，避雷接地系统包括避雷针、引下线及接地网。

1）天线等室外设备位于安装的避雷针的 45°角以下安全区内，天线与避雷针之间绝缘。

2）避雷针的引下线与接地网牢固连接。

3）根据各个遥测站地形，分别采用环形均衡接地网或一字形接地网，接地材料经过镀锌防腐处理，接地电阻小于 10Ω，当接地电阻未达到 10Ω 以下时，采用外接引地装置，或添加长效降阻剂，保证接地电阻值在 10Ω 以下。

（2）遥测站设备全部采用太阳能浮充蓄电池供电方式，以避免交流电源引雷。

（3）室外水位、雨量信号传输电缆均采用屏蔽电缆，电缆用 ϕ50mm 的镀锌管套护，采用沟埋方式，防止数据信号线引雷。

（4）信号线加装信号避雷器，屏蔽层与接地端连接。

3.2.2 中心站结构与功能

1. 中心站结构

中心站是自动测报系统数据信息接收处理的中枢，主要由遥测数据接收处理系统、水文预报服务系统、计算机网络系统、数据库系统组成。组成结构见图 3.2-7。

2. 中心站功能

中心站功能主要靠数据接收处理系统实现。数据接收处理系统主要完成系统各遥测站的水情信息的实时接收、处理和入库，并可对遥测站进行查询、召测。

计算机网络系统主要为系统数据接收、处理、查询、转发以及信息交换、水情预报与服务提供硬软件平台。

数据库系统主要包括建立的实时数据库和水情数据库。

中心站主要功能如下：

（1）数据接收、处理。能实时、定时和批量接收遥测站的水雨情数据，并进行合理性判别和处理后，自动写入原始数据库中。

（2）召测查询。可人工召测遥测站点的水位、雨量数据，查询遥测站的工作状态。并可按指定的时段批量传输遥测站的水位、雨量数据。

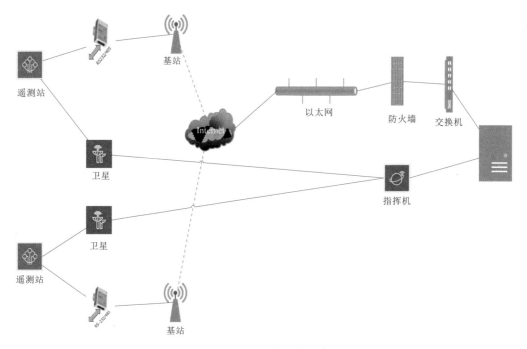

图 3.2 − 7　中心站结构示意图

（3）远地监控。能远地监控野外遥测站点的工作状况。

（4）数据库的建立与管理。建立原始数据库和水情数据库，对数据库提供维护功能，以及对数据库的检索、查询等。

（5）数据查询。可查询和打印收集到的数据信息，显示、打印、输出相关数据图表。

（6）状态告警。根据设定的告警雨量、水位值，可实现自动告警功能。

（7）通过编制洪水预报方案和洪水预报软件，制作洪水预报，为流域的防汛安全提供水情保障。

（8）有安全、保密的数据维护功能，提供数据备份，以确保数据安全。

3.2.3　北斗通信技术应用

3.2.3.1　北斗卫星导航系统简介

北斗卫星导航系统（以下简称北斗系统）是中国自主建设运行的全球卫星导航系统，是为全球用户提供全天候、全天时、高精度的定位、导航和授时服务的重要时空基础设施。

北斗系统为经济社会发展提供重要时空信息保障，是中国实施改革开放 40 余年来取得的重要成就之一，是新中国成立 70 年来重大科技成就之一，是中国贡献给世界的全球公共服务产品。北斗系统提供服务以来，已在交通运输、农林渔业、气象测报、通信授时、电力调度、救灾减灾、公共安全等领域得到广泛应用，服务重要基础设施，产生了显著的经济效益和社会效益。基于北斗系统的导航服务已被电子商务、移动智能终端制造、位置服务等厂商采用，广泛进入中国大众消费、共享经济和民生领域，应用的新模式、新业态、新经济不断涌现，深刻改变着人们的生产生活方式。

1. 发展历程

20 世纪后期，中国开始探索适合国情的卫星导航系统发展道路，逐步形成了三步走发展战略：2000 年年底，建成北斗一号系统，向中国提供服务；2012 年年底，建成北斗二号系统，向亚太地区提供服务；2020 年，建成北斗三号系统，向全球提供服务。

2. 发展目标

建设世界一流的卫星导航系统，满足国家安全与经济社会发展需求，为全球用户提供连续、稳定、可靠的服务；发展北斗产业，服务经济社会发展和民生改善；深化国际合作，共享卫星导航发展成果，提高全球卫星导航系统的综合应用效益。

3. 建设原则

中国坚持"自主、开放、兼容、渐进"的原则建设和发展北斗系统。

（1）自主。坚持自主建设、发展和运行北斗系统，具备向全球用户独立提供卫星导航服务的能力。

（2）开放。免费提供公开的卫星导航服务，鼓励开展全方位、多层次、高水平的国际合作与交流。

（3）兼容。提倡与其他卫星导航系统开展兼容与互操作，鼓励国际合作与交流，致力于为用户提供更好的服务。

（4）渐进。分步骤推进北斗系统建设发展，持续提升北斗系统服务性能，不断推动卫星导航产业全面、协调和可持续发展。

4. 远景目标

2035 年前还将建设完善更加泛在、更加融合、更加智能的综合时空体系。

5. 基本组成

北斗系统由空间段、地面段和用户段三部分组成。

（1）空间段。北斗系统空间段由若干地球静止轨道卫星、倾斜地球同步轨道卫星和中圆地球轨道卫星等组成。

（2）地面段。北斗系统地面段包括主控站、时间同步/注入站和监测站等若干地面站，以及星间链路运行管理设施。

（3）用户段。北斗系统用户段包括北斗兼容其他卫星导航系统的芯片、模块、天线等基础产品，以及终端产品、应用系统与应用服务等。

6. 发展特色

北斗系统的建设实践，走出了在区域快速形成服务能力、逐步扩展为全球服务的中国特色发展路径，丰富了世界卫星导航事业的发展模式。

北斗系统具有以下特点：一是北斗系统空间段采用三种轨道卫星组成的混合星座，与其他卫星导航系统相比高轨卫星更多，抗遮挡能力强，尤其低纬度地区性能优势更为明显；二是北斗系统提供多个频点的导航信号，能够通过多频信号组合使用等方式提高服务精度；三是北斗系统创新融合了导航与通信能力，具备定位导航授时、星基增强、地基增强、精密单点定位、短报文通信和国际搜救等多种服务能力。

3.2.3.2　北斗卫星在水文信息传输方面的工作方式

北斗卫星通信技术在水文测报数据传输中的应用，是以数据报告作为其主要的工作方式，也可采用"一发多收"的方式，并需要充分利用北斗卫星在信道容量方面的优势，其工作原理如下：

1. 点对点的固定数据传输

北斗卫星与用户终端之间的通信，是通过点对点的固定数据传输来完成的，该过程中需要借助地面站的转站。北斗卫星系统接收来自水文测站终端发送的波段，然后对该波段进行处理，转化其频率，再由地面站接收该波段。在一次单项的数据传输之后，需要将 C 波长处理后发送给北斗卫星系统，再经处理后，转化其频率（C 波→S 波）。然后由北斗卫星系统将 S 波发送给水文测站终端。需要接收多种波束的信息码时，则将 S 波发送给指挥终端。水文测站终端的局限在于可发送信息码的波速数量（仅有 1 个），而指挥终端则不会受到该方法的局限，需要根据水文测报数据传输的实际需要进行选择。

2. "一发多收"

主站终端与其他用户终端共同建立用户群，主站终端能够在用户终端的映射范围内，使各用户终端均采用统一的波束，同时发送相同的信息，实现"一发多收"，并在确认（中心站）、定时自报以及核对（遥测站）后予以采纳处理，极大地提高了广播回执的效率，无须频繁进行传输。水文测报工作效率也会显著提升，更加完整有序地完成数据传输。

3. 精确授时

由后端设备发送指令，经由北斗卫星水文测报站终端向卫星发送数据报告。在该过程中，码分多址技术是信道编码和调制的主要技术，根据水文测报的实际需要，收集所有站点的数据，充分利用了北斗卫星水文测报站信道容量大的优势。虽然当前的用户数量有限，尚未形成信道拥堵，但是随着北斗卫星通信技术在水文测报数据传输中的应用能力的日渐成熟，用户数量也将不断增加，北斗卫星通信技术在该方面的优势也将展现出来。北斗卫星通信技术在水文测报数据传输的应用过程中，需要利用其精确授时功能，能够在 3～5s 内完成北斗卫星地面站（发送）和用户中心站（接收）之间的信息传输，极大地提高了工作时效。

3.2.3.3　现场北斗卫星信道测试工作

1. 主要工作

站址查勘和北斗卫星信号传输测试工作同时开展，其中结合卡洛特水电站坝址以上流域水系站网图，通过综合调研、查勘，收集、了解各测站的水文特性、交通、通信及周边环境等基本情况，选定建站位置时进行现场测试。

查勘和信道测试的主要内容如下：

（1）根据卡洛特水电站坝址流域水系站网布置图拟定的遥测站网地理坐标，实地查勘拟建站址，如果不适合建站则在周边区域重新选址。对选定的站址测量高程及地理坐标。

（2）了解遥测站的水文、气象、地理特性以及周边环境；对拟建遥测站今后的运行保障情况进行勘查，主要包括遥测站交通、供电、供水、日照、安防条件等，实地调查洪水、雷电、泥石流和滑坡等自然灾害对站点安全运行的影响情况。

（3）站址初选后现场测试遥测站所在地的北斗卫星和移动通信信道信号强度情况。

2. 信道测试配置的主要设备

(1) 越野车1或2台。

(2) 手持GPS设备1套。

(3) 北斗卫星用户机和手持北斗卫星设备各1套。

(4) 数码照相机1套。

3. 信道测试方法

(1) 对拟建遥测水文（位）站、雨量站实际情况采用调查、观察、素描、实测、摄影等手段了解记录测站。

(2) 采用手持GPS确定遥测站的地点及地理坐标、高程。

(3) 北斗卫星测试：利用手持北斗卫星设备测试信号强度，通过北斗用户机测试波束锁定情况并测试通信（做自发自收测试）的可靠性。导流洞进口站位置草图和现场信道测试图见图3.2-8和图3.2-9。

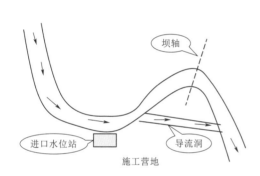

图3.2-8　导流洞进口站位置草图

图3.2-9　现场信道测试

3.2.3.4　卡洛特水电站水情测报系统运行实例

卡洛特水情测报系统需求主要是监测流域水雨情实况，为水电站施工期提供水情服务，保障施工及人员安全；同时需考虑电站建成以后运行期发电、防洪等调度需要，因此系统设计必须具备兼容性和扩展性。

1. 站网布设

遥测站网布设根据流域水文特性，应能控制水文预报区间的基本水情，满足预报的精度和时效要求；同时根据卡洛特水电站以上流域交通、通信、电力、安全等情况，符合"容许最稀站网"原则，符合水情站网布设、水文要素测验等相关技术规范标准要求，遵循"临时与永久相结合"的原则。站网投入运行后，根据水情实时预报检验和工程建设需要逐步完善。

整个站网实现包括中心站及14个水文（位）站（其中新建10个水文站、4个坝区水位站）、20个雨量站，雨量站站网密度约为480km^2/站。

2. 系统构成

基于北斗通信技术组成的水情测报系统由空间卫星、野外水情测站、水情中心站和卫星地面中心站四部分组成。空间卫星负责地面中心站与用户终端之间的双向无线信号中继任务；野外水情测站主要完成水文要素自动采集和发送，其组成包括用户终端、水文测验仪器设备、数据采集及供电设备等；水情中心站主要完成数据接收、处理，进行水情预报和后续运行洪水调度等工作，其组成包括通信终端、数据处理存储和通信控制等；卫星地面中心站负责业务信息处理等工作。

3. 系统组网方案

流域上游广大地区无公共电信网络，为实现信息传输和增加卡洛特水电站水情测报系统通信保证率，除采用水情测站与水情中心站点到点的通信模式外，增加卫星地面网管中心通过地面公众电信网络连接到水情中心的备份通信方式，见图 3.2-10。采用地面设施的冗余备份设计，有利于消除薄弱环节，增强系统的可靠性。

4. 系统遥测站设计

为保证系统可靠、有效地运行，水情测站的建设采用测、报、控一体化的结构设计，其主要由传感器、采集终端（RTU）、电源系统、通信设备、防雷设备等组成（图 3.2-11）。为方便管理，运行水情测站传感器设备采用统一标准，如雨量量测采用翻斗式雨量计，水位量测采用气泡式水位计。

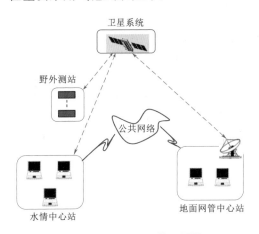

图 3.2-10　卫星通信组网图

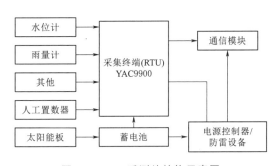

图 3.2-11　遥测站结构示意图

5. 系统中心站设计

中心站是水情自动测报系统数据信息接收处理的枢纽，主要功能为数据接收处理、召测查询、远地监控、数据查询、制作洪水预报等，为流域的防汛安全提供水情保障。主要由数据接收处理系统、水情预报服务系统、计算机网络系统、数据库系统组成。组成结构见图 3.2-12。

6. 系统优势

水情测报系统建设与运行是一个多学科交叉、覆盖范围广、技术复杂的系统工程，是专业技术含量较高的工作。在逐步应用实践中发

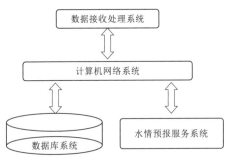

图 3.2-12　中心站组成结构示意图

现基于北斗通信技术的卡洛特水情测报系统有通畅率高、功耗小等优点。

（1）系统通畅率高。2017—2021 年卡洛特水电站水情测报系统平均通畅率分别为 94.9％、97.1％、98.2％、95.6％和 96.0％，除初期略低外其他年份都符合《水电工程水情自动测报系统技术规范》（NB/T 35003），通畅率达到 95％以上的要求，2020—2021 年受新冠肺炎疫情影响巴基斯坦很长时间处于"智慧封城"条件下，水情测报系统在无维护条件中依然能保持较好工况，表明卡洛特水电站水情测报系统运行稳定可靠。

（2）系统功耗小。卫星终端设备功耗小，其加电启动及信号失锁在捕获耗时短，能在短时间内完成所有测站的数据搜集并保证数据的准确性，全流程保证系统终端功耗最低，可以极好地适应野外测站特殊的工作环境。通过对本系统遥测站的工作体制、通信组网方式及设备功耗分析计算和实际运行统计，本系统测站蓄电池可在连续阴雨、充电设备损坏等不利工况下保障卫星终端设备连续使用 35d 以上。

（3）区域范围广。卡洛特水情测站布设在约 13200km^2 区域内，海拔在 600～3500m，气候各异，如高温高湿、昼夜温差悬殊等，经过实际摸索，采取更换密封圈、放置干燥剂、驱虫等措施，大区域、条件各异情况下野外测站工况良好，提升了测报系统的可靠性和稳定性；同时北斗卫星服务范围已覆盖全球，基于北斗通信技术的水情测报系统可满足绝大用户对测站布设范围和质量的需要。

（4）抗雨衰和雷击。基于北斗通信技术的卡洛特水情测报系统射频采用 L/S/C 波段，根据多年实践分析雨衰对该波段影响非常小。如 2018 年 8 月 7 日 2：00—6：00 库区平均降雨量 97.4mm，单站最大降水量达到 170.5mm；2018 年 7 月 25 日 17：00—19：00 拉瓦尔科特区间降雨量 73.5mm，18：00 降雨量达 46.5mm；2021 年 9 月 6 日 19：00—21：00 入库区间降雨量 133.0mm，21：00 降雨量达 82.5mm。上述强降雨条件下各站数据传输稳定正常。

遥测站避雷接地系统采用避雷针、引下线及接地网，每年开展仪器设备巡查各站地阻检测值都小于 10Ω，水情测报系统还未出现一次雷击故障问题，说明采取的措施具有良好的抗雷击性。

（5）遥测站便于安装维护。卫星终端设计紧凑、简单，分为天线单元和主机单元两部分，其中天线为四臂螺旋伞形天线，无需对星过程，只需简单地固定安装便可工作；卫星天线与主机单元只需通过电缆将两部分直接连接就可以工作。

卡洛特水电站作为"一带一路"重点建设项目和样板示范工程，对水情测报系统要求高，时效性强。通过充分利用北斗通信技术优势，采用合理的通信及组网方法，水情测报系统有效保障了施工期水情服务工作的实施，为卡洛特水电站施工期安全度汛提供了强有力的技术支持。随着国家"走出去"和"一带一路"倡议的实施，中国企业承揽的国外水电站建设项目将越来越多，卡洛特水电站水情测报系统应用可为本流域梯级电站和条件类似地区的水电工程水情测报系统提供示范和借鉴。

3.2.4 遥测站网运行

水情遥测站应用自动传感、卫星移动通信、计算机网络，完成流域内雨量、水位、流量等信息的实时收集、处理和预报，为防洪度汛和发电调度提供了基础数据支持，以满足对水电站施工期的水情预报需要。

1. 影响水情遥测站网通畅率的因素

卡洛特水电站在坝址以上流域建立水情遥测站网，站网中卫星通畅率是重要的指标，经过分析通畅率影响因素有以下几点：

（1）数据接收的中心站。中心站为水情遥测站网的神经中枢，通过中心站能够掌握整个流域站点的时间、水位、雨量、电压等参数，能够通过相关参数判断遥测站是否正常。中心站包含网络中心与数据库、北斗系统，在保证网络畅通的情况下，北斗卫星指挥机的正常运行起决定作用。

（2）北斗卫星系统。北斗卫星作为民用开始广泛使用，由于海拔、天气、经纬度等影响，北斗卫星系统是保证通畅率的关键设备。

（3）YAC9900遥测终端。YAC9900遥测终端是集数据存储与转发为一体的设备，其采集数据进行存储，并给北斗卫星发送指令进行数据传输。其RTU属于整个遥测站的中枢系统，在维护过程中发现故障的概率较大。

（4）遥测站的电源系统。遥测站的电源系统包含蓄电池与太阳能板，在维护过程中太阳能板出现问题较少，蓄电池寿命受充放电倍率与充放电循环次数影响。电源系统是遥测站的动力系统，一旦损坏必须及时修复，对遥测系统正确率与通畅率产生重要影响。

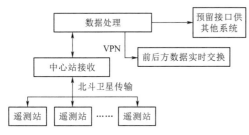

图 3.2-13　水情系统传输流程

图3.2-13为水情系统传输流程，雨量计数据由YAC9900遥测终端采集并存储，经由北斗卫星传送到中心站，数据经过数据处理存入机房数据库，并能够与前后方交换数据。

2. 提高水情遥测站网通畅率的维护措施

（1）遥测站网维护难点。卡洛特水情遥测站网大部分距离卡洛特水电站坝址较远，且部分在高山，地势陡峻，山高坡陡，维护不便。难点如下：

1）在突发测站数据不来的情况下出去维护，时需要提前审批，中方人员要提前到伊斯兰堡然后由安保人员护送前往遥测站点，遥测站难以在12h或24h内恢复正常。

2）表3.2-3为遥测站维护常见故障，在维护过程中发现数据不来的情况，原因可分为电源部分、RTU部分、传感器部分、水位气路部分、数据传输部分、中心站部分以及环境部分，其中RTU故障相对较多，数据传输部分次之。

表 3.2-3　　　　　　　　　　　　遥测站维护常见故障

故障位置	具 体 故 障
电源部分	太阳能板损坏，充电控制器、电源板故障，接线接触不良，电池部分损坏
RTU部分	不记录数据，SD卡损坏，控制部分不工作
传感器部分	雨量传感器故障，水位传感器故障
水位气路部分	漏气，外钢管被水冲断，水下探头故障

故障位置	具 体 故 障
数据传输部分	北斗卫星收发信机故障，天线头故障，传输线断裂，卫星卡损坏
中心站部分	北斗卫星接收机死机，天线故障干扰接收软件死机，工作站故障
环境部分	巴基斯坦温度较高，户外最高温度40℃，高温使得CK站仪器房内卡槽变形，数据存储卡卫星卡接触不良，影响设备数据传输等

（2）提高遥测站通畅率的方法。2016年4月6号站、MR站、2号站及1号站等几个高海拔雨量站在几天内数据相继不来。经过维护发现2号站因积雪影响充电；1号站、MR站因数据卡接触不良，经过维护更换电池，卫星卡故障解除。6号站因雷击RTU电源板烧坏，电源线烧断，更换一整套全新设备后处于半恢复工作状态。更换过程中，因当地没有民用手机信号，无法通信，巴方员工不能在现场及时与营地工程师联系沟通，加之对巴方工作人员培训不足，巴方人员不能判断设备故障情况。至此6号站设备8：00或9：00开始传输数据，18：00或19：00为最后传输数据，其后传输中断。对于这种情况，中方工程师不能到现场测试，无法判断故障情况，与生产厂软件工程师及专家级工程师联系也无法解决。其后8月中方工程师深入开展巴方员工培训，讲解并演示维护流程，大大提高巴方员工技能水平，让巴方员工有了现场判断设备故障部位的水平并成功解决故障。

2017年8月各遥测站故障处理次数统计见表3.2-4。

表3.2-4　　　　　　　2017年8月各遥测站故障处理次数统计表

序号	测站名	故障处理次数	序号	测站名	故障处理次数
1	卡洛特气象场	1	6	新雨量站6	1
2	L	2	7	卡洛特（导进）	2
3	MFD	1	8	卡洛特（导出）	1
4	CH	1	9	新雨量站11	2
5	新雨量站11	2			

由表3.2-4可知，L站、新雨量站11等站维护2次。因上述站位于峡谷，雨季湿度高，经过一段时间运行与维护和加强防潮后，快速解决故障问题。

卡洛特水情遥测站网由于地理位置、交通、宗教等因素影响使得其与中国站网相比运行环境相差较大。提高遥测站网通畅率对水电建设施工安全十分重要。经过前期建设和不断提升优化，2017年汛后通畅率都在95.0%以上。卡洛特水情遥测站网的成功建设和正常维护运行，为海外水情遥测站网建设提供了可充分借鉴的例子，更为卡洛特水电站安全度汛提供了水情保障，发挥了巨大的社会和经济效益。

3.3　水文测站建设与运行

此处仅将水文站、水位站、雨量站各列举1例，供有兴趣的读者参考。

3.3.1 专用水文气象站

专用水文气象站以卡洛特（入库）水文站为例。

1. 建站目的

为满足工程需要，须在卡洛特水电站库尾修建入库水文站，名称为卡洛特（入库）水文站（以下简称入库站），为电站施工期及运行期提供水情信息。

2. 建设内容

入库站测验项目有水位、水温、流量、悬移质输沙率、悬移质颗粒级配、降水量、蒸发量、气温、湿度、气压、风速风向等。根据测验项目需求，入库水文站建设包括水文测验设施（包括水文缆道、操作房、绞车房及发电机房）、气象场、办公生活用房和辅助用房等。

仪器设备主要包括水位观测仪器设备、流量测验仪器设备、悬移质泥沙测验及分析仪器设备、数据处理设备、安保及监控设备、其他设备等。入库站站房规划布置示意见图 3.3-1。

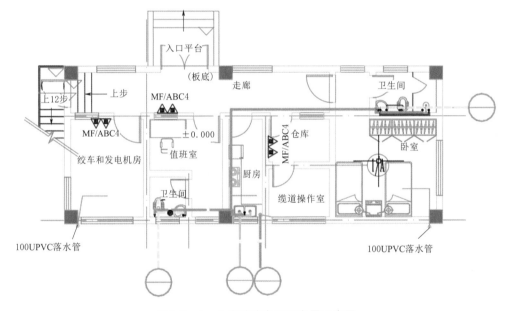

图 3.3-1 入库站站房平面布置示意图

（1）征地平场。入库站站房采用操作房、站房一体，气象场另建，缆道不跨公路建设方案，站房建于左岸河岸，气象场根据后续选址确定征地或租地范围。

（2）土建项目。入库站主要土建项目有：①站房1栋，作为现场工作人员办公值班和缆道操作房，包括缆道操作室、绞车房、发电机房；②混凝土土桩；③缆道混凝土基础工程；④气象场平整及观测场。

（3）测验设施建设。入库站测验设施包括水位、气象观测设施，流量、泥沙测验设施三部分。主要建设内容见表 3.3-1。

表 3.3-1 入库水文站测验设施主要建设内容表

项 目 名 称		单位	数量	备 注
水位、气象观测设施	直立式水尺	组	1	
	观测道路	条	1	
	自记仪管线	条	1	
	基本水准点	个	2	
	校核水准点	个	2	
	气象观测场	个	1	用于安放降水、蒸发仪器等气象设备
	仪器避雷设施	套	2	用于水位、降水、蒸发自记设备防雷
流量测验设施	断面标、基线标	个	10	
	断面桩、基线桩	个	7	
	水文电动缆道	座	1	包括左右岸地锚、构件、缆道控制系统等
	铅鱼平台	个	1	用于停放铅鱼、积时式采样器
	保护标志牌	个	4	断面、水尺等处理设
泥沙测验设施	泥沙分析工作台	个		与其他站共有
	粒径计操作台	个		

（4）仪器设备购置及安装。入库站的技术装备主要包括水位、水温、气象观测仪器设备，流量、泥沙测验仪器设备，数据处理及其他设备。主要仪器设备配备见表 3.3-2。

表 3.3-2 入库站主要仪器设备配备表

项 目 名 称		单位	数量	备 注
水位、水温观测仪器设备	气泡式水位计	套	1	
	遥测终端	台	1	
	卫星终端	套	1	
	置数键盘	台	1	
	供电电源	套	1	太阳能电池与电瓶充电器等
	避雷设备	套	1	
	搪瓷水尺板	片	100	
	水温计	只	3	
气象观测仪器设备	人工雨量计	台	1	
	自记蒸发器	套	1	
	六要素自动气象站	套	1	
流量、泥沙测验仪器设备	流速仪	部	8	含备用仪器
	水下信号发射器	个	4	含备件
	GNSS	套	1	
	ADCP及电台，安装支架	套	1	
	电瓶、逆变器	套	1	

续表

项　目　名　称		单位	数量	备　注
流量、泥沙测验仪器设备	雷达流速仪	套	1	
	铅鱼	只	1	
	AYX2-1采样器	只	1	
	横式采样器	个	1	
	盛水器（水样桶）	个	100	
	量筒	个	2	
	瓶式采样器	套	2	
数据处理及其他设备	台式计算机	台	2	
	打印机	台	1	
	UPS稳压器	台	1	
	安保监控设备	套	1	
	夜间照明设备	套	1	
	办公家具	批	1	
	值班卧具	批	1	
	炊事用具	批	1	
	工具设备	套	1	

（5）主要仪器设备选型。

1）气泡压力式水位计。选用 HS-40 气泵恒流式压力水位计，其主要性能参数见表 3.2-2。

2）翻斗式雨量计。选用翻斗式雨量计。翻斗式雨量计是一种水文、气象仪器，其将降雨量转换为以开关量形式表示的数字信息量输出，以满足信息传输、处理、记录和显示等的需要，其主要技术指标见表 3.2-1。

3）遥测终端。选用 YAC9900 型多路径遥测终端，YAC9900 型多路径遥测终端集水文数据采集、传输和监控于一体，是一种接口标准化、功耗低、可靠性高的智能式自动测报设备。

YAC9900 型多路径遥测终端有固态存储功能，可按水文基本资料收集要求，带时标存储 2 年以上的水位、雨量数据，可支持 VHF、北斗卫星、GSM、GPRS、PSTN 等多种通信网协议，能完成水情信息自动采集、存储、发送等功能；具有人工置数功能，可在现场外接人工置数设备进行置数、读数、修改工作参数等操作；具有外部接口扩展功能，可根据需要增加扩展，电源电压为 DC 12~16V，功耗为：守候功耗小于 2V，工作电流小于 70mA。

4）北斗卫星终端。选用北斗用户机，其主要技术指标见表 3.3-3。

5）充电控制器。选用 YAC-CC6A。充电控制器，主要性能参数如下：系统电压为 12/24V DC；最终充电电压阈值为 14.5V；过放保护值为 11.1V；过放恢复值为 12.6V。

表 3.3－3　　　　　　　　　　北斗卫星终端主要技术指标

指　　标	说　　明
天线波速宽度	俯仰方向 25°～90°，水平方向 0°～360°
频率	接收 S 波段，发射 L 波段
接收灵敏度	≤－157.6dBW
接收信号误码率	≤1×10^{-7}
发射 EIRP 值	≥13dBW
MTBF	25000h
功耗	平均功耗≤6W，发射最大功耗≤120W
环境条件	工作环境温度－20～＋55℃，湿度 0%～98%（45℃）
电源	9～32V DC
接口标准	RS－232
通信速率	9.6kbit/s（默认），2.4kbit/s、4.8kbit/s、9.6kbit/s、19.2kbit/s 可设置

6）置数键盘。选用 YACTK－02 触摸键盘，该产品通过 RS－232 口与终端有线连接，其主要性能为：能对测站终端进行数据读取和参数设置操作；能发送人工观测水位、流量和其他人工测量的水文参数；操作菜单简洁，便于操作。

3. **主要土建工程**

主要土建工程为站房建设、观测道路建设、水尺建设等。

（1）观测道路。观测道路采用阶梯式混凝土和平地机摊式浇混凝土两种方式，观测道路的建设将根据实际情况修建 1.0～1.2m 宽的混凝土观测路，梯坎式结构。坎宽及坎高根据岸坡地形确定，同时兼顾美观和行走轻松的要求。

坎厚一般为 0.20m，坎面沿路轴线方向宽度为 0.30～0.70m，当地形变化较大时设计换坡台。坡形较陡或道路地基地质条件不好时，应在基础上隔一定距离打钢桩，混凝土内部用冷拔丝增强结构力；平缓地面用现浇混凝土的方式浇筑路面。

（2）水尺。直立式水尺由混凝土基座、砌筑在基座内的钢管及焊接角铁和水尺板组成，基座为长方体，上下地面均为正方形，边长为 0.40～0.60m，高 0.70～1.00m，采用 φ100～110mm 镀锌钢管材料，嵌入基座深度不少于基座高度的 2/3，嵌入部分应焊接角铁以增加稳定性，钢管底部不得露出混凝土，钢管上应焊接角钢尺位。

水尺桩的有效长度为 1.20～2.30m（钢管长 1.80～3.20m，其中入土深 0.70～1.2m），水尺是长度为 0.50～1.20m 的搪瓷水尺板，可逐片拼接。

水尺的布设范围必须高于测站历年最高洪水位，低于历年最低洪水位 0.50m，各支水尺设置应在同一断面线上，相邻两支水尺的观测范围应有 0.20m 以上的重合。

水尺在施工时应夯实基础，湿水后浇筑混凝土，水尺桩的安装高度由水准仪测定，定位好后应用混凝土将坑回填密实。

（3）水准点。

1）基本水准点。基本水准点形状为正棱台，上下底面均为正方形，上底面边长为 0.50m，下底面边长为 0.8m，高 1.20～1.5m，采用 φ100～110m，长 1.20～1.50m 镀锌钢管材料做标桩，标桩顶部焊接厚 25mm 同直径铁板，钻 11.5mm 圆孔，采用 φ12mm 不锈钢或铜棒制作圆头标心，嵌入圆孔内，标点顶部圆铁板需加工丝口和内丝的铁盖，并在标点表面标识点名。

为保证水准点高程的稳定，应严格控制施工工艺。实施时先用模版浇灌，埋设时开挖后应将挖坑夯实，并用素混凝土制作垫层（要平整），垫层干后铺干砂浆，然后将成品水准点落入坑内放正，回填时采用素混凝土或三合土，保证水准点周围密实。

基本水准点埋设一般为暗标，当有两个基本水准点时设为一明一暗，并设面保护盖，基本水准点旁边设立保护标志牌。

2）校核水准点。校核水准点形状为正棱台，上下底面均为正方形，上底面边长为 0.40m，下底面边长为 0.7m，高 1.00～1.20m，采用 ϕ100～110mm，长 1.00～1.20m 镀锌钢管材料做标桩，标桩顶部焊接厚 25mm 同直径铁板，钻 11.5mm 圆孔，采用 ϕ12mm 不锈钢或铜棒制作圆头标心，嵌入圆孔内，标点顶部圆铁板需加工丝口和内丝的铁盖，并在标点表面应标识点名。

为保证水准点高程的稳定，应严格控制施工工艺。实施时先用模版浇灌，埋设时开挖后应将挖坑夯实，并用素混凝土制作垫层（要平整），垫层干后铺干砂浆，然后将成品水准点落入坑内放正，回填时采用素混凝土或三合土，保证水准点周围密实。校核水准点埋设为明标，点旁边设立保护标志牌，牌面写警示标语。

3.3.2　坝前水位站

1. 建站目的

根据《水文站网规划技术导则》（SL 34—2013）、《水位观测标准》（GB/T 50138—2010）等技术要求规定，坝前水位站应设在坝上游岸坡稳定，坝前跌水线以上水面平稳，受风浪影响小，便于观测处，水位能准确、灵敏反映水库的库容变化。所以坝前水位站不宜设在溢洪道闸门和进水口前，因闸门开启或进水口进水都将引起跌水使水位失去代表性。根据《水库水文泥沙观测规范》（SL 339—2006）规定：坝前水尺宜兼作泄（引）水建筑物的上游水尺；坝前水位站一经选用不应变迁。故站房选在导流洞进口上游进水口侧马道的尽头。水位自记探头设置在排沙运行最低水位 446.00m 以下 1～2m，站房放在 469.50m 马道上，建设时用抱箍固定让套管与气管贴在护坡上。马道与坝顶公路同高，设备安装和检修时车辆可停靠至马道边，人员步行约 340m 到达。站房采用铁质材料，外墙颜色与护坡颜色一致。

坝前水位站主要观测水位、水温、降雨量。

2. 校核水位设施方案

校核水位设施在卡洛特坝前水位站建设中是难点。因为每级马道高差 14m，坡比 1：0.6，坡面很陡，不可能埋设常规直立水尺（既不方便观测也不易维护，同时也存在漂浮物撞击的可能），因此根据地形和水位观测仪器设备比选采用水位自记仪互校。

在常用水位自记仪探头垂直直线上方（拟定在 445m、455m、460m）布设 3 个高程固定的探头配一个水位计，每次进行人工水位校核时用备用水位计测试水深，根据水深值和已知的探头高程计算校核水位，保证 ±0.02m 的校核误差。另外，利用泄洪建筑物迎水面刻画的水尺读数进行 0.5m 级的校核，消除仪器互校的偶然误差。

校核时根据库水位建议进行一次探头气管切换，即对常用水位计读数进行 2 次校核。

水位计预设探头（高程固定）后不单独进行高程校核，因为在 469.50m 马道上有一个安全监测墩，其观测精度为 0.001m，根据其高程变化情况统一调整探头高程（安全监测墩高程变动小于 0.01m 时探头高程不变）。采用水位自记仪互相校核的方式，保证了施工安全、观测与维护可靠性。

3. 水温观测方案

水温观测采用水温自记仪，其传输方式为无线方式，人工定期对其校核（水位平静时在引水口或溢洪道上用绳索将水温计下放至水面下 0.5m 处）。

在 446.00～469.50m 护坡上建设不锈钢循环绳，水温计固定在浮球上，浮球另一端扣锁在循环绳上并保持一定的绳索长度（约 1m）。让浮球随水位起伏上下滑动，也可在冲沙运行水位 446.00m 工况下水温计在水面下 0.5m。

工作原理：当水位上涨时，浮球引领其下的水温计和扣锁下的平衡锤在不锈钢绳索上上浮，另一端在平衡锤的自重下把检修绳始终保持绷紧；当水位下落时，浮球带领其下的水温计和扣锁下的平衡锤在不锈钢绳索上下滑，同时也引领另一端的平衡锤上升绷紧检修绳。为了防止大风等情况让检修绳跳槽，平衡锤是嵌套在不锈钢循环绳上，检修绳在滑轮处用器件锁口。

3.3.3 雨量站

鉴于野外运行、无人值守的特殊需要，采用一体化雨量站。一体化雨量站占地小、安装简单、易于维护、适于野外。雨量计安装在一体化机架顶端，不锈钢机箱安装在机架中部侧面，高度以便于检修和维护时开启为准，并能可靠锁住。太阳能电池板、通信模块天线等能合理、牢固地安装在机架上，各安装点能在水平和垂直方向具备一定的调节能力，避免安装设备的相互干扰或遮挡。

翻斗式雨量计在数据的采集、存储上具有技术优势且应用便捷、普及程度高，所以选为本次雨量观测的仪器。根据要求，选用 0.5mm 的翻斗式雨量计较为适宜。一体化雨量站安装实景见图 3.3-2。

图 3.3-2　一体化雨量站安装实景图

第4章

水文监测技术与应用

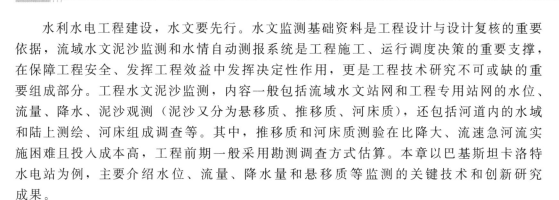

水利水电工程建设，水文要先行。水文监测基础资料是工程设计与设计复核的重要依据，流域水文泥沙监测和水情自动测报系统是工程施工、运行调度决策的重要支撑，在保障工程安全、发挥工程效益中发挥决定性作用，更是工程技术研究不可或缺的重要组成部分。工程水文泥沙监测，内容一般包括流域水文站网和工程专用站网的水位、流量、降水、泥沙观测（泥沙又分为悬移质、推移质、河床质），还包括河道内的水域和陆上测绘、河床组成调查等。其中，推移质和河床质测验在比降大、流速急河流实施困难且投入成本高，工程前期一般采用勘测调查方式估算。本章以巴基斯坦卡洛特水电站为例，主要介绍水位、流量、降水量和悬移质等监测的关键技术和创新研究成果。

4.1 水文监测技术

4.1.1 水文要素监测

4.1.1.1 水位观测

1. 观测方法

水位观测主要有人工观测和使用各种自记水位计自动测记两类方法。人工观测应用水尺、水位测针、悬锤式水位计测量，手工记录水位值。自记水位计包括浮子式水位计、压力式水位计、超声波水位计、雷达波水位计等多种形式，可以自动记录水位变化过程。现代观测设备一般都接入遥测系统运行，固态存储水位数据，远程传输实时水位信息。水尺、水位测针、悬锤式水位计、浮子式水位计、压力式水位计、液介式超声波水位计属于接触式测量，测量水位时，和水体有不同程度的接触。雷达波水位计、气介式超声波水位计属于非接触式测量，测量时不和水体接触，通过水体表面反射信号测量水位，不受水体内部情况影响。

2. 观测要求

（1）基本要求。水位一般应记至0.01m，在一些场合可能要记至0.5cm。为减少波浪造成的水位观测误差，人工观读水尺时，应读记波浪峰、谷两个读数，取均值。自记水位计应具有多次测量水位后计算平均数值的功能，尽量消除波浪影响。人工观测水位按规定的时段定时观测记录。自记水位计应能记下所需的水位变化过程线，其记录时段可以人为设定，最小时段为5min或1min。

（2）《水位观测标准》（GB/T 50138—2010）对水位观测设备的要求。各类水位传感器满足如下要求：

1）工作环境条件。工作环境温度为−20～+50℃，水体不冰冻。工作环境湿度为95%RH，40℃。

2）技术参数。水位分辨力为0.1cm、1.0cm。水位测量范围一般为0～10m、0～20m、0～40m。水位变化率一般情况下应不低于40cm/min，对有特殊要求的应不低于100cm/min。水位计的水位测量准确度等级分为3级，见表4.1-1。当测量范围扩大时，误差均不应超出水位变幅的0.2%。

表 4.1-1　　　　　　　　　　　水 位 测 量 准 确 度

准确度等级	允许误差限/cm	适用分辨力/cm	置信水平/%
1	0.3	0.1	95
2	1.0	0.1、1.0	95
3	2.0	0.1、1.0	95

注　表中的综合误差是指室内测试时，传感器误差、传动误差、仪器本身及其他误差综合反应的总误差。

3）其他技术参数。

a. 电源。宜采用直流供电，电源电压在额定电压的 $-15\%\sim+20\%$ 间波动时，仪器应正常工作。

b. 防雷电抗干扰。具有远传传输功能的仪器，应有防雷电抗干扰措施。

c. 波浪抑制。传感器的输出应稳定，宜具有波浪抑制措施。

d. 可靠性指标。浮子式水位计平均故障间隔时间应不小于 2500h，其他类型水位计平均故障间隔时间应不小于 16000h。

e. 记录计时允许误差。固态存储方式的计时误差累计应不超过 1min/30d。

（3）国际标准对水位观测设备的要求。《液体比重测定法　水位测量装置》（ISO 4373—2008）提出了一些要求，见表 4.1-2。

表 4.1-2　　　　　　　　　　水位测量设备的水位观测要求

分级	水位分辨力/mm	水位测量范围/m	标准不确定度
1	1	≤1.0	0.1%水位观测范围
	2	≤5.0	
	10	≤20.0	
2	2	≤1.0	0.3%水位观测范围
	5	≤5.0	
	20	≤20.0	
3	10	≤1.0	1%水位观测范围
	50	≤5.0	
	200	≤20.0	

注　允许计时误差为固态存储数字式记录器±150s/30d；纸带模拟划线记录器±15min/30d。

使用环境要求如下：

1）温度范围：1 级 $-30\sim+55℃$；2 级 $-10\sim+50℃$；3 级 $0\sim50℃$。

2）相对湿度：1 级 5%～95%，凝露；2 级 10%～90%，凝露；3 级 20%～80%，不凝露。

中国水位观测精度要求大致相当于国际标准的 1 级要求；计时误差要求也达到了国际标准要求，使用环境相当于国际标准 2 级要求。

3. 常用仪器设备

（1）水尺。水尺是必备的、最准确的水位观测设施。人工观读水尺取得最基本的水位数据，有些水位点甚至只能依靠人工观读水尺来测量水位。水尺分为直立式、斜坡式、矮桩式三种类型。应用最多的是直立式水尺。

（2）浮子式水位计。浮子式水位计是很成熟的产品，水位测量准确度很高，可靠性高，使用维护要求不高。在可以建设水位测井的地方，都优先考虑应用这类水位计。浮子式水位计有日记式、月记式、季记式等类型。

（3）压力式水位计。压力式水位计是一种无测井水位计，通过测量水下传感器所在位置点的静水压力测得该点以上的水位高度，从而得到水位。主要分为投入式压力水位计和气泡式压力水位计两大类。

压力式水位计不需要建井，只在水下和岸上仪器之间安装一根专用电缆或通气管，建设比较方便。

（4）超声波水位计。超声波水位计可分为液介式和气介式两大类，分别以液体（水）和空气作为声波的传播介质。在流速大、流态较乱或含沙量较大的情况下，由于超声波不能正常传播，而且水温对声速影响很大，且难以修正，因此液介式超声波水位计使用受到了很大限制。

气介式超声波水位计在测量水位时，不与水体接触，不受水流影响，可以用于任何水体。由于超声波在空气中传播衰减很快，所以气介式超声波水位计的量程不宜太大，且仍然有气温影响声速的问题，需修正，同时，还会受风雨的影响。

（5）雷达式水位计和激光水位计。雷达式水位计和激光水位计测量介质分别是微波和激光。它们的水位测量准确度优于超声波水位计。它们被用于大量程、高要求的水位测量。由于激光水位计对水面反射区有较高要求，不适用于一般水文站，雷达水位计则应用范围很广。

（6）电子水尺。电子水尺用于特殊场合的水位测量。多数电子水尺可以被认为是一种触电式水位计，等间隔的触电（间距1cm）接触到水体后感应出信号，接触到水体的触点的位置就是当时的水位。其测量水位的原理直观，观测结果非常准确，准确性不受水位量程和一切环境因素影响，但安装量大，可靠性受环境影响大。

4. 卡洛特专用站水位观测要求实例

（1）观测地点及内容。在基本水尺断面观测水位。

（2）水位观测。

1）测次布置要求。

a. 以满足顾客要求，能测得较完整的水位变化过程，满足日平均水位计算，推求流量的要求为原则。

b. 使用自记水位计时，每月进行2～3次人工对比观测；大洪水后及时进行对比观测。

2）人工观测段制要求。

a. 自记水位仪出现故障恢复人工观测，采用人工水位观测时，在当地时间8：00、20：00进行观测；汛期采用四段制观测。

b. 最高、最低水位附近及特殊水情，加密测次。

3）水准点高程的校测。

a. 水准点初设稳定后进行初测，发现有异常情况时，应及时校测。

b. 基本水准点 5 年校测一次或进行自校，校核水准点每年进行一次校测。

c. 若校核水准点被洪水淹没，退出后及时进行校测。

4）水尺零点高程的校测。

a. 年初对水尺进行一次调整。

b. 汛后对使用过的水尺进行校测。

c. 当水尺发生变动或水尺损坏应及时设立临时水尺，及时校测其高程，并在年底重建永久性水尺。

4.1.1.2　流速、流量测验

1. 流量测验方法

根据流量测验原理不同，流量测验方法分为流速面积法、水力学法、化学法（稀释法）及直接法等。因在工程水文泥沙观测中较少用到化学法，故下面不做介绍。

（1）流速面积法。流速面积法是通过实测断面上的流速和过水断面面积来推求流量的一种方法，此法应用最为广泛。根据测定流速采用的方法不同，又分为流速仪测流法（简称流速仪法）、测量表面流速的流速面积法、测量剖面流速的流速面积法、测量整个断面平均流速的流速面积法。其中，流速仪测流法是指用流速仪测量断面上一定测点流速，推算断面流速分布，目前使用最多的是机械流速仪，也可使用电磁流速仪、多普勒点流速仪。

（2）水力学法。水力学法是测量水力因素，选用适当的水力学公式计算出流量的方法。水力学法又分为量水建筑物测流、水工建筑物测流和比降面积法。其中，量水建筑物测流又包括量水堰、量水槽、量水池等方法，水工建筑物又分为堰、闸、洞（涵）、水电站和泵站等。此法在工程上运用较广。

（3）直接法。直接法是指直接测量流过某断面水体的容积（体积）或重量的方法，又可分为容积法（体积法）和重量法。直接法原理简单，精度较高，但不适用于较大的流量测验，只适用于流量极小的山涧小沟和实验室测流。

以上介绍的多种流量测验方法中，目前全世界最常用的方法是流速面积法，其中流速仪法被认为是精度较高的方法，是各种流量测验方法的基准方法，应用也最广泛。当满足水深、流速、测验设施设备等条件，测流时机允许时，应尽可能首选流速仪法。必要时，也可以多种方法联合使用，以适应不同河床和水流的条件。

2. 流量测验仪器

（1）流量测验渡河设施。根据渡河采取的形式不同，渡河设施可分为测船、缆道、测桥、测量飞机等。

1）测船。水文测站按有无动力分为机动船和非机动船两类；按定位方式分为抛锚机动测船、缆索吊船和机吊两用船；按功能可分为多功能综合测量船和单一功能的遥测船；按用途又分为水文测验专用船、水下地形测量专用船、水环境监测专用船、综合测船、辅助测船等。根据项目需求、河流特性结合测船使用要求实际选用。

2）缆道。水文缆道是为把水文测验仪器运送到测验断面内任一指定起点距和垂线测点位置，以进行测验作业而架设的可水平和铅直方向移动的水文测验专用跨河索道系统。根据悬吊设备不同，水文缆道分为悬索缆道（铅鱼缆道）、水文缆车缆道（也称吊箱缆

道）、悬杆缆道、浮标缆道和吊船缆道等；根据缆道采用的动力系统不同，分为机动缆道、手动缆道两种；根据缆道操作系统的自动化程度不同又分为人工操作、自动、半自动缆道。

据统计，中国已有近 2000 座各种水文缆道，河宽小于 400m 的大多数中小河流水文站都建有缆道。水文缆道的应用使测流安全、方便、迅速，已成为很重要的测流载体。

3）测桥。测桥是水文测桥的简称，水文测桥又有为水文测验建立的专用测桥和借用交通桥梁进行水文测验的测桥。专用测桥主要用于渠道站和较小的河流上，在天然河流水面较宽时，一般是借助交通桥梁作为水文测桥，随着水文巡回测验工作的开展，利用桥梁开展测流也已成为一种重要的渡河形式。

4）测量飞机。用于流量测验的测量飞机主要有有人驾驶的直升机和遥控飞机。

测站的渡河设施主要受测站流量、泥沙测验方法的制约，而流量、泥沙的测验方法又受到流速、水面宽、水深、含沙量等测站特性的影响。因此应根据测站特性及防洪、测洪标准的要求，综合考虑由于各种因素的影响而选择的测验方法，并根据测验方法，选择一种或几种渡河形式建立相应的渡河设施。

（2）水深测量仪器。水深测量常以涉水、船测、缆道三种方式进行。涉水测量时用测深杆，船测时应用测深杆、测深锤、绞车铅鱼、回声测深仪测深等，缆道测深时应用测深铅鱼测深。水不太深时，测深杆是主要测深测具，在测深大且工作量较大的情况下，可采用回声测深仪、缆道测深、船用走航式 ADCP（含回声测深仪）测深。

（3）流速测验仪器。

1）转子式流速仪。转子式流速仪分为旋桨流速仪和旋杯流速仪两类，是最传统的流速测量仪器，最适宜测量水体点流速。转子式流速仪测速准确、稳定，结构简单、易于掌握，价格也不高，是优先被用于测速的仪器。

2）电波流速仪。电波流速仪利用微波多普勒效应测量水面流速，测量流速时仪器不接触水体，依靠向水面发射微波的回波来测量水面流速。它特别适用于高速测量，又不接触水体，因此很适用于高洪时测速，适用于桥测和巡测，也可用于自动测流。

3）电磁点流速仪。电磁点流速仪在水中产生磁场，水流切割磁力线，仪器上的两个电极测量感应电动势，从而完成测速工作。

4）浮标测速。浮标适用于大多数河流洪水期，特别是山区河流。现在浮标可各地自行制作，也可购买电子浮标等产品。

5）声学流速仪。声学流速仪分为声学时差法流速仪和声学多普勒流速仪。

a. 声学时差法流速仪利用时差法声学测速原理测得全断面上某一水层或不同水深的两个以上水层的平均流速，用于推求断面平均流速和流量。该方法能自动测量流量，不受河流大小限制，适应性较强，测量准确度也较高。

b. 声学多普勒流速仪利用声学多普勒原理测量流速，可以测量一根垂线的流速分布，也可横跨断面测得多根垂线的流速分布，得到全断面数据。该仪器适用范围很广，可固定测量，也可用于船测、巡测等。测量自动化程度很高，是自动测速测流的先进设备，现已成为最主要的流量自动测量设备。

3. 卡洛特专用站流量测验要求实例

常规测验方法采用缆道流速仪法，备用方法为 ADCP 走航测量、雷达波流速仪测流。

（1）测次布置。

1）按单一线布置测次，各测次大致均匀分布于各级水位，满足定线要求，年施测 30 次以上。

2）根据流量级施测多线两点，可用流速仪、走航式 ADCP 走航施测或 ADCP 定点施测。采用走航式 ADCP 施测时，提取多线垂线实测流速，分析流速横向分布情况。

3）在观测期内的最高、最低水位附近布置测次。

4）当水流情况发生明显变化，改变水位—流量关系时，应根据实际情况适时增加测次。

5）测验条件允许的特殊水情宜增加测次。

6）如有洪水预报、水情报汛需要和业主需求时应及时增加测次。

（2）流速仪测流。一般情况下，流速测量采用两点法（相对水深 0.2、0.8）进行测验，测速垂线的布设应能控制流速分布的转折点。

当 1.50m≤水深<3.00m 时，流速按一点法（相对水深 0.6）施测；当 1.20m≤水深<1.50m 时，流速按一点法（相对水深 0.5）施测；当水深小于 1.20m 时，测速垂线改为测深垂线。水道断面可借用近期大断面的河底高程。测深垂线布设见表 4.1－3。

表 4.1－3　　　　测 深 垂 线 布 设 表

测验方法	测速线点	起点距（随水位涨落而增减）/m
铅鱼或测深仪	9～23 线两点法	35、40、50、60、70、80、85、90、95、100、105、110、115、120、125、130、135、140、145、150、155、165、175

测流同时注意观测悬索偏角，并按规范要求进行湿绳改正；当遇特殊水情或抓测洪峰时，可采用一点法（相对水深 0.2）施测。流速仪法测速垂线布设见表 4.1－4。

表 4.1－4　　　　流速仪法测速垂线布设表

测验方法	测速线点	起点距（随水位涨落而增减）/m
常规测验方法	6～13 线两点法或一点法（相对水深 0.2）	35、50、70、80、90、100、110、115、120、130、140、150、165
多线法	9～23 线两点法	35、40、50、60、70、80、85、90、95、100、105、110、115、120、125、130、135、140、145、150、155、165、175

岸边流速系为 0.70；半深流速系数为 0.96；相对水深 0.2；位置流速系数为 1.03；死水边界系数为 0.60。

（3）ADCP 测流。

1）采用 ADCP 走航测量时，一般情况应测 2 个测回，各半测回与 2 个测回平均流量之差一般不得超过 5%，不能满足时应补测同航向的半测回。

2）水情变化急剧、测验条件困难时可只测 1 个测回，各半测回与 1 个测回平均流量之差一般不得超过 5%，不能满足时应补测同航向的半测回。

3）ADCP 流量资料按有关技术要求进行整理。

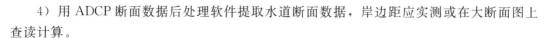

4）用 ADCP 断面数据后处理软件提取水道断面数据，岸边距应实测或在大断面图上查读计算。

（4）雷达波流速仪测流。

1）在不能使用流速仪或 ADCP 测流时，可用雷达波流速仪测流。

2）水面流速采用雷达波流速仪测定，垂线位置基本和测速垂线重合。

3）流量计算借用近期大断面成果。

4）雷达波流速仪测流水面流速系数为 0.924。

（5）大断面测量。

1）流量断面，每年汛前、汛后各测 1 次（测至当年最高洪水位以上），测深垂线应均匀分布并能控制河床变化的转折点。

2）断面测量分岸上测量和水道断面测量两部分，测量点应控制地形变化的转折点。

3）岸上测量范围原则上测至调查最高洪水位以上 0.5m。

（6）相应水位观测。

1）水位从自记固态存储数据中摘录。

2）每次测流后应及时点绘 $Z—Q$、$Z—A$、$Z—V$ 关系图，进行合理性检查。

4.1.1.3 降水量观测

1. 降水量观测的要求和方法

降水量观测包括观测降雨、降雪和降雹。现行降水量观测规范要求测记降雨、降雪、降雹的水量，需要时要测记雪深、冰雹直径、初终霜日期等。降水量单位以 mm 表示，测记最小量可以是 0.1mm、0.2mm、0.5mm 和 1mm，按多年平均降水量的不同和是否观测蒸发量，选择不同的观测方法和仪器。雨量器、虹吸式雨量计、翻斗式雨量计的承雨口直径都规定为 20cm，地面雨量计、称重式雨量计、各类雨雪量计的承雨口直径不一定是 20cm。各类仪器适用的降雨强度范围应为 0.01～4.00mm/min，翻斗式雨量计在这一降雨强度范围内应达到 ±4% 的测量准确性，其他降水量观测仪器或方法也不应超出 ±4% 的范围。

国际标准对降水量分辨力的建议规定：日降水量可以记至接近 0.2mm，也可记至接近 0.1mm（美国记至 0.2mm），而周或月降水量可记至 1mm；降雨强度用 mm/h 表示；降水量测量精度要求是在 95% 的置信水平下达到 5% 的不确定度要求；承雨口面积至少为 200cm² （直径 16cm），可取 200～500cm² （直径 16.0～25.2cm）。

降水量数据依靠降水观测仪器采集。降水观测仪器主要指观测液体降水的雨量计和观测以雪为主的固态降水的雪量计，也有同时观测降雨和降雪的降水观测仪器，称为雨雪量计。

2. 降水量观测仪器

（1）雨量器。雨量器仍是水文测站必备的基本雨量观测仪器，雨量器口径 20cm，直接收集雨水，用专用量筒人工计量降雨。其观测结果往往作为其他自记仪器的比测依据。

（2）翻斗式雨量计。翻斗式雨量计成为很多站点普遍应用的雨量计，因其结构简单、可靠，输出开关信号，很适合雨量站应用。使用翻斗式雨量计应用固态存储器自动记录或接入自动化系统。

（3）光学雨量计。光学雨量计是一种新型的气象传感器，基于光电检测原理，其有两种类型：一种是利用降雨（雪）液滴产生的光闪烁等原理制成，另一种用测得外罩上落下的雨滴，从而测得雨量。区别于机械式雨量计，光学雨量计体积更小、更灵敏可靠、更智能、易维护。

3. 降水量观测误差及控制

用雨量器（计）观测降水量，由于受观测场环境、气候、仪器性能、安装方式和人为因素影响，降水量观测值存在系统误差和随机误差。

（1）风力误差（空气动力损失），是降水量观测系统误差的主要来源，一般可使年降雨量偏小 2%～10%，降雪量偏小 10%～50%。应从观测场的选择、仪器安装高度等方面将其控制在 3% 以内。

（2）湿润误差（湿润损失）。在干燥情况下，降水开始时，雨量器（计）有关构件要黏滞一些降水，导致降水量观测结果偏小。每次降水量的湿润损失一般为 0.05～0.3mm，一年累积湿润损失量，可使年降水量偏小 2% 左右；降微量小雨次数多的干旱地区，年湿润损失达 10% 左右。应从下列两方面进行控制：①提高雨量器（计）各雨水通道、储水器和量雨杯的光洁度，保持各仪器部件洁净，无油污、杂物，以减少器壁黏滞水量；②在降水之前，用少许清水湿润雨量器（计）各部件。

（3）蒸发误差（蒸发损失）。蒸发损失量占年降水量的 1%～4%，应按下列要求将蒸发损失控制在 1%～2% 以内：①用小口径的储水器承接雨水；②向储水器或浮子室注入防蒸发油，防止雨水蒸发；③每次降水停止后，及时观测储水器承接的降水量；④尽量提高各接水部件的密封性能。

（4）溅水误差。导致降水量偏大，防风圈的溅水误差可使年降水量偏大 1% 左右；地面雨量器的溅水误差可使年降水量偏大 0.5%～1.0%。

（5）积雪漂移误差。导致降水量偏大。

（6）仪器误差。

（7）测记误差。

4.1.1.4　水面蒸发要素监测

1. 蒸发（场）观测要求

天然水体的水面蒸发量可通过器测法进行观测，器测法得到的蒸发量要通过与代表天然水体蒸发量的大型水面蒸发池蒸发量进行折算，才能得到天然水体的蒸发量。蒸发量用蒸发水量的深度表示，《水面蒸发观测规范》（SL 630—2013）要求观测到 0.1mm，基本要求为每日人工观测 1 次，得到日蒸发量，应用自动蒸发器时，观测次数可以按需要增加。

蒸发场的选择遵循以下原则：

（1）考虑其区域代表性。场地附近的下垫面条件和气象特点应能代表和接近该站控制区的一般情况，反映控制区的气象特点，避免局部地形影响。必要时可脱离水文站建立蒸发场。

（2）应避免设在陡坡、洼地和有泉水溢出的地段，或邻近有丛林、铁路、公路和大工矿的地方。在附近有城市和工矿区时，观测场应选在城市或工矿区最多风向的上风向。

（3）陆上水面蒸发场离较大水体最高水位线的水平距离应大于 100m。

（4）选择场地应考虑用水方便，水源的水质符合观测用水要求。

（5）蒸发场四周障碍物的限制：蒸发场周围必须空旷平坦，以保证气流畅通。观测场附近的丘岗、建筑物、树木、篱笆等障碍物所造成的遮挡率应小于10％。如受条件限制其遮挡率应小于25％，凡遮挡率大于25％的，必须采取措施加以改善或搬迁。

蒸发场场地大小应根据各站的观测项目和仪器情况而定。有气象辅助项目的场地不小于16m（东西向）×20m（南北向）；没有气象辅助项目的场地应不小于12m×12m。仪器的安置应以相互之间不受影响和观测方便为原则。高的仪器安置在北面，低的仪器顺次安置在南面。仪器之间的距离，南北向不小于3m，东西向不小于4m，与围栏距离不小于3m。

2. 主要设备

我国使用的水面蒸发器有三种，即E601型蒸发器（称为标准蒸发器）、20cm口径蒸发皿和大型蒸发器或专门制造的$20m^2$水上漂浮蒸发器，此处主要介绍前两种。

（1）E601型蒸发器。E601型蒸发器主要由蒸发桶、水圈、测针和溢流桶四个部分组成。在无暴雨地区，可不设溢流桶。蒸发桶蒸发器的主体部分，器口面积$3000cm^2$，内径61.8cm，允许误差0.3cm，圆柱高60cm，锥体高8.7cm。水圈的水槽宽20cm。E601型蒸发器的埋设要求如下：

1）蒸发器口缘高出地面30.0cm，并保持水平，器口高差应小于0.2cm。

2）水圈应紧靠蒸发桶，蒸发桶的外壁与水圈内壁的间隙应小于0.5cm。水圈的排水孔和蒸发桶的溢流孔底应在桶溢水平面上。

3）蒸发器周围设一宽50.0cm（包括防坍墙在内）、高22.5cm的土圈。在土圈的北面留一处小于40cm的观测缺口。蒸发桶的测针座应位于观测缺口处。

4）埋设仪器时应力求少扰动原土，坑壁与桶壁的间隙用原土回填捣实。

应从以下几方面对E601型蒸发器进行维护：①每年至少对仪器进行一次渗漏检查。不冻地区可在年底蒸发量较小时进行，封冻地区可在解冻后进行，如有渗漏现象，应立即更换备用蒸发器，并查明或分析开始渗漏时期。根据渗漏强度决定资料的修正或取舍，并在记载簿中注明；②要特别注意保护测针座不受碰撞和挤压，如发现测针座遭碰撞挤压时，应在记载簿中注明日期和变动程度；③测针每次使用后应用布擦干放入盒内；④经常检查蒸发器的埋设情况，发现蒸发器下沉倾斜、水圈位置不准、防坍墙破坏等情况时，应立即修整；⑤经常检查器壁油漆是否脱落、生锈，一经发现，应及时更换蒸发器，将已锈的蒸发器除锈并重新油漆后备用。

（2）20cm口径蒸发皿。20cm口径蒸发皿为一壁厚0.5mm的铜质桶状器皿。其内径为20cm，高约10cm。口缘镶有8mm厚、内直外斜的刀刃形铜圈，器口要求正圆。口缘下设一倒水小嘴。其安装在场内预定的位置上，埋设一直径为20cm的圆木柱，柱顶四周安装一铁质圈架，将蒸发皿安放其中。蒸发皿应保持水平，距地面高度为70cm，木柱入土部分应涂刷沥青防腐，木柱入上部分和铁质圈架应涂刷白漆。

维护方法：①经常检查蒸发皿是否完好，有无裂痕或口缘变形，发现问题及时修理；②经常保持皿体洁净，每月用洗涤剂彻底洗刷一次，以保持皿体原有色泽；③经常检查放置蒸发皿的木柱圈架是否牢固，并及时修理。

4.1.1.5　泥沙测验

1. 悬移质输沙率测验

（1）测验方法。常用的悬移质泥沙测验方法有直接测量法和间接测量法。

1）直接测量法。在一个测点（i,j）用一台仪器直接测得瞬时悬移质输沙率。要求水流不受扰动，仪器进口流速等于或接近天然流速。测点的时段平均悬移质输沙率为

$$\overline{q_{ij}} = \frac{1}{t} \int_0^t \partial q_{ij} \, \mathrm{d}t \tag{4.1-1}$$

式中：q_{ij}、$\overline{q_{ij}}$ 分别为测点瞬时输沙率、时段平均输沙率；∂ 为一个无量纲系数，随泥沙粒径、流速和仪器管嘴类型而变，是瞬时天然输沙率与测得输沙率的比值；t 为测量历时。

通过测验断面的输沙率为

$$Q_s = \sum_{j=1}^m \sum_{i=1}^n \overline{q_{ij}} \Delta h_i \Delta b_j \tag{4.1-2}$$

式中：Δh_i 为测点水深，m；Δb_j 为测点间水面宽，m。

2）间接测量法。在一个测点上，分别用测沙、测速仪器同时进行时段平均含沙量和时段平均流速的测量，两者乘积得测点时段平均输沙率。则通过测验断面的输沙率为

$$Q_s = \sum_{j=1}^m \sum_{i=1}^n \overline{C_{sij}} \, \overline{V_{ij}} \Delta h_i \Delta b_j \tag{4.1-3}$$

式中：$\overline{C_{sij}}$、$\overline{V_{ij}}$ 分别为断面上第（i,j）块或点的实测时段平均含沙量、时段平均流速。

目前，我国采用的是间接测量法。因直接测量法不能保证仪器进口流速等于天然流速，故多不采用。实际测验时仍采取与流量模相同的概念，将断面分割成许多平行的垂直部分块，计算各部分块的输沙率，然后计算累加的断面输沙率。式（4.1-3）中 $\overline{V_{ij}} \Delta h_i \Delta b_j$ 实际上就是部分流量，因此，间接测量法输沙率计算公式可表示为

$$Q_s = \sum_{j=1}^m \overline{C_{sj}} q_j \tag{4.1-4}$$

式中：$\overline{C_{sj}}$、q_j 分别为某一部分的平均含沙量和流量，两者之积为部分面积上的输沙率。

（2）测验仪器。常规悬移质泥沙测验仪器分为采样器和测沙仪两大类。采样器是现场取得沙样的仪器，然后通过处理和分析，计算出含沙量。现场测沙仪是现场可直接测含沙量的仪器。

采样器又分为积时式、瞬时式两种。

1）积时式采样器的技术要求：①仪器外形应为流线型，管嘴进水口应设置在水流扰动较小处，取样时，应使仪器内的压力与仪器外的静水压力平衡；②当河流流速小于 5m/s 和含沙量小于 30kg/m³ 时，管嘴进水口流速系数在 0.9～1.1 之间的保证率大于 75%；含沙量为 30～100kg/m³ 时，管嘴进水口流速系数在 0.7～1.3 之间的保证率大于 75%；③仪器取样容积能适应取样方法和室内分析要求，可采用较长的取样历时，以减少泥沙脉动影响；④仪器应能取得接近河床床面的水样，用于宽浅河道的仪器其进水管嘴至河床床面的距离宜小于 0.15m；⑤当采用各种混合法取样时，仪器应能减少管嘴积沙影响；⑥仪器制作简单，结构牢固，维修方便，容器可卸下冲洗。

2）瞬时式采样器的技术要求：①仪器内壁应光洁无锈迹；②仪器两端口门应保持瞬时同步关闭和不漏水；③仪器的容积应准确；④仪器筒身纵轴应与铅鱼纵轴平行，且不受铅鱼阻水影响。

3）现场测沙仪（同位素测沙仪）技术要求：①仪器的工作曲线比较稳定，对水温、泥沙颗粒形状、颗粒组成及化学特性等的影响应能自行校正，或能将误差控制在允许范围内；②仪器在施测低含沙量时，其稳定性与可靠性不低于积时式采样器；③仪器在连续工作 8h 应保持稳定；④仪器的校测方法简便可靠且校测频次较少；⑤仪器能可靠地施测接近河床床面的含沙量；⑥仪器应便于携带、操作和维修。

不同仪器的适用条件。积时式采样器有调压式采样器、皮囊积时式采样器和普通瓶式采样器等。调压式采样器适用于含沙量小于 $30kg/m^3$ 时的选点法和混合法取样。皮囊积时式采样器适用于不同水深和含沙量条件下的积深法、选点法和混合法取样。普通瓶式采样器适用于水深在 $1.0\sim5.0m$ 的双程积深法和手工操作取样。横式采样器能在不同水深和含沙量条件下取样，精度要求较高时不宜使用。现场测沙仪适用于含沙量大于 $20kg/m^3$ 时的选点法测沙。

（3）卡洛特专用站悬移质输沙率测验要求实例。

1）测次布置。按断面平均含沙量过程线法布置测次，以控制含沙量的变化过程。测次主要布置在洪水时期，平水期、枯水期每月不少于 1 次。

进行流量选点法测验时配套进行悬移质输沙率选点法测验。

2）测验方法。悬移质输沙率施测垂线布设见表 4.1-5。

表 4.1-5　　　　　　　　　悬移质输沙率施测垂线布设表

测验方法	取样方法	起点距（随水位涨落而增减）/m	使用条件
瓶式积深	3 线积深法	90、110、130	调压式采样器出现故障或超出调压式采样器适用范围
调压式全断面混合法	5 线两点法	90、100、110、120、130 各垂线取样历时分配权重：0.243、0.175、0.190、0.199、0.193	382.00m＜水位＜400.00m
多线法	6～13 线两点法	35、50、70、80、90、100、110、115、120、130、140、150、165	

注　当缆道故障或特殊水情时，可在岸边取样，建立边断沙关系推求断沙。

2. 颗粒级配分析

（1）颗粒级配分析技术。泥沙颗粒级配是影响泥沙运动形式的重要因素，在水利工程的设计、管理，水库淤积部位的预测，异重流产生条件与排沙能力的分析，河道整治与防洪、灌溉渠道冲淤平衡与水力机械的抗磨研究工作中，都需要了解泥沙级配资料。泥沙颗粒分析，是指确定泥沙样品中各粒径组泥沙量占样品总量的百分数，并以此绘制级配曲线。

常规的泥沙颗粒分析方法，主要靠人工进行繁琐的手工操作分析，效率低、时效性差。目前在我国应用较多的现代泥沙颗粒级配分析技术主要是激光法级配分析技术，该方法可避免沉淀、烘干等室内过程，大大提高测量时效性，测量成果可直接与现有资料整编无缝对接。

（2）卡洛特专用站颗粒级配分析技术要求实例。

1）测次布置。在洪峰或沙峰的变化转折处附近应布置测次，非汛期每月至少取样1次。进行悬移质输沙率选点法测验时配套进行悬移质颗粒级配选点法测验。

2）测验方法。测验方法统计见表4.1-6。

表 4.1-6 测 验 方 法 统 计 表

测验方法	取样方法	起点距/m
全断面混合法	3 线 9 点法或 3 线积深法	90、110、130
多线法	5 线两点法	100、110、120、130

3）沙样处理及分析。从采样之日算起15d之内将浓缩处理后的沙样送泥沙分析室，采用 Bettersize2000 激光粒度仪分析，及时完成计算、校核、整编工作。

4.1.1.6 水温观测

水的温度是水体物理性质中的最基本要素之一。水温观测的目的在于掌握水温变化过程，研究水量平衡，分析水面蒸发因素，为农田灌溉、工业和城市给水，以及水工建筑物施工等制定科学措施提供资料，在水电工程中有非常重要的意义。

1. 观测地点选择

江河水温观测地点一般在基本水尺断面或其附近靠近岸边的水流畅通处。观测地点附近不应有泉水、污水等流入，使所测水温有一定的代表性；水库的水温观测可在坝上水尺附近便于观测并有代表性的地点。

2. 观测时间和频次

水温一般于每日 8：00 观测 1 次，有特殊要求者，可以另定观测时间和次数。为研究8：00 水温与逐日平均水温、日最高最低水温的关系，有条件的测站，可在不同季节，在定位观测地点，各选择典型时段连续进行 3～5d 的逐时水温观测，并分析 8：00 水温与日平均水温、最高最低水温的关系，分析结果应在整编说明中和水文刊印资料中说明。

有些工程河段冬季有封冻期时，所测水温连续 3～5d 皆在 0.2℃ 以下时，即可停止观测。当冰面有融化迹象时，应及时恢复观测。冰期寒暖交替，无较长稳定封冻期的地区不应中断观测。

为其他专门目的进行的水温观测，应根据需要确定观测时间和次数。

3. 观测方法

水温观测一般用刻度不大于 0.2℃ 的框式水温计、深水温度计或半导体温度计，后两种适用于深水观测。水温读数一般应准确到 0.1～0.2℃，使用的水温计须定期进行检定。当水深大于 1m 时，水温计应放在水面下 0.5m 处；水深小于 1m 时，可放至半深处。水太浅时，可斜放入水中，但注意不要触及河底。水温计放入水中的时间应不少于 5min。

4.1.2 水文资料整编

水文资料整编就是将收集的原始资料，按照科学的方法、统一的格式、规范的标准，进行整理、统计，加工成系统、完整、可靠的水文资料，为水利建设、防汛、科学研究等服务。

各项原始资料是水文测站在外业测验中测取的，是离散的、片断的、彼此独立的资料，其中甚至还夹杂着记录和计算错误。整编就是检验真伪，加工制作的过程，并且还担负着发现测验问题，提出改进测验意见的任务，所以测验与整编密切相连，相互促进。

4.1.2.1　水位资料整编

水位资料是最基本的水文要素，在流量和泥沙资料整编工作中，都以水位为基础进行推算，故水位资料整编必须给予高度重视。

1. 整编内容

（1）考证水尺零点高程。

（2）绘制逐时或逐日平均水位过程线。

（3）数据整理。

（4）整编逐日平均水位表、洪水水位摘录表。

（5）单站合理性检查。

（6）绘制水位资料整编说明书。

2. 考证水尺零点高程

水位资料在进行计算前，首先要把所使用水尺的水尺零点高程考证清楚，以免计算资料发生错误。水尺零点高程发生变动的主要原因有：引据水准点发生变动；水准测量过程中发生错误；水尺被浮运或船只碰撞等。

具体考证方法如下：

（1）将本年各次水尺校测记录进行整理，填写水尺零点高程考证表，列表登记各次校测日期、水尺零点高程、引据水准点、校核结果及其他有关情况。

（2）结合水准点考证结果，分析水尺零点高程变动原因和测量误差情况。若本次校测高程与原用的水尺零点高程相差不超过本次测量的允许误差，或虽超过但小于 10mm 时，其水尺零点高程仍采用原用高程；否则，应分析本水尺变动的原因及日期。水尺零点高程的变动可能是突变，也可能是渐变，根据具体情况分析。

3. 原始资料的审核

原始资料的审核包括审核水位原始资料，计算逐时和逐日平均水位，编制日平均水位或水位月、年统计表。计算逐时和逐日平均水位采用面积包围法。

为了保证质量，应对水位原始资料进行全面审核，审核时以水位记载簿为依据，检查每支水尺使用的日期及零点高程是否正确；换读水尺时，2 支水尺计算的水位是否衔接；抽检水位计算的正确性，审查水位的缺测、插补、改正是否妥当；日平均水位的计算及月、年极值的挑选有无错误。

当遇到水位缺测而未插补时，整编时应予以插补，常用插补方法有直线插补法、水位相关曲线法和水位过程线法。

4. 逐日水位表的编制

逐日水位表绘制包括绘制逐时或逐月平均水位过程线和编制洪水水位摘录表及水位资

料整编说明书。

（1）表内数字符号的填写。表内各日平均水位数字、各种整编样号均从审核后的原始记录中抄入。表中水位说明要填清，如本站所用冻结基面与绝对基面高程差等。表下边统计栏中的月、年平均水位，分别等于 1 月内和 1 年内日平均水位之和除以相应日之间的总天数。月、年的最高和最低水位，分别从各月和全年的逐时水位中挑选，并注明发生的日期。

（2）各种保证率水位的挑选。有航运需求的，需挑选保证率水位。保证率水位从逐日平均水位表中的日平均水位中挑选，从高向低排列。保证率水位分为年最高平均水位，第 15 天、第 30 天、第 90 天、第 180 天、第 270 天平均水位及年最低日平均水位 7 个档次。挑选方法常采用排序法。

5. 水位单站合理性检查和编制整编说明书

用当年逐日或逐时水位过程线进行分析检查。检查水位变化的连续性、合理性，峰形是否正常，有无突变现象，年头、年尾是否与前后年衔接等；把水位过程线与降雨对照，检查是否相符和一致；因本站上下游有水工建筑物，需检查水位的变化与其影响是否一致。

整编说明书应包括资料收集、考证、整理的概述与分析说明，便于用户使用。

4.1.2.2　流量资料整编

流量资料整编方法较多，可归纳为两类：一类为水位—流量关系曲线法，是流量资料整编中最常用、最基本的方法；另一类为辅助方法，如流量过程线法、上下游测站水文要素相关法、降水径流相关法等。

因水电开发一般选择比降较大的河流，水位、流量一般较好，水位与流量关系密切，有一定的规律，又因水位过程易观测，通过建立水位—流量关系，用水位过程来推求流量过程既可行，又经济。辅助方法在水电开发水文测报中使用不多，故不叙述。

1. 整编内容

（1）编制实测流量成果表和实测大断面成果表。

（2）绘制水位—流量、水位—面积、水位—流速关系曲线。

（3）水位—流量关系曲线分析和检验。

（4）数据整理。

（5）整编逐日平均流量表及洪水水文要素摘录表。

（6）绘制逐时或逐日平均流量过程线。

（7）单站合理性检查。

（8）编制河道流量资料整编说明书。

2. 水位—流量关系分析

一个测站的水位—流量关系是指基本水尺断面处的水位与通过该断面的流量之间的关系。但有时由于各种条件的限制，测流断面与基本水尺断面不在同一处，若相距较近不会影响水位—流量关系的建立；若相距较远，但中间无大支流汇入，两断面处的流量基本相等，则基本水尺断面处的水位与测流断面的流量仍可建立关系。天然河流中的水位与流量间的关系有时呈现单一关系，称为稳定的水位—流量关系；有时呈现复杂的关系，称为不稳定的水位—流量关系，即受各种因素影响下的水位—流量关系。本处仅介绍稳定的水位—流量关系。

在明渠水力学中，经常应用曼宁公式，即

$$V = \frac{1}{n} R^{2/3} S^{1/2} \tag{4.1-5}$$

$$Q = AV = A \frac{1}{n} R^{2/3} S^{1/2} \tag{4.1-6}$$

式中：Q 为断面流量，m^3/s；A 为断面面积，m^2；V 为断面平均流速，m/s；R 为水力半径，m；S 为水面比降；n 为河道的糙率。

如果要保持水位和流量之间的稳定关系，必须满足以下条件：在同一水位下，n、A、R、S 等因素保持不变；或虽有变化，但能相互补偿。总之，只要满足上述条件，水位和流量就能成为稳定的单值关系。

在测站控制良好、河床稳定的情况下，该测站的水位、流量可以保持稳定的单一关系，点绘出的水位—流量关系曲线，其点据比较密集，分布呈带状。

3. 流量资料整编

流量资料整编包括关系曲线绘制、低水放大图的绘制、逐时水位过程线的绘制、突出点的检查分析和定线等五部分内容。

（1）关系曲线绘制。在同一张方格纸上，以水位为纵坐标，从左至右，依次以流量、面积、流速为横坐标，点绘实测点。纵横比例尺要选取 1、2、5 的 10 的整数倍，以方便读图；作图时，以同一水位为纵坐标，自左到右，依次以流量、面积、流速为横坐标点绘在坐标纸上，选定适当比例尺，使水位—流量、水位—面积、水位—流速关系曲线分别与横坐标大致呈 45°、60°、60° 的交角，并使三曲线互不相交。

为了便于分析测点的走向变化，在每个测点的右上角或同一水平线以外的一定位置注明测点序号。测流方法不同的测点，用不同的符号表示（⊙为流速仪测得的测点；△为浮标测得的测点；▽为深水浮标或浮杆测得的测点；◇为用水力学法推算的或上年末、下年初的接头测点）。为保证前后年资料的衔接，在图中还应将上年末和下年初的测点绘入，为了突出重要洪峰的点据，可用不同的颜色作标记。除此之外，在关系图上还要注明河名、站名、年份及水位—流量、水位—面积、水位—流速关系曲线标题；在图下方要填写点图、定线、审查者的姓名；三种关系线的纵横坐标及名称都要填写清楚。

（2）低水放大图的绘制。为保证读图精度，水位—流量关系曲线的低水部分，一般都要另绘放大图。按照规定，读图的最大误差应不大于 ±2.5%。

（3）逐时水位过程线的绘制。绘制上述关系曲线，必须先绘逐时水位过程线，避免盲目定线。如平时没有分月的逐时水位过程线，可绘汛期洪峰过程线，水位过程线的比例最好与关系线比例一致。

（4）突出点的检查分析。从水位—流量关系测点分布中，常可发现一些比较突出反常的测点，称为突出点，对这些点子应认真分析，找出原因。

突出点的检查可以从以下三方面进行：①根据水位—流量、水位—面积、水位—流速三条关系曲线的一般性质，结合本站特性、测验情况，从线性、曲度、点据分布带的宽度等方面研究分析三条关系线的相互关系，检查偏离原因；②通过本站水位和流量过程线对照，及在流量过程线上点绘各实测流量的测点，去检查、分析发现问题；③与历年水位—流量关系曲线比较，视其趋势是否一致。

突出点的产生原因，可能是人为错误，也可能是特殊水情变化。检查时可先从点绘着手，检查是否点错；如点绘不错，再仔细复核原始记录，检查计算方法和计算过程有无错误；若点绘与计算都没有错误，再从测验及特殊水情方面找原因。测验方面的原因主要如下：

1）水位方面。水准点高程错误、水尺校测或计算错误等，会造成关系测点系统偏离；水位观测或计算错误、相应水位计算错误等，也会使关系测点突出偏离。

2）断面测量方面。测深垂线过少或分布不均，陡岸边或断面形状转折处未测水深，可使面积偏大或偏小；断面与流向不垂直，或测深悬索偏角太大，未加改正，使面积偏大；测站不在断面线上，所测垂线水深可能偏大或偏小；浮标测流时，如未实测断面，借用断面不当，在冲淤变化较大时，常会发生较大错误。

3）流速测验方面。测验仪器失准及测验方法不当，会使流速测验发生较大的误差。测速垂线和测点过少或分布不当，测速历时过短，可使流速偏大或偏小；测船偏离断面，流速仪悬索偏角太大及水草、漂浮物、风向风力等的影响。

突出点经检查分析后，应根据以下三种情况予以处理。如突出点是由水力因素变化或特殊水情造成，则应作为可靠资料看待，必要时可说明情况。如突出点由测验错误造成，能够改正的应予改正，无法改正的，可以舍弃。但除计算错误外，都要说明改正的根据或舍弃的原因。若暂检查不出反常原因，可暂作为可疑资料，有待继续调查研究分析并予适当处理说明。

（5）定线。定线即用图解的方法率定水位—流量关系曲线，分为初步定线和修正曲线。

1）初步定线，在点绘的水位—流量、水位—面积、水位—流速关系图上，先用目估方法，通过点群中心勾绘出三条关系曲线。然后，用曲线板修正，务使曲线平滑，关系测点均匀分布于曲线两旁，并使曲线尽可能靠近测验精度较高的测点。

2）修正曲线。将初步绘出的水位—流量关系曲线同水位—面积、水位—流速关系曲线互相对照。办法是将初步绘制的曲线分为若干水位级，查读各级水位的流量，应近似等于相应的面积和流速的乘积，其误差一般不超过±（2％～3％）。

定线时应注意以下内容：①通过点群中心定出一条光滑的关系曲线，以消除一部分测验误差；②防止系统误差，对突出点产生的原因和处理方法要做具体说明；③要参照水位过程线，关系线线型应符合测站特性，高低水延长方法要恰当；④所定曲线前后年份要衔接，分期定线要注意前后期曲线衔接，且与主图、放大图衔接，避免由此产生误差；⑤曲线初步定好后，应与历年关系曲线进行比较，检查其趋势及各线相互关系是否合理，如不合理应查明原因进行修改。

4. 流量整编成果的合理性检查

整编成果的合理性检查，就是通过各种水文要素的时空分布规律，进一步论证整编成果的合理性，并从中发现整编成果中的问题，予以妥善处理，以保证整编成果的质量，同时对未来测验工作提出改进意见或建议。

（1）单站合理性检查。单站合理性检查，就是通过本站当年各主要水文要素的对照分析和对本站水位—流量关系比较，以确定当年整编成果的合理性。方法有流量过程线与水位过程线对照分析、历年水位—流量关系曲线的对照分析。

（2）综合的合理性检查。综合的合理性检查是对各站整编成果做全面检查。主要是利用上下游或流域上各水文要素间相关或成因关系来判断各站流量资料的合理性，主要方法有上下游洪峰流量过程线及洪水总量对照、上下游日平均流量过程线对照、上下游水量对照。

流量整编成果经审查后，还须编写审查总结和流量资料整编说明书，其内容包括：测站的基本情况，如基本设施、流量测验方法和测次等，测站特性和当年水情概况，测验、计算及整编中发现的影响流量资料精度方面的问题及处理情况，突出点的分析、评判和处理。推流方法的选择更应详细论述和交代，以便作为今后应用资料时参考。

4.1.2.3　降水量资料整编

降水量的观测时间以特定时间为准，每日降水以特定时间为日分界，如我国以北京时间 8：00 为界，巴基斯坦以当地时间 8：00 为界，即从昨日 8：00 至今日 8：00 的降水为昨日降水量。

1. 雨量站考证簿的编制

考证簿是雨量站最基本的技术档案，是使用降水量资料必需的考证资料。

考证簿内容包括测站沿革，观测场地的自然地理环境，平面图，观测仪器，委托观测员的姓名、住址、通信和交通等。

公历逢五年份，应全面考证雨量站情况，修订考证簿。

2. 原始资料审核

对观测记录进行审核，检查观测、记载、缺测等情况。本站采用翻斗式雨量计，故还应检查记录数据值与仪器分辨力是否相符。

3. 降水数据整理与摘录

本站采用"无人值守，有人看管"的方式运行，当出现固态降水时不记观测物符号。自记记录有缺失、失真等问题的部分，采用人工观测代替，并附注说明。

本站根据降水强度转折情况按 5min 选摘数据，按逐时累计降雨不超 2.5mm 为界进行时段合并，时段雨量得到后按要求统计日、月降水量，在规定期内编制降水量摘录表。

4. 合理性检查

根据以下方法对本站资料进行合理性检查。

（1）各时段最大降水量应随时间加长而增大，长时段降水强度应小于短时段的降水强度。

（2）降水量摘录表或各时段最大降水量表与逐日降水量对照，检查相应的日量及符号，24h 最大量应不小于 1 日最大量，各时段最大量应不小于摘录中相应的时段量。

4.1.2.4　水面蒸发量资料整编

水面蒸发量资料整编工作内容有：①编绘陆上（漂浮）水面蒸发场说明表及平面图；

②数据整理；③整编逐日水面蒸发量表及水面蒸发量辅助项目月年统计表；④单站合理性检查；⑤编制水面蒸发量资料整编说明书。

水面蒸发量插补：①当缺测日的天气状况前后大致相似时，可根据前后观测值直线内插，亦可借用附近气象站资料；②观测水气压力差和风速资料的站，可绘制有关因素的过程线或相关线进行插补。

改正：当水面蒸发量很小时，测出的水面蒸发量是负值者，应改正为"0.0"，并加改正符号。换算一年中采用不同口径的蒸发器进行观测的站，当历年积累有 20cm 口径蒸发器与 E601 型蒸发器比测资料时，应根据分析换算的系数进行换算，并附注说明。

单站合理性检查：①逐日水面蒸发量与逐日降水量对照，对突出偏大、偏小确属不合理的水面蒸发量，应参照有关因素和邻站资料予以改正；②观测辅助项目的站，水面蒸发量还可与水气压力差、风速的日平均值进行对照。水气压力差与风速越大，水面蒸发量越大。

4.1.2.5 泥沙资料整编

本文以断沙过程线法为例进行阐述。

1. 主要内容

（1）编制实测悬移质输沙率成果表。

（2）绘制瞬时或逐日断沙过程线。

（3）整编逐日平均悬移质输沙率、逐日平均含沙量表和洪水要素摘录表。

（4）单站合理性检查。

（5）编制悬移质输沙率资料整编说明书。

2. 整编要求

实测点要能控制含沙量变化过程，每次较大洪峰过程 3～5 次。采用全断面混合法测沙时，混合水样的含沙量即为断面平均含沙量，否则，断面平均含沙量由断面输沙率除于断面流量得到。

4.1.2.6 水温资料整编

1. 主要内容

（1）编制逐日水温表。

（2）单站合理性检查。

（3）编制水温资料整编说明书。

2. 编制相关统计表和合理性检查

编制逐日水温表应在对原始观测记录进行审核的基础上，整理水温逐日值、统计制表。进行单站合理性检查时，应绘制水温过程线检查，并与岸上气温、水位过程线对照。水温变化应是渐变、连续的，并与岸上气温变化趋势大致相应。当遇到洪水、上游水库放水及污水排入时，水温可能发生较大变化，应特殊考虑。

用上下游逐日水温过程线进行对照检查水温时，上下游站的水温变化趋势应相似，但由于个河段所处的地理位置、气候条件不同，以及在人工调节或区间有较大水量加入时，可能发生异常情况，需特殊分析。

4.2　水文监测技术创新

4.2.1　大比降、高流速流量测验方法

4.2.1.1　测验方法概述

流量是指流动的物体在单位时间内通过某一截面的数量，在水文学中流量是单位时间内流过江河（或渠道、管道等）某一过水断面的水体体积，常用单位是立方米每秒（m^3/s）。流量是反映江河的水资源状况及水库、湖泊等水量变化的基本资料，也是河流最重要的水文要素之一。及时了解流量的大小和变化，掌握江河的径流资料对防洪抗旱，水资源的开发、利用、配置、管理、流域规划，工程设计、施工、运行，水利工程管理运用，航运、灌溉、供水等均有重要意义。

流量测验的目的是要获得江河流量的瞬时变化资料。一般情况下，河流水位与流量之间存在相应关系，这种关系在水文学中称为水位流量关系，表现为流量的变化导致水位的升降。流量监测的主要目的就是建立水位流量关系。流量测验在水文测验中占有重要地位，主要的监测方法和手段如下：

（1）根据测时流量大小，分为高洪流量测验、平水流量测验、枯水流量测验。

（2）根据测时是否有冰情，分为畅流期流量测验、流冰期流量测验。

（3）根据流量测验原理，分为流速面积法、水力学法、化学法、直接法等。

1. 山区性河流特性

根据曼宁公式，有

$$V=\frac{k}{n}R^{2/3}S^{1/2} \tag{4.2-1}$$

式中：V 为断面平均流速，m/s；k 为转换常数，国际单位制中值为 1；n 为糙率，是综合反映管渠壁面粗糙情况对水流影响的一个系数，其值一般由实验数据测得，使用时可查表选用；R 为水力半径，是流体截面积与湿周长的比值，湿周长指流体与明渠断面接触的周长，不包括与空气接触的周长部分；S 为明渠的比降。

在天然河道中，比降是影响断面流速最重要的因素，相较与平原区河流，大比降、高流速是山区性河流的显著特点。

山区性河流通常发源于山间沟谷，由于地形起伏变化较大，造成山区性河流平面形态宽窄相间，岸线不规则，河床高低起伏，河道横断面多呈 U 形或 V 形。

山区性河流地形陡峭，沿河道纵向落差大，流域径流模数大，汇流时间短，表现为洪水陡涨陡落，洪水过后河道逐渐恢复低水状态，年内流量和水位变幅大。

山区性河流流量测验对于防汛抗旱、水资源管理、工程建设都具有重要意义，但山区性河流水文站设立因地理条件、自然环境、交通条件、生活条件等因素限制，其测验难度要远远大于平原区测站。另外山区性河流暴涨暴落，大比降、高流速、高含沙量等特点给流量测验带来了极大困难。

2. 山区性河流测验原理

流速面积法是山区性河流流量测验的最常用方法。

天然河道中的水流一般呈紊流状态，因受断面形状、糙率、比降、水深、河道曲率、风、潮汐等因素影响，天然河道中的水流流速大小、方向都随着时间不断发生脉动变化。研究表明，天然河流中横断面上垂线流速分布与抛物线型、对数型、椭圆型流速分布曲线相似，横断面上的流速一般河底和岸边小，两岸小于中泓，最深处水面流速最大，在垂线上的最大流速畅流的情况下，出现在水面至 0.2h 范围内，要准确测量水流流速其实并不容易，需要采用一些数学模型来概化计算。

　　流速面积法计算流量的基本原理是通过一定的原则在横断面上设置 n 条垂线，若干条垂线可以把断面分割成 $n+1$ 部分，在各测速垂线上测深、测速，并测定垂线的起点距，即可计算出部分流量，各部分的流量之和即为全断面流量。可表示为

$$Q = \sum_{i=1}^{n+1} B_i \overline{H_i} \overline{v_i} = \sum_{i=1}^{n+1} q_i \qquad (4.2-2)$$

式中：Q 为全断面流量，$\mathrm{m^3/s}$；B_i 为第 i 部分水面宽，m；$\overline{H_i}$ 为第 i 部分的平均水深，为相邻两条垂线水深的代数和，m；$\overline{v_i}$ 为第 i 部分平均流速，为相邻两条垂线平均流速的代数和，$\mathrm{m/s}$；q_i 为第 i 部分的部分流量，$\mathrm{m^3/s}$；n 为垂线条数，条。

　　实际测验时垂线不能无限多，按照测验精度、河宽、断面流速分布确定垂线条数，所测的流量也是实际流量的近似值。每次测验需要一定的测验时间，所测值也不是瞬时值，只能是时段平均流量。

3. 山区性河流流量测验方法

　　山区性河流流量测验的重点是测深和测速，但是在实际测验过程中因流速大、河底不平坦、水面有漂浮物、高含沙量等原因，接触式测深、测速仪器测量水深和测速都存在不少困难，一般要取得精度较高的流量成果都要采用专门的渡河设备，由渡河设备搭载测速、测深仪器完成流量测验。

　　目前山区性河流大比降、高流速条件下流量测验的主要仪器有转子式流速仪、测深仪、全站仪、声学多普勒流速剖面仪、雷达波流速仪等，主要的渡河设备有水文缆道、雷达波自动测量索道、声学多普勒搭载浮体等。另外视频影像法、侧扫雷达、时差法等新技术也在最近几年得到了长足发展，逐渐投入到比测试验中。

　　下面分类介绍我国山区性河流大比降、高流速条件下的流量测验方法。

　　（1）转子式流速仪法。转子式流速仪法是通过测量流速仪测量断面上不同位置的测点流速，结合实测的断面面积，通过流速面积法计算断面流量的方法。转子式流速仪的工作原理为在一定的流速范围内，流速仪的转子的转速与流速近似地呈现线性关系，这种关系通常可以通过水槽实验建立，常用的流速仪根据转子的不同可以分为旋桨式和旋杯式两种。

　　国内大部分水文站经常使用转子式流速仪，转子式流速仪法是国内使用最为广泛的流量测验方法。在国内转子式流速仪法被普遍认为是精度较高、测量成果较可靠的一种流量测验方法，一般转子式流速仪法测量的成果作为其他方法比测和率定的标准。流速仪的测速范围较宽，以旋桨式流速仪 LS25-3A 型为例，测速范围最高可达 10m/s，可用于江河等高、中、低流速以及电站、溢洪道高流速测量。

　　单一的流速仪在大比降、高流速的山区性河流无法开展流量测验，必须由流量测验载体搭载流速仪才能完成。流量测验载体通常称为渡河设施，主要的渡河设施有测船、缆

道、测桥、测量飞机等。我国山区性河流上所建水文站多采用水文缆道，据统计目前我国 50%左右的水文站采用水文缆道开展流量测验，水文缆道大多都实现了自动化控制，水文铅鱼可以按照计算机程序设定方式自动运行，操作测量设备完成水深、起点距、测点测速，计算机可自动计算、保存、输出流量成果。

水文缆道搭载流速仪测流是山区性河流大比降、高流速条件下最有效、最可靠的方式，适合基本水文站或者工程专用水文站作为流量测验的常规方法使用。但是流速仪法需要水文缆道搭载流速仪开展测验，建设及维护成本较高，测验断面固定，一般需要人员驻守测验。另外流速仪法在洪水期漂浮物较多的情况下使用较困难，在航运繁忙的河段存在安全隐患。

卡洛特专用水文站采用水文缆道作为渡河设备，以流速仪法作为常规测验方法开展流量测验，在卡洛特水电站项目施工期收集了准确可靠的流量资料，为施工期水文预报模型的率定和计算提供了数据支撑。

（2）浮标法。浮标法测流是通过测定水中天然或人工漂浮物随水流运动的速度，结合断面资料及浮标系数来推导流量的方法。浮标法测流实际上是一种流量的简测法，所测浮标的流速近似认为与水体的表面流速相同。通过浮标测得的表面流速与断面面积的乘积求得虚流量，虚流量乘以浮标系数得到实测流量。人工制作的浮标根据入水深度不同可以分为水面浮标、深水浮标、浮杆等，水面浮标又有普通水面浮标和小浮标两种。现今还有 GNSS 电子浮标用于流量测验。

浮标法测流使用于流速仪测速困难，如流凌、洪水漂浮物多、涨落急剧或超出流速仪测速范围的高流速、低流速、小水深等情况，我国的水文站一般作为一种应急测验方式使用。

浮标法测流对于断面布设的要求有：①需要布设上、中、下三个断面，一般情况下中断面与流量测验断面重合；②要在岸上布设若干条基线，利用基线确定起点距计算关系，浮标的位置通过经纬仪或者全站仪测角交回法确定。

对于山区性河流大比降、高流速条件下浮标法测流，决定测验精度的有两个关键因素：①浮标系数的确定和选用；②水道断面的测量和选用。

浮标系数为断面流量与浮标虚流量的比值，一般需要根据试验资料确定，试验次数和校测结果检验都有要求。新设站要在开展浮标测流后 2~3 年确定浮标系数，未取得浮标系数前，可借用测验条件相似邻近站浮标系数或根据测验条件按规范要求选用。

采用水面浮标法测流时，应同时施测断面。当人力、设备不足，或者水情急剧变化，同时施测水深有困难时，断面稳定的，可直接借用临近测次施测的断面，对于断面冲淤变化较大的，可抢测变化较大的垂线水深，其他的结合已有断面资料确定。

（3）声学多普勒流速剖面仪法。声学多普勒流速剖面仪是利用声学多普勒原理，测量分层水介质散射信号的频移信息，并利用矢量合成方法获取海流垂直剖面水流速度。其对被测验流场不产生任何扰动，也不存在机械惯性和机械磨损，能一次测得一个剖面上若干层流速的三维分量和绝对方向，是一种水声测流仪器。

目前声学多普勒流速剖面仪在我国水文站得到了广泛应用，走航式声学多普勒流量测验已经成为大河站的常规测验方法。走航式声学多普勒流量测验是将声学多普勒剖面仪安装在水文测船或者三体船、遥控船上，是测量船在测验断面航行并获得流量的测验过程。声学多普勒流速剖面仪可以同时测量不同水深的流速、流量、水深等数据，通过专用的数据采集软件完成流量的计算。在河床比较稳定，没有动底发生的情况下，声学多普勒流速剖面仪通过底跟踪模式向河底发射底跟踪脉冲，通过返回的信号得到多普勒频移量，可以结算测量船的运动速度和方向，进而计算不同水层的流速。如果河底有流沙河冲淤变化，底跟踪模式失效，无法根据河底返回信号计算船速及方向，这种情况就要外加 GNSS 进行定位，通过 GNSS 实时动态定位技术，测得测流过程中测船的速度和方向，进而计算出准确的流速、流向成果。

一般常用的声学多普勒流速剖面仪测速量程很宽，最大可以达到±20m/s，但对于山区性河流大比降、高流速的测站来讲实际应用存在诸多难点。因其也属于接触性仪器，大流速、漂浮物等都影响测船正常走航安全，使用受到限制。

（4）雷达波流速仪法。雷达波流速仪法是利用雷达波流速仪测量水面流速，通过水面流速系数转换为水面实际流速，利用面积流速法计算流量的方法。水面较宽的河流可以借助桥梁、水文缆道等渡河设备施测流量，较窄的河流、渠道可直接架设在岸边。测量过程中雷达波流速仪无须直接接触水面，不受含沙量、漂浮物影响，具有操作安全、测量时间短、速度快的优点。

雷达波流速仪尤其适合高速水流测量，流速越大，紊动越强，波浪越大，反射信号就越强，所以雷达波流速仪适合洪水或者山区性河流高流速测量。雷达波流速仪体积小、轻便、携带方便，更适合巡测使用，在没有测船、缆道等渡河设备的情况下可以在固定断面或者临时断面开展测验。对于大比降、高流速河流，雷达波流速仪法测流具有一定的优势。

但是雷达波流速仪一般只能替代浮标法测流水面流速，不能代替常规流速仪法测流，其测量精度也低于常规流速仪法。一般情况，雷达波流速仪低速测量性能不好，一般启动流速大于 0.5m/s。雷达波流速仪测量时水面要有明显的波浪，水面平静，不利于声波反射，仪器不能正常工作。

作为声学多普勒流速仪测流的一种补充，雷达波流速仪在坝址以上巡测过程中得到了很好的应用，测量人员借助桥梁采用自动测量机器人及手持式雷达波流速仪收集了大量的洪水流量成果。这些宝贵的流量成果为水情服务提供了有效的数据支撑，确保了水文预报的准确性。

4. 施工期流量测验方法探索

（1）存在的困难。吉拉姆河是典型的山区型河流，河流位于山谷之中，断面呈 V 形，河道纵向有众多跌坎、急滩，河床遍布大小不一的石块，水流形态紊乱，洪水历时短，陡涨陡落。吉拉姆河河流比降大，据统计近卡洛特坝址河段比降可达到 3‰，水流湍急，以卡洛特（专用）水文站测得流速为例，汛期最大点流速可以达到 4.5m/s。

一般而言，流速越大，流量测验难度也越大，相应对流量测验渡河设备的要求也越高，在国内比较成熟可靠的渡河设备为水文缆道。由于卡洛特坝址以上的水位站以巡测模式开展流量测验，这些站又不具备建设水文缆道的条件，取得精度较高的流量测验成果难度较大。坝址以上站开展流量测验的主要困难如下：

1）交通不便。吉拉姆流域多为山地，当地基础设施较落后，道路难行，特别是汛期，地质灾害时有发生，从卡洛特驻地前往水位站经常受阻。

2）安全风险高。卡洛特水电站坝址以上的大部分水位站都地处偏远，山高路险，难度大。

3）流速大，测验仪器难选择。水位站附近河段一般流速大，上下游一般无渡河设备，在无渡河设施的条件下要取得精度较高的流量成果难度较大。

4）断面难以准确测量。采用流速面积法施测流量，断面测量是影响流量精度的一个重要因素，但没有水文缆道等渡河设备辅助开展水深测量是极其困难的。

5）测验时机难以把握。山区性河流暴雨后水位暴涨暴落，洪峰历时短，采用巡测的方式很难把握测验时机，巡测时测得的流量往往是中低水流量。

（2）解决方案探索。卡洛特水电站水文监测的主要职能是在施工期为工程施工提供水文预报和气象服务，保证施工安全。流量测验是水文预报模型率定的关键，必须针对不同的水文特性、测验目的及条件利用多种仪器及方法开展流量测验，为水文预报工作提供数据支撑。

设站目的不同流量测验的方法及精度也不同，卡洛特项目流量测验根据设站目的可以分专用站测验和巡测站测验。

专用站作为卡洛特水电工程设计复核和径流计算的关键测站对测验精度要求较高，在站网规划阶段就提出了较高的建设标准，建设了水文专用缆道、缆道房、发电机房等设施。流量测验常规方法为流速仪法，因有水文缆道作为渡河设备，可方便高效地开展流量测验，可以满足各个水位级和不同流速工况下的流量测验，在卡洛特水电站建设阶段发挥了重要的水情保障作用。

巡测站可分为预报模型重点控制水位站和一般水位站。预报模型重点控制水位站有两个，一个是坝址上游约15km的AP站，起到监测卡洛特水电工程入库流量的作用；另外一个是坝址上游约90km的CK站，起到监测上游两条支流入汇流量的作用。

为了节省投资并保证2个重点控制水位站流量的测验精度，AP站和CK站建成了2座简易缆道，作为渡河设备牵引声学多普勒流速剖面仪M9开展流量测验。声学多普勒流速剖面仪M9测验载体也进行了多次改进，最终采用加强型不锈钢三体船，其具有稳定、抗浪、抗漂浮物冲击等优点，使用简易缆道和加强型不锈钢三体船结合方式，大大提高了声学多普勒流速剖面仪M9的流量测验精度，保证了人员和设备安全。

一般水位站通常在巡测时开展流量测验，因未建设有效的渡河设备，声学多普勒流速剖面仪M9在低水小流速条件下使用，洪水期高流速条件下使用自动走航雷达波流速仪测流。在这些水位站，水文专项项目部利用附近桥梁架设了6mm钢索，利用自动走航雷达波流速仪实现自动测流。自动走航雷达波流速仪自动化程度高，可以利用计算机设置测速垂线，通过电台控制雷达波测流机器人自动完成出发、测速、返回、数据记录、数据计算等一系列测验环节。

通过不同的流量测验方案，基本解决了流量测验难题，水文专项项目部收集了大量的实测流量数据，与水位站收集的水位数据建立了各站的水位流量关系，基本满足了水文预报的需求，为工程建设提供了有力的水情保障服务。

4.2.1.2　声学多普勒无线传输流量测验

1.声学多普勒方法在卡洛特水电工程流量测验中的应用

（1）声学多普勒流速剖面仪简介。声学多普勒流速剖面仪是一种利用多普勒效应进行流速、流向测量的仪器，与以传统机械转动为基础的转子式流速仪相比，其真正实现了流量测验的自动化。声学多普勒流速剖面仪能直接测出断面的流速剖面，具有不扰动流场、测验历时短、测速范围大等特点。声学多普勒流速剖面仪按照数据读出方式可以分为自容式和只读式，按照发射和处理方式可以分为宽带和窄带声学多普勒流速剖面仪，按照安装方式可以分为坐底式、悬浮式、走航式、拖曳式、横向固定式等类型。目前声学多普勒流速剖面仪已被水文业务部门广泛用于海洋、河口的流场结构调查、河流流速和流量测验等。在卡洛特水电工程流量测验中也得到了广泛使用，为工程建设和水文预报提供了准确的实测流量数据。

（2）人工牵引三体船无线通信走航测验。人工牵引三体船无线通信走航测验采用RiverSurveyor M9（以下简称 M9）设备，配备了 9 个波数探头，测速的剖面范围为0.2~30m，可用于走航或定点的测量方式，适用于浅水或深水河道的测流。M9 带有 2 套测速探头，包括 4 个 3.0MHz 和 4 个 1.0MHz 的对称结构的测速探头，以及 1 个 0.5MHz垂直波束探头用于测量水深。M9 通常搭载在专用的三体船上，剖面测量数据与 GPS 数据通过无线电台打包发送至岸上电台，岸上电台通过 RS-232 串口与电脑连接将测验数据输入测验软件。通常搭载 M9 的三体船为 PVC 材质，长度约 115cm，宽度约 78cm，单体宽度约 15cm，质量较轻，M9、GPS 及数据电台集成度较高，易于运输、安装简单，适合流量巡测。

卡洛特水电站建设项目实际应用中 M9 采用人工牵引的方式实现走航测验，测验时流量断面两岸分别安排辅助人员牵引绳索，使三体船在两岸之间往返走航，测验数据无线传输到岸上电脑。但在使用中发现当水面流速大于 3m/s 或者水面流态紊乱时三体船容易侧翻，导致 GPS 和电台落水，另外当流速较大时岸上辅助人员承受的拉力过大，容易受伤或落水，存在安全风险。

（3）机动船载声学多普勒流速剖面仪走航测验。卡洛特水电工程中采用冲锋舟载声学

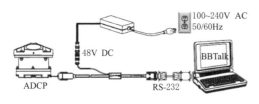

图 4.2-1　瑞江 300kHz 声学多普勒流速剖面仪有线测验模式

多普勒流速剖面仪走航测验，声学多普勒流速剖面仪和差分 GNSS 安装在特制的支架上，一般情况下需 3 名测验人员在冲锋舟上作业。走航测验时，两者通过电缆直接与电脑 RS-232 端口连接，测验数据实时输入电脑测验软件。声学多普勒流速剖面仪有线测验模式见图 4.2-1。

机动船走航测验具有仪器数据传输稳定，走航过程中冲锋舟纵横摇造成的测深误差小等优点。但也存在明显的缺点：①冲锋舟体积大，较为笨重，在测验前需要大量的准备时间，运输不便；②在中高水期流速大，测验人员在冲锋舟上作业存在安全风险。

（4）水文缆道牵引三体船无线通信走航测验。水文缆道是水文测站最基本的渡河设备，是流速仪法流量测验和泥沙采样器的主要运载工具。通过水文缆道将三体船用钢丝绳

固定在铅鱼尾部，可以牵引 M9 开展走航测验。利用卡洛特专用水文站已建水文缆道，常规的流量测验方法为流速仪法，水文缆道拖曳三体船无线通信走航测验是中低水期流量测验的一种替代方法。但水文专用缆道投资大，建设周期长，维护保养复杂，在卡洛特水电工程每个流量巡测站建设水文缆道显然不现实。

2. 简易缆道牵引三体船无线电台通信走航测验

在卡洛特水电工程巡测站流量测验中，人工牵引三体船 M9 无线通信走航测验、机动船走航测验、水文缆道拖拽三体船无线通信走航测验这三种测验方式均不能很好地解决中高水期流量测验的问题。综合三种测验方式的优点，经过不断的试验和改进，使用简易缆道牵引三体船载声学多普勒流速剖面仪无线电台通信走航测验有效地解决了这一问题。简易缆道牵引三体船无线电台通信走航测验设施设备主要包括手摇式简易缆道、特制三体船、声学多普勒流速剖面仪无线电台通信系统。

（1）手摇式简易缆道。水文专用缆道投资大，建设周期长，维护保养复杂，不适合在工程流量巡测站中使用。考虑到巡测站流量测次较少，只需满足中高水流量测验的需求即可，属于临时性测验设施。故在重要控制站 CK 站和 AP 站建设了手摇式简易缆道，用于牵引三体船开展走航测验。因简易缆道所承受的荷载有限及河道没有通航要求，经过荷载计算，以 3.0 的安全系数在断面两岸用混凝土浇筑地锚，地锚埋设在测验断面最高水位以上 2～3m 处的高地上，两岸地锚之间安装 14mm 主索及 4.2mm 循环索，用循环索驱动行车牵引三体船实现声学多普勒流速剖面仪走航测验。手摇式简易缆道示意如图 4.2-2。

（2）特制三体船。针对常规 PVC 三体船中高水走航测验中易侧翻的问题，采用计算流体力学方法，技术人员设计了加强型不锈钢三体船，结构为：中间主体长 1.60m，宽 0.4m，水线长 1.40m，水线宽 0.3m，吃水深 0.3m，船舱体积 0.108m³；两边副体

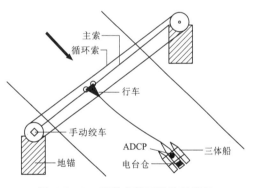

图 4.2-2　手摇式简易缆道示意图

长 1.40m，水线长 1.15m，水线宽 0.3m，吃水深 0.25m，船舱体积 0.05m³。通过下水试验，不断改进、完善设计，将测验设备、无线数据电台合理布置在三体船上，并对仪器仓进行了防水处理。实际测验表明，三体船对声学多普勒流速剖面仪内部罗经无磁场干扰，在水面流速大于 5m/s 的情况下依然能平稳航行，半测回流量测验偏差均在 5% 以内。

（3）声学多普勒流速剖面仪无线电台通信系统。将声学多普勒流速剖面仪安装在水文测船上，通过电缆与电脑连接，将测验数据实时输入电脑测量程序，完成走航测验。实际工作表明，声学多普勒流速剖面仪机动船走航测验方式不仅适合在卡洛特水电项目流量巡测中使用，更是一种符合广泛实际需求的流量巡测方式，无线通信系统结构见图 4.2-3。

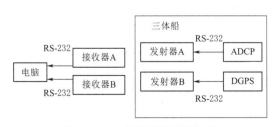

图 4.2-3　无线通信系统结构

采用 FreeWave FGR2 - WC3 型数据电台点对点模式很好地解决了数据无线传输的问题。FreeWave FGR2 - WC3 型数据电台主要技术指标如下：

1) 输入电压范围：5～18V DC。

2) 频率范围：902～928MHz。

3) 输出功率：5mW～1W。

4) 数据链路范围：60mile，可视条件。

5) 数据吞吐量：115.2kbit/s 高速射频数据传输，80kbit/s 标准射频数据传输。

6) 数据接口协议：RS - 232/RS - 485/RS - 422。

FreeWave FGR2 - WC3 型数据电台由发射器和接收器两个单体组成，发射器连接仪器设备，接收器连接电脑。使用两对 FreeWave FGR2 - WC3 型数据电台即可组成一个无线电台通信系统将声学多普勒流速剖面仪数据和 GNSS 数据分别输入测流软件，实现三体船流量走航测验。

3. 声学多普勒无线传输流量测验的优点

(1) 简易缆道牵引加强型不锈钢三体船载声学多普勒流速剖面仪无线电台通信流量走航测验实现了测验数据的远距离传输，可以用于山区性河流中高水大流速条件下的流量走航测验。

(2) 在工程应用中，简易缆道牵引加强型不锈钢三体船载声学多普勒流速剖面仪无线电台通信流量走航测验可以在确保人员安全的前提下，有效地提高流量测验成果精度，降低测验难度和水文设施建设成本，减少人力、物力投入，经济效益明显。

(3) 测验灵活机动，可以满足水电工程各个阶段流量巡测的需要，为工程建设及水文预报提供可靠的流量数据。

4.2.1.3 雷达波测流机器人

1. 卡洛特（专用）水文站概况

卡洛特（专用）水文站（以下简称专用站）位于坝址下游约 2km 处，主要任务为在工程施工期收集水位、流量、泥沙、气象等资料，满足工程区水情预报和报汛需要。

专用站测验河段具有典型的山溪性河流特征，落差大，中低水水面比降达 3.1‰，河水陡涨陡落，水位年变幅在 10m 左右，2017 年实测最大流速 5.01m/s。流量测验断面两岸均为坚硬岩石，断面稳定呈 V 形。由于专用站距工程区域较远，交通不便，在特殊情况下雷达波流速仪测流较其他测流方式具有明显优势。

2. 雷达波测流机器人简介

雷达波流速仪是一种利用雷达波多普勒效应以非接触方式测量水流表面流速的仪器。雷达波流速仪流量测验在国内不同河流和环境进行了大量测试，测验成果指标均符合水文测验规范要求。专用站使用的雷达波流速仪采用 S3 SVR 雷达波测速探头，应用无线遥控雷达波数字化测流系统开展流量测验。

主要技术指标如下：

(1) 测速范围：0.20～18.0m/s。

(2) 测速精度：±0.05m/s。

(3) 波束宽度：12°。

(4) 微波功率：50mW。

（5）微波频率：Ka 波段，34.7GHz。

（6）无线模块通信距离 600m。

雷达波测流机器人系统由雷达波测速探头、电动行车、无线信号传输装置、测流软件、简易缆道等部分组成，通过岸上计算机使用测流软件控制可以实现雷达波流速仪沿简易缆道自动定位、自动测速、自动返回等一系列功能。

雷达波测流机器人系统自动化程度高，操作简便，测验历时短，可现场安装，测验完成后拆卸装箱，携带方便，经过简单培训 1 个人即可独立操作完成测验任务。

3. 雷达波测流机器人流量比测试验

为了提高流量测验成果质量，雷达波测流机器人系统在使用前需开展比测试验，确定水面流速系数 K 值。专用站于 2017 年 5—12 月开展了雷达波测流机器人系统与 LS25－3A 流速仪流量比测试验，期间共开展流量比测 18 次。比测时雷达波测流机器人放置在水文缆道主索上游 2m 处的一根 4.2mm 悬索上，雷达波探头俯角保持 45°固定，由电脑无线控制行车自动实现固定垂线测速，其固定垂线与缆道流量测验垂线一致。同时水文缆道采用流速仪两点法施测流量，尽量保持两者测验平均时间重合。由于两断面相距较近，流量计算时采用 LS25－3A 流速仪测流断面的大断面成果，雷达波测流机器人系统流量采用公式 $Q=0.960Q_雷-36.7$ 计算，$Q_雷$ 为雷达波流速仪虚流量。全年 LS25－3A 流速仪与雷达波测流机器人系统比测范围见表 4.2－1。

表 4.2－1　　　　全年 LS25－3A 流速仪与雷达波测流机器人系统比测范围

参数	水位—流量关系曲线		LS25－3A 流速仪		雷达波测流机器人系统	
	流量/(m³/s)	相应水位/m	流量/(m³/s)	相应水位/m	流量/(m³/s)	相应水位/m
最大值	3160	391.82	3080	391.64	1730	388.23
最小值	107	381.78	126	381.99	134	381.99

全年水位变幅为 10.04m，雷达波测流机器人系统流量测点主要分布在中低水区间，水位变幅占全年水位变幅的 62%。

4. 流速比测试验分析

雷达波测流机器人系统所测得的垂线水面虚流速 $v_雷$，与垂线实际水面流速 $v_{0.0}$ 存在一定的关系，由于专用站流量常规测验方法为 LS25－3A 流速仪两点法，所以采用垂线相对水深 0.2 处的流速与雷达波测流机器人系统测得流速绘制相关关系曲线。

选用 LS25－3A 流速仪流量测验时水位变幅较小的 9 次成果，摘录相同垂线雷达波测流机器人系统测得水面虚流速 $v_雷$ 与 LS25－3A 流速仪在相对水深 0.2 处的流速 $v_{0.2}$，共 48 组流速数据绘制相关关系图。

通过分析，相关关系为带截距的线性回归方程，相关关系见图 4.2－4。雷达波测得的水

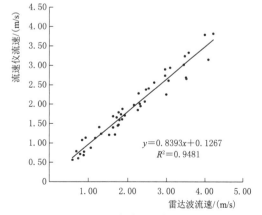

图 4.2－4　雷达波流速与 LS25－3A
流速仪流速相关关系图

面实际流速 $v_{0.0}$。按公式 $v_{0.0} = 0.839v_{雷} + 0.126$ 计算。

由此可以推断，雷达波测流机器人系统测得的水面虚流速与垂线平均流速存在如下关系

$$\overline{V}_m = Kv_{m雷} + b \qquad (4.2-3)$$

式中：$v_{m雷}$ 为第 m 条垂线的雷达波虚流速；$\overline{V}_m$ 为第 m 条垂线的平均流速；K 为水面流速系数。

根据断面及部分流量计算公式有

$$Q = \sum_{i=1}^{n} q_i \qquad (4.2-4)$$

$$q_i = \overline{V}_{bi} A_i \qquad (4.2-5)$$

式中：q_i 为第 i 部分的部分流量；$\overline{V}_{bi}$ 为第 i 部分的部分平均流速；A_i 为第 i 部分的部分面积。将式（4.2-3）代入式（4.2-4）有

$$q_1 = \overline{V}_{b1} A_1 = \alpha(Kv_{1雷} + b)A_1, \quad q_2 = \overline{V}_{b2}A_2 = \frac{1}{2}K(v_{1雷} + v_{2雷})A_2 + bA_2, \cdots,$$

$$q_{n-1} = \overline{V}_{b(n-1)}A_{n-1} = \frac{1}{2}K(v_{m-1雷} + v_{m雷})A_{n-1} + bA_{n-1}, \quad q_n = \overline{V}_{bn}A_n = \alpha(Kv_{m雷} + b)A_n$$

按照雷达波虚流量计算公式有

$$Q_{雷} = \alpha A_1 v_{1雷} + \frac{1}{2}A_1(v_{1雷} + v_{2雷}) + \cdots + \frac{1}{2}A_{n-1}(v_{m-1雷} + v_{m雷}) + \alpha A_n v_{n雷} \qquad (4.2-6)$$

可得

$$Q = KQ_{雷} + b(\alpha A_1 + A_2 + \cdots + A_{n-1} + \alpha A_n)$$

$$Q \approx KQ_{雷} + bA \qquad (4.2-7)$$

式中：α 为岸边系数；$Q_{雷}$ 为雷达波虚流量；Q 为断面实际流量；A 为断面面积。

经过推导，可以得到雷达波测流机器人系统计算的虚流量 $Q_{雷}$ 与断面实际流量 Q 之间的关系式，因不光滑陡岸岸边系数 0.8 对断面面积 A 影响较小，故采用近似值 bA。bA 并非常数，而是一个随水位变化的函数。实践表明，在断面流量较小时，bA 部分对断面总流量影响较大；在断面流量较大时，bA 部分对断面总流量影响较小，因而在实际应用时可以用一个综合常数代替处理。

5. 水面流速系数分析

2017 年专用站共开展比测试验 18 次，以 LS25-3A 流速仪测得流量为真值建立水位流量关系。由于 LS25-3A 流速仪测流时间较长，一般为 1.5h 左右，测流期间水位变幅可以达到 10~20cm，而雷达波测流机器人系统测流时间较短，仅需 20min 左右，若用 LS25-3A 流速仪法测得的流量与雷达波流速仪测得的虚流量直接建立相关关系分析水面流速系数会产生较大偏差。所以采用雷达波测流机器人系统测得的虚流量与雷达波测流平均时间对应的 LS25-3A 流速仪关系曲线查线流量建立相关关系，通过分析确定雷达波流速仪水面流速系数，计算表见 4.2-2。

表 4.2 - 2　　　雷达波虚流量与 LS25 - 3A 流速仪法流量相关关系计算表

测次	日期 /(月-日)	平均时间	水位/m	虚流量 /(m³/s)	面积 /m²	查线流量 /(m³/s)	回归方程 1		回归方程 2	
							计算流量 /(m³/s)	相对误差 /%	计算流量 /(m³/s)	相对误差 /%
1	12 - 31	09：59	381.99	178	261	128	166	29.69	134	4.69
2	10 - 25	09：56	382.17	194	244	146	181	23.97	150	2.74
3	9 - 22	09：56	383.22	385	298	316	358	13.29	333	5.38
4	8 - 26	10：51	383.97	576	340	473	536	13.32	516	9.09
5	9 - 2	11：23	384.20	581	352	525	541	3.05	521	−0.76
6	8 - 12	16：24	384.98	787	397	721	736	2.08	718	−0.42
7	7 - 25	10：19	385.32	796	418	813	744	−8.49	727	−10.58
8	8 - 3	10：09	385.78	1040	454	940	972	3.40	961	2.23
9	7 - 14	11：54	386.24	1060	487	1070	991	3.66	980	2.62
10	7 - 19	10：00	385.84	1080	460	956	1010	−5.61	999	−6.54
11	7 - 3	09：42	386.72	1240	519	1140	1160	1.75	1150	1.23
12	7 - 7	09：11	386.48	1260	500	1160	1180	1.72	1170	1.12
13	7 - 9	09：22	386.56	1280	508	1210	1200	−0.83	1190	−1.49
14	7 - 1	10：26	386.97	1370	538	1280	1280	0	1280	−0.08
15	5 - 3	11：26	387.50	1590	577	1440	1490	3.47	1490	3.47
16	5 - 7	10：04	388.21	1770	633	1690	1650	−2.37	1660	−1.60
17	5 - 7	11：09	388.26	1800	635	1700	1680	−1.18	1690	−0.53
18	5 - 7	10：36	388.23	1840	634	1710	1720	0.58	1730	1.17

　　通过分析，建立了两种相关关系：第一种为不带截距的直线关系，另一种为带截距的直线关系。利用两种直线回归方程分别计算雷达波测流机器人系统流量相对误差，直线回归方程 1（图 4.2 - 5）在雷达波流速仪测得的虚流量小于 $550\text{m}^3/\text{s}$ 时会产生较大的相对误差，最大达到了 29.96%，虚流量越小相对误差越大，无法满足规范要求。而采用直线回归方程 2 计算的雷达波流量，低水部分相对误差明显减小，高水部分相对误差变化不大，系统误差从 4.5% 降低到了 0.6%。

　　用直线回归方程 2（图 4.2 - 6）计算得到的流量绘制水位—流量关系曲线并进行三种检验，三种检验全部合格，系统误差 0.6%，标准差 5.0%，随机不确定度 10.0%，满足二类精度水文站单一曲线定线精度要求。

　　通过分析最终确定 $Q = 0.960Q_{雷} - 36.7$ 为专用站雷达波测流机器人系统实测流量计算公式，流量测验结束后通过式（4.2 - 6）计算雷达波流速仪虚流量，再通过以上公式计算实测流量，分析表明各项指标满足流量测量精度要求，雷达波流速仪可以在卡洛特专用站投产使用。

　　6. 雷达波测流机器人应用研究结论

　　（1）通过一系列的分析表明，雷达波流速仪测得的虚流速与垂线平均流速之间的相关

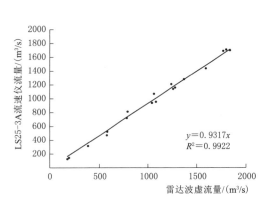

图 4.2-5　雷达波虚流量与 LS25-3A
流速仪流量相关关系（回归方程 1）

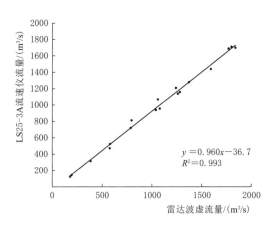

图 4.2-6　雷达波虚流量与 LS25-3A
流速仪法流量相关关系（回归方程 2）

关系并不是正比例关系，用线性关系可近似使用，但会有一定误差。

（2）一般认为雷达波流速仪测得的流量可以用 $Q = KQ_雷$ 表示，K 为水面流速系数，Q 为实测流量，$Q_雷$ 为雷达波测得的虚流量，但在专用站雷达波流速仪比测实验中发现，相关关系 $Q = KQ_雷$ 得到的水面流速系数在低水部分会产生较大的偏差，不能满足规范要求。而采用带有截距的直线相关关系可以有效地减小低水部分流量拟合的相对误差，提高雷达波流速仪流量测验精度。

（3）雷达波流速仪在专用站的运用表明，雷达波流速仪测验精度高，操作简便，测验历时短，节省人力，可以有效提高流量测验的效率。在工程水文测验中，特别是在自然环境恶劣，安全风险较高的地区，可以作为常规测验方式或者作为其补充开展流量测验。

4.2.2　高水延长误差控制

由于测验条件的限制或某些不可抗御的自然因素，往往出现高水水文要素过程漏测或缺测，此时就需要将水位—流量关系曲线向高水部分延长。相关标准要求：高水外延幅度不得超过当年实测流量所占水位变幅的 30%，如超过此限，至少用两种方法做比较，并在有关成果表中对延长的根据做出说明。现关于高水延长的方法较多，如曲线延长法、单一线拟合法、邻站相关法、曼宁公式法和史蒂文斯法等。刘汉臣、徐鸿昌、杨小力等采用水位—面积、水位—流速关系曲线法对不同水文特性测站高水进行延长分析，精度都较高，但对测站资料条件要求高；唐健奇、程银才等采用单一线拟合法中的方程检验及检查、浮动多项式等方法进行高水延长；喇承芳、陈国梁等在黄河安宁渡水文站用邻站相关法进行高水延长，该方法虽然简单，但对实测资料要求较高，并可能由于水位差值变幅较小，造成相关分析所得的流量偏小；曼宁公式法和史蒂文斯法具有水文资料处理简单、延长任意性不大、适用范围广、便于计算机处理等优点，但诸多运用分析中对两者适用性只进行了简单的定性描述，曼宁公式法误差分析也不多见，史蒂文斯法适用性指标基本没有。为了在水文分析运用中准确选用曼宁公式法和史蒂文斯法，对两种方法高水延长应用进行了对比分析。

以我国西南山区和巴基斯坦吉拉姆河某洪水调查河段为研究对象，选用曼宁公式法和史蒂文斯法进行分析，从形态断面和对基础资料要求两方面，开展曼宁公式法和史蒂文斯法高水延长应用对比分析。

1. 方法介绍

(1) 曼宁公式法。

曼宁公式为

$$Q = AR^{2/3}S^{1/2}/n \tag{4.2-8}$$

式中：Q 为流量，m^3/s；A 为河段平均断面面积，m^2；R 为水力半径，m；S 为比降；n 为糙率。

当有糙率和比降资料时，可点绘 $Z—n$ 关系曲线并延长至高水，由实测大断面资料算得水力半径 R 及 A，代入公式实现高水延长。当 n 和 S 资料不全时，可点绘 $Z—n^{-1}S^{1/2}$ 关系曲线，$n^{-1}S^{1/2}$ 可用 $vR^{-2/3}$ 代替（其中 v 为流速）。由于高水期 $n^{-1}S^{1/2}$ 值一般接近于常数，故可顺势沿平行于纵轴的方向向高水延长。再利用实测大断面资料计算 $AR^{2/3}$，并点绘 $Z—AR^{2/3}$ 关系曲线。根据同一水位上的 $n^{-1}S^{1/2}$ 和 $AR^{2/3}$ 值，两者之积即为相应水位的流量。

(2) 史蒂文斯法（$Q—AR^{1/2}$ 法）。

谢才公式为

$$Q = CA\sqrt{RS} \tag{4.2-9}$$

式中：C 为谢才系数，$m^{1/2} \cdot s^{-1}$，其余符号意义同前。

由于比降和糙率变化不大，因而令 $K = CS^{1/2}$，则有

$$Q = KAR^{1/2} \tag{4.2-10}$$

式 (4.2-10) 说明高水时 Q 与 $AR^{1/2}$ 是线性关系，故可依据大断面资料定出 $Z—AR^{1/2}$ 线，然后再定 $Q—AR^{1/2}$ 线，从而实现高水延长。

2. 误差分析

高水延长时常用断面平均水深 h 代替水力半径 R，给计算的流量带来一定的误差。本书根据不同的形态断面，分析两种方法在应用中存在的误差和边界条件。

在实际中，曼宁公式法和史蒂文斯法往往不注意宽深比的大小，以断面平均水深 h 直接代替水力半径 R，如果方法选择不当，可能产生较大的误差。用断面平均水深 h 代替水力半径 R，流量计算式如下：

曼宁公式法 $\qquad\qquad Q = (1/n)Ah^{2/3}S^{1/2} \tag{4.2-11}$

史蒂文斯法 $\qquad\qquad Q = KAh^{1/2} \tag{4.2-12}$

为了研究不同形态断面下水力半径对流量的影响，采用矩形和等腰三角形进行分析，断面示意图分别见图 4.2-7 和图 4.2-8。矩形断面湿周为

$$R_{矩} = \frac{Bh}{2h+B} \tag{4.2-13}$$

对于等腰三角形，过水面积 $A = Bh_{max}$，同时，面积 A 等于水面宽 B 与平均水深之积，故 $h = h_{max}/2$，即 $h_{max} = h \cdot 2$，计算等腰三角形断面湿周为

$$R_{三角} = 2\sqrt{B^2/4 + 4h^2} \tag{4.2-14}$$

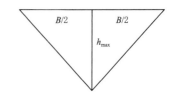

图 4.2-7 矩形断面示意图　　　　图 4.2-8 等腰（直角）三角形断面示意图

将式 (4.2-13) 代入式 (4.2-8)，矩形断面流量相对误差分别如下：

曼宁公式法　　　　　　　　$\delta_曼 = (2h/B+1)^{2/3} - 1$　　　　　　　　(4.2-15)

史蒂文斯法　　　　　　　　$\delta_史 = (2h/B+1)^{1/2} - 1$　　　　　　　　(4.2-16)

将式 (4.2-14) 代入式 (4.2-9)，等腰三角形断面流量误差分别如下：

曼宁公式法　　　　　　$\delta_曼 = (2\sqrt{4h^2/B^2+1/4})^{2/3} - 1$　　　　　(4.2-17)

史蒂文斯法　　　　　　$\delta_史 = (2\sqrt{4h^2/B^2+1/4})^{1/2} - 1$　　　　　(4.2-18)

由于天然河道绝大部分宽深比都大于 1，根据式 (4.2-13)～式 (4.2-18) 可知，曼宁公式法和史蒂文斯法计算流量相对误差皆大于零，表明用断面平均水深 h 直接代替水力半径 R 计算的流量都偏大。

根据式 (4.2-15)～式 (4.2-18) 分析得出不同断面、不同宽深比所对应的流量计算误差见表 4.2-3 和表 4.2-4。参照文献，一、二类精度水文站水力因素法定线精度的误差不超过 2%，为满足规范要求，采用曼宁公式法计算时，矩形断面宽深比 B/h 应大于 66.3，等腰三角形应大于 16.2；用史蒂文斯法计算时，矩形断面宽深比 B/h 应大于 49.5，等腰三角形应大于 13.9。以断面平均水深 h 代替水力半径 R 计算，结果显示史蒂文斯法计算流量误差要小于曼宁公式法。

表 4.2-3　　　　　　　　　曼宁公式法 B/h—δ 关系表

B/h	150	133	100	67.3	66.3	40	30	20	16.2	14.1	10
矩形 δ/%	0.89	1	1.33	1.97	2	3.3	4.4	6.56	8.07	9.25	12.9
等腰三角形 δ/%	0.024	0.03	0.053	0.118	0.121	0.332	0.589	1.32	2	2.62	5.07

表 4.2-4　　　　　　　　　史蒂文斯法 B/h—δ 关系表

B/h	150	133	100	67.3	66.3	49.5	40	30	20	16.2	14.1	13.9	10
矩形 δ/%	0.66	0.75	1	1.48	1.5	2	2.45	3.28	4.88	5.99	6.85	6.95	9.54
等腰三角形 δ/%	0.018	0.023	0.04	0.089	0.091	0.163	0.249	0.442	0.985	1.49	1.95	2	3.78

3. 资料限制条件分析

当有糙率和比降资料时，可点绘 Z—n 关系曲线并延长至高水，由实测大断面资料算得水力半径 R 及 A，代入曼宁公式实现高水延长。但糙率和比降受外界影响因素较多，如涨水糙率与退水糙率不同，久旱后的洪水与持续的洪水的糙率差别也很大，比降测验误差等较难控制等，导致糙率和比降资料比较散乱，不易定线。为了避免糙率和比降资料的散乱，采用点绘水位 Z—$S^{1/2}/n$ 曲线，但需要较多的实测成果，使 $S^{1/2}/n$ 接近于常数，这在间测站或新建测站中实现难度较高。

而史蒂文斯法，利用高水时 Q 与 $AR^{1/2}$ 呈线性关系进行外延，只要有大断面资料和多次流量资料即可进行高水延长，该方法对资料限制条件较少。

4. 实例研究

（1）实例一。

1）基本资料。我国西南山区某一水文站，该站位于峡谷内，河道顺直，河势稳定，落差较大，断面基本呈等腰三角形，水位流量关系为单一曲线，为间测站。2012 年该站最高水位 1522.87m，最低水位 1517.99m，实测最大流量为 1080m³/s（1521.69m），实测最小流量为 42.8m³/s（1518.06m），实测流量水位年变幅为 3.63m，延长幅度为 32.5%。根据实测大断面资料，最高水位 1522.87m 相应的断面面积为 356m²，水面宽为 70.5m，平均水深为 5.0m，宽深比为 14.1，为典型的窄深型河道。

2）曼宁公式法延长。$Ah^{2/3}$ 由实测资料的面积和平均水深得到，$S^{1/2}/n$ 由实测流量 Q 和 $Ah^{2/3}$ 计算求到，水位 Z—$Ah^{2/3}$ 关系和水位 Z—$S^{1/2}/n$ 见图 4.2-9 和图 4.2-10，水位 1522.87m 时 $Ah^{2/3}$ 和 $S^{1/2}/n$ 分别为 749 和 2.72，由此计算其对应流量为 2037m³/s。

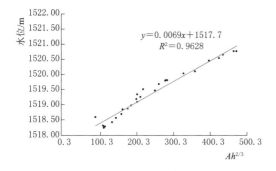

图 4.2-9 水位 Z—$Ah^{2/3}$ 关系曲线

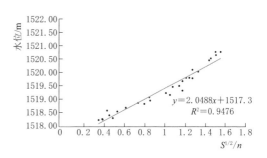

图 4.2-10 水位 Z—$S^{1/2}/n$ 关系曲线

3）史蒂文斯法延长。根据表 4.2-3 和表 4.2-4 可知，采用史蒂文斯法进行高水延长时误差较小，基本可满足水力因素法定线精度要求。根据式（4.2-10），采用实测流量、断面面积和平均水深（平均水深代替水力半径）绘制 Q—$Ah^{1/2}$ 关系曲线（图 4.2-11）。将最高水位相应的 $Ah^{1/2}$ 代入方程 $y=2.2922x-197.66$，计算流量为 1630m³/s。

为了进行论证，还采用水位流量关系趋势延长法，断面最大流速采用水位—流速趋势延长，水位 1522.87m 时流速为 4.41m/s，计算得流量为 1570m³/s，跟史蒂文斯法计算结果十分接近，曼宁公式法延长流量增大，主要原因是测流水位 Z—$S^{1/2}/n$ 曲线趋势不明显，还没有达到 $S^{1/2}/n$ 为常数的水位级，硬性延长任意性太大，曼宁公式法不适用于该站进行高水延长。等腰三角形断面宽深比为 14.1 时，高水延长误差较小（接近 2%），满足规范要求，认为用史蒂文斯法进行高水延长结果可靠。

（2）实例二。

1）基本资料。巴基斯坦吉拉姆河某处，该站位于高山峡谷内，测验河段顺直，测流断面呈 V 形，水位流量关系为单一曲线，断面见图 4.2-12。2017 年对该河段进行历史洪水调查和流量测量，历史洪水调查最高水位 448.18m，中方实测最大流量为 1370m³/s

（429.18m）。根据实测断面资料，最高水位 448.18m 相应的断面面积为 2846.5m²，水面宽为 154.3m，平均水深为 18.5m，宽深比为 8.3。

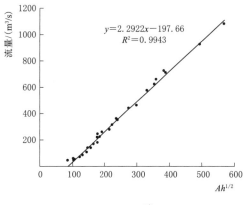

图 4.2 - 11　$Q—Ah^{1/2}$ 关系曲线

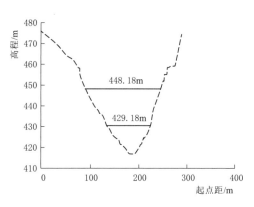

图 4.2 - 12　调查处大断面

2）曼宁公式法延长。$Ah^{2/3}$ 由实测资料的面积和平均水深得到（图 4.2 - 13），$S^{1/2}/n$ 由实测流量 Q 和 $Ah^{2/3}$ 计算求到并趋于常数（图 4.2 - 14），水位 448.18m 时 $Ah^{2/3}$ 和 $S^{1/2}/n$ 分别为 5247 和 0.8，由此计算其对应流量为 4198m³/s。

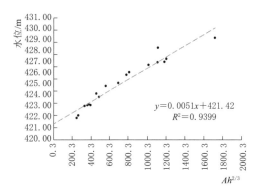

图 4.2 - 13　调查处水位 $Z—Ah^{2/3}$ 关系曲线

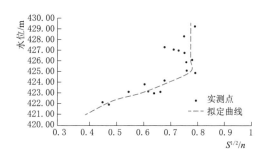

图 4.2 - 14　调查处 $Z—S^{1/2}/n$ 关系曲线

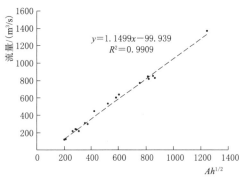

图 4.2 - 15　调查处 $Q—Ah^{1/2}$ 关系曲线

3）史蒂文斯法延长。根据绘制的 $Q—Ah^{1/2}$ 关系曲线（图 4.2 - 15），将最高水位相应的 $Ah^{1/2}$ 代入方程 $y=1.1499x-99.939$，计算流量为 13959m³/s。计算结果跟其当地水文部门发布的该年最大洪峰流量（14730m³/s）相近，认为推求结果合理。曼宁公式法高水延长流量计算结果错误，分析主要原因是实测流量都为常遇洪水，断面形态、植被等基本一样，实测水位以上灌木和乔木分层明显对糙率影响明显，用实测流量计算的糙率不能全面真实地反映高水情况。

从形态断面和对基础资料要求两方面，对常用的曼宁公式法和史蒂文斯法进行系统误差和边界条件分析，在使用曼宁公式法和史蒂文斯法进行高水延长时不能忽视宽深比及形态断面。要满足一、二类精度水文站水力因素法定线精度的误差不超过 2% 的规范要求，曼宁公式法，矩形断面宽深比 B/h 应大于 66.3，等腰三角形应大于 16.2；史蒂文斯法，矩形断面宽深比 B/h 应大于 49.5，等腰三角形应大于 13.9。史蒂文斯法在误差范围、资料限制条件，特别在峡谷型河道高水延长等方面都优于曼宁公式法，史蒂文斯法适用性更广。

4.2.3 一种精简算法

近年来，随着水文监测自动化程度越来越高，水文固存数据量越来越大。水位监测仪器正常都是 5min 自动采集一个水位数据，1 个站点一年有 10.5 万多条数据。数据量大虽增加了水文资料质量，但也增加了资料整编的工作量和难度，若将上述数据直接刊印，根据《水文年鉴汇编刊印规范》（SL 460—2009）将无法满足要求。处理水位固存数据的研究方法主要集中在两方面：一方面为早期的用拟合曲线的方法消除水位固存数据的波动影响；另一方面有以孙永远、张玉田等和赵良民为代表的水位固存数据摘录精简研究。虽方法名称不同，但核心内容皆为在固存水位过程线上通过找出控制点，计算控制点到某两个实测水位连线的距离并与设置允许值做比较，若计算的距离大于允许值则摘录，将摘录后实测过程与原始实测数据相比较，当两者相差较大时，再通过不断增加摘录点次使其不断逼近实测过程。该法存在开始特征点不易找、计算迭代次数多和操作性不强等不足，另外是否满足不同水文特性水位变化摘录需求也待研究。

为用最少的数据反映真实水位变化过程，并适应不同流域水文特性，满足各种水文服务成果的计算精度和规范要求，提出用面积控制法对水位固存数据进行精简处理。

1. 原理

从水位固存数据第一个水位数据开始对水位过程线的面积进行累加，当取累计时段首尾两段计算的面积与累加面积之差超过某一控制标准（如 2cm·min）时，摘录累计时段之末的前一次水位，然后将累计值清零并重新开始判断，原理示意见图 4.2-16。

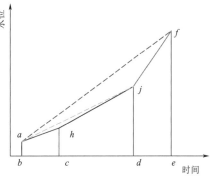

图 4.2-16 面积控制法原理图

具体步骤如下：

（1）获得 a，h 点水位和时间，由梯形公式计算出面积 A_{abch}。

（2）计算下一个梯形的面积。获得点 a、h、j 水位和时间坐标，计算出梯形面积 A_{abdj} 和 A_{cdjh}，用 $A_{abdj}-(A_{abch}+A_{cdjh})$ 得到三角形面积 A_{ahj}（取绝对值），用 A_{ahj} 与设置的限差值进行比对，如果大于限差值，就摘录 h 点；否则，跳过进行下一点，即 f，计算面积 A_{def} 和 A_{abef}，用 $A_{abef}-(A_{abch}+A_{cdjh}+A_{defj})$ 得到三角形面积 A_{ajf}（取绝对值），用限差值与其差值比较，若限差值大于差值则摘录，若小于则循环。

（3）摘录点作为第一点再次循环上述步骤直到数据结束。

（4）限差值根据流域水文特性进行设置。限差值表示精简摘录成果的精度，单位为 cm·min。

2．实例运用

根据不同流域、不同水文特性，选择长江中游荆江河段监利（二）水文站、巴基斯坦吉拉姆河流域卡洛特（专用）水文站和我国西南山区某站进行应用分析，各测站基本参数见表4.2－5。

监利（二）水文站和卡洛特（专用）水文站用记录完整的2018—2019年水位固态存储资料，西南山区某站用2018年水位固态存储资料（2019年因其他原因数据不连续未统计），根据每月水文特性选用合适的水位摘录限差值进行摘录，摘录后水位精简量都大于95%（表4.2－6），摘录精简后固存数据大幅减少。

表4.2－5　测站基本参数

站名	水系	水文特性	外界条件	存储器	采样间隔/min	测站功能
监利（二）站	长江中游干流	平原性河流，水流缓，水面宽	受下游洞庭湖来水顶托	长江委 YAC9900	5	国家基本站
卡洛特（专用）水文站	印度河流域吉拉姆河	典型的山区性河流，汛期水位暴涨暴落	在建和已建电站	长江委 YAC9900	5	专用站
西南山区某站		除暴雨陡涨外其他时水位平稳波动	上游来水	南瑞 MM500	5	专用站

表4.2－6　摘录后水位精简统计表

站名	年份	摘录前	摘录后	限差值/(cm·h)	精简量/%
监利（二）站	2018	105083	2482	≤3	97.64
	2019	104796	2513		97.60
卡洛特（专用）水文站	2018	103785	4313	2～6	95.84
	2019	103892	3933		96.21
西南山区某站	2018	102008	2778	≤4	97.28

用摘录后数据和原始固态数据分别计算日平均水位，最大误差为2cm（表4.2－7），满足规范（2cm内）要求，摘录前后水位过程见图4.2－17～图4.2－19。表4.2－7说明面积控制法对受各种外界条件影响的固态水位数据都适用且满足规范要求，并对变化平稳的水位过程摘录效果最佳；另外，该方法可以一定程度上消除锯齿波，见图4.2－19西南山区某站2018年8月精简摘录成果。

表4.2－7　日平均水位误差统计

日	2019年监利（二）站/m			2019年卡洛特（专用）站/m			2018年西南山区某站/m		
	摘录前	摘录后	误差值	摘录前	摘录后	误差值	摘录前	摘录后	误差值
11	33.57	33.57	0	386.81	386.81	0	1519.34	1519.33	−0.01
12	33.42	33.42	0	386.51	386.50	−0.01	1519.51	1519.50	−0.01

续表

日	2019 年监利（二）站/m			2019 年卡洛特（专用）站/m			2018 年西南山区某站/m		
	摘录前	摘录后	误差值	摘录前	摘录后	误差值	摘录前	摘录后	误差值
13	33.24	33.24	0	386.47	386.47	0	1519.62	1519.62	0
14	33.02	33.01	−0.01	387.18	387.18	0	1519.67	1519.65	−0.02
15	32.74	32.74	0	386.56	386.56	0	1519.67	1519.66	−0.01
16	32.49	32.49	0	386.31	386.30	−0.01	1519.42	1519.41	−0.01
17	32.27	32.27	0	386.54	386.54	0	1519.32	1519.31	−0.01
18	31.98	31.98	0	386.22	386.21	−0.01	1519.24	1519.23	−0.01
19	31.71	31.71	0	386.05	386.06	0.01	1519.25	1519.24	−0.01
20	31.49	31.49	0	385.79	385.79	0	1519.17	1519.16	−0.01

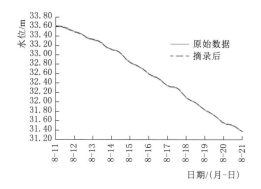

图 4.2－17　监利（二）站 2019 年 8 月
精简摘录成果（部分）

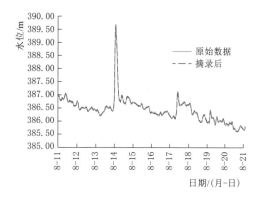

图 4.2－18　卡洛特（专用）站 2019 年 8 月
精简摘录成果（部分）

采用面积控制法，根据每月水文特性选用合适的水位摘录限差值（一般选 1～6cm·min）进行摘录，能用较少数据量真实反映实测水位过程并满足相关规范要求。该方法原理简单，具有较好的可操作性，可较好地满足各种水文服务成果的计算精度和规范要求，适合各种过程线类的数据处理。该方法在长江中游荆江河段、我国西南山区测站以及巴基斯坦吉拉姆河流域水文固存数据处理中得到实践应用，获得了很好的效果。

4.2.4　缆道站泥沙全断面混合法

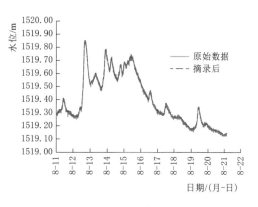

图 4.2－19　西南山区某站 2018 年 8 月
精简摘录成果（部分）

全断面混合法是指在断面上按一定的规则测取若干个水样，混在一起处理求得含沙量，作为断面平均含沙量。断面平均含沙量再乘以取样时相应的流量，求得断面输沙率。

对于以确定断面平均含沙量为主要目的的输沙率测验，不需要同时施测流量，缆道站可根据自身采样器型式、断面特性等分别使用等部分流量、等取样容积全断面混合法，等水面宽、等速积深全断面混合法，等来施测断面平均含沙量。

1. 等部分流量、等取样容积全断面混合法

该方法简称部分流量法，取样垂线可按等部分流量中线法布设。该方法适用于稳定河床和使用横式采样器的测站，为尽可能缩短测验时长，横式采样器采用多仓式采样器，且具备远程控制开关功能。

（1）原理。将断面流量划分成若干个大致相等的部分，在每个部分流量的中间位置布设测沙垂线，测取水样，公式为

$$\overline{C_s} = \frac{Q_s}{Q} = \frac{C_{sm1}q + C_{sm2}q + \cdots + C_{smn}q}{nq}$$

$$= \frac{C_{sm1} + C_{sm2} + \cdots + C_{smn}}{n} \tag{4.2-19}$$

若每条测沙垂线上所取水样的体积相等，即

$$V_1 = V_2 = \cdots = V_n = V$$

则式（4.2-19）可改为

$$\overline{C_s} = \frac{\dfrac{W_{s1}}{V} + \dfrac{W_{s2}}{V} + \cdots + \dfrac{W_{sn}}{V}}{n}$$

$$= \frac{W_{s1} + W_{s2} + \cdots + W_{sn}}{n \cdot V}$$

$$= \frac{混合水样的总沙重}{混合水样的总容量} \tag{4.2-20}$$

式中：Q_s 为断面输沙率；$\overline{C_s}$ 为断面平均含沙量；Q 为断面流量；q 为等部分流量；C_{sm1}，C_{sm2}，$\cdots$，C_{smn} 为位于各部分流量中心的垂线平均含沙量；W_{s1}，W_{s2}，$\cdots$，W_{sn} 为各相应垂线的沙重；V 为各垂线取样容积。

式（4.2-19）表明，将断面内各测沙垂线测取的水样混合在一起作为一个水样，处理后求得的含沙量即为断面平均含沙量。同时得知，用等部分流量阀做全断面混合法测验时，应满足以下两个条件：

1）断面内每条测沙垂线所代表的部分流量，彼此应大致相等。

2）每条测沙垂线所取水样容积应大致相等，一般相差不得超过 10%。

（2）操作方法。利用实测资料，绘制部分流量累计百分数等值线图。在制作等值线图时，根据测站情况不同，操作方法有以下两种：

1）部分流量累计百分数等值线图法。该方法适用于单宽流量横向分布稳定的测站，其操作步骤如下：

a. 根据流速仪实测资料，计算各测速垂线的部分流量的累计百分数 $\dfrac{\sum\limits_{i=1}^{n} q_i}{Q} \times 100\%$，

$\sum\limits_{i=1}^{n} q_i$ 为第 i 根测速垂线至起点距一侧水边各部分流量的累加值。

b. 以水位为纵坐标、起点距为横坐标，点绘各次流量各测速垂线的部分流量累计百分数关系图。

c. 根据图中各点所代表的部分流量累计百分数，内查出 10%、20%、…、90% 各等值线。

d. 确定测沙垂线位置。根据水位及含沙量情况拟定测沙垂线数目，确定各相等的部分流量占总流量的百分数。假设取样垂线数为 5 条，每部分流量占总流量的 20%，按照等部分流量中线法的布线原则，5 条测沙垂线位置分别应为总流量的 10%、30%、50%、70%、90%，用观测时的水位画一水平线，与 10%、30%、50%、70%、90% 等值线相交，从交点向下作垂线，求得起点距 L_1、L_2、L_3、L_4、L_5，即为测沙垂线位置。

以上解决了本方法中的第一个条件。至于第二个条件，取样时只要各垂线取样容积相等即可。

2）部分流量累计百分数曲线法。该方法适用于主流摆动，断面冲淤较大，用等部分流量法绘部分流量累计百分数等值线图有困难的情况。其操作步骤如下：

a. 计算各测速垂线的部分流量累计百分数（方法同上）。

b. 以部分流量累计百分数为纵坐标，起点距为横坐标点绘图，通过各点绘制光滑曲线，即为部分流量累计百分数曲线。

c. 根据测沙垂线数，可在曲线上查出相应的取样起点距位置。假设仍为 5 条测沙垂线，则每个部分流量为 20%，取样垂线应在每个部分流量的中心所对应的起点距，即 10%、30%、50%、70%、90% 处点绘水平线与曲线相交，再作垂线截取的起点距，即为测沙垂线位置。

在断面冲淤变化较大的测站，一次作图只能短期使用。当水位变化大，主流摆动后，应重新作图。

以上是按等部分流量中线法布设测沙垂线。若各测沙垂线取样方法和取样容积不一致，各垂线水样应分别处理，然后取各垂线平均含沙量的算术平均值，即为断面平均含沙量。

2. 等水面宽、等速积深全断面混合法

此方法简称等水面宽法，主要适用于稳定的单式河槽和使用积深采样器的测站。其取样位置按等水面宽中心线法确定，是一种直接测取悬移质输沙率的方法。卡洛特专用站悬移质取沙就是采用此方法。

1）原理。在每条测沙垂线上用双程积深法取样。设仪器匀速升降的速度为 u，双程取样的历时为 T_i，则垂线水深 d_i 与 u、T_i 的关系为

$$2d_i = T_i u \qquad (4.2-21)$$

则

$$d_i = \frac{T_i u}{2} \qquad (4.2-22)$$

当仪器的进水口面积为 a、垂线上采样的水样容积为 V_i 时，则垂线平均流速 v_{mi} 与

V_i、T_i 及 a 有以下关系

$$V_i = v_{mi} a T_i \qquad (4.2-23)$$

则

$$v_{mi} = \frac{V_i}{a T_i} \qquad (4.2-24)$$

$v_{mi} a$ 表示在仪器进口面积 a 上的流量，与 T_i 之积表示在历时 T_i 内流过的水量，即水样容积 V_i。

单宽流量 q_{mi} 等于垂线平均流速 v_{mi} 与垂线水深 d_i 之积，即

$$q_{mi} = \frac{V_i T_i u}{2 a T_i} = \frac{V_i u}{2a} \qquad (4.2-25)$$

部分流量 q_{bi} 等于单宽流量与部分宽之积，即

$$q_{bi} = \frac{V_i u}{2a} b_i \qquad (4.2-26)$$

断面流量 Q 是各部分流量的累加，即

$$Q = \sum_{i=1}^{n} q_{bi} = \sum_{i=1}^{n} \frac{V_i u}{2a} b_i \qquad (4.2-27)$$

当各部分宽相等，即 $b_1 = b_2 = \cdots = b_n = b$ 时，则式（4.2-27）变为

$$Q = \frac{ub}{2a} \sum_{i=1}^{n} V_i \qquad (4.2-28)$$

单宽输沙率 q_{smi} 等于单宽流量与垂线平均含沙量之积，即

$$q_{smi} = q_{mi} C_{smi} = \frac{V_i u}{2a} \frac{W_{si}}{V_i} = \frac{u W_{si}}{2a} \qquad (4.2-29)$$

部分输沙率 q_{sbi} 等于单宽输沙率与部分宽之积，即

$$q_{sbi} = q_{smi} b = \frac{u W_{si}}{2a} b \qquad (4.2-30)$$

断面输沙率 Q_s 是各部分输沙率之和，即

$$Q_s = \sum_{i=1}^{n} q_{sbi} = \sum_{i=1}^{n} \frac{u W_{si}}{2a} b = \frac{ub}{2a} \sum_{i=1}^{n} W_{si} \qquad (4.2-31)$$

断面平均含沙量 $\overline{C_s}$ 为

$$\overline{C_s} = \frac{Q_s}{Q} = \frac{\dfrac{ub}{2a} \sum_{i=1}^{n} W_{si}}{\dfrac{ub}{2a} \sum_{i=1}^{n} V_i} = \frac{\sum_{i=1}^{n} W_{si}}{\sum_{i=1}^{n} V_i} \qquad (4.2-32)$$

2）操作步骤。

a. 根据测沙垂线数等分河面宽，各测沙垂线位于各部分宽的中间。

b. 用积深法双程取样，采样器在各垂线的提放速度应相等。

c. 仪器的进口流速应等于天然流速，每次取样，采样器容积不得装满。

d. 混合测定总沙重和容积，用式（4.2-32）计算断面平均含沙量。

4.2.5 激光粒度仪的使用

1. 规范要求

根据《河流泥沙颗粒分析规程》(SL 42—2010) 第 2.1.2 条，根据条件变化和需要，可改变颗粒分析方法或改变主要技术要求。当改变分析方法或改变主要技术要求时，应用标准方法或标样进行试验检验，试验统计误差结果应达到小于某粒径砂量百分数的系统偏差的绝对值在级配的 90％以上部分小于 2，在 90％以下部分小于 4；小于某粒径砂量百分数的随机不确定度应小于 10。试验检验的方法可按第 7.1.4 条的规定实施。也可按规程附录 B 规定的方法，试验建立两种方法级配成果的换算关系。

根据长江委水文局《激光粒度分析仪操作技术指南》F 版第 5.1.1 条，投产前、使用后的每年汛前或累积测试 5000 点后应采用标样或次标样（即选取有一定粒度范围、性能稳定的粒子样品，如工业磨料等）进行重复性和准确性检测一次。其误差应满足下列规定：

（1）准确性误差：≤±5％（与标样或次标样 D10、D50、D90 的相对偏差）。

（2）重复性误差：试验方法及误差限按《河流泥沙颗粒分析规程》(SL 42—2010) 第 7.2.8 条 1 款执行，最大误差不应超过±3％。

2. 准确性测试

仪器的准确性指某一仪器对标准样品的测量结果与该标准样标称值之间的误差。差值越小，表明准确性越高。由于目前的手段难以测得天然泥沙的真实值，而且泥沙的组成存在差异，泥沙颗粒的形状也存在差异，所以要验证仪器的准确性，必须使用标准粒子。

本研究分别采用百特公司提供的碳酸钙标样和马尔文公司提供的标准粒子作为试样，连续分析 3 次并取均值后，与标准粒子的特征值 D10、D50、D90 进行比较。表 4.2-8 为特征值成果误差统计表，从表中可以看出，测量结果满足《激光粒度分析仪操作技术指南》F 版技术要求，说明仪器的测量结果是准确可靠的。

表 4.2-8　　　　　　　　　　激光粒度分析仪准确性检测偏差统计表

参　数		D10	D50	D90
百特公司	碳酸钙标准粒子值/μm	2.340	17.010	46.690
	仪器测试值/μm	2.360	17.060	46.850
	偏差/％	0.9	0.3	0.3
	《激光粒度分析仪操作技术指南》F 版	≤±5％	≤±5％	≤±5％
	是否合格	合格	合格	合格
马尔文公司	标准粒子值/μm	28.430	46.800	77.000
	仪器测试值/μm	29.030	48.050	77.040
	偏差/％	2.1	2.7	0.1
	《激光粒度分析仪操作技术指南》F 版	≤±5％	≤±5％	≤±5％
	是否合格	合格	合格	合格

3. 稳定性测试

仪器的稳定性测试指重复性测试、平行性测试和人员对比测试。重复性是指仪器在相同条件下分析同一份样品所得结果的重复程度，它是评估颗粒分析仪器性能和粒度测试方法的稳定性的重要指标。平行性测试是指同一样品分为 N 等份，分别测试，观察各组数据与 N 等份平均值之间的误差。人员对比测试是指由一人对同一样品多次操作测试和不同的人对同一样品的测试，对比测试结果的互差。重复性测试和平行性测试，参数均按上述优选出来的参数范围选择。

（1）重复性测试。标准样品的稳定性较好，而且级配值已知，因此先用标准粒子进行重复性试验。分别用百特公司提供的碳酸钙标准粒子和马尔文公司提供的玻璃珠粒子做重复性试验。单次与 30 次平均值误差摘录表见表 4.2－9。马尔文玻璃珠标准粒子是人工配制的标准粒子，粒径组主要分布在 $31\mu m$、$62\mu m$、$125\mu m$ 以下，这三组粒径级小于某粒径百分数最大相对偏差 0.4%，最大标准差 0.70，碳酸钙标准粒子最大相对偏差 -2.1%，最大标准差 1.3，系统偏差和随机不确定度统计见表 4.2－10，满足规范要求。

表 4.2－9　　　　　　　　　单次与 30 次平均值最大误差和标准差摘录表

粒径组 /μm	马尔文玻璃珠标准样/%				百特碳酸钙标准样/%			
	单次	平均	误差	标准差	单次	平均	误差	标准差
2					9.59	9.80	-2.1	1.3
4					15.60	15.83	-1.5	0.9
8					27.85	28.12	-1.0	0.5
16	0.37	0.36	2.8	1.6	47.85	48.26	-0.9	0.4
31	4.21	4.15	1.4	0.7	76.13	76.56	-0.6	0.2
62	48.58	48.38	0.4	0.3	97.22	97.11	-0.1	0.1
125	98.50	98.50	0	0	100	100	0	0
250					100	100	0	0
350					100	100	0	0
500					100	100	0	0
700					100	100	0	0
1000					100	100	0	0

表 4.2－10　　　　　　标准粒子重复性测试系统偏差和随机不确定度统计表

粒径组 /μm	马尔文玻璃珠标准样			百特碳酸钙标准样		
	系统偏差		随机不确定度	系统偏差		随机不确定度
	90%以下	90%以上		90%以下	90%以上	
2				0		2.6
4				0		1.8
8				0		1.0
16	1.0		3.2	0		0.8

续表

粒径组 /μm	马尔文玻璃珠标准样			百特碳酸钙标准样		
	系统偏差		随机不确定度	系统偏差		随机不确定度
	90%以下	90%以上		90%以下	90%以上	
31	0		1.4	0		0.4
62	0		0.6		0	0.2
125		0	0.0		0	0
250					0	0
350					0	0
500					0	0
700					0	0
1000					0	0

注 马尔文玻璃珠标准样只有 4 个级配级。

选取粗、中、细三种砂型样品各 1 个，分别用激光粒度分析仪分析 30 次，取单次结果与 30 次平均值对比，统计误差。单次与 30 次平均值误差摘录表见表 4.2－11，系统偏差和随机不确定度统计见表 4.2－12，可见重复性满足规范要求。

表 4.2－11　　　　　　　　单次与 30 次平均值最大误差和标准差摘录表

粒径组 /μm	粗砂/%				中砂/%				细砂/%			
	单次	平均	误差	标准差	单次	平均	误差	标准差	单次	平均	误差	标准差
2	0.96	0.98	−2.0	1.8	0.89	0.91	−2.2	1.1	10.55	10.62	−0.7	0.3
4	2.84	2.92	−2.7	1.4	2.45	2.42	1.2	0.7	28.74	28.55	0.7	0.3
8	6.09	6.23	−2.2	1.3	5.24	5.20	0.8	0.4	55.91	55.65	0.5	0.2
16	12.12	12.37	−2.0	1.0	12.23	12.15	0.7	0.4	79.40	78.95	0.6	0.3
31	28.11	28.50	−1.4	0.6	35.50	35.74	−0.7	0.4	93.95	93.60	0.4	0.2
62	54.55	54.93	−0.7	0.4	77.28	76.92	0.5	0.3	97.86	98.05	−0.2	0.1
125	77.14	77.50	−0.5	0.2	98.03	97.88	0.2	0.1	99.87	99.93	−0.1	0
250	90.84	90.22	0.7	0.4	100	100	0	0	100	100	0	0
350	93.16	92.52	0.7	0.3	100	100	0	0	100	100	0	0
500	96.00	95.60	0.4	0.2	100	100	0	0	100	100	0	0
700	99.11	99.06	0.1	0.1	100	100	0	0	100	100	0	0
1000	100	100	0	0	100	100	0	0	100	100	0	0

表 4.2－12　　　　　　　粗、中、细砂重复性测试系统偏差和随机不确定度统计表

粒径组 /μm	粗砂			中砂			细砂		
	系统偏差		随机 不确定度	系统偏差		随机 不确定度	系统偏差		随机 不确定度
	90%以下	90%以上		90%以下	90%以上		90%以下	90%以上	
2	0.30		3.6	−0.3		2.2	0		0.6

续表

粒径组/μm	粗砂			中砂			细砂		
	系统偏差		随机不确定度	系统偏差		随机不确定度	系统偏差		随机不确定度
	90%以下	90%以上		90%以下	90%以上		90%以下	90%以上	
4	0.10		2.8	0.1		1.4	0		0.6
8	0.10		2.6	0		0.8	0		0.4
16	0		2.0	0		0.8	0		0.6
31	0		1.2	0		0.8		0	0.4
62	0		0.8	0		0.6		0	0.2
125	0		0.4		0	0.2	0		0
250		0	0.8		0	0		0	0
350		0	0.6		0	0		0	0
500		0	0.4		0	0		0	0
700		0	0.2		0	0		0	0
1000		0	0		0	0		0	0

（2）平行性测试。先采用碳酸钙标准样进行平行性测试。随机取 26 份标准样进行分析，小于某粒径百分数系统偏差和随机不确定度统计表见表 4.2－13。各粒径百分数系统偏差为 0，最大随机不确定度 9.8，满足规范要求。

表 4.2－13　　　　　标准粒子平行性测试系统偏差和随机不确定度统计表

粒径组/μm	百特碳酸钙标准样			
	系统偏差		标准差	随机不确定度
	90%以下	90%以上		
2	0		4.9	9.8
4	0		4.8	9.6
8	0		1.8	3.6
16	0		1.9	3.8
31	0		1	2.0
62		0	0.6	1.2
125		0	0	0
250		0	0	0
350		0	0	0
500		0	0	0
700		0	0	0
1000		0	0	0

选取粗、中、细三种砂型样品，分别用两分式分样器均匀分为 N 份，用中国产激光粒度分析仪分次对每份样品进行分析，单次分析结果与同种样品 N 份砂样的平均值进行比

较，各型砂各粒径级小于某粒径砂量百分数的系统偏差和随机不确定度统计见表 4.2-14。从表中可以看出，平行性试验系统偏差都为 0，各型砂各粒径级小于某粒径砂量百分数的随机不确定度小于 10，满足规范要求，本仪器的平行性试验效果很好。

表 4.2-14 　粗、中、细砂平行性测试系统偏差和随机不确定度统计表

粒径组 /μm	粗 砂			中 砂			细 砂		
	系统偏差		随机不确定度	系统偏差		随机不确定度	系统偏差		随机不确定度
	90%以下	90%以上		90%以下	90%以上		90%以下	90%以上	
2	0		9.4	0		6.0	0		7.0
4	0		9.0	0		5.6	0		7.0
8	0		7.8	0		5.8	0		7.2
16	0		7.0	0		5.6	0		6.8
31	0		6.0	0		5.0	0		6.2
62	0		5.2	0		4.4		0	4.4
125	0		4.6	0.2		4.0		0.4	2.0
250	0		3.4		0.1	3.8		0.2	0.2
350		0	2.2		0.1	3.0		0	0
500		0	1.2		0.1	1.6		0	0
700		0	0.2		0	0.4		0	0
1000		0	0		0	0		0	0

（3）人员对比测试。根据规范要求，选取粗、中、细三种砂型样品各 1 个，先按一人自检进行，即由一人操作激光粒度分析仪对每个样品平行测试 2 次，见表 4.2-15。

表 4.2-15 　人员对比试验互差统计表（一人自检）

粒径/μm	粗 砂			中 砂			细 砂		
	第1次	第2次	互差	第1次	第2次	互差	第1次	第2次	互差
2	2.06	2.08	−0.02	3.16	3.11	0.05	2.56	2.66	−0.10
4	7.52	7.61	−0.09	11.11	10.79	0.32	8.60	8.79	−0.19
8	18.43	18.71	−0.28	26.10	24.93	1.17	20.99	21.20	−0.21
16	29.05	29.51	−0.46	39.18	37.45	1.73	38.58	38.74	−0.16
31	37.36	37.98	−0.62	48.77	46.81	1.96	65.09	65.20	−0.11
62	42.85	43.37	−0.52	53.19	51.54	1.65	90.48	90.58	−0.10
125	52.89	52.73	0.16	58.78	58.08	0.70	99.99	99.99	0
250	73.19	73.73	−0.54	77.93	78.20	−0.27	100	100	0
350	81.89	82.02	−0.13	84.60	84.64	−0.04	100	100	0
500	90.51	90.71	−0.20	91.79	91.83	−0.04	100	100	0
700	98.03	98.10	−0.07	98.33	98.35	−0.02	100	100	0
1000	100	100	0	100	100	0	100	100	0

由表中可以看出，粗、中、细砂各级级配的最大互差分别是-0.62、1.96、0.21，均小于规范规定互差小于3的要求。

二人互检，由两人分析时，对每一个样品，每人平行测试2次并计算级配平均值，见表4.2-16。由表可以看出，粗、中、细砂各级级配的最大互差分别是-1.17、0.16、-1.88，均小于规范规定的互差小于3的要求。

中国产激光粒度分析仪是自动化程度很高的仪器，完成一次分析，人工干预很少，人员对比试验效果很好。

表4.2-16　　　　　　　　　　人员对比试验互差统计表（二人互检）

粒径/μm	粗　砂			中　砂			细　砂		
	第1人	第2人	互差	第1人	第2人	互差	第1人	第2人	互差
2	2.02	2.06	-0.04	3.16	3.11	0.05	2.61	2.63	-0.02
4	7.30	7.52	-0.22	10.92	10.80	0.11	8.70	8.96	-0.26
8	17.87	18.51	-0.64	25.35	25.19	0.16	21.10	21.91	-0.82
16	28.07	29.24	-1.17	38.16	38.01	0.15	38.66	40.10	-1.44
31	36.19	37.61	-1.42	47.69	47.58	0.11	65.15	67.03	-1.88
62	41.69	42.78	-1.09	52.70	52.58	0.13	90.53	92.11	-1.58
125	52.83	51.84	0.99	59.75	59.77	-0.02	99.99	99.99	0
250	73.64	73.23	0.42	80.35	80.33	0.02	100	100	0
350	82.27	81.78	0.49	86.11	86.03	0.08	100	100	0
500	90.60	90.53	0.07	92.60	92.54	0.06	100	100	0
700	98.04	98.05	-0.01	98.51	98.50	0.02	100	100	0
1000	100	100	0	100	100	0	100	100	0

4. 激光粒度仪使用研究结论

通过严格按照规范规定的方法对仪器的准确性、重复性、平行性、人员对比等进行了测试分析，各项技术指标皆能满足现行的技术规范要求，中国产激光粒度分析仪具备了应用于悬移质泥沙颗粒级配分析的条件，并成功应用于卡洛特水文站泥沙颗粒级配分析，在施工期水文泥沙监测中发挥了关键作用。

4.2.6　水温在线监测平台研制

无线传输水温自动监测平台通过水下锚装与水温监测浮球相连，将水温监测浮球固定于水面上，这样可以保证监测到水面下一定位置的水温，它通过无线通信技术将温度监测数据自动发送到服务器监控平台，此平台可以和水位自记平台共用。

1. 监测站组成及工作原理

（1）监测站组成。水温自动监测平台主要包括三部分：岸上部分（服务器、上位机监控软件、遥测终端）、仪器部分〔由浮球、数据发送单元（RTU）、蓄电池、太阳能板、温度变送器、温度传感器、仪器保护装置等组成；温度传感器通过线缆与RTU内的温度变送器连接]、仪器安装设施（不同的工作环境，安装方式不同）。因涉及产权此处主要介绍仪器安装部分，安装示意图见图4.2-20。

（2）仪器安装设施工作原理。利用固定机构平衡固定水中水温测量仪器，具体是利用钢丝绳与钢索滑轨支架连接，第一钢丝绳的一端经过第三转向轮回到岸边支架本体上的第二转向轮和第一转向轮再与配重块连接，就组成一个钢索滑轨。当水位涨落时，灌铅圆管沿第一钢丝绳滑动带动水文测量仪器移动，因配重块的存在起到维持平衡的作用，避免受到水位的涨落带动水温测量仪器移动影响仪器的正常工作。

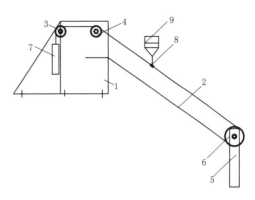

图 4.2-20 安装示意图

1—支架本体；2—第一钢丝绳；3—第一转向轮；
4—第二转向轮；5—槽钢；6—第三转向轮；
7—配重块；8—灌铅圆管；9—水温测量仪器

2. 主要技术参数与功能

（1）主要技术参数。温度范围$-50\sim50℃$，精度$\pm0.1℃$；输出接口RS-485，所有的温度传感器通过RS-485总线连接进行数据传输。

设备功耗控制在1W以内，电流控制在$50\sim100mA$，仪器一天的耗电量为24W，可满足仪器运行7d，也就是7d内无太阳，可以保证仪器的正常工作。

采用PPR材料制作，直径为500mm的半球形，口部直径为400mm，高400mm，内部容积满足设备安装要求，最大体积为$0.055m^3$，有效承载重量为42kg，为扩容或其他预留空间。

（2）主要性能。

1）设置功能：能进行站号、增量随机自报限值、定时报段次、测站时钟等设置，自动生产报表和打印。

2）数据采集功能：同时可扩展采集多种不同类型传感器（包括雨量、水位、蒸发、温度、湿度、流量、水质等）信息的功能。

3）固态存储功能：按照测站不同观测时段的要求，实时存储测站水雨情数据，数据存储格式满足相关水文规范的要求。

4）具有多种通信接口：能够选用超短波、PSTN、GPRS、GSM及卫星通信中的任意两种组成主3式数据通信传输网，当主信道发送失败时，能够自动切换到备用信道发送。

5）具备现场实时显示功能。

6）具有加报功能：在一定时间间隔内，当数据变化超过设定值时主动启动通信链路发送。

7）具有现场编程功能：能在现场设置工作参数，改变测站数据传输路径。

8）响应召测功能：根据中心站发送的召测指令，将测站采集的当前值，或过去的记录值，或所有已存储的数据通过指定的信道或指定的路径发送；兼具有数据远程下载功能。

9）工作制式：自报式、应答式、混合式。

10）存储容量：大容量存储，至少保持一年以上的水文数据。

自行研制的水温在线监测平台已成功应用于卡洛特坝前水温的自动监测。

4.3　中巴水文测验技术比较研究

4.3.1　中巴水文测验与整编方法比较

4.3.1.1　流域内巴方水文测验与整编方法

1. 巴基斯坦水文领导机构

吉拉姆河流域内有 9 个水文站，由巴基斯坦水电发展署（WAPDA）的地表水文部门建设与管理。

水电发展署位于拉合尔，于 1958 年设立，目的是科学和切合实际地规划、发展可靠的水利和电力供应系统，隶属于巴基斯坦政府水电部管辖。巴基斯坦水电发展署总部下属水、财务和电力三个系统。水系统负责巴基斯坦全国水资源规划、开发；财务系统负责其财务管理和大众服务；电力系统掌管全国水电的规划、开发、发电和经营。

地表水文部门是巴基斯坦水电发展署的下属机构，主要职能为收集、分析、整编和发布巴基斯坦主要河流和渠道的水文气象数据，是全国主要河道和渠道测站的领导机构。

2. 测验布置与方法

测验布置与整编以吉拉姆河流域 AP 站为例进行介绍。

（1）测站沿革。AP 站和卡洛特站为距卡洛特水电站坝址最近的两个水文站。卡洛特站 1969 年建站，1979 年撤销；AP 站位于坝址上游约 15km，观测至今（1993 年缺测）。

（2）测验河段情况。根据现场查勘，AP 站测验河段顺直，测流断面呈 V 形，为典型的峡谷型河道，左岸为山体，右岸为公路。河段两岸河床出露有砂砾石，主要为泥页岩，直径为 0.1～1m，测流断面下游右岸河床出露有大块砾石，高水河床植被茂盛。测验河段河床中较大尺寸的块石、砾石造成局部紊流。

流域内河道两岸山体陡立，覆盖层主要为泥页岩，硬度较低，暴雨洪水时容易发生山体滑坡，2005 年流域内发生了 7.3 级大地震，此后滑坡现象有所增加，野外勘察期间发现坝址上游吉拉姆河沿线滑坡处较多，流域内泥沙大多数是地质侵蚀和地震运动引起的，流域内泥沙来源还包括降雨引起的片状侵蚀和冲沟侵蚀，以及人类活动引起的土壤侵蚀，河流悬移质泥沙量较大。

测验河段测验控制条件较好，河段水面比降较大，水流湍急，河床糙率较大，水流中悬移质泥沙含量高。

（3）测验情况。通过与水文站工作人员交流，了解到测站的测验情况如下：

1）流量。AP 站利用缆车（缆车靠人力进行牵引，见图 4.3-1）悬挂流速仪和铅鱼进行水深和流速测量。测流垂线根据断面宽度布设，一般每 5 英尺布设 1 条测流垂线。当水深≤7ft（2.16m）时，采用 1 点法测流（在水深 1/2 处）；当水深＞7ft（2.16m）时，采用两点法测流（0.2 相对水深和 0.8 相对水深）。流速仪采用美国 Rickly Hydrological

Co. 公司的产品，铅鱼为 200lb、300lb（约 90.7kg、136.1kg）。测流测次，一般旱季每周 1 次，雨季每周 2 次，大洪水每日 1 次。

水位—流量关系（实际为水深—流量关系）由实测水位流量点率定，其需要进行小幅度外延时，需由计算程序对观测水位与流量进行相关性分析，进行外延。当出现需要大幅度延长水位—流量关系曲线的特殊情况时，需在户外进行断面和水面比降测量，用水力学公式等方法进行外延。水位观测为等时距人工观测，采用算术平均法计算日平均水位；流量每年采用实测资料制定单一的水位流量关系进行推流，仅计算日平均流量和挑选极值。泥沙在测站沉淀浓缩后送 RLPD 实验室统一处理。

2）水位。水位测量采用多组直立水尺、人工观测，水尺位于河道右岸，水位观测时间从 8：00 至 17：00，1h 观测 1 次。水位观测设施见图 4.3-2。

图 4.3-1　AP 站测流缆道

图 4.3-2　AP 站水位观测水尺

3）泥沙。悬移质泥沙浓度测验方法为：通常在河流的 3～5 个垂线上设单点采样，使用深度—体悬浮采样器采样。一般每周 1 次，洪水季节每周 2 次。沙样烘干后，由地表水文部门统一进行矿物组成分析或泥沙颗粒级配分析。在测流的同时测量悬移质泥沙的含沙量。

悬移质泥沙浓度测验仪器为美国生产，平水位以下时用铅鱼一体采样器 D-49 按瓶式积深法进行取样，平水位以上时用 D-63。AP 站泥沙采样器见图 4.3-3。

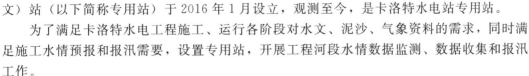

图 4.3-3　AP 站泥沙采样器

4.3.1.2　中方水文测验与整编方法

测验布置与整编以吉拉姆河流域卡洛特水电站出库流量专用站为例进行介绍。

1. 测验布置

（1）测站沿革。卡洛特水电站专用（水文）站（以下简称专用站）于 2016 年 1 月设立，观测至今，是卡洛特水电站专用站。

为了满足卡洛特水电工程施工、运行各阶段对水文、泥沙、气象资料的需求，同时满足施工水情预报和报汛需要，设置专用站，开展工程河段水情数据监测、数据收集和报汛工作。

（2）测验河段情况。基本水尺断面位于卡洛特大桥下游约 2100m，左岸山崖极为陡峭，右岸稍平缓，低水有部分沙滩；水文缆道断面及船测断面位于基下 2m。河段较为顺直，但河段落差较大，上下游均有跌坎，水流湍急，在水文缆道断面上下游有 100m 左右缓水区，中低水水流较平稳，高水水流湍急。基本水尺断面上游约 1500m 有支流汇入。

（3）测验情况。

1）流量。常规测验方法采用缆道流速仪法，备用方法为声学多普勒流速剖面仪走航测量、雷达波流速仪测流。测次布置如下：

a. 按单一线布置测次，各测次大致均匀分布于各级水位，满足定线要求，年施测 30 次以上。

b. 根据流量级施测 3 次多线两点，可用流速仪、走航式声学多普勒流速剖面仪走航施测或声学多普勒流速剖面仪定点施测。采用走航式声学多普勒流速剖面仪施测时，提取多线垂线实测流速，分析流速横向分布情况。

c. 在观测期内的最高、最低水位附近布置测次。

d. 当水流情况发生明显变化，改变了水位流量关系时，应根据实际情况适时增加测次。

e. 测验条件允许的特殊水情宜增加测次。如有洪水预报、水情报汛需要和业主需求时应及时增加测次。

2）水位。

a. 能测得较完整的水位变化过程，满足计算日平均水位和推求日流量的要求为原则。

b. 使用自记水位计时，每月进行 2～3 次人工对比观测；大洪水后及时进行对比观测。

c. 自记仪出现故障恢复人工观测，采用人工水位观测时，在当地时间 8：00、20：00 进行观测；汛期采用四段制观测。

3）泥沙。按断面平均含沙量过程线法布置测次，以控制含沙量的变化过程。测次主要布置在洪水时期，平、枯水期每月不少于 1 次，同时开展泥沙颗粒级配分析。

4）降水量。全年使用固态存储 20cm JDZ05 自记雨量计观测。

2. 资料整编情况

水位、流量、泥沙等整编方法详见 4.1.2 节。中方的整编成果表更为丰富，其中的洪水水文要素摘录表、降水量摘录表等是巴方所不具备的。用中文的整编成果分析水文预报模型时更好用。

4.3.2 中巴水文资料转换应用

水文测验成果转换应用以吉拉姆河流域 AP 站为例进行水位和流量介绍。

1. 巴方和中方水位转换关系

英尺（ft）与米的换算关系为：1ft＝0.3048m。

AP 站，巴方共有 40 根水尺板，总长度 110ft（33m），每根 2.5ft（除最上面一根为 10ft 外），所以除最长那根外，其他每根为 0.76m。

每根直立水尺又均分为 3 份，每一份标识为一个水尺编号（见图 4.3-2），其中有 100 小格，故每 1 小格为 0.253cm，每一份为 0.253m。当巴方水尺读数为 37.5ft 时，那么水深（位）为 37.5×0.253＝9.49m。

2. 监测资料比测分析

（1）水位比较。为了分析巴方水文资料观测精度，结合收集到的水文资料，采用 2015 年 6—7 月水位进行比较。将 2015 年 AP 站中方自记水位和巴基斯坦人工观测数据进行对比，见图 4.3 - 4、图 4.3 - 5。

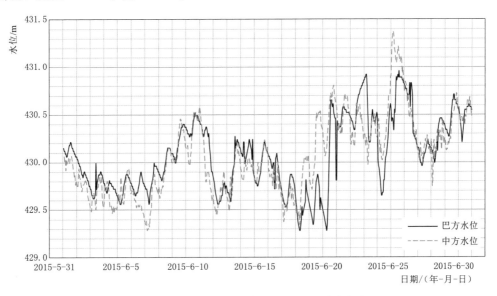

图 4.3 - 4　AP 站 2015 年 6 月水位观测对比图

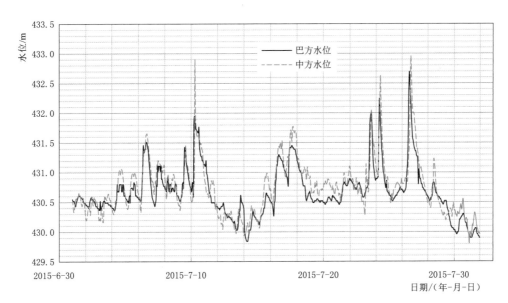

图 4.3 - 5　AP 站 2015 年 7 月水位观测对比图

由图 4.3 - 4、图 4.3 - 5 可知，6 月中方和巴方观测水位相应性一般，7 月两者涨落趋势基本一致。出现这种情况可能是巴方人工观测水位由于观测时段的限制，水位过程记录不够完整，但中方和巴方整体水位过程基本一致，建议在使用时尽量进行上下游对照，避免出现遗漏水位特征值的情况。

选用 2018 年 8 月 7—8 日和 2018 年 9 月 1—3 日典型洪水过程进行中巴水位比对，其中 8 月 7 日中方观测日平均水位为 428.43m，巴方观测日平均水位为 428.09m，详细结果见图 4.3-6～图 4.3-8。由图可知，当水位出现明显涨幅时，中巴双方观测水位值比较相应；当水位变化相对平稳时，巴方水位变化幅度较小，中方水位波动频繁。

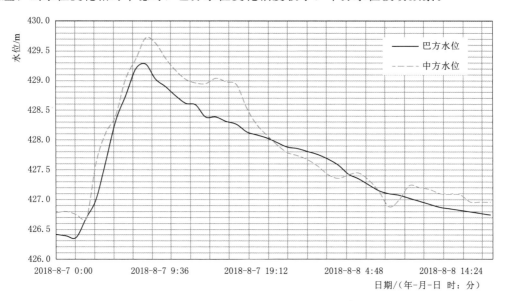

图 4.3-6　2018 年 8 月 7—8 日 AP 站水位观测对比图

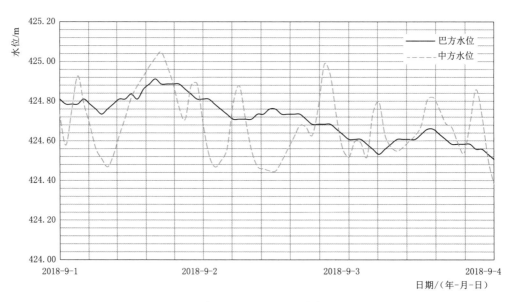

图 4.3-7　2018 年 9 月 1—3 日 AP 站水位观测对比图

（2）流量比较。由于 AP 站附近河段比较稳定，且 2016—2018 年无较大的洪水出现，所以采用 2013 年卡洛特水电站可研阶段，在 AP 站收集的巴方历史水位、流量成果，与

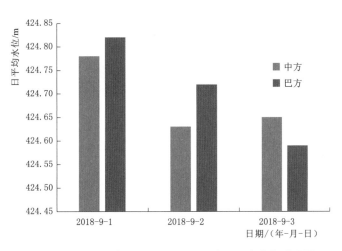

图 4.3-8　2018 年 9 月 1—3 日 AP 站日平均水位对照图

2016—2018 年实测成果（用走航式声学多普勒走航式流速仪实测流量合计 26 次，最大流量 1370m³/s）进行比对。2013 年水位流量关系与 2016—2018 年实测成果见图 4.3-9。

（3）悬移质泥沙浓度。中方采用便携式采样器，在阿扎德帕坦大桥桥面上固定左、中、右 3 点，用绞车下放至水面采用积深法进行取样（图 4.3-10）。AP 站 2017—2018 年，泥沙共测验 19 次。由于无法找到巴基斯坦刊印资料故未进行比较。

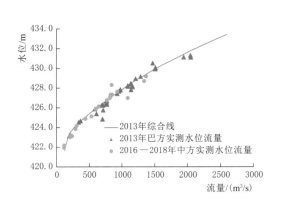

图 4.3-9　2013 年水位流量关系与
2016—2018 年实测成果图

图 4.3-10　阿扎德帕坦大桥处
（右岸）悬移质泥沙采样

第5章

河床组成勘测与调查

5.1 研究目的及主要内容

5.1.1 研究目的

为准确掌握卡洛特水电站工程蓄水前天然状态下的河床组成情况，为水库调度、水库泥沙问题研究及数学模型计算提供依据，须对卡洛特水电站工程库区及坝下游河段开展河床组成勘测调查。

卡洛特水库泥沙来量大，库容小，排沙和防沙难度大。卡洛特水库坝址以上流域年均悬移质输沙量为 2989 万 t（泥沙含量为 $1.16kg/m^3$），推移质输沙量为 467 万 t。卡洛特水库正常蓄水位以下库容为 16450 万 m^3。咨询联合体可研报告泥沙研究的结果显示，在不考虑排沙运行方式的情况下，卡洛特水库使用寿命约 15 年。泥沙量大可能带来水库淤积问题和水轮机磨损问题，因而排沙和防沙是本工程的重点和难点。河床组成的勘测调查任务就是弄清卡洛特水电站工程库区及坝下游河段的河床组成现状，在此基础上，评估卡洛特水电站推移质的来量及级配，作为设计依据。另外 MGL 水库加固时，采用了大量的大卵石护坡，而 MGL 大坝下游为广袤的冲积平原，其下游河道有大量的卵石滩，还须进一步弄清大卵石来源。

为此，勘测调查工作范围确定为卡洛特水电站工程库区及坝下游，干流范围为卡洛特水电站下游 4km 至上游 29km，以及勘测河段范围内，吉拉姆河的主要支流口门段。勘测调查主要采用坑测、散点床砂取样等方法，从立体空间和平面分布查明测验河段内床砂分布情况及级配组成情况。

5.1.2 勘测调查内容

1. 勘测调查范围

干流范围为卡洛特水电站下游 4km 至上游 29km，干流洲滩主要为溪口滩、边滩；坝上游有较大支流 5 条，坝下游有较大支流 2 条。

2. 坑测数量

坑测数量：坝上游 10 个坑、10 个散点；坝下 6 个坑、6 个散点。

3. 调查内容

调查内容包括：在上述勘测区间内开展河床组成的全貌概述；滑坡、泥石流调查；区间来沙与曼格拉水库的差异。

5.2 主要勘测与调查技术

5.2.1 勘测技术

1. 勘测内容及方法

勘测内容主要包括床砂颗粒级配测验、容重测验、泥沙岩性鉴定和河床组成勘测调查四类。按取样手段不同，又可分为陆上和水下河床组成勘测。

（1）陆上河床组成勘测方法。在勘测河段内，将最高洪水位以下、枯水位以上的边滩、江心洲、江心滩作为主要勘测对象，一般取样手段为人工挖坑和钻探。

（2）水下河床组成勘测方法。在勘测河段内，利用水文测船、床砂探测仪器（如挖斗式采样器、打印器、犁式采样器）进行水下床砂勘测，还可进行水下钻探。

床砂颗粒级配测验取样方法可采用试坑法、钻探法、器测法、物探法、揭面法、照相法、断面法、混合法施测。其中，试坑法、钻探法是最常用的取样方法。

2. 选点要求

通过现场查勘，选取具有代表性部位。

（1）取样洲滩选择。经长期实践总结为"选新不选老，择大不择小"的原则，以期取得代表性高的演变过程样品。

（2）取样点位（试坑）布设。一般应按照某一洲滩的床砂组成分布变化布置，通常在洲滩的上、中、下、左、中、右等部位安排5～7点；但组成单一的洲滩，或人力有限的条件下，可减至上、中、下3点；如只需大体了解洲滩组成，可在洲滩迎水面洲脊上，自枯水边至洲顶3/5～4/5的位置布1点，作活动层分层取样，也具有一定代表性。

3. 分层取样分析要求

在砂质洲滩上取样时，可用钻管式采样器，或人工挖掘直径0.2～0.3m的垂直圆坑，采集不同深度的样品；在卵石洲滩上取样，一般要求采用试坑法。主要技术要求如下：

（1）试坑点位应选在不受人为破坏和无特殊堆积形态处。

（2）试坑法采样时，要求使用栏隔方框模，以实现操作标准化。

（3）试坑平面尺寸应符合表5.2-1的规定。

表5.2-1　　　　　　　　　　　试坑平面尺寸及分层深度

D_{max}/mm	平面尺寸/(m×m)	分层深度/m	总深度/m
<50	0.5×0.5	0.1～0.2	0.5
50～300	1.0×1.0	0.2～0.5	1.0
>300	1.0×1.0 或 1.5×1.5	0.3～0.5	1.0～2.0

坑的分层可分为表层、次表层、深层。表层为面块法取样；次表层以一个最大粒径为厚度；深层可分一至多层，层数和厚度视实际组成分布与需要确定，垂向级配分布不均时，分层厚度取下限。

表层、次表层的平均粒配一般可代表深层粒配，且深层粒配沿深度变化不大，故可广泛采取表层和次表层样品作为散点成果，以弥补试坑法在平面上代表性的不足。

天然河道的河床组成十分复杂，不同的河段，由于来水来沙条件不同，河势情况各异，因此，河床组成千差万别。即使是同一个洲滩，其床砂在平面上的分布也是极不均匀的。为了全面准确地掌握勘测区域的河床组成情况，必须进行河床组成勘测调查，以便从宏观上把握勘测河段的河床组成情况。

5.2.2　调查技术

5.2.2.1　调查主要内容

1. 河段上游及区间来沙变化调查

(1) 调查水文测站泥沙来量、组成变化。

(2) 采用岩性分析法，估算支流卵砾石推移质来量比例及其变化。

2. 地质地貌调查及取样

(1) 河段自然环境。观察河谷地形、土壤植被，调查气候、水文、河流、水系变迁等。

(2) 地质基础。了解河段构造区划，构造线走向，新构造运动性质、地层、岩性等。

(3) 河谷地貌特征。

1) 河岸地貌类型（含谷坡）：山体丘陵的高度，型态，阶地级数与高度；河漫滩形态及长、宽、高的尺度。

2) 河床地貌：划分深槽、浅滩、边滩、心滩、江心洲及形态与组合。

(4) 河床地形与组成。

1) 河岸岸坡。岸坡形态，并评价河岸的抗冲性和稳定性（划分为稳定河岸、崩塌河岸、淤积河岸）。

2) 岸坡组成。按岩性定名描述。

3) 地质灾害现象。了解滑坡、泥石流发生的时间、地点、规模、危害及成因。

(5) 卵石胶结岩、古遗址和墓葬调查。调查卵石胶结岩、古遗址和墓葬分布的平面位置、高程、年代，了解河道历史变迁。

3. 洲滩调查及取样

(1) 洲滩调查。洲滩的沿程分布特点，洲滩的长、宽、高，描述形态、表面特征，对局部河势、洲滩的全貌和微地貌进行照相、摄像。调查主要洲滩的堆积形成过程及近期演变特点，了解人工采沙情况。

(2) 洲滩取样。利用洲滩冲刷或崩坍形成的剖面，或人工采沙、淘金等挖掘的深坑巷道坎壁等，进行分层取样、量测各层厚度、用手持 GPS 单点定位，描述竖向组成变化规律，并分析形成原因。

4. 人类活动对区间来沙的影响

人类活动对区间来沙的影响因素有修路、开矿、修建水电站、封山育林、开荒等。修路指新修筑的公路和铁路，山区的路基建设需要劈山、挖洞，从而产生大量废弃的路渣。需要调查修路的时间、范围，估算进入干、支流的路渣数量。开矿按矿物成分可分为铜、铁、锡、煤矿等，应调查开矿的时间、范围，估算每年进入干、支流的矿渣数量。水电站调查包括修建的时间、坝址位置、装机容量、水库库容、运行调度方式等。封山育林调查包括范围、实施时间、效果、管理机构等。

5.2.2.2　调查方法

1. 河段上游及区间来沙变化调查

(1) 调查测区内及上游水文测站的悬移质、推移质泥沙年输沙量，悬移质、推移质、床砂的级配组成变化，应收集其相关水文资料。

（2）估算支流卵砾石推移质来量比例：在汇合口上、下游的洲滩上分别布设探坑，采用岩性分析法，估算支流卵砾石推移质来量比例及其变化。要求：将汇合口—上游 10～20km 的干、支流分别作为一个河段，在每个河段的 2 个以上的洲滩上布设探坑数量不少于 4 个；在汇合口—下游 20～30km 的河段布设探坑数量不少于 8 个，洲滩数量不少于 4 个。

2. 地质地貌调查及取样

（1）河段自然环境。观察河谷地形、土壤植被，调查走访当地的水利、气象等部门，了解气候、水文、河流、水系变迁等。

（2）地质基础。若勘测河段内有大型水利枢纽、过江桥梁，应收集其相关地质资料。

（3）河谷地貌特征。河岸地貌类型（含谷坡）：结合地形图，对山体丘陵的高度、型态、阶地级数与高度进行描述。

（4）河床地形与组成。

1）河岸岸坡。描述岸坡形态，并评价河岸的抗冲性和稳定性（划分为稳定河岸、崩塌河岸、淤积河岸）。

2）岸坡组成。按岩性定名描述。

3）河岸及河滩基岩调查。要求给出基岩面积及所占河段比例。对局部河势、基岩的分布和微地貌进行照相、摄像。

4）地质灾害。了解滑坡、泥石流发生的时间、地点、规模、危害及成因。滑坡观测点调查，并应收集其相关资料。

（5）卵石胶结岩、古遗址和墓葬调查。调查卵石胶结岩、古遗址和墓葬分布的平面位置、高程、年代，了解河道历史变迁。使用手持 GPS 定位，在地形图上查高程。

3. 洲滩调查及取样

（1）洲滩调查。洲滩的类型可分为边滩、溪口滩、江心滩、江心洲。使用手持 GPS 测量洲滩的长、宽、高，描述洲滩的形态、表面特征，绘制洲滩的表层床砂组成分布示意图，描述各分区床砂的代表性粒径级。对局部河势、洲滩的全貌和微地貌进行照相、摄像。调查主要洲滩的堆积形成过程及近期演变特点，重点关注洲滩在现阶段是处于冲刷状态、淤积状态还是平衡状态。了解人工采砂情况，记录采砂的方式（人工或机械）、规模、粒径级、年采砂量。

（2）洲滩取样。利用洲滩冲刷或崩坍形成的剖面，或人工采砂、淘金等挖掘的深坑巷道坎壁等，进行分层取样、量测各层厚度、用手持 GPS 单点定位，描述竖向组成变化规律，并分析形成原因。

5.2.3　河床组成分析

泥沙颗粒级配分析包括测定样品的颗粒大小、测量样品中不同粒径组的砂量（用分组质量占砂样总质量的百分数表达）。

泥沙颗粒分析包括野外现场分析及室内分析，取样现场分析（$D>2mm$）可采用筛析法、尺量法。室内分析（$D<2mm$）可采用筛析法、粒径计法、吸管法、消光法、离心沉

降法、激光粒度仪法。颗粒分析方法按照粒径的测量方法进行分类。

1. 洲滩床砂颗粒级配分析及砂样处理

（1）分层取样分析。以试坑法为例，每个取样层都作为独立的样本，进行颗粒级配分析。分层砂样特征值获取：每个取样层必须确定泥沙颗粒的最大粒径，对于卵石砂样，应选择 $1\sim3$ 颗砂样，逐个测量 a、b、c 三径，称重。

（2）分析方法。现场筛分析适用于 $2\sim150\text{mm}$ 的颗粒。分析粒径级按 2mm、5mm、10mm、25mm、50mm、75mm、100mm、150mm、200mm、250mm、300mm 划分。各粒径组的样品分别称重并记载。

2. 现场尺量法的分析处理

（1）样品中大于 150mm 的颗粒采用尺量。

（2）大于 150mm 的砂样颗粒数少于 5 颗时，应逐个测量 a、b、c 三径，称重；多于 5 颗时，只对最大的 3 颗测量三径，称重，其余逐个量测中径，分组称重。

细砂样（$D<2\text{mm}$）处理：应在现场装入容器，样品重量应大于 100g，并标识河段名、坑号、取样深度、日期，送室内分析。个别细砂样含泥较重，可将 $D<5\text{mm}$ 的砂样送室内分析，但样品重量应增加（不少于 2kg）。

室内分析细砂样，一般采用激光粒度仪分析。技术要求按相关标准执行，如《河流泥沙测验及颗粒分析仪器》（SL/T 208—1998）、《河流泥沙颗粒分析规范》（SL 42—2010）。

床砂样品应先称总重，再称分组重，各组的重量之和与总重的差不得大于 3%。

5.2.4 推移质估算

1. 分析方法

推移质泥沙是河流总输沙量的重要组成部分，而推移质泥沙测验一直是泥沙测验工作的薄弱环节。为了及时地为河道、航道整治，水利工程的规划设计及河床演变的研究提供资料。勘测调查的目的，在于了解推移质的来源、去路和推移量。

推移质调查主要包含推移质特性调查、推移质洲滩调查及人类活动影响调查。一般选在枯水季节（河流的洲、滩均露出水面）开展，调查的洲滩在沿程分布上尽可能均匀。

推移质特性调查主要包括推移质颗粒级配组成、岩性组成、颗粒形态特征等。一般选择原则为：①频率为 50% 的洪水能淹没的洲滩；②大支流和推移质来量较多的小支流，溪沟汇口处（或下游附近）的洲滩；③干流上较大或变化较大的洲滩，在确定调查的洲滩上，目测颗粒级配有代表性的位置作为取样点，一般在洲滩头部、中部、尾部各选 1 个取样点。

推移质洲滩调查主要包括推移质洲滩的分布及特征、洲滩演变和洲滩上卵石运动情况。查清洲滩的数量、位置及大小，有条件的应在水道地形图上描述，无条件的应现场绘草图描述。描述的内容一般包含：①洲滩的平面位置、形态、大小及滩顶的最大高程；②洲滩覆盖物的组成（卵石、卵石夹砂、砂等）及其在洲滩上的分布；③洲滩上覆盖物的堆积特征，即卵石在洲滩上是成排堆积还是不成排列堆积，及其颗粒特征；④滩面上是否形成卵石波、沙波、波的特征及滩面植被情况等，推移质洲滩演变调查主要是通过访问、查历史资料了解洲滩形成、发展、消失的年代及原因。

人类活动引起洲滩变化的调查，主要查清以下情况：①洲滩上、下滩附近水工（河工）建筑物导致洲滩的发展或消失；②洲滩围垦造地情况；③在洲滩上开挖建筑材料的规模、数量以及开挖后次年的回淤情况。

2. 卵石推移质估算方法

（1）在调查河段范围内（包含支流），有施测推移质的测站，以该站的推移量推算干支流其他部位推移量。

（2）若河段内有一定数量的钻孔资料，可按下式估算推移量

$$V = \frac{A \cdot L}{N} K \qquad (5.2-1)$$

式中：V 为年推移量，m^3；A 为河床卵石覆盖平均面积，m^2；L 为钻孔河段长，m；K 为覆盖层中泥沙含量，%。

（3）河道采砂、疏浚卵石推移量估算，可依据相关资料，或现场估计卵石推移宽和淤积物卵石的含量。按下式粗略估算卵石推移量

$$V = \frac{V_i}{B_i'} \cdot B \qquad (5.2-2)$$

式中：V_i 为采砂、疏浚量，m^3；B_i' 为开挖宽，m；B 为有效推移宽，m。

（4）调查河段有水文测站的，测有断面、流速等资料，应结合洲滩取样泥沙分析成果，用下式估算推移质输沙量，并进行比较分析。3 种常用估算推移质的方法如下：

沙莫夫公式为

$$g_b = 0.95 d^{1/2} (U - U_c') \left(\frac{U}{U_c'}\right)^3 \left(\frac{d}{h}\right)^{1/4} \qquad (5.2-3)$$

$$U_c' = \frac{1}{1.2} U_c = 3.83 d^{1/3} h^{1/6} \qquad (5.2-4)$$

$$g_b = \partial d^{2/3} (U - U_c') \left(\frac{U}{U_c'}\right)^3 \left(\frac{d}{h}\right)^{1/4} \qquad (5.2-5)$$

式中：U_c' 为止动流速，m/s；g_b 为推移质单宽输沙率，$kg/(m \cdot s)$；U_c 为泥沙运行速度为 0 时的水流平均流速，相当于启动流速，m/s；h 为水深，m；d 为非均匀沙中最粗一组的平均粗径，mm。

对于平均粒径小于 0.2mm 的泥沙，不能用上述公式计算推移质输沙率。适用范围：$d = 0.2 \sim 0.73mm$，$13 \sim 65mm$；$h = 1.02 \sim 3.94m$，$0.18 \sim 1.16m$；$U = 0.40 \sim 4.02m/s$，$0.80 \sim 2.95m/s$。当 d 占总砂样的 40%～70%，则公式系数=3，如占 20%～40%，或 70%～80%，则公式系数等于 2.5，如占 10%～20%，或 80%～90%，则公式系数等于 1.5。

武汉水电学院公式为

$$g_b = 0.00124 \frac{\alpha \gamma' U^4}{g^{3/2} h^{1/4} d^{1/4}} \qquad (5.2-6)$$

式中：α 为体积系数，为 0.4～0.5；γ' 为淤积物容量，kg/m^3；g 为重力加速度，m/s^2。

式（5.2-6）所根据的资料，一部分来自实验室，一部分来自天然河流，计算结果的精度，得到武汉水利电力学院水槽试验结果初步验证。所根据的粒径范围较窄，为 0.039～2.16mm。

梅叶—彼德公式为

$$g_b = 8 \frac{\gamma_s}{\gamma_s - \gamma} \left(\frac{\gamma}{g} \right)^{-1/2} \left[\left(\frac{n'}{n_t} \right)^{3/2} \gamma h J - 0.047 (\gamma_s - \gamma) d \right]^{3/2} \qquad (5.2-7)$$

$$n_t = \frac{J^{1/2} R^{1/2}}{U} \qquad n' = \frac{d_{90}^{1/6}}{26} \qquad (5.2-8)$$

式中：n_t 为曼宁糙率系数；n' 为河床平整情况下的沙粒曼宁糙率系数；d_{90} 为样品的累计粒度分布达到 90% 时所对应的粒径，mm；J 为河床比降，‰；R 为水里半径；γ_s 为淤积物干容重，kg/m^3；γ 为湿容重，kg/m^3；h 为水深，m。

5.3 吉拉姆河流域河床组成勘测与调查

5.3.1 河床组成勘测与调查

卡洛特水电站工程库区及坝下游主要采用坑测、散点床砂取样等方法，从立体空间和平面分布查明测验河段内床砂分布情况及级配组成情况，在此基础上，弄清吉拉姆河流域产沙、泥沙堆积、河床组成的全貌。

探坑主要布置在勘测河段有代表性的洲滩上，共完成床砂取样分析的探坑 20 个、散点 9 个及尾沙 65 点。

野外作业时，采用人工开挖标准坑，分层作现场筛分，获取 $D > 2mm$ 的颗粒级配；对 $D < 2mm$ 的尾砂样，带回室内，使用专门的泥沙分析仪器进行颗粒级配分析。取样坑点坐标用手持 GNSS 定位。

5.3.2 洲滩和床砂分布特征分析

卡洛特水库洲滩床砂洲滩坑测法级配成果见表 5.3-1 和图 5.3-1。

表 5.3-1　　　　卡洛特水库坝上游河段洲滩活动层特征值及砂砾含量统计表

滩　　名	上距卡洛特坝址/km	D_{50} /mm	D_{max} /mm	尾砂样 D_{50}/mm	洲滩砂砾含量/%		
					$D<2mm$	$D<5mm$	$D<10mm$
PN 河面粉厂对面左边滩	21.3	55.5	295	0.738	9.9	21.3	27.8
PN 河面粉厂对面溪口滩	20.95	144	332	0.759	4.8	12.7	17.4
SN 河 30 号断面下左支流支沟		38.5	195	0.594	7.4	16.5	26.9
MK 河 25 号断面下右溪沟内	14.1	68.4	365	0.561	7.0	15.1	22.6
22 号断面下 AP 站右溪沟内	11.9	55.7	278	0.592	6.0	13.6	22.9
NN 河 20 号断面下右溪沟内	10.47	43.9	197	0.579	5.1	8.8	15.8

续表

滩　　名	上距卡洛特坝址/km	D_{50}/mm	D_{max}/mm	尾砂样 D_{50}/mm	洲滩砂砾含量/%		
					$D<2mm$	$D<5mm$	$D<10mm$
T 河 9 号断面上右边滩	4.37	92.1	374	0.239	15.4	16.6	18.3
GP 河 9 号断面下右溪沟内	3.87	82.2	195	0.523	7.7	13.5	18.9

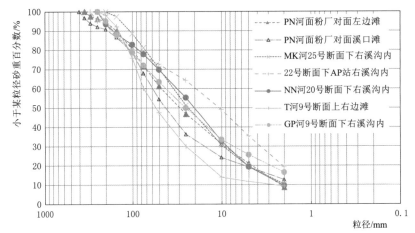

图 5.3-1　卡洛特水库坝上游洲滩坑测级配曲线图（$D>2mm$）

坝上游河段的床砂级配有如下特点：

（1）坝上游干流河段只有一处卵石洲滩和几处纯砂质小边滩，区间的溪口滩多为大块石及中小卵石夹砂的混合体，干流沿程普遍散落着大块石，这些大块石分布在枯水位以上 2～3m，其粒径大多在 600mm 以上，大者可达到 5000mm。

（2）河段的卵石洲滩床砂级配（可参与推移质运动的部分）总体较细，其 D_{50} 的变化范围为 43.9～144mm，$D_{max}=374mm$。

（3）小于 2mm 的尾砂样 D_{50} 的变化范围为 0.239～0.759mm。支流溪口滩的尾砂样较粗，D_{50} 的变化范围为 0.523～0.759mm。干流边滩的尾砂样较细，D_{50} 的变化范围为 0.17～0.239mm。

（4）小于 2mm 的尾砂百分数一般在 10% 左右，干流边滩的尾砂较支流溪口滩略多。

（5）2～10mm 的砂砾含量一般在 3%～20%。干流边滩的砂砾含量少，一般在 3% 左右；支流溪口滩的砂砾含量多，一般在 11.2%～19.5%。

坝下游河段的床砂级配有如下特点：干流的河床组成与上游差不多，主要区别在于右岸支流泥沙成分不同。从卡洛特水库坝下游右岸第一条支流开始，往下一直到曼格拉大坝，分布有大片的卵石山丘，这些卵石多为黄色的石英岩、石英砂岩，磨圆度很好，由暴雨洪水挟带，经小溪沟汇集到干流，因此，在曼格拉大坝下游有大片的卵石洲滩就是这些古河床的卵石聚集而成。卡洛特水库坝上游支流卵石的岩性多为砂岩、页岩、黏土岩，磨圆度差，易破碎。

以坝下游支流 B 河为例，河段的卵石洲滩床砂级配（可参与推移质运动的部分）总体较细，其 D_{50} 的变化范围为 43.2～75.3mm，D_{max} 为 235mm，见表 5.3-2 和图 5.3-2。在 B 河出口段，大块球体为本地的绿色砂岩，卵石多为黄色的石英岩、石英砂岩，磨圆度很好。

表 5.3-2　　　　　　卡洛特水库坝下游河段洲滩活动层特征值及砂砾含量统计表

滩　名	D_{50} /mm	D_{max} /mm	尾砂样 D_{50}/mm	洲滩砂砾含量/%		
				$D<2mm$	$D<5mm$	$D<10mm$
HN河坝址下左溪沟内	75.2	204	0.572	5.6	13.2	19.6
B河那拉河汇口上游右滩	43.2	227	0.459	11.0	14.2	19.8
B河那拉河汇口内左边滩	75.3	189	0.439	6.8	9.0	11.8
NL汇口下游右边滩	48.5	212	0.408	14.1	17.1	22.3
B河出口段右边滩	73.8	235	0.261	11.0	15.6	19.7

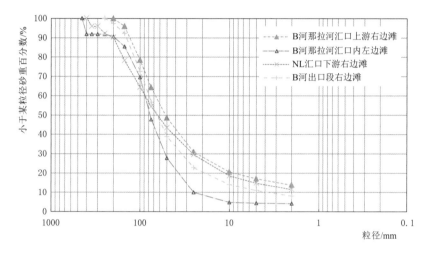

图 5.3-2　卡洛特水库坝下游洲滩坑测级配曲线图 （$D>2mm$）

　　卡洛特水库干流砂质洲滩 D_{50} 一般为 0.17~0.369mm，D_{max} 一般为 2mm，部分为 1mm。砂质洲滩粒径的粗细与局部的水流条件密切相关，由于观测河段只有 30km，粒径的沿程递减的规律不显著，见表 5.3-3 和图 5.3-3。

表 5.3-3　　　　　　　　吉拉姆河干流砂质洲滩 D_{50} 沿程分布

滩　名	上距卡洛特坝址/km	D_{50}/mm
34 号断面下左溪口滩	20.74	0.253
9 号断面上右边滩	4.28	0.170
9 号断面下右溪沟沟口	3.86	0.248
7 号断面右边滩	2.82	0.192
滩　名	下距卡洛特坝址/km	D_{50}/mm
B河溪口滩	2.75	0.176
CF-2 断面右边滩	3.35	0.233
CF-4 断面上右边滩	3.37	0.369
CF-8 断面上游左溪口滩	6.18	0.254
CF-9 断面上游右边滩	7.2	0.177

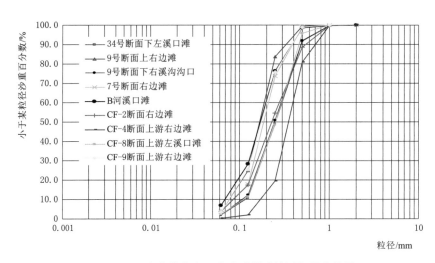

图 5.3 - 3 卡洛特水库干流砂质洲滩坑测级配曲线图

5.3.3 洲滩床砂沿深度（垂向）分布特点

本河段卵石洲滩床砂级配沿垂向分布特点为：表层普遍存在粗化层；表层不含小于 2mm 的细颗粒泥沙；深层大多无明显分层，见图 5.3 - 4 和图 5.3 - 5。

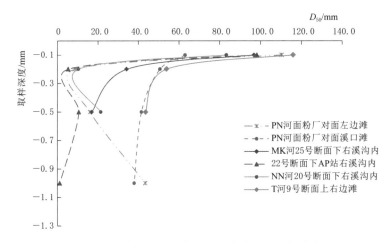

图 5.3 - 4 卡洛特水库典型洲滩床砂 D_{50} 垂向分布图

5.3.4 推移质估算分析

卡洛特水库位于吉拉姆河上，库区河段属于典型的山区型河流，坡陡流急。与其他山区性河流不同之处在于，该河段岸坡较陡，河漫滩不发育，一般在枯水位以上 100~200m 才有平地，平地上有农田和房舍。

测验河段内有 AP 站，该站没有实测推移质，所以，只能根据调查来进行推移质评估。

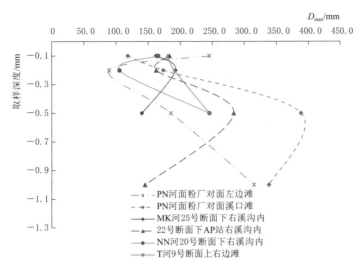

图 5.3 - 5　卡洛特水库典型洲滩床砂 D_{max} 垂向分布图

推移质来源调查：卡洛特水库泥沙主要来源于上游干流，区间来沙比例不大。该水库区间流域面积为 $215km^2$，而坝址控制流域面积为 $26700km^2$，所占比例不足 1%。另外，该库区区间植被覆盖较好，水土流失不严重。

库区河段输沙能力：该河段水流湍急，中、低水时，水面流速能达到 $5m/s$ 左右，因此，该河段输沙能力极强。

推移质数量：卡洛特水库有 29km 的库区河段，河道基本为峡谷型，不具备卵石推移质的沉积条件，故不能用岩性分析法来推算干、支流卵石推移质来量百分比。由于缺乏实测的洪水要素及相应的悬移质、床砂级配，故不能使用经验公式计算。于是，工作思路是调查上游穆扎地区的泥沙输移和堆积情况，其次是调查下游曼格拉水库的库尾淤积情况。

穆扎地区有三条大河交汇，即吉拉姆河、尼拉姆河、昆哈河三条河的出口段已建成或在建水电站。吉拉姆河流域面积最大，其出口段床砂以中、小卵石为主；尼拉姆河流域面积其次，其出口段床砂以大卵石为主；昆哈河流域面积最小，但滑坡、泥石流灾害严重，床砂组成较为复杂，最大特点是卵石磨圆度很差。

下游 MGL 水库的库尾淤积情况：水库总库容 118 亿 m^3，电站总装机容量 100 万 kW，工程于 1962 年开工，1967 年竣工。2011 年 10 月完成了加高、加固工程。2016 年 11 月调查时，发现曼格拉水库的库尾淤积绝大部分是悬移质泥沙，少量洲滩为砂质推移质，表层很难见到卵石，仅有一处边滩，有人开采建材，在 0.5～1.0m 的淤泥下面有许多 10～30mm 的小卵石。

根据上述，可以得出如下认识：卡洛特水库入库的卵石推移质数量极少，应以砂质推移质为主。

按实测悬移质多年平均输沙量的 10%～15% 估算，该河段推移质多年平均输沙量为 $300×10^4～450×10^4$ t。

5.4 调查成果

5.4.1 洲滩分布及形态特征

本河段的洲滩类型主要有坡积锥（裙）、冲积锥（扇）、边滩、碛坝等，分述如下：

1. 坡积锥（裙）

卡洛特水库库区河段坡积锥（裙）见图 5.4-1 和图 5.4-2，主要分布在陡壁河岸坡脚，由棱角状和次棱角状的大块石组成。虽然坡积锥（裙）是该河段最普遍、最常见的洲滩形态，但由于这些大块石颗粒粗大，既不能被水流搬运也不与卵石推移质交换，故不做重点研究。

图 5.4-1 库区河段坡积锥（裙）　　　　图 5.4-2 水库 8 号断面巨大的块球体

2. 冲积锥（扇）

冲积锥（扇）主要分布在支流溪沟口门，大者为扇，小者为锥，俗称溪口滩。溪口滩在该河段很普遍、很常见，该河段绝大多数卵石洲滩形态为溪口滩。

3. 边滩

本河段边滩不太发育，边滩规模都不大，干流仅有一处卵石边滩和多处纯砂质边滩，如 9 号断面上右边滩靠上游为卵石边滩，尾部有两处纯砂质边滩，见图 5.4-3～图 5.4-6。

图 5.4-3 9 号断面上右边滩（鸟瞰）　　　图 5.4-4 9 号断面上右边滩（卵石边滩）

图 5.4-5　9 号断面上右边滩

图 5.4-6　9 号断面上右边滩（尾部砂质边滩）

4. 碛坝

碛坝主要分布在干流卡口处和溪沟口门。干流坝址河段基岩卡口见图 5.4-7，9 号断面基岩卡口见图 5.4-8，PN 河溪口基岩门碛坝见图 5.4-9、GP 河溪口基岩碛坝见图 5.4-10。

图 5.4-7　坝址河段基岩卡口

图 5.4-8　9 号断面基岩卡口

图 5.4-9　PN 河溪口基岩门碛坝

图 5.4-10　GP 河溪口基岩碛坝

5.4.2　支流调查

1. PN 河

PN 河在 34 号断面下游汇入吉拉姆河（图 5.4-11），入汇口上距 Pattn 大桥 1.8km。该支流常年通流，落差超过 2000m，河长约 25km（卫星图上量测）。从河口驱车 20km 到 L 站，远处东北方向可看见雪山，该市发育一条小溪，汇入 PN 河，常年流水不断，在 PN 河中下段，沿程零星分布有中小卵石，见图 5.4-12～图 5.4-16，说明该支流每年都有卵石推移质汇入干流，但估计其数量不大。

图 5.4-11　河入汇口下游附近的急流滩

图 5.4-12　PN 河入汇口

图 5.4-13　入汇口溪口滩

图 5.4-14　河出口段的中小卵石和基岩

2. MK 河 25 号断面下右溪沟

MK 河在 25 号断面下游汇入吉拉姆河，入汇口下距帕坦大桥 4.8km。该支流常年通流，但水量极小。溪口滩以块球体为主，卵石数量少，粒径较小且磨圆度差，见图 5.4-17 和图 5.4-18。

3. AP 站右溪沟

水文站右溪沟在 22 号断面下游汇入吉拉姆河，入汇口下距帕坦大桥 7km（以大块石为主，卵石数量少，粒径较小且磨圆度差，见图 5.4-19）。该支流常年通流，但水量极

图 5.4-15 出口段全貌

图 5.4-16 河中段公路桥 1999 年被洪水冲毁

图 5.4-17 入汇口

图 5.4-18 出口段

小；AP 站右溪沟出口段溪口滩以块球体为主，卵石数量少，粒径较小且磨圆度差，见图 5.4-20。

图 5.4-19 水文站右溪沟入汇口

图 5.4-20 水文站右溪沟出口段

4. NN 河

NN 河在 20 号断面下游汇入吉拉姆河，入汇口下距帕坦大桥 8.5km。该支流常年通流，但水量极小。NN 河出口段以块球体为主，卵石数量少，粒径较小且磨圆度差，见图 5.4 - 21。

图 5.4 - 21　NN 河出口段

5. GP 河

GP 河在 9 号断面下游汇入吉拉姆河，入汇口上距卡洛特大坝坝址 3.9km。该支流常年通流，但水量极小。GP 河中段以大块石为主（图 5.4 - 22）；出口段左右侧为纯沙滩，中间为基岩和大块石（图 5.4 - 23）。

图 5.4 - 22　GP 河中段　　　　　　　　图 5.4 - 23　GP 河出口段

6. B 河

B 河在卡洛特大坝坝址下游 2.7km 处汇入吉拉姆河。该支流常年通流，但水量极小。B 河出口段全貌见图 5.4 - 24（左），河床组成以块球体为主，其间为中小卵石夹砂见图 5.4 - 24（右）；B 河中段为基岩河床微地貌及中小卵石夹砂河床，偶有基岩出露，以及河床组成大块石、沙滩等，见图 5.4 - 25 和图 5.4 - 26。

5.4.3　滑坡调查

卡洛特水库库区，由于山坡陡峻，在库区干、支流发现多处山体滑坡现象。如 PN 河有多处公路路基滑坡（图 5.4 - 27），帕坦大桥下游右岸沿江公路有多处路基滑坡，GP 河中段

图 5.4 - 24　B 河出口段全貌及近景

图 5.4 - 25　基岩河床微地貌　　　　　图 5.4 - 26　中小卵石夹砂河床，偶有基岩出露

有一处山体滑坡。虽然单处的滑坡体不大，但滑坡体数量多（图 5.4 - 28 和图 5.4 - 29），是区间泥沙的主要来源之一。

图 5.4 - 27　公路路基滑坡

图 5.4-28　GP 河中段山体滑坡　　　　图 5.4-29　B 河南侧的卵石山

5.4.4　卵石山调查

在卡洛特水库坝下与 MGL 水库库尾之间有大量的卵石山及卵石冲积沟，呈带状分布，走向为西（偏北）—东（偏南），这些卵石是古河床的覆盖层，在喜马拉雅造山运动中塑造成如今的沟壑地形。

从卡洛特村出发，沿去伊斯兰堡的公路，穿过 B 河，在距 B 河大桥 1.2～11km 范围分布有大量的卵石山丘，卵石山的海拔为 700～800m，卵石山的组成为中小卵石挟黄色泥沙，10～50mm 的卵石比例大，东部卵石的最大粒径约为 150mm，西部卵石的最大粒径约为 300mm，西部大卵石的比例大于东部，说明古河道的水流方向是从西向东，见图 5.4-30。

图 5.4.30　B 河南侧的卵石山

在吉拉姆河以西，B 河以南方圆几十公里范围分布有大量的卵石山丘，在该区域的支流河床淤满了来源于周围卵石山的中小卵石，它们也是 MGL 坝下广袤的卵石洲滩的物质发源地，见图 5.4-31～图 5.4-35。

图 5.4 - 31　坝下游右岸第二条支流下段劈山而过及支流中段峡谷

图 5.4 - 32　坝下游右岸第二条支流中段卵石洲滩

图 5.4 - 33　坝下游右岸第二条支流上段卵石洲滩及支流上段卵石河谷与卵石山相连

图 5.4－34　第三条支流出口段卵石河谷

图 5.4－35　坝下游丹格利大桥右侧中小卵石河床

第6章
喜马拉雅山南麓河流测绘
技术研究与运用

6.1 河流特性及技术问题

6.1.1 测区所在地理位置

喜马拉雅山山脉位于地球的北半球，南亚次大陆北部，青藏高原南巅边缘，有一座世界上海拔最高的山峰。它位于我国西藏自治区与巴基斯坦、印度、尼泊尔、不丹等国边境上，东西绵延约 2450km，南北宽 200～300km，由几列大致平行的山脉组成，呈向南凸出的弧形，在我国境内是喜马拉雅山山脉的主干部分。喜马拉雅山脉北部是青藏高原，西北为兴都库什山脉和喀喇昆仑山脉，南部则是印度河—恒河平原。喜马拉雅山脉北坡平缓，降雨量较少，植被稀疏；南坡陡峻，降雨量充沛，植被茂盛。

喜马拉雅山脉发育了大量冰川，因此发源于其南北坡两侧的大大小小河流不计其数。而影响力最大的有三条国际性河流，分别是印度河、恒河、雅鲁藏布江（布拉马普特拉河），印度河及恒河则是喜马拉雅山南麓的主要水系。

印度河发源于喜马拉雅山系的冈底斯山主峰冈仁波齐的冰川，上游在西藏境内就是著名的狮泉河。向西北方向穿越喜马拉雅山与喀喇昆仑山脉之间谷地流经印控克什米尔、巴控克什米尔之后呈东北—西南向贯穿巴基斯坦全境，为巴基斯坦名副其实的母亲河，养活了巴基斯坦大半人口，在卡拉奇西南注入阿拉伯海。

6.1.2 河流特性

吉拉姆河河源区海拔较高，流域高程为 897～5236m，径流以融雪水和季节性降雨补给为主，源头没有永久冰川覆盖。吉拉姆河水能资源丰富，是巴基斯坦除印度河外水能资源蕴藏量最大的河流。吉拉姆河河流主要有以下特性：

1. 水流湍急、洪枯比大

吉拉姆河卡洛特以上河段为高山峡谷型河道，雨季降水多，且汛期长、洪峰高，水流湍急。枯季雨水少，水位低，存在洪枯比。河流部分区域情况见图 6.1－1。

图 6.1－1　湍急的吉拉姆河河流

2. 地貌复杂、跌宕起伏

河流上游区域处在高山峡谷内，河道窄、不通航，两岸多峭壁，部分区域树林茂密，河底多乱石，交通困难，见图 6.1－2。河流大部分区域交通困难，有时使用马匹等托运物资。

图 6.1-2 交通困难的吉拉姆河流域

3. 径流量及输沙量年际分配不均匀

吉拉姆河径流量及输沙量年际分配不均匀，水沙丰枯交替出现。丰水年最大入库水量为 345.9 亿 m³（1987 年），枯水年最小入库水量为 176.2 亿 m³（1985 年），分别为多年平均入库水量的 1.34 倍和 0.68 倍；年最大入库沙量 4638 万 t（1987 年），年最小入库沙量 1117 万 t（1985 年），分别为多年平均入库沙量的 1.40 倍和 0.34 倍。水沙基本同步，总体上呈现大水大沙、中水中沙、小水小沙的变化规律。

4. 河道区域质条件复杂

河流区域地质条件复杂，水土保持难度大。部分区域已出现滑坡现象，地质结构不够稳定。由于河段很多高山峡谷，且多数河段激流跌宕，陆上部分区域植被覆盖密度大，造成交通困难，给河道测绘带来了很大的挑战。

6.1.3 河道测绘技术问题

河道测绘工作作为水利枢纽工程的重要组成部分，具有十分重要的作用。一是为工程勘测规划和建设提供了重要的基础数据。二是水电运营管理期，河道测绘工作在安全运营、防洪调度以及库容计算复核等方面也发挥着重要的作用。河道测绘是收集河道形态变化和河床组成最有效及最常用的方法之一，主要内容如下：

（1）平面、高程控制测量。

（2）河道地形测量。

（3）河道纵、横断面测量。

（4）测时水位和历史洪水位观测。

（5）水面线测量。

（6）沿河重要地物调查或测量。

（7）泥沙、床砂测验。

（8）专题观测监测等。

河道测绘工作中，河道地理信息数据的获取方式，有传统装备及技术方法，也有测绘新技术和新设备的运用，也存在新老方法相互补充的测量方式。如控制测量有传统的三角网测量、导线测量，到目前大多数采用全球定位系统 GNSS；水域地形测绘的回声测深技术也逐步从模拟信号发展到数字信号，从单频发展到双频，从单波束发展到多波束。陆域地形测量也经历了传统的全站仪、GNSS RTK 实时动态载波相位差分技术，到现在无人机航测，机载/地面激光雷达等技术的转变与发展。河道测绘工作正朝着高科技、自动化、信息化、优质高效的方向发展。

河道测绘最基本的目的是获取河道陆域、水域的三维地理信息数据，因此，河道测绘的基础主要是参考椭球体与投影、坐标系统、控制测量以及地形测量等基础理论。喜马拉雅山南麓河流主要流经印度、巴基斯坦等国家，其国家测绘工作因地理位置等特点，系统与基准构建的方法与我国存在不同。

6.1.3.1　测量基础

1. 参考椭球体

长期的测量实践研究证明，大地体与一个以椭球的短轴为旋转轴的旋转球体的形状十分相似；而旋转椭球可以用数学式严格表达，所以测绘工作便取大小与大地体很接近的旋转椭球作为地球的参考形状和大小，一般称其外表面为参考椭球面。

在地面上适当的位置选择一点作为大地原点，作为推算地面点大地坐标的起算点，以便用于归算地球椭球定位结果，并作为观测元素归算和大地坐标计算的起点，进而将与地球形状和大小接近，并确定了和大地原点关系的地球椭球体称为参考椭球体，与参考椭球垂直的线称为法线。参考椭球面和法线则是测量计算的基准面与基准线，具体见图 6.1-3。

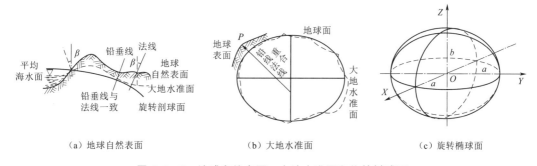

（a）地球自然表面　　　　　　（b）大地水准面　　　　　　（c）旋转椭球面

图 6.1-3　地球自然表面、大地水准面和旋转椭球面

地球椭球体可用长半径和扁率来表示，它十分接近于椭球体，所以地球椭球体的形状和大小由长半轴 a、短半轴 b 决定；也可以由长（短）半轴和扁率 f 来决定。其值过去是用弧度测量和重力测量的方法测定，现代结合卫星大地测量资料可精确地推算出来。世界各国推导和采用的地球椭球几何参数很多，常用的几种典型地球椭球体参数见表 6.1-1。

表 6.1-1　　　　　　　　　　常用的几种典型地球椭球体参数

椭　球　体	长半轴/m	扁　率	修订日期
WGS-84	6378137	298.257223563	2015-11-25
Everest 1830 (1962 Definition)	6377301.243	300.8017255	1999-10-20

椭 球 体	长半轴/m	扁 率	修订日期
IAG 1975	6378140	298.257	2009－11－24
CGCS2000	6378137	298.257222101	2008－7－1

对地球形状测定后，还必须确定大地水准面与椭球体面的相对关系，即确定与局部地区大地水准面符合最好的一个地球椭球体——参考椭球体，这项工作就是参考椭球体定位。

2. 测量坐标系

地球椭球体与大地基准面是一对多的关系，也就是说基准面是在地球椭球体基础上建立的，但椭球体不能代表基准面，同样的椭球体可以定义多个基准面。为了让大地基准面与当地更匹配，测量和定位更精确，很多国家都开发了自己的大地基准面。比如，我们经常听到的 1954 年北京坐标系、1980 西安坐标系，实际上指的是我国的两个大地基准面。我国参照苏联从 1953 年起采用克拉索夫斯基椭球体建立 1954 年北京坐标系，1978 年采用国际大地测量协会推荐的 1975 地球椭球体（IAG75）建立了新的大地坐标系——1980 西安坐标系。

在测量工作中，常用的坐标系的种类很多，如天文地理坐标系、大地坐标系、空间大地直角坐标系、平面直角坐标系等。在水电枢纽工程中，由于范围相对较小，通常采用平面直角坐标系。

为了建立各种比例尺地形图的测图控制和工程测量控制，通常需要将椭球面上各点的大地坐标，按照一定的数学规则投影到平面上，并以相应的平面直角坐标表示。而地球椭球面是个不可展的曲面，假如把它直接展为平面，必然发生破裂或褶皱，所以不可能将其毫无变形地展为一个平面。也就是说椭球面上的元素投影到平面上，都会产生一定的变形。这种变形一般分为长度变形、角度变形和面积变形。变形是不可避免的，但若给予一定的条件，如等角条件、等积条件，则可使其中某种变形等于零，用以满足不同用途对地图投影的要求。

按变形性质地图投影可分为等角投影（也称正形投影）、等（面）积投影和任意投影。按照构成方法可以把地图投影分为几何投影和非几何投影。几何投影是地图投影最初建立的模式，它是把地球椭球面上的经纬线投影到几何面上，如圆柱面和圆锥面，然后将几何面展为平面而成的。根据几何面的形状可以分为方位投影、圆柱投影和圆锥投影，这样也就具有了几何意义。非几何投影是不借助于几何面，根据某些条件用数学解析法确定地球椭球面与平面之间点与点的函数关系。在这类投影中，一般按经纬线形状又分为伪方位投影、伪圆柱投影、伪圆锥投影和多圆锥投影。

在国际上应用比较多的是高斯—克吕格投影（Gauss－Kruger），又叫横轴墨卡托投影（Transverse Mercator），以及兰勃特投影（Lambert Conformal Conic），下面简要介绍一下兰勃特投影性质以及兰勃特投影坐标。

（1）兰勃特投影性质。兰勃特投影，又名等角正割圆锥投影，由德国数学家兰勃特（J. H. Lambert）在 1772 年拟定，是最适用于中纬度的一种投影。设想用一个正圆锥切于或割于球面的纬线，应用等角条件将地球面投影到圆锥面上，然后沿一条母线（一般为中央经线 L_0）展开，即为兰勃特投影平面。投影后纬线为同心圆弧，经线为同心圆半径，见图 6.1-4。

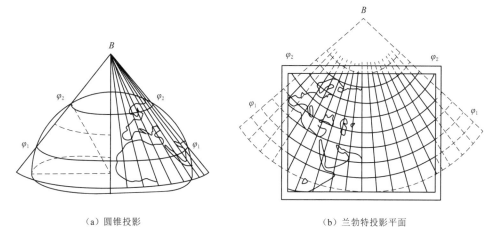

（a）圆锥投影　　　　　　　（b）兰勃特投影平面

图 6.1-4　兰勃特投影示意图

兰勃特投影采用双标准纬线相割，与采用单标准纬线相切比较，其投影变形小且均匀。兰勃特投影的变形分布规律如下：

1）角度没有变形，即投影前后对应的微分面积保持图形相似，故也可称为正形投影。

2）等变形线和纬线一致，即同一条纬线上的变形处处相等。

3）两条标准纬线上没有任何变形。

4）在同一经线上，两标准纬线外侧为正变形（长度比大于 1），而两标准纬线之间为负变形（长度比小于 1）。因此，变形比较均匀，变形绝对值也比较小。

5）同一纬线上等经差的线段长度相等，两条纬线间的经纬线长度处处相等。

（2）兰勃特投影坐标。如图 6.1-4（b）圆锥面与椭球面相割的纬线（纬度 φ_1、φ_2）称为双标准纬线。将中央子午线（原点经线）的投影作为该投影平面直角坐标系的 X 轴；将中央子午线与标准纬线（原点纬线，一般是最南端纬线）相交的投影点作为坐标原点 O，过原点 O 与标准纬线投影相切的直线，即从原点 O 作 X 轴的垂线，作为该投影直角坐标系的 Y 轴，指向东为正，从而构成兰勃特切圆锥投影平面直角坐标系。

双标准纬线兰勃特等角圆锥投影的定义参数有原点纬度、原点经度（中央经线 L_0）、第一标准纬线纬度、第二标准纬线纬度、原点东偏、原点北偏共计 6 个参数。

3. 高程基准

平面直角坐标只能反映地面点在某一投影面或者椭球面上的位置，并不能反映其高低起伏的差异，为此还需要建立统一的高程基准。

在测量工作中，通常大地水准面作为基准面，某一地面点到大地水准面的铅垂距离称为高程。比较常见的高程系统有大地高系 H、正高系统 H_g 和正常高系统 h，见图 6.1-5。

大地高就是地面上某点到沿通过该点的椭球

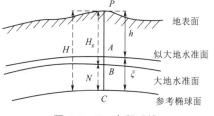

图 6.1-5　高程系统

面法线到参考椭球面的距离。

正高系统是以大地水准面为基准面的高程系统。地球上某点的正高就是该点到通过该点的铅垂线与大地水准面的交点之间的距离。

正常高系统是以似大地水准面为基准的高程系统。某点的正常高是该点到通过该点的铅垂线与似大地水准面的交点之间的距离。似大地水准面指的是从地面点沿正常重力线量取正常高所得端点构成的封闭曲面。

这里需要注意的是，似大地水准面严格来说不是水准面，但接近于水准面，只是用于计算的辅助面。N 为大地水准面与参考椭球面之间的高程差，称为大地水准面差距；ξ 为似大地水准面和参考椭球面之间的高程差，称为高程异常。这两者都可通过天文水准或天文重力水准的方法求定。

4. 巴基斯坦国家测量系统

巴基斯坦国家测量系统最早在18—19世纪由英国建立，目前多套坐标系统并存。主要使用的则是 Everest1830 椭球和兰勃特等角圆锥投影（LCC），有两条标准纬线，其长度比例因子为 0.9989691。基本参数见表 6.1-2。

表 6.1-2   巴基斯坦国家椭球与坐标系统参数

参　数	参　数　值	参　数	参　数　值
椭球	Everest1830	纬度原点	32°30′00″
投影	兰勃特等角圆锥投影（LCC）	第一标准纬线	29°39′19.64″
基准参数	$a = 6377301.243$	第二标准纬线	35°18′51.46″
	$b = 6356100.228$	X 常数	2743196.400
	$e = 0.0814729826527$	Y 常数	914398.800
	$f = 0.00332444929666287$	比例因子	0.9989691
中央经线	68°00′00″		

目前，巴基斯坦使用的平面系统是巴基斯坦国家平面坐标系统，高程系统为巴基斯坦国家高程系统。

6.1.3.2　控制测量

控制测量是在一定范围区域内建立控制网，精确测定地面点的空间位置，是各种测量工作的控制基础。控制测量一般分为平面控制测量和高程控制测量。

1. 平面控制测量

目前，大多数河道测绘都采用 GNSS 控制网进行观测。GNSS 控制网观测相比于导线测量具有获取速度快、不要求站点间通视、全天候观测等优点，所以 GNSS 控制网观测已成为各种测量的主要手段。

GNSS 的全称是全球导航卫星系统，它是泛指所有的卫星导航系统，包括全球的、区域的和增强的，如美国的 GPS、俄罗斯的 Glonass、欧洲的 Galileo、中国的北斗卫星导航系统，以及相关的增强系统，还有美国的 WAAS（广域增强系统）、欧洲的 EGNOS（欧洲静地导航重叠系统）和日本的 MSAS（多功能运输卫星增强系统）等，还涵盖在建和以后要建设的其他卫星导航系统。国际 GNSS 系统是个多系统、多层面、多模式的复杂组

合系统。GNSS 定位按参考点的不同位置划分为
绝对定位（单点定位）和相对定位。

（1）静态相对定位。静态相对定位是利用两
台及以上 GNSS 接收机，分别安置在基线的两
端，同步观测相同的 GNSS 卫星，以确定基线
端点在协议地球坐标系中的相对位置或基线向
量，见图 6.1-6。静态相对定位方法一般可推
广到多台接收机安置在若干条基线的端点，通过
同步观测 GNSS 卫星，以确定多条基线向量。

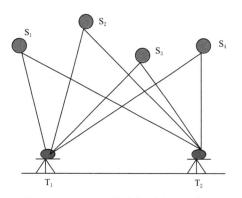

图 6.1-6　GNSS 静态相对定位示意图

静态相对定位一般均采用载波相位观测值
（或测相伪距）为基本观测量。在载波相位观测的数据处理中，为可靠地确定载波相位整
周未知数，静态相对定位一般需要较长的观测时间。在高精度静态相对定位中，当仅有两
台接收机时，一般应考虑将单独测定的基线向量联结成向量网（三角网或导线网），以增
强几何强度，改善定位精度。当有多台接收机时，应采用网定位方式，可检核和控制多种
误差对观测量的影响，明显提高定位精度。

GNSS 控制网形设计在很大程度上取决于接收机的数量和作业方式。如果只用两台接
收机同步观测，一次只能测定一条基线向量；如果有三四台接收机同步观测，GNSS 网则
可布设由三角形和四边形组成的控制网（不同观测时段之间一般采用边连接，点连接方式
较少），典型布网形式见图 6.1-7。

图 6.1-7　GNSS 控制网布设形式

（2）动态相对定位。动态相对定位是指用一台接收机安置在基准站上固定不动，另一
台接收机安置在运动载体上，两台接收机同步观测相同卫星，以确定运动点相对基准站的
实时位置。

动态相对定位中，根据数据处理方式不同，可分为实时处理和后处理。根据采用的观
测量不同，分为以测码伪距为观测量的动态相对定位和以测相伪距为观测量的动态相对定
位。以相对定位原理为基础的实时差分 GNSS 可有效减弱卫星轨道误差、钟差、大气折
射误差以及 SA❶ 政策影响，定位精度远远高于测码伪距动态绝对定位。

（3）导线测量。导线测量是指将一系列测点依相邻次序连成折线形式，并测定各折线
边的边长和转折角，再根据起始数据推算各测点平面坐标的技术与方法。按照不同的情况
和要求，单一导线可布设为附合导线、闭合导线和支导线。导线测量布设灵活，推进迅

---

❶　SA（Selective Avaibability）政策，选择可用性，美国采取的限制 GPS 定位精度的政策。

速，受地形限制小，边长精度分布均匀，所以导线测量在建立小地区平面控制网中经常采用，尤其在地物分布较复杂的建筑区、视线障碍较多的隐蔽区及带状地区常采用这种方法。

2. 高程控制测量

高程控制测量和平面控制测量一样具有重要意义，主要是测出一系列水准点的高程。通过水准点的高程，可以了解地表的形状、地壳的变化，并指导工程的设计、施工、监测等。

高程控制应布设成闭合环形网或附合高程导线（网），测量方式包括几何水准测量、三角高程测量以及 GNSS 高程测量等。测量设备主要有数字/电子水准仪、全站仪等。

（1）几何水准测量。几何水准测量以其短视线和前后视线等距及时空对称的测量方式，有效排除了以折光差为主的多项干扰因素，使得测高精度明显优于其他测量方法，它一直是河道测绘高程控制的主要测量手段。几何水准测量实施示意见图 6.1-8。

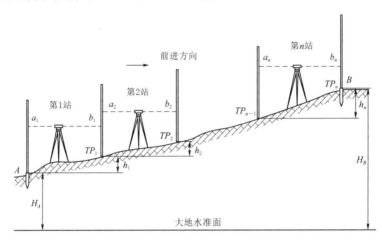

图 6.1-8　几何水准测量实施示意图

几何水准测量是用沿水准路线逐点向前推进的方式实施。在实施前，要设计好实施路线，熟悉起算点分布与等级情况，并进行稳定性分析，确保测点高程可用；同时要对测量标尺和仪器设备进行检定与校准。

图 6.1-8 中，为了测量地面上 A、B 两点间的高差，先将水准标尺 R1 竖立在水准点 A 上，再将水准标尺 R2 竖立在一定距离的 TP_1 点上，在两点之间安置水准仪，依据水准仪的水平视线，在标尺上分别读数 a_1、b_1，两标尺读数差就是两点间的高差 $H_1 = b_1 - a_1$。

第一站测完后，TP_1 点上水准标尺 R2 保持不动，A 点的水准标尺 R1 移至 TP_2 点，水准仪移至 TP_1 与 TP_2 的中间，测得这两点间高差 $H_2 = b_2 - a_2$，如此继续推进至 B 点，A、B 两点间的高差 $H_{AB} = H_1 + H_2 + \cdots + H_n$。

当 A、B 两个点高程已知，则通过平差计算可以获得中间所有水准尺落点的高程成果。

（2）三角高程测量。光电测距三角高程测量主要原理是通过观测两点间的水平距离和天顶距（或高度角），利用三角关系求定两点间高差的方法，可有效解决河道测绘中的跨河、左右前后山区高低起伏的不利情况。

三角高程测量原理见图 6.1 - 9，A、B 为地面上两点，自 A 点观测 B 点的竖直角为 α，D 为两点间的水平距离，i 为 A 点仪器高，v 为 B 点觇标高，则 A、B 两点间的高差为：

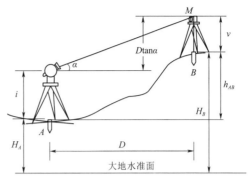

$$h_{AB} = D\tan\alpha + i - v \qquad (6.1-1)$$

而 B 点的高程 H_B 为

图 6.1 - 9　三角高程测量原理图

$$h_B = H_A + D\tan\alpha + i - v \qquad (6.1-2)$$

上式是假设地球表面为水平面，观测视线为直线条件推导出来的。在大地测量中，当两点距离大于 300m 时，应考虑地球曲率和大气折光对高差的影响。三角高程测量一般应进行往返观测（双向观测），它可消除地球曲率和大气折光的影响。边长在 3.5km 范围内可达到四等水准测量的精度；边长在 1.2km 范围内可达到三等水准测量的精度，具体可以参照相关规范要求执行。

（3）GNSS 高程测量。随着 GNSS 技术的广泛应用，GNSS 测高技术在高程控制测量中也得到了推广应用。GNSS 高程测量主要包括实时差分 RTK 测高、GNSS 跨河高程传递测量等方式。

使用 RTK 测量时获取的是大地高，而在实际工程建设和其他应用中应用的是正高、正常高等。这里就需要转换，目前常用的有七参数模型法，或高程拟合的方式，坐标转换的模型多种多样，目前常采用的为基于布尔莎模型的七参数转换方式。求解七参数至少需要 3 个以上具有所需两种椭球下的两套已知坐标成果，且已知点组成的区域应在测区内均匀分布，能够覆盖整个测区，且测区范围不宜过大，这样七参数的转换效果才会较好。高程拟合模型方式也有多种做法，比如多项式拟合法，以及当前最严密有效的似大地水准面精化方法，它是利用地球重力场模型、地面重力数据和 DEM 数据，采用"移去—恢复"法确定重力似大地水准面，再结合 GNSS 水准数据对重力似大地水准面进行拟合，进而快速精确地求得与国家或地方高程系统定义一致的似大地水准面。

当水准线路跨越江、河、海湾时，目前精密水准测量一般采用水准绕行通过或者采用三角高程方法取得两点间的高差，绕行通过大桥的方法会增加工作量，采用三角高程方法受跨距、测量环境及地形影响较大。随着 GNSS 的普及，针对以上两种方法的弊端，采用 GNSS 跨河水准测量法，最大跨距可达 3500m。采用 GNSS 进行跨河水准测量时，应遵循相关规范要求。

6.1.3.3　地形测量

地形测量是河道测绘的一项重点工作，可以为河道演变分析，水利枢纽工程的规划设计、施工与运营管理、库容计算等提供原始资料支撑，意义重大。

河道测绘可为使用者从宏观上确定流域性河流梯级开发方案、选择坝址、确定水头高度、推算回水曲线等；在局部工程河段，可以研究河床冲淤变化及河道演变，确定大型水电站、涵闸、桥墩的类型和基础深度，以及为计算库容、洪水调度、生态监测等提供基本资料；在河道整治和航运方面，及时了解河底地形，查明河道中影响船只通行的障碍物；对已建水库的坝前、变动回水区测量，可以及时了解河道冲淤变化情况，保障水库正常运行等。河道地形测量包括陆域和水域两个部分，其测量形式也包括区域不同比例尺地形图测绘和断面测量等两种方式。

1. 观测布置与采集方法

（1）比例尺与等高距选择。河道测绘中地形测量首先要选择测图比例尺和等高距。

测图比例尺应根据水面宽窄、水深大小确定，以能较准确地计算冲淤变化为原则。其指标为：水面在图纸上的宽度宜在 30mm 以上，200mm 以下；80％以上的等高线首曲线应能清晰地勾绘出来，陡峻部位应以等高线计曲线紧密排列通过为度。

测图比例尺可选用 1∶2000、1∶5000、1∶10000、1∶25000 等。比例尺一经选定，各测次均采用同一比例尺，不宜变动。

一般情况下，基本等高距的选择首先按地形类别与测图比例尺而定，详见表 6.1-3。

表 6.1-3　　　　　　　　　不同比例尺与基本等高距的关系

地形类型	地形倾角 /(°)	比 例 尺			
		1∶500	1∶1000	1∶2000	1∶5000
平坦地	$\alpha < 3$	0.5m	0.5m	1m	2m
丘林地	$3 \leqslant \alpha < 10$	0.5m	1m	2m	5m
山地	$10 \leqslant \alpha < 25$	1m	1m	2m	5m
高山地	$\alpha \geqslant 25$	1m	2m	2m	5m

（2）用途与观测布置。河道地形测量工作，在不同时期和阶段其观测布置与内容也略有不同。几种比例尺测图及用途见表 6.1-4。

表 6.1-4　　　　　　　　　不同比例尺测图及用途

比例尺	比例尺精度/m	用　途
1∶500	0.05	初步设计、水利施工图设计、竣工验收图、运营管理
1∶1000	0.1	
1∶2000	0.2	可行性研究、初步设计、观测详细规划
1∶5000	0.5	可行性研究、总体规划、坝址选择、方案比较
1∶10000	1.0	

（3）地形图精度指标。

1）平面精度要求。在河道地形图上，陆上区域地物点相对于邻近图根点的点位中误差一般不应超过图上±0.5mm；水域地形点不应超过图上±1.0mm；隐蔽或施测困难地区可放宽 50％。

2）高程精度要求。高程注记点对于邻近加密高程控制点的高程中误差应不大于

$\pm 1/4h$（h 为基本等高距），图幅等高线高程中误差应不大于 $\pm 1/3h$。

（4）采集方法概述。长久以来，河道地形三维信息采集主要采用白纸测图或数字化测图的传统方式，近些年逐渐向非接触式的无人机航测、三维激光扫描等新技术方向发展。

2. 无人机低空摄影

摄影测量按摄影距离远近可以分为航天摄影测量、航空摄影测量、低空摄影测量、地面摄影测量、近景摄影测量和显微摄影测量等。特别是无人机技术发展和测量设备高度集成与轻量化，使得无人机低空摄影测量在地形测绘方面得到了极大的发展。

无人机系统航摄遥感平台可分为飞行器系统、通信链路和地面控制站三大部分，详见图 6.1-10。

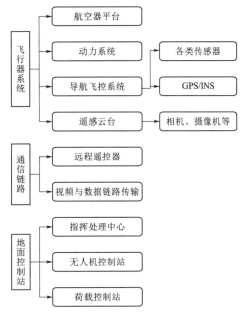

图 6.1-10　无人机系统构架图

飞行器系统的主要功能是接收航线规划并实施飞行计划。地面控制站的主要功能是指挥调度、任务规划、无人机的实时控制与飞行姿态数据的实时接收。飞行器系统通过通信链路与地面控制站进行飞行数据传递，以便地面工作人员实时监测无人机的飞行状态。

航测内业数据处理一般对硬件要求较高，处理流程详见 6.1-11。

这种在 1000m 以下的低空获取大比例尺地形图的技术，与传统的人力测量相比，有着人员少、操作简单、测量效率高、受地形影响小等特点；与航空航天遥感平台相比，有测量成本低、受天气影响小、局部反映能力强等特点。同时，无人机对于操作场地要求低，起降灵活，可以快速进行测绘工作。

3. 地面三维激光扫描

除无人机技术外，三维激光扫描技术在山区地形测量中也有了很大的发展。三维激光扫描技术也称为三维实景复制技术，被称为"继 GPS 技术以来测绘领域的又一次技术革命"。该方法不需要反射棱镜，以不接触被测物体的方法快速扫描地形，特别是山区的陡崖峭壁，直接以每秒几十万个甚至几百万个扫描点的速度获得扫描点云数据，高效地对地形进行三维建模和虚拟重建，解决了人员无法到达的难题，劳动强度下降且工作效率也得到了提高。三维激光扫描技术作为一个全新的测量技术，应用到地形测量一体化中，推动了地形测量向高科技立体图形的发展。

三维激光扫描技术是利用激光测距的原理，通过记录被测物体表面大量密集的点的三维坐标、反射率和纹理等信息，可快速复建出被测目标的三维模型及线、面、体等各种图件数据。

其测量原理如下：三维激光扫描仪通过扫描系统得到扫描测站点到待测物体表面的任

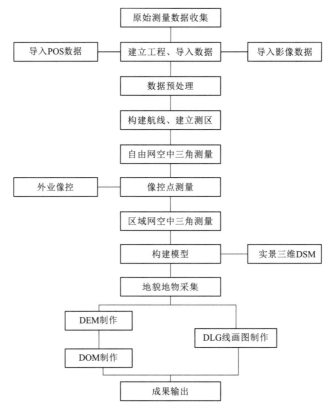

图 6.1-11　无人机内业生产流程图

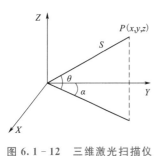

图 6.1-12　三维激光扫描仪
的内部坐标系统

一目标点的距离 S，并获得测量瞬间激光脉冲的横向扫描角度观测值 α 和纵向扫描角度观测值 θ，进而得到激光角点在物体表面的基于三维激光扫描仪的内部坐标系统三维坐标值，具体见图 6.1-12。

坐标计算公式为

$$\begin{cases} X = S\cos\theta\cos\alpha \\ Y = S\cos\theta\cos\alpha \\ Z = S\sin\theta \end{cases} \qquad (6.1-3)$$

三维激光扫描仪进行地形测量一体化作业流程见图 6.1-13。主要包括外业数据采集、内业数据处理以及成果输出等。

在地形测量一体化中，三维激光扫描测量的点云数据主要是由三维激光扫描仪对地形扫描测量所得到的。三维激光所获取的原始点云数据具有密度大、所需硬盘空间大、冗余、辨别困难等缺点，所以点云数据必须要经过一系列的平滑去噪、匹配拼接、压缩抽稀以及空洞修补等处理。对处理完成后的点云数据再进行数学建模，并提取特征点和特征线，绘制地形图。

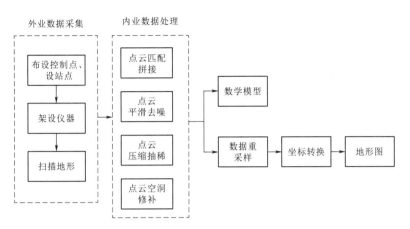

图 6.1-13　三维激光扫描仪进行地形测量一体化作业流程

4. 水下地形测量

为能够采集到测区内足够的水下地形测量数据，以反映水下地形地貌的起伏状况，提高发现水下特殊目标的能力并考虑到测量仪器载体的机动性和测量的效率、费用、安全等因素，在水下地形测量之前需要设计和布设测线。

测线是测量仪器及其载体的探测路线，分为计划测线和实际测线。水下地形测量是在定位仪器的引导下，测量仪器及其载体按照计划测线实施测量。与陆地测量不同的是，水下地形测量测线一般布设为直线。水下测线又称测深线。测深线分为主测深线和检查线两大类。主测深线是计划实施测量的主要测量路线，检查线主要是对主测深线的测量成果质量进行检测而布设的测线。

测深线的间隔测深密度是指同一测深线上水深点之间所取的间隔，它对反映水下地形有极其密切的关系，一般而言，密度越大，水底地形显示得越完善、越准确。测深线的间隔主要是根据对所测区域的需求，测区的水深、底质、地貌起伏的状况，以及测深仪器的覆盖范围而定的。总之，以满足需要又经济为原则。对于内河水域，《水道观测规范》（SL 257—2017）对不同比例尺情况下的测线间隔给出了详细的要求。以上测深间隔主要是针对单波束测深仪测量而确定的。随着多波束测深、侧扫声呐以及数光测深方法在水下地形测量中的应用，相关规范给出了测线间距的推荐准则。不同比例尺测图一般满足表 6.1-5 的要求。

表 6.1-5　　　　　　　　　　　　水下地形测量断面间距及测点距

比例尺	测线间距/m	测点间距/m	比例尺	测线间距/m	测点间距/m
1：500	8～13	5～10	1：5000	80～150	40～80
1：1000	15～25	12～15	1：10000	200～250	60～100
1：2000	20～50	15～25	1：25000	300～500	150～250

测深线方向是测深线布设时所要考虑的另一个重要因素，测深线方向选取的优劣会直接影响测量仪器的探测质量。选择测深线布设方向的基本原则如下：

（1）有利于完善地显示水底地貌。水底地貌的基本形态是陆地地貌的延伸，受波浪、河流、沉积物等的影响，一般垂直河岸方向的坡度大、地貌变化复杂；而平行河岸方向的坡度小、地貌变化简单。因此，应选择坡度大的方向布设测深线。在平直开阔的河岸，测深线应垂直等深线或河岸的总方向。

（2）有利于发现航行障碍物。在平直开阔的河道，测深线垂直河岸总方向，减小波束角效应，有利于发现水下沙洲、浅滩等航行障碍物；在小岛、山嘴、礁石附近，等深线往往平行于岛、山嘴的轮廓线，该区宜布设辐射状的测深线；锯齿形河岸一般取与河岸总方向约成45°的方向布设测深线。

（3）有利于工作。在河底平坦的水域，可根据工作上的方便选择测深线的方向，以利于艇锚泊与比对，减少航渡时间。此外，在可能的条件下测深线不要过短，也不要经常变换测深线的方向。

以上测深线布设方向的基本原则大都是针对单波束测深而言的，对于多波束测深、侧扫声呐、激光测深和其他扫测系统，还要考虑测量载体的机动性、安全性、最小的测量时间等问题，同时参照上述原则，选择最佳的测深线方向。

5. 全信息测图技术

河道测量在大多数情况是施测水道地形，其后期处理主要采用全信息测图软件进行处理，最终形成图形文件。

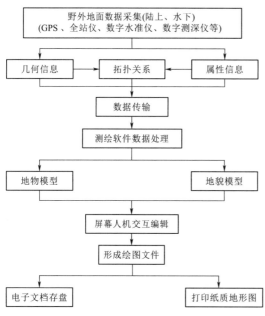

图 6.1-14 全信息测图技术实现过程图

河道数字化测图技术（全信息测图技术）是指在全站仪、GNSS、数字测深系统、导航及绘图软件等测绘仪器和绘图软件的支撑下，通过仪器、软件采集有关水体及岸线地形的空间地理信息数据，通过数据接口将采集的数据传输给电子计算机，先由计算机通过绘图软件对测量数据进行自动处理，再经过人机交互的屏幕编辑，最终形成绘图数据文件的过程。

全信息测图技术实现过程见图6.1-14。

全信息测图系统以计算机为核心，它主要由数据采集、数据处理和数据输出三部分组成，系统结构如图6.1-15。

目前，河道测绘主要采用 EpsW 全信息测图系统，它是基于 GIS 的内外业一体化河道成图系统，是集电子平板测图、掌上机测图、电子手簿、全站仪内存记录、动态 GNSS 等多种测图方法及数据库管理、内业编辑、查询统计、打印出图、工程应用于一体的完全面向 GIS 的野外数据采集软件。EpsW 全信息测图系统实施流程见图6.1-16。

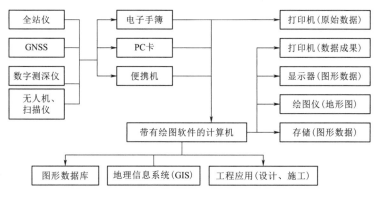

图 6.1-15 全信息测图系统结构图

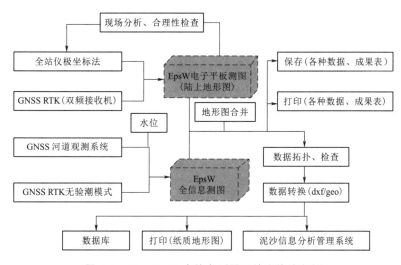

图 6.1-16 EpsW 全信息测图系统实施流程图

6.2 测绘关键技术

6.2.1 基于精密星历控制测量技术

6.2.1.1 GNSS 技术测量特征

控制测量是河道测绘的重要分支。近年来，随着无线技术、传感技术和信息技术的飞速发展，传统的河道测绘技术也发生了新的变革，逐渐呈现了以 GNSS 无线定位测量技术为主的全新发展方向。随着测绘技术的不断革新，GNSS 技术在河道测绘中的特点呈现在以下方面：

1. 区域范围小，网中基线编较短

一般来说，采用 GNSS 技术能够使接收机的卫星信号具有类似的误差特性，且接收网中基线边误差不会超过 5km，在信号接收的过程中，能通过差分解算使公共误差得到很大程度的抵消，从而获得高精度的测量数据。而区域范围小、网中基线边较短的特性也成为 GNSS 测量技术的核心优势。

2. 测量点选择灵活

传统测量模式下，相邻的测量点之间需要互相通视，因此对测量工作条件和人员素质要求较高，且人眼观测也会使测量的精度降低。在 GNSS 测量中，无须考虑站点的互相通视，测量的数据完全依靠卫星给出，精度和灵活性都得到显著提升，测量的过程完全由计算机自动完成。由于 GNSS 技术具有精密性高、区域范围小、测量点选择灵活等优势，近年来在河道测绘的水利水电工程项目测量中得到了广泛应用。

3. 弥补了传统大地测量技术的缺陷

采用电子水准仪、精密全站仪等设备，以三角测量、几何水准测量和三角高程测量作为技术手段，可完成变形监测基准网、工作基点和变形体变形测量等工作。这种技术的优点为：理论方法成熟，测量数据精准，成本较低。缺点为：观测强度较大，数据处理智能化较低。GNSS 测量技术不仅精度高、数据处理智能化程度高，且观测强度不高，弥补了传统测量的缺陷。

4. 成功运用于河道地形测量

传统的水底地形测量技术具有误差较高、作业效率较低等劣势，主要原因为：传统模式下，水底地形测量技术主要依赖经纬仪、测距仪等工具，接着采用断面法作为测量理论基础，并结合测深锤进行坝低水深数据的搜集。上述过程中，由于仪器精度不高，测量环境中未知因素较多，因此给测量的精准度带来较大的负面影响。近年来，随着 GNSS 技术的飞速发展，河道地形测量技术可依靠的仪器变得更为多元化。目前，业内技术人员主要依赖卫星定位技术与多波束探测仪之间的紧密配合对大坝水底的地形进行测量，能够将测量的精准度提升到厘米级别。

5. 使用精密卫星星历提升精度

精密卫星星历是 GPS 技术精密定位的重要保证，利用精密卫星星历，调制在 L1 载波上的卫星轨道参数、卫星轨道信息等参量能够使计算更为精确，测量误差可以得到有效控制。

6.2.1.2　吉拉姆河控制关键技术

吉拉姆河流域控制基础薄弱，高等级起算点较少，河道上下落差大，交通不便，要想进行河道利用与开发，河道测绘的第一步工作便是建立河道区域内的高等级起算依据，而其中的关键则是基于 IGS、精密星历以及各种模型运用的数据处理模式。

在开展技术设计时，根据工作需要明确以下原则：①作业采用中国技术和中国标准；②不同设计阶段尽量采用同一平面坐标系统、高程系统；③注意与吉拉姆河流域其他梯级电站的衔接，同时兼顾巴基斯坦国家审查要求；④前期设计成果应便于转换到施工控制网坐标系下；⑤尽可能采用先进技术，以保证质量、降低安全风险。

在上述原则指导下，确定了以下基本要求：

（1）作业主要采用水利水电工程相关测量规范。

（2）设计采用巴基斯坦国家坐标系统和高程基准。这主要是考虑到上下游梯级电站设计和建造时参考了位于卡洛特坝址区的国家控制点成果，另外采用巴基斯坦国家坐标系统和高程基准也是为了满足该国国家审查的需要。

（3）埋设基本标石，并定期进行复核测量，以便后期与施工控制网建立联系。

（4）作为标志性工程，应率先将卫星摄影测量、无人机摄影测量等先进技术应用于巴基斯坦水电站工程中，为其他水电站的测量工作引路。

（5）在对吉拉姆河开展统一高程测量等工作时，开展吉拉姆河统一高程测量。在地形测量工作启动时，吉拉姆河干流规划的梯级电站中曼格拉大坝已经建成，科哈拉水电站、阿扎德帕坦水电站已编制完成可行性研究报告，卡洛特水电站的设计者正在准备可行性研究工作，玛尔水电站尚处于规划阶段。各电站前期勘察设计由不同的公司完成，测量基准点存在差异，部分基础资料不一致。通过开展吉拉姆河统一高程测量，联测并统一吉拉姆河所有梯级水电站的沿线高程系统。

1.　网点布设与观测

为保证测区平面和高程控制的精度及控制测量系统的统一，将巴基斯坦国家坐标系统及高程基准引入库区的基本控制网。平面控制测量采用 D 级 GPS 控制测量，高程控制测量采用三等水准测量。在坝址区布设了 6 个固定标石，在水库区布设了 11 个固定标石。坝址区和水库区基本控制测量完成后，2015—2016 年进行了两次现场复核，复核更新了存在位移、损毁的基本控制点。

其中，三等水准标石埋设、外业观测及控制测量外业仪器设备情况见图 6.2-1。

（a）标石埋设

（b）静态观测

（c）水准观测

（d）数据检测

图 6.2-1　控制测量实施

2. GNSS 网数据处理

（1）数据处理软件。数据处理采用美国麻省理工学院的 GAMIT/GLOBK 软件。

GAMIT/GLOBK 是由美国麻省理工学院（MIT）和加州大学圣地亚哥分校 Scripps 海洋研究所（SIO）研制的 GNSS 分析软件，主要基于双差解算模式，用于测站坐标和速度场、同震分析、震后分析、大气延迟、卫星轨道以及地球定向等参数的估计。

GAMIT 软件代码基于 Fortran 语言编写，由多个功能不同并可独立运行的程序模块组成，具有处理结果准确、运算速度快、版本更新周期短以及在精度许可范围内自动化处理程度高等特点。基线解的相对精度能够达到 10^{-9}，解算短基线的精度能优于 1mm，是世界上最优秀的 GNSS 软件之一。近年来，该软件在数据自动处理方面做了较大的改进。其不仅可在基于工作站的 Unix 操作平台下运行，而且可以在基于普通计算机的 Linux 平台下运行。

GLOBK（Global Kalman Filter）是一个卡尔曼滤波器，可联合解算空间大地测量和地面观测数据。其处理的数据为"准观测值"的估值及其协方差矩阵。"准观测值"是指由原始观测值获得的测站坐标、地球自转参数、轨道参数和目标位置等信息。GLOBK 软件主要有以下三个方面的应用：产生测站坐标的时间序列，检测坐标的重复性，同时确认和删除那些产生异常域的特定站或特定时段；综合处理同期观测数据的单时段解以获得该期测站的平均坐标。

（2）基线解算。由多台 GNSS 接收机在野外通过同步观测所采集到的观测数据，被用来确定接收机间基线向量及其方差—协方差阵。对于一般工程应用，基线解算通常在外业观测期间进行；而对于高精度长距离的应用，在外业观测期间进行基线解算，通常是为了对观测数据质量进行初步评估，正式的基线解算过程往往在整个外业观测完成后进行。基线解算的过程如下：

1）导入观测数据。在进行基线解算时，首先需要导入原始的 GNSS 观测值数据，一般来说，各接收机厂商随接收机一起提供的数据处理软件都可以直接处理从接收机中传输出来的 GPS 原始观测值数据，而由第三方开发的数据处理软件则不一定能对各接收机的原始观测数据进行处理，通常需要进行观测数据的格式转换，目前最常用的格式是 RINEX 格式。

2）检查与修改外业输入数据。在导入了 GNSS 观测值数据后，就需要对观测数据进行必要的检查，以发现并改正由于外业观测时的误操作所引起的问题。

3）设定基线解算的控制参数。基线解算的控制参数用来确定数据处理软件采用何种处理方式来进行基线解算。

4）基线解算。基线解算的过程一般自动进行。

5）基线质量的控制。基线解算完毕后，基线结果并不能马上用于后续的处理，还必须对其质量进行评估，只有质量合格的基线才能用于后续处理。

6）得到最终的基线解算结果。基线解的输出结果随着数据处理软件的不同而不同，但通常有一些共有的内容。基线输出结果可用来评估解的质量，并可以输入到后续的网平差软件中进行网平差处理。一般情况下，基线解算结果如下：

a. 数据记录情况（起止时刻、历元间隔、观测卫星、历元数）。

b. 测站信息：位置（经纬高度）、所采用接收机的序列号、所采用天线的序列号。

c. 每一测站在观测期间的卫星跟踪状况。

d. 气象数据。

e. 基线解算控制参数设置（星历类型、截止高度角、解的类型、对流层折射的处理方法、电离层折射的处理方法、周跳处理方法等）。

f. 基线向量的估值及其统计信息。

g. 观测值残差序列。

3. 数学模型

（1）观测方程的组成。由于 GNSS 原始相位观测量包含的接收机和卫星钟差，因此在实际数据处理中，常在接收机间求一次差、在接收机与卫星间求二次差，以消除钟差的影响，即双差相位观测量（double-difference）。如果 GNSS 观测站非常接近，则单差观测还可消除掉对流层和电离层对载波相位信号和伪距信号的延迟影响，所以双差观测量常被大多数的 GNSS 数据处理软件采纳。双差观测量的组成是一件看似简单实则复杂的事，GAMIT 软件采用了一种巧妙的算法（Difference-operator），将相位非差观测量组成独立的单差或双差观测量。

（2）消除电离层后的组合观测值。常用的消除电离层影响的组合是 ionospheric-free linear combination（LC）观测量组合，GAMIT 软件提供 LC 解。对于基线较短的控制网，电离层延迟相关性很强，通过站间差分，可消掉电离层一阶影响；对于基线很长的 GNSS 数据，这时电离层延迟的相关性很差。基线解算选用消除掉电离层影响的 LC 解。

（3）主要参数设置。

1）卫星轨道：采用 IGS 精密星历。

2）卫星截至高度角：$10°$。

3）历元间隔：GNSS 网 5s。

4）观测值：消除电离层后的组合观测值。

5）对流层改正模型：采用 Saastamoinen 模型进行标准气象改正。

6）太阳辐射压改正：BERNE 模型。

7）对流层延迟模型：一阶高斯—马尔可夫。

8）基线解算坐标约束：起算点水平方向给予 5cm、垂直方向给予 10cm 的约束，待解算点给予 10m 的约束。

9）固体潮模型：IERS2010（IERS2010 固体潮模型延续使用 IERS2003 标准）。

10）海潮模型：FES 系列海潮模型（FES2004）。

11）对流层映射函数模型：VMF1。

12）天顶延迟参数个数：13。

（4）IGS 精密星历。IGS（International GNSS Service）是一个国际性的 GNSS 高精度产品服务组织，在全球有约 1800 个 IGS 站，IGS 利用这些站点的数据发布卫星轨道、卫星钟、电离层、对流层等数据产品。

基于精密星历的卫星位置计算方法具有高精度、高可靠性、高稳定性等优点，已经成为卫星定位技术的主要方法之一。在现代导航、通信、气象、地球物理等领域，都广泛应用了基于精密星历的卫星位置计算方法，为人类社会的发展和进步作出了重要贡献。

（5）卫星轨道。采用轨道松弛模式，在估算测站位置的同时，还允许卫星轨道（IGS精密星历）和地球自转参数（Bull＿A）有微量的调整；同时参数估计卫星天线的径向偏差。轨道的松弛解模式不仅能增加公共参数，而且可以有效消除不同时期 IGS 精密轨道框架的不一致从而改善卫星轨道的整体精度。

（6）对流层改正模型。采用 SAAS 模型计算对流层天顶的干、湿延迟分量的初始值，同时每个测站 2 个小时估计 1 个天顶延迟修正参数，气象数据由 GPT 模型获得，映射函数采用 VMF1 模型或 GMF 模型。

对流层路径延迟 90％是源于大气的干分量。由于干燥气体在时间和空间上较稳定，大气干分量导致的路径延迟采用合适的模型可得到较好的改正。

（7）固体潮模型。数据处理中采用的地球重力场、固体潮和极潮模型都遵循 IERS2003 规范。固体潮导致的测站位移效应可由 Love 数和 Shida 数表征。Love 数和 Shida 数的有效值依赖于测站的纬度和潮汐频率。过去长期使用的固体潮模型 IERS92 的 Love 数和 Shida 数只依赖于 K1 频率，与其他频率和测站纬度无关，而且，与 K1 的相关性也仅体现在对垂向分量的一个二次改正。采用 IERS2010 固体潮模型，该模型对 IERS92 模型的上述缺陷进行了逐步修正，精度可以达到亚毫米级。

（8）极潮模型。极潮是指地壳对自转轴指向漂移（极移）的弹性响应。极移使自转轴在北极描出直径约为 20cm 的近似圆，还使自转轴有一个长期的变化。为了获得更精确的极潮效应改正，IERS2003 规范推荐采用 2000 历元平均极。相对于 2000 历元平均极的极潮效应改正，在精度提高的同时，与原来的改正方法之间还存在系统的偏差，特别是在位置的垂向分量上。

（9）海潮模型。近几年，对测站施加海潮效应改正可以提高定位精度已取得共识。但海潮模型是在固联于固体地球的参考框架中计算得到的，没有考虑地球质心随海水质量的重新分布而发生的变化。虽然在确定 GNSS 卫星轨道的过程中，地球质心较大尺度的运动会被轨道模型吸收掉，但更严谨的做法是将海潮效应改正归算到质心。

FES 系列模型是由 C. LeProvost 领导的法国潮汐小组（French Tidal Group，FTG）研发的同化模型。FES99.1 和 FES2004 海潮模型是基于 CEFMO 流体动力模型和 CADOR 同化模型建立的。FES2004 模型同化了 671 个验潮站、337 个 T/P 卫星交叉点数据和 1254 个 ERS－2 卫星交叉点数据，应用 MOG2D－G 海平面模型对混叠效应进行改正，并在建模中计算负荷径向形变和重力位摄动，格网分辨率为 0.125°。

（10）相位整周模糊度解算。相位整周模糊度的解算一直是 GNSS 定位的关键技术之一。将参数估计得到的整周模糊度固定为整数，可以显著提高定位的精度。对于短基线（20km 内），数据处理通常直接采用 L1 和 L2 的相位观测，其双差具有整周特性，因此可以直接固定整周模糊度，相关算法比较简单。但长基线的处理需要利用 L1 和 L2 的线性组合 LC 以消除电离层折射的影响，其对应的模糊度不再具有整周特性，必须通过一系列的变换，比如，首先固定宽巷模糊度，其次固定窄巷模糊度，然后才能确定 LC 的模糊度。

除电离层折射外，对流层延迟、轨道误差以及较短的双差弧段也是制约长基线相位模糊度固定的重要因素。如果有双频的精码伪距，则可组成无钟差、无电离层和对流层延迟、无站间几何信息的 Melboure‐Wubbena 组合。从理论上讲采用 Melboure‐Wubbena 组合，模糊度的固定与基线的长度无关，全球任意两个测站的观测值，只要可以组成双差，均可以实现双差模糊度的整周固定。但由于目前很多接收机提供的是 C1 和 P2 伪距，C1 码的精度在过去很长时间里限制了这种方法的应用。

近年来，人们开始关注 C1 码和 P1 码间的偏差（differential code bias，DCB，与卫星相关）在卫星中和电离层总电子含量估计等方面的影响。2002 年 IGS 数据分析中心 CODE（Center for Orbit Determination in Europe）开始利用 GNSS 数据估算 DCB，提供 DCB 服务。通过 DCB 改正获得 P1 和 P2 伪距，使固定长基线的整周模糊度成为可能，长基线的定位精度显著提高。

GAMIT 软件求解双差模糊度参数采用 B 映射算子（B‐mapping operator），将它们映射成独立的双差模糊度参数。映射算子的选择考虑了基线越长，电离层延迟影响越大的情况，因此，映射操作尽量避免生成甚长基线的模糊度参数。经过上述操作，便可以求解测站坐标参数，即测站坐标、卫星轨道参数和动力学参数、极移参数、测站天顶延迟参数、实数的双差模糊度参数。

（11）同步环 Nrms 值统计。由于 GAMIT 软件采用的是网解（即全组合解），其同步环闭合差在基线解算时已经进行了分配。对于 GAMIT 软件基线解的同步环检核，可以把基线解的 Nrms 值作为评价同步环质量好坏的一个指标。

（12）基线重复性统计。对各基线边长、南北分量、东西分量和垂直分量的重复性进行固定误差和比例误差的直线拟合，作为衡量基线精度的参考指标。

4. 平差计算

（1）平差模型。GAMIT 软件一次只能解算一个时段同步观测站的数据（目前一般一个时段的长度为 1d），将它称为单天解。对于连续多天观测（一般连续 7d），可以得到多个单天解，然后可将这些单天解合并成整体解（单周解）。对于永久 GNSS 观测站而言，可得到大量的单周解，将这些单周解合并，又可以得到一年解。合并多时段解的常用方法是最小二乘平差法，这通常是法方程叠加过程。除用最小二乘平差法外，还可以用卡尔曼滤波法，卡尔曼滤波法的好处在于它计算速度较快，节约内存等。

（2）卡尔曼滤波估计。因为用于合并的单天解的约束都很松，所以联合后解的测站坐标组成的网没有固定参考基准。理想情况下，GNSS 解的结果不应该存在网的平移和旋转，因为 GNSS 卫星围绕地球质心运动，但没有约束的地面跟踪网和摄动力模型的误差往往影响了解的结果。因此，当所有数据都参与计算后，需对向前卡尔曼滤波估计的解施加约束，然后，将施加约束后的解作为向后卡尔曼滤波估计的先验约束，启动向后卡尔曼滤波估计。

（3）单天解的联合平差。GAMIT 软件的输出结果文件提供了参与计算的 GNSS 点的坐标和卫星轨道参数以及极移参数的先验值，以及这些参数的先验约束、解向量以及这些参数的协方差矩阵，这为利用卡尔曼滤波合并单天解提供了有利条件。一般情况下这些先验约束都很松（卫星 100m、测站 10m），不至于影响解的结果。

（4）平差方案。在 WGS‐84 大地坐标系下，约束所选取的连续运行基准站，做三维约束平差，同时以地方定义的坐标系和已知坐标成果，解算出当地平面坐标系成果。

5. 高程控制基准建立

为统一吉拉姆河干流 5 个梯级电站的高程基准，在吉拉姆河干流从曼格拉大坝到科哈拉水电站河段开展了统一高程测量。采用三等水准测量进行统一高程测量。主要工作包括水准点标石埋设、三等水准测量、复核科哈拉和玛尔水电站已有四等水准成果、联测玛尔、阿扎德帕坦、卡洛特、曼格拉 4 个水电站坝址附近水准点。统一高程测量涉及的范围从科哈拉坝址至曼格拉大坝，埋设水准点标石 29 个，联测各个电站已有控制点 7 点，实测三等水准路线长度 361.1km。

6.2.2　局部大地水准面精化技术

大地水准面是获取地理空间信息的高程基准面，在高精度、高分辨率（似）大地水准面模型的支持下，利用 GNSS 技术可以直接测定正高或正常高，从而取代传统复杂的水准测量方法，节省人力、物力。

1. 技术方法与模式

确定大地水准面的方法主要包括几何法、重力学法以及组合法。几种方法的技术模式见图 6.2 - 2。当前最严密有效的似大地水准面精化方法是利用地球重力场模型、地面重力数据和 DEM 数据采用移去—恢复技术确定重力似大地水准面，再结合 GNSS 水准数据对重力似大地水准面进行拟合，进而快速精确地求得与国家或地方高程系统定义一致的似大地水准面。

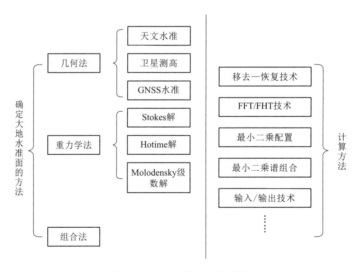

图 6.2 - 2　技术方法与模式

2. 移去—恢复技术计算流程

根据地球重力学的理论，地球表面任意一点的高程异常可以分解为三个分量，即长波分量、中波分量和短波分量

$$\zeta = \zeta_{GM} + \zeta_{\Delta G} + \zeta_T \qquad (6.2 - 1)$$

式中：ζ_{GM} 为长波分量，也称为重力场模型高程异常；$\zeta_{\Delta G}$ 为中波分量，也称残差高程异

常；ζ_T 为短波分量，即地形起伏对高程异常的影响。移去—恢复技术计算流程见图 6.2 - 3。

图 6.2 - 3　移去—恢复技术计算流程

6.2.3　无验潮水道测量技术

目前，水域三维信息采集模式已基本定型于利用 GNSS 测定水底点的平面位置，利用测深仪测定水底点的水深，附之以瞬时潮位或水位资料，获得点位的高程，故完整的水域三维信息采集包括平面定位、水深测量、水位控制测量等内容，根据水位获取的方式不同可以分为验潮模式和无验潮模式，下面分别介绍。吉拉姆河流域水道地形测量部分现场见图 6.2 - 4。

（a）水下地形测量　　　　　　　　　　　　　　　　（b）水位控制测量

图 6.2 - 4　吉拉姆河流域水道地形测量现场照片

1. 平面定位

平面定位是水下地形测量中的一项重要工作，是获取测点所在位置的实时平面坐标 (X,Y)，一般是得到水深测量载体的平面位置。水域平面定位测量主要包括早期的光学定位和陆基无线定位。自 20 世纪末以来，随着 GNSS 技术的突飞猛进，定位技术取得了突破性的进展。目前，水上平面定位广泛采用 GNSS 定位技术。

水下光学定位与陆上定位原理和方法相同，以交会法为主，即通常所用的前方交会法、后方交会法等，在 20 世纪 60、70 年代应用广泛。

无线电定位包括陆基无线电和空基无线电两种。陆基无线电于 20 世纪初发展起来，系统的主要部分为地面导航台，该方法具有作用距离远和全天候连续定位等特点，其作用距离有几十千米到上千千米，其工作原理主要是测量距离定位和测量距离差定位，通过在陆上设立若干个无线电（反）射台（又称为安台），通过测量无线电波传播的距离或者距离差来确定运动的船台相对于岸台的位置。

GNSS 定位技术包括 RTK 技术、PPP 技术、网络 RTK 技术等，差分定位技术弥补了光学定位的不足，得到了迅速的发展。

GNSS 在作为水下测量的平面定位应注意以下问题：

（1）GNSS 定位精度转换参数的准确性。GNSS 主要完成水上的定位和导航。目前 GNSS 主要采用基站架设、手机通信或网络 RTK 等模式，但最主要的还是基站架设的实时相位差分 GNSS 形式，这种模式主要影响因素有测区参数转换误差、传播误差、船体姿态误差等，公式为

$$\delta_{定位误差} = [(\delta_{GPS}^2 + \delta_{基站架设}^2 + \delta_{参数}^2 + \delta_{船体姿态}^2 + \cdots)/n]^{1/2} \qquad (6.2-2)$$

目前某些公司生产的 GNSS 能在高速船体精确定位达到毫米级精度，在任何环境下均能保持优良的特性。机器具有一体化设计、易于使用和设置、低延时、高速率位置输出、高抗干扰能力的优点。

（2）GNSS 接收机与测深仪器的时间严格同步。GNSS 接收机通常每秒（协调世界时，UTC）通过 RS-232C 串行口输出一组导航信号，导航信号的数据以 NMEA 0183 格式为主。测深仪在测量时从串口不断输出测深数据。计算机的两个串口分别连接到 GNSS 接收机和测深仪的数据输出口，同时接收 GNSS 和测深仪输出的数据。由于计算机根据导航数据首字节到达时间和测深数据首字节到达时间存在时间差，即时间的延迟，在测量过程中要精确求出这个差值，以免平面定位和水深值发生飘移。

2. 水深测量

水深测量是量测某一瞬时水面到水底沉积物表面间垂直距离的一项工作，按照测量时基于的载体不同，可分为船载、机载和星载测深系统。水深测量经历了杆测锤测测深（点测量）→单频单波束测深（点测量）→双频单波束测深、浅层剖面仪（点测量）→多波束测深、侧扫声呐（面测量）几个发展阶段。

（1）水深测量原理。回深测深是利用声波在水中的传播特性测量水体深度的技术。声波在均匀介质中匀速直线传播，在不同界面上产生发射，利用这一原理，选择对水的穿透能力最佳、频率在 1500Hz 左右的声波，垂直水面向河底发射信号，并记录从声波发射到信号由水底返回的时间间隔，通过模拟或直接计算，测定水体的深度。

回声测深仪的示意图和基本原理见图 6.2-5 和图 6.2-6，由发射换能器向水下发射超声波，声波在水中传播至河底并发生反射，反射声波又经水传播至接收换能器，被接收换能器接收。若超声波在水中的传播速 C 作为已知恒速，并测得超声波往返间隔时间 Δt，则可计算水深 h。

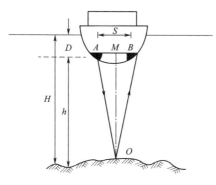

图 6.2-5 回深测深仪示意图

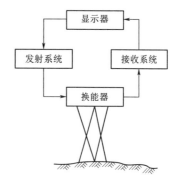

图 6.2-6 回深测深仪基本原理图

水深值为

$$H = D + h$$

其中

$$h = MO = \sqrt{AO^2 - AM^2}$$

$$= \sqrt{\left(\frac{1}{2}C \cdot \Delta t\right)^2 + \left(\frac{1}{2}s\right)^2} \tag{6.2-3}$$

式中：h 为船底到海的垂直距离；D 为船舶吃水。

若使 $S \to 0$，则 $\frac{S}{2} = 0$，那么有

$$h = \sqrt{\left(\frac{1}{2}C \cdot \Delta t\right)^2} = \frac{1}{2}C \cdot \Delta t \tag{6.2-4}$$

利用上式求得的水深与实际水深之间是有差异的，为了无限接近实际水深，一般需要对回声仪实测水深数据施加改正，一般包括吃水改正、转速改正、声速改正等。其中声速改正影响最大。

（2）声速测量。声速是重要的水深测量参数之一，精确测量声速是声波准确测距的基础，单波束测深仪的深度矫正、多波束测深仪波束角矫正及声线弯曲校正都离不开声速测量。为提高水深测量精度，必须准确测量声速。水体中的声速是一个比较活跃的变量，它取决于介质中的许多声传播特性，随季节、时间、地理位置、水深、水流等的变化而不同。水体中影响声速的因素比较复杂，完全由理论计算获得其准确值不太可能。但大量的实验表明，水体中的声速主要受水温、盐度和深度（压力）影响，其中以水温变化对声速影响最大。因此，水温观测精度是影响水深测量的重要精度之一。

由于波束在穿透水体到达水底经历的各个水层中的声速存在差异，声线为曲线而非直线。为了准确获得波束的实际投射点在载体坐标系下的坐标，就需要进行声线改正。声线改正又称为声线跟踪（Sound Ray Tracing），通常采用基于层内常声速假设和常梯度变化假设跟踪声线，无论何种声线跟踪方法，波束经历水柱的声速变化（声速剖面）、传播时初始入射角是声线跟踪的基本参数。

声速通常通过两种途径获得，一种是直接测量，一种是利用声速经验根据温度、盐度和深度（压力）参数计算。

1）直接测量。水体中声速的测量通常采用声速剖面仪。为了得到较高的声速测量精度，通常测量声波在已知距离内往返多次的时间，即用接收到的反射回波信号去触发发射电路，再发射下一个脉冲，这样不断地循环下去，这种方法称为环鸣法（或脉冲循环法）。采用环鸣法直接测量声信号在固定的已知距离内的传播时间，进而得到声速，同时通过温度及压力传感器测量温度和垂直深度。它能快速、有效、方便地为测深仪、声呐、水下声标等水声设备校正测量误差提供实时的声速剖面数据。目前市场上的主流产品海鹰HY1203声速剖面仪，主要由声速剖面仪探头、通信电缆、工作电缆、充电器组成，其测得的数据记录在仪器内部存储单元中，待声速剖面仪离开水面后，由用户提到计算机中，直接测量十分方便。

2）间接测量。间接法也是确定声速的另一种重要手段。水体中的声速与温度、盐度和深度（压力）变化密切相关，利用这种相关性建立起来的经验模型称为声速经验模型。

声速本身是一个重要的水体物理参数，它可表示为温度、盐度和深度（或压力）的函数。从 20 世纪 50 年代起，先后提出了适用不同水域的声速经验公式。目前常用的有以下几种声速经验公式。

a. 我国采用的计算公式为

$$C = 1450 + 4.06t - 0.0366t^2 + 1.137(\sigma - 35) + \cdots \qquad (6.2-5)$$

b. 国际威尔逊计算公式为

$$C = 1449 + 4.623t - 0.0546t^2 + 1.391(\sigma - 35) + \cdots \qquad (6.2-6)$$

c. 《水道观测规范》（SL 257—2000）公式为

$$C = 1449.2 + 4.6t - 0.055t^2 + 0.00029t^3 + (1.34 - 0.01t)(\sigma - 35) + 0.017D$$
$$(6.2-7)$$

式中：t 为水的温度；σ 为含盐度；D 为水深。

在公式的省略项中还含有水静压力的因素。水深的变化将引起静压力和温度的变化，从而引起声速变化，但两者的影响几乎可以相互抵消，所以在这三个因素中，水温的变化对声速的影响最大，需要进行补偿，通常在水体垂直温度变化较大的情况或水深较大时常采用声速剖面仪施测垂直水温分层情况，然后对施测的水深进行水温改正。

（3）测深仪组成。测深仪是水下地形测量的重要设备，依据水声测距技术开展水深测量。测深仪器最基本的组成部件包括激发器、收发换能器、放大器以及显示和记录器，它们的主要工作机理及情况如下：

1）激发器。它是一个产生脉冲振荡电流的电路装置，以一定的时间间隔产生触脉冲，输出脉冲振荡电流信号给发射换能器。

2）收发换能器。声波的发射和接收是由换能器来实现的。将激发器输出的脉冲振荡电流信号转换成电磁能，将电磁能转换成声能的装置叫发射换能器；将接收的声能转换成电信号的装置叫接收换能器。

3）放大器。它是将接收换能器收到的微弱信号加以放大。

4）显示和记录器。它通常控制发射与记录声波脉冲发射和接收的时间间隔，根据需要可记录测得深度的模拟量作为硬拷贝；也可以进行数字化处理。

根据换能器发射声波的个数、声波发射方向以及换能器安装方式的不同，测深仪发展成单波束测深仪、多波束测深仪等类型。单波束测深仪工作原理与测深仪记录纸见图 6.2－7。

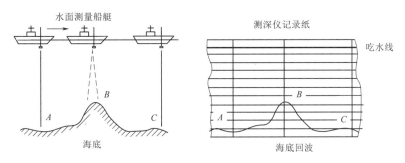

图 6.2－7　测深仪工作原理与测深仪记录纸

（4）测深精度保证。测深仪测量的水深值的最终结果可以表示为。

$$H_D = H_d - H_h + H_{dr} - H_w \tag{6.2-8}$$

其中

$$H_d = \frac{1}{2}vT \tag{6.2-9}$$

式中：H_D 为归算后的水深值；H_d 为测量的水深值；H_h 为换能器总的起伏；H_{dr} 为动态吃水；H_w 为从深度基准面起算的水位高；v 为超声波在水中传播的速度；T 为超声波在水中运行往返的时间。

一般的说，影响测深误差的关键在于超声波在水中传播的速度 v，而超声波在水中传播的速度是由水的温度、含沙量、含盐度的变化决定的，而与比例尺无关，公式为

$$\delta^2_{深度比例误差} = h_{深度} \times \frac{1}{100} \tag{6.2-10}$$

$$\delta_{实际水深} = \left(\frac{\delta^2_{深度固有误差} + \delta^2_{深度比例误差} + \delta^2_{温度误差} + \delta^2_{盐度误差} + \cdots}{n} \right)^{1/2} \tag{6.2-11}$$

式中：n 为固有误差、比例误差、温度误差、盐度误差的个数。

动态吃水 H_{dr} 主要由于测船在航行时有个下沉量，其量的大小与船的速度有关，一般为 0.1～0.15m。下沉量的大小与船速基本成正比，故在施测时要合理地选择航速，且不能随便改变。

3. 水位控制测量

水深数据通过水位可以批量地转换为水体测点高程，因此水位值具有控制性作用，对成果质量有直接的、重要的影响。通常把水位或水尺零点接测，称为水位控制测量。

水位控制测量应符合下列规定：水位控制测量的引据点高程规定不低于四等高程，采用精度不低于五等几何水准或相应于五等测距三角高程；水尺零点高程的联测，一般不低于四等水准测量精度；水位观测间距（上、下游或相邻段）及频次（同一地点）应根据水位变化速度而定，并符合表 6.2－1 规定。

表 6.2 - 1　　　　　　　　　　　水位控制测量频次要求

区域	水位变化特征	观测次数	备　注
河道区域	$\Delta H < 0.1 \mathrm{m}$	测深开始及结束时各 1 次	
	$0.1\mathrm{m} \leqslant \Delta H \leqslant 0.3\mathrm{m}$	测深开始、中间、结束各 1 次	
	$\Delta H > 0.3\mathrm{m}$	每小时 1 次	
	充泄水影响	10~30min 1 次	水利枢纽影响河段

注　ΔH 为日水位变化值，使用自记水位计自记水位（潮位），采集时间间隔宜为 10min。

　　水位控制测量期间要观测水位涨落情况，自然河流、水位线性变化的河流可以采用上述方法，若非线性变化则可以采用无验潮三维水道观测技术。

4. 无验潮模式

　　水道地形测量关键技术是获取水深值和瞬间的潮位值（或称为水位值），目前，河道水深值主要通过测深系统获取，潮位（水位）主要通过全站仪、水准仪或是水位自记等方式获得。而基于 GNSS 三维水道观测技术即 GNSS 验潮模式进行水下地形测量，其潮位的获取来自 GNSS 观测值，是利用 GNSS 实时动态测量技术及其他附属设备（如姿态仪等）实测的数据，通过实时或事后联合解算，计算出测深仪换能器声学中心的三维位置，从而通过软件推算，获得水下测点的平面位置和高程。所以，该方法被称为 GNSS 三维水道观测技术，因潮位值（水位值）来源于 GNSS，所以也被称作 GNSS 验潮测量技术，平时所说的 RTK 无验潮也就是采用了 GNSS 观测值作为潮位值。

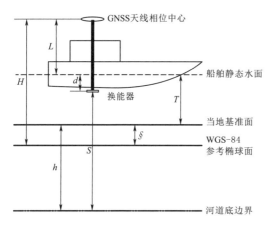

图 6.2 - 8　GNSS 三维水道观测基本原理图

　　GNSS 三维水道观测基本原理见图 6.2 - 8。假设船舶静止在水面上，H 为大地高，L 为 GNSS 接收机天线相位中心到水面的高度，d 为换能器到水面的距离（静吃水），T 为船舶静态水面到当地基准面的距离（潮位），S 为换能器到河道底边界面的距离，$\S$ 为当地基准面到 WGS - 84 参考椭球面的距离，h 为当地基准面下的河底高程。则由图 6.2 - 8 可以得到以下三个关系式

$$h = S + d - T \tag{6.2 - 12}$$

$$T = H - \S - L \tag{6.2 - 13}$$

$$h = S + d + L - (H - \S) \tag{6.2 - 14}$$

　　根据实际生产可知，S 由测深仪实时测得水深，$d + L$ 为固定值（钢卷尺丈量），若 GNSS 接收机实时采集到国家高程基准面下的正常高，便可实时测得水下国家高程基准的河底高程。

　　GNSS 三维水道观测时系统参数至关重要，硬件上最好接入姿态改正设备。在外业生产中，载体测船尽量保持平稳，选择无风无浪或风浪较小的良好作业环境，作业开始前，

需对 GNSS 潮位进行检核与验证，作业期间注意观测信号及采集的数据稳定性。在数据后处理过程中，同一个断面尽量选择断面平均潮位作为最终断面潮位值。

6.3 库容与水面线分析

6.3.1 本底库容分析

水库的蓄水量称为库容量，即水库蓄水位面以下的容积，简称库容。在水文学中，水库库容可分为总库容、设计库容、正常库容、调洪库容、校核库容、调节库容、兴利库容、重复库容。

6.3.1.1 库容计算

水库库容可以根据地形横断面图或地形图，采用适当的方法和工具量算。用地形横断面图量算的精度较低，适用于小型水库或大中型水库的概算。以中小比例尺地形图作为量算库容的资料，精度较高，适用于大中型水库。

常用的计算水库库容方法有断面法及等高线法两种，断面法计算库容的计算模型是将水库水体沿水流流程分割成许多个梯形体，等高线法计算库容的计算模型是将水库水体按不同高程，即等高线分割成许多个梯形体，整体库容由这些梯形体体积积分求得。

从两种计算库容的模型可以看出，使用断面法计算库容的精度与分割的断面个数相关；使用等高线法计算库容的精度与等高线的间距相关，即分割的断面个数或等高线的间距越小，库容计算的精度越高；反之，库容计算的精度就会越低。然而，随着断面个数或等高线间距越小，程序或手工计算的工作量就会越大，特别是一些大型水库或者复杂形态的水库，计算过程往往非常复杂和烦琐。

随着 GIS 技术和计算机技术的不断发展，使寻找一种更适合的数学模型来更方便更精确地进行库容计算成为可能。可以建立水库库区的数字高程模型（DEM），利用 GIS 软件强大的空间分析功能进行水库库容的自动计算，得到精度更高的计算结果。

6.3.1.2 基于 GIS+DEM 计算库容

要计算库容就必须先计算出该集水区面积，并且通过不同的水位计算出淹没区，并利用淹没区去裁剪 DEM 数据，将水面与下垫面的体积计算出来，这就是水库的库容。

基于 GIS+DEM 计算库容计算流程见图 6.3-1。

利用 GIS 做水库库容计算，既要充分利用水文分析知识，又需要掌握 GIS 有效的工具，这样才能做到科学和准确。同时 GIS 作为一种可视化的手段，比实际数学公式计算出来的数值结果更加直观，更具说服力，能够在其他环节中为水库的选择做出科学的断定。

6.3.1.3 河道本底地形测量库容计算

传统的河道本底调查主要收集水文、泥沙、地质、规划、征地、地形等方面的资料。河道生态治理除以上资料外，还需要对河道的污染源、水质、水生态、底泥、陆域植物群落、水工构筑物调度运行等资料进行收集，必要时还需对水质、水生态、底泥等开展补充监测和调查。水电工程蓄水前，应对整个库区的设计淹没线以下所有的地形进行及时观

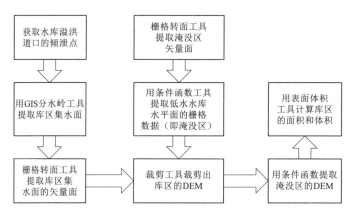

图 6.3 - 1　基于 GIS＋DEM 计算库容计算流程

测，在水库运行后，每次的施测资料都会与这次地形进行对比分析，了解河道冲淤变化情况，为水库运行管理提供技术支撑。

　　本底地形测量完成后，利用地形资料，根据工程设计的某一水位以下或两水位之间的数据，便可计算出蓄水库容。

6.3.2　水面线分析

　　天然河道水面线推算是河道防洪规划和整治建设工作的基础，是河道堤防工程设计的依据，水面线推算的合理性和科学性对水利工程的投资有直接的影响。

　　吉拉姆河 MGL 水库以上河段属于山区性河流，河床起伏较大，呈现陡峭且狭窄的特点，两岸地形复杂，断面不规则，水流急，水面窄，储藏有丰富的水能。由于生产建设需要，常常需要在河道中修建桥梁、码头、拦水堰、水电工程等涉水工程项目，水文计算作为河流规划治理的基础尤为重要。其中，水面线计算结果直接决定河道规划治理的合理性。在对水库和枢纽工程淹没范围的河道进行天然水面线的计算时，其主要目的是确定回水曲线以及水面线的交点。

　　有关河道水面线的推算论述很多。田凤军等提出了水位断面布设应满足的计算要求；黄佑生等提出了由上游往下游推求的水面线试算迭代模型；金菊良等提出了用加速遗传算法来解决水面线传统算法计算误差累积的问题；张建民等研究了由下游向上游推求的河道水面线迭代算法等。总结起来，河道水面线计算主要有传统的恒定流推算方法和河道非恒定流数学模型计算方法。

6.3.2.1　水面线分析

　　1. 推求方法

　　对天然河道恒定均匀流，其水面线计算原理基于一维能量方程，然后逐个断面采用直接步进法推求。目前，在国内已经被广泛应用并获得较高认可的软件，它是一款一维河道水面线计算软件包。其适用于一维河道恒定流或非恒定流水面线计算，可进行各种涉水建筑物（桥梁、涵洞、堤防、水库等）的计算模拟，方法多样，功能强大，也是工程界应用最广泛的一维流体动力学计算软件。计算公式为

$$Z_2 = Z_1 + h_f + h_j + \frac{\alpha_1 v_1^2}{2g} - \frac{\alpha_2 v_2^2}{2g} \tag{6.3-1}$$

式中：Z_1、Z_2 分别为下断面、上断面的水位；α_1、α_2 分别为下断面、上断面的流量系数；v_1、v_2 分别为下断面、上断面的流速；g 为重力加速度；h_j、h_f 分别为上、下游断面之间的沿程水头损失和局部水头损失。

通过式（6.3-1），首先将河道划分成若干测段，然后利用已知下游断面水位等数据，逐个推算上游各断面水位，即得到天然河道水面曲线（或沿程水位）。

实际上，天然河道过水面并不规则，沿程糙率及河床底坡等均有变化，此时应采用非恒定流，一般使用丹麦水力研究所（DHI）公司开发的水力模型软件 MIKE11，它的水动力模块具有水面线计算功能。其水面线基于连续方程和动能方程，计算公式为

$$\frac{\partial \rho_\omega}{\partial t} + \frac{\partial (\rho u_i)}{\partial \chi_i} = 0 \tag{6.3-2}$$

$$\frac{\partial u_i}{\partial t} + u_j \frac{\partial u_i}{\partial \chi_j} = f_i - \frac{\partial p}{\partial \chi_i} + \nu \frac{\partial^2 u_i}{\partial \chi_j \partial \chi_i} \tag{6.3-3}$$

式中：ρ_ω 为水的密度；u 为流速；χ 为距离；f 为质量力；p 为压力；ν 为流体运动黏性系数；i，j 为上、下断面。

非恒定流方法适用范围广，既能推算纵坡较缓的平原河流水面线，又能推算纵坡变化较大的山区河道水面线。

模型主要包括恒定流和非恒定流河道洪水演进模拟，可进行桥梁、堰、闸、涵洞、水泵、水库和湖泊的模拟。MIKE11 模型可进行基本的河道洪水演算模拟，包括完全圣维南方法、扩散波和动力波简化方法，可对桥梁、堰、涵洞、水泵、闸、坝、水库构筑物等进行模拟。

2. 水文及断面资料

计算分析水面线，首先将河道划分成若干测段，河道分段的原则是使计算河段上下两端计算断面的几何水力学要素的平均值基本上能代表该河段各断面的情况，并要求河段内其他断面的几何水力学要素也基本上均匀一致。一般平原河流河段划分可长一些，山区河流河段划分可短一些。计算河段的水面落差可控制在几十厘米到几米。这就要求河道测绘在断面测量的布设上要和模型计算要求相一致，这也是河道断面测量时，要求在河道分叉、汇合处，重要水工建筑物上、下，河道转弯、宽窄变化处等位置设置断面的原因。

水面线分析对起算断面也有一定的要求。天然河道水流为缓流时，起算断面应放在下游；为急流时，应放在上游。当河道治理段下游有水文站或控制断面时，以控制断面为起算断面；当没有控制断面时，根据工程经验，在河段内选择较为顺直，断面变化不大且较长的河段当作均匀流计算其水深，将该水深作为该计算分段末端断面，然后以此断面为初始计算断面往上游逐段计算河段的水面线。因此，在河道水电工程规划设计阶段，要在河道区域内首尾设置相应的水文站，来获取水位—流量、泥沙等资料信息。

3. 糙率及水头损失

水面线分析工作中糙率及水头损失也是必要的系数，数据的选取会直接影响水面线的

确定，进而影响到河道整治工程的效益。

河道糙率是反映河流阻力的一个综合性参数，也是衡量河流能量损失大小的一个特征量，在水面线计算中是一个重要的因素。如选用的糙率小于实际值，则水面线将低于实际水面线，反之则会高于实际水面线。河道糙率影响因素有河槽和水流两方面，河槽方面有河流的水深、比降、河床质组成、断面几何形状等，水流方面有水位和流量随时间的变化、含沙量等。糙率的计算和选定可以采用使用单一断面实测资料反推糙率、使用河段实测资料反推糙率、天然河道糙率表等综合确定。

在实际计算中，工程糙率的确定采用查表（天然河道糙率表）和实测糙率两种方法综合分析类比确定。即计算河段有水文站，可以借用水文站多年实测糙率资料分析出各河段糙率与水位、糙率与流量的关系曲线。没有水文站的河段，或根据计算河段实测水面线采用试糙法来确定糙率，或历史洪水调查洪痕用曼宁公式反推糙率，也可查相关资料的天然河道糙率表。

水头损失包括沿程水头损失和局部水头损失。沿程水头损失根据公式计算，局部水头损失主要考虑弯道、汇流、桥墩阻力、河槽扩大或减小等引起的水头损失。工程只有河槽扩大、减小及弯道引起的局部水头损失，一般对于逐渐收缩的河段，局部水头损失很小，可忽略不计；对于扩散河段，局部水头损失视扩散的急剧程度不同来选定。

总之，水面线分析作为水电开发及河道整治的基础，具有十分重要的作用。通过上述介绍可知，水面线分析需要利用大量的河道测绘资料，包括地形图、断面测量资料、河道比降、河床组成勘测分析资料、水位—流量关系等一系列资料。各种模型计算时，也对各种河道资料测绘时的设计、布置有一定的要求，比如地形或断面测量的精度、测线的间距、泥沙取样等都有一定的要求。水面线分析对河道测绘提出了要求与指导，河道测绘对水面线分析又有改进和提升的作用。所以，河道测绘是河道防洪规划和整治建设工作的必要手段。

6.3.2.2　吉拉姆河水面线分析

吉拉姆河下游卡洛特水电站库区主要为深山峡谷，人口稀少，以林地为主，无工矿企业及重要建筑物。参照我国《水电工程建设征地移民安置规划设计规范》（DL/T 5064—2007），拟定卡洛特库区人口搬迁洪水标准取 20 年一遇，土地淹没补偿标准取 5 年一遇，其他专项设施设计标准按有关行业规范确定。

1. 基本资料及设计条件拟定

（1）设计洪水。根据水文设计成果，卡洛特水电站坝址 5 年一遇洪峰流量为 $4660\mathrm{m^3/s}$，20 年一遇洪峰流量为 $9020\mathrm{m^3/s}$。

（2）断面资料。根据库区河道地形特点，在卡洛特库区长约 30km 的河段共布置了 48 个断面（其中 K00 和 K01 分别为 4 坝线和 2 坝线），断面间距最小为 282m，最大为 1041m，平均断面间距 610m，断面数据系现场实测得到。

（3）河道糙率拟定。卡洛特水电站库区河段没有实测或调查洪水水面线资料。本阶段回水计算河道糙率采用坝址断面 K00 及上游梯级阿扎德帕坦坝址断面 K41 的水位流量关系进行率定，并结合《水工设计手册》经验数据和其他同类工程设计经验，经综合分析确定。本阶段卡洛特库区河段 20 年一遇、5 年一遇频率洪水的河道综合糙率采用 0.0527。

（4）坝前水位和洪水流量。卡洛特水电站不承担下游防洪任务，洪水调度以确保枢纽本身防洪安全为前提，自正常蓄水位 461.00m 起调，采用敞泄运用方式。根据洪水调节计算成果，当遭遇 20%、5% 频率洪水时，由于库水位 461.00m 对应的枢纽泄流能力（19964m³/s）均大于回水推算标准的洪峰流量（4660m³/s、9020m³/s），回水推算的坝前水位采用 461.00m，坝址处流量分别为 4660m³/s 和 9020m³/s。

（5）支流。卡洛特库区无大的支流，最大支流位于坝址上游约 5km 处，在正常蓄水位 461.00m 方案下，支流回水长约 2km。支流两岸人口稀少，无成片耕地，故不推算支流回水，其回水位按照支流汇入干流的汇口水位平推。

2. 计算成果

根据上述推算标准、断面布设情况、糙率率定及坝前水位和洪水流量等基础资料和设计条件，按照天然河道断面及水库运行 20 年后的河道泥沙淤积地形推算 20 年一遇和 5 年一遇标准洪水的天然水位及建库后淤积回水水位，计算成果见图 6.3-2。

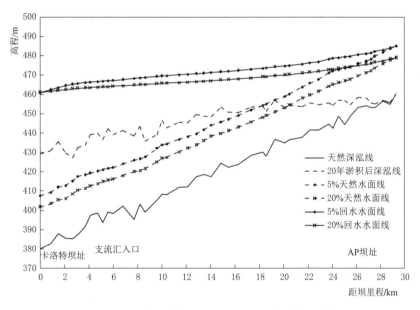

图 6.3-2　卡洛特水电站库区回水计算成果示意图

根据回水计算成果，卡洛特水库遭遇 5 年一遇、20 年一遇洪水时，水库回水末端位于 K47 断面附近，距坝里程分别为 29.3km 和 28.8km，回水末端断面水位分别为 478.95m 和 483.90m。

6.3.3　河道冲淤分析

水库库容和淤积量是水库调度的重要参数，其精度直接影响水库的防洪安全与蓄水兴利。正确快速的库容和淤积量的测定对保证库区、大坝的安全和计划调度发电起着重要的作用。泥沙在水库内的淤积速度与流域产沙量、沉沙率等因素有关，因此各水库的淤积速度相差很大。有资料显示巴基斯坦的塔贝拉水库的年淤积速度为 1.5%，到 1980 年才使用了 6 年，淤积在死库容区的泥沙只占死库容的 22%，但淤积泥沙的 44% 是沉积在有效库容内，导致水库寿命缩短。巴基斯坦喀布尔河上的瓦萨克水库坝高 76m，开始使用仅 1 年就损失了库容的 18%。因此，水库淤积监测在河道工程上不可或缺，且在水库淤积监测与分析上，河道测绘发挥着不可替代的作用。

6.3.3.1 水库淤积概述

淤积是影响水库大坝安全运行和综合效益充分发挥面临的普遍问题，也是当前经济社会发展中需要高度重视的突出问题。水库的不同程度淤积会造成水库防洪、供水、灌溉等功能衰减，降低水库的综合效益，引起下游河床冲刷，不仅危及水库大坝自身安全和公共安全，而且制约经济社会可持续发展，影响广大人民群众的生产生活。所以对河道水电工程整个生命周期要不间断地进行河道观测，以确保工程良好运营。通过分析可知，发生淤积的主要因素如下：

（1）自然因素。由于特殊地理、地质条件，部分地区水土流失相对严重。

（2）人为因素。过去一段时期，库区管理制度缺位、管理手段粗放，水土保持工作薄弱，非法采矿、采砂、垦荒和乱砍滥伐等经济活动频繁，导致库区植被、地表形态、库岸结构等遭受破坏，人为造成水土流失，加剧了水库淤积和水质破坏。

（3）工程设施因素。对河流泥沙特性和运动规律缺乏研究和认识，工程设计未设置排（冲）沙设施或设置不科学，进库泥沙难以排出库外。

所以，在水电工程科研设计、施工以及后期运营的整个过程，都要对河道区域内的泥沙冲淤情况进行关注。泥沙冲淤分析离不开河道勘测方面的资料，下面简要介绍监测内容、方法以及分析等。

1. 监测内容

监测内容一般包括以下方面：

（1）进出库水文泥沙测验。测验项目主要有水位、流量、含沙量、悬移质输沙率、推移质输沙率及颗粒分析等。要求掌握进出库干流及主要支流的水量、沙量及泥沙颗粒组成等的变化过程。

（2）水库淤积测验。测验项目主要有库区水位、淤积量、淤积分布、淤积泥沙容重及泥沙颗粒分析等。要求掌握库区水位变化过程、淤积过程、淤积组成、容重变化过程及淤积形态等；在库区发生冲刷时，还应掌握冲刷过程、冲刷量及冲刷形态等。

（3）坝前区泥沙冲淤观测。包括流速分布、泥沙运行情况、冲淤情况及泥沙对水轮机或泄水建筑物的磨损撞击情况等。

（4）专项测验。根据水库存在的问题，开展专门测验，如异重流观测、库内水流泥沙因子测验、岸坡崩塌观测、河势观测及坝前、坝下游局部冲刷观测等。进行水库泥沙观测时，应根据水库形状、输沙等现场情况，在水库库区以及水库泄水建筑物出口部位设立若干固定观测断面，进行水库泥沙观测。

2. 测验方法与观测频度

进出库水文泥沙测验，按一般基本水文站观测方法进行。同时视本水库的特点和观测研究的需要，适当增加一些观测项目。对于水库淤积量及淤积分布形态的测验，一般有地形法、横断面法及混合法三种。地形法是通过测量库区地形，绘制地形图以计算库容，并与上次测量结果比较，求出冲淤量和冲淤分布。这种方法精确度较高，但工作量大，难以经常采用。一般常用的是横断面法，即定期或不定期地施测库区固定横断面，利用相邻两横断面面积或冲淤面积的平均值，乘以断面间距以计算库容或冲淤量。混合法是在施测固定断面之外，再施测一些附加断面，或在两断面之间增加一些测点，然后绘出地形，据以计算库容或冲淤量。上述三种方法中的地形或断面都应测到上次测量以来的最高水位以上，并应同时采取淤沙样品，分析淤积物容重及粒径组成。

水库泥沙冲淤测验的频度，应视泥沙冲淤剧烈程度、水库大小及生产上的要求而定。多沙河流上的水库，一般每年测量一次，新建成或冲淤剧烈的水库要加密测次。少沙河流上的水库视淤积发展情况规定测次。水库整个施工期一般比较长，从设计到施工完成投入运营，基本上要 3～5 年，甚至 10 年，这个期间要加强对水库的水文泥沙、河道地形等的观测，一是进出库及坝前的水文站要持续观测，库区地形或者断面一般一年监测一次，特别是在水库整个施工过程中，不断蓄水的过程，更应该关注河道上游的地质结构、泥沙输入等方面情况，及时做出合理性的监测方案，确保水库发挥最大效益。

3. 分析方法

河道冲淤分析方法主要包括基于等深线的计算方法、规则网格镶嵌法、断面法或地形法、基于库容曲线的泥沙淤积量测算方法、泥沙淤积体规则概化的测算方法、输沙量平衡法及水力模型法、基于 GIS 的 DTM 计算方法、基于泰森多边形的计算方法等。具体计算方法这里就不再赘述，但概括起来主要有输沙量平衡法和地形断面法，一般水文测站多年实测的水沙资料比较齐全，计算河段的冲淤量时，以输沙量平衡为基础的输沙量法应用得比较广泛。而由于水下地形的实测工作量巨大，因此施测的河段和测次较少，一般是间隔一定的时间施测一次，地形法仅用于各测次之间的河床冲淤量计算。作为计算河道冲淤量的两种主要方法，输沙量平衡法和地形断面法有其各自的优缺点。

但由于输沙量平衡法和地形断面法受水文观测的测站分布和观测技术的限制，以及它们在空间分析上的局限性，这两种方法在实际应用中存在计算精度不够高、空间分析能力差等弱点。目前 DEM 技术在河床冲淤变化分析中也开始得到应用。但由于水下泥沙的淤积形态极易被水力作用、泥沙本身的物理特性等因素影响，泥沙淤积不可能出现像陆地上的悬崖、陡坎之类的地形，因此在应用 GIS 技术进行冲淤分析时，构建河道水下 DEM 要兼顾泥沙水下休止角的限制，从而为更加准确地弄清河道的冲淤变化及其分布，泥沙测报提供更真实可靠的依据。利用 GIS 方法研究河道冲淤方法，利用整个地形图的全部地形信息，其数据采集的精度和对测图的利用效率非断面地形法可比。该方法具有强大三维表达和空间分析能力，在整个计算过程中，地图数字化、三维表面生成、槽蓄量计算、冲淤变化分析、断面分析等可在一个系统内完成，大大提高了工作效率。该方法计算精度高、河床形态显示直观、冲淤部位空间分析能力强，具有一定的实践意义和推广价值。

4. 资料整理与分析利用

淤积观测资料应及时进行整理、分析，以指导观测工作。对开展水库测验工作时间较长、已积累有一定资料的水库，应将历年资料中某些特征值进一步统计分析（如历年各月平均及最高最低水位统计表、历年水库淤积量及进出库年水量、年沙量统计表、历年纵横剖面实测成果表、淤积物容重及淤积物粒径统计表等），并绘制相应的过程线和分布图等。

水库泥沙的淤积形态分纵剖面形态与横断面形态。纵剖面形态基本上有三角洲淤积、锥体淤积和带状淤积等。横断面形态主要有全断面水平淤高、主槽淤积和沿湿周均匀淤积等。

通过监测分析，及时了解水库淤损机理，并积极研究制定控制措施。水库泥沙淤积控制并不是单指淤积平衡后的控制，而是贯穿于水库运用的全过程。比如：初期可以采取低水位运用方式来调控泥沙淤积部位，中期可以通过水库调度运用、异重流排沙、浑水水库排沙等技术减少水库淤积，后期可以通过空库拉沙等手段维持一定的有效库容。水库淤积控制的目的是，延迟清淤时间和减少清淤频次，使水库能够长期保持一定的有效库容。

水库淤积控制措施包括：利用水土保持等措施减少入库沙量，水库初期运用淤积部位调控使泥沙尽可能淤积在死库容里，蓄清排浑运用减少水库泥沙淤积、异重流排沙、水库敞泄运用拉沙、大洪水排沙、浑水水库排沙以及水力排沙、泥沙资源利用和机械清淤相配合的措施等，需要研究各种泥沙淤积控制措施的适用条件及其减淤效果。

总之，河道测绘在水库淤积监测、分析等方面发挥着积极的作用，无论是在建设施工期，还是运营管理期，都要加强河道观测，为河道治理保驾护航。

6.3.3.2　卡洛特水电站设计阶段的泥沙冲淤计算

在吉拉姆河下游的卡洛特水电站设计阶段分别采用一维、三维水沙数学模型和物理模型试验进行了泥沙淤积分析计算。同时，采用 2013 年及 2017 年实测资料分析得出部分结论。

1. 观测资料利用

（1）基本泥沙资料。收集测区内水文站泥沙观测资料，通过实测资料，推算出水库坝址以上流域年均悬移质输沙量，并参考工程河段上下游梯级相关泥沙设计成果，计算出水库坝址总输沙量，同时根据水文站实测悬移质颗粒级配的整编成果，取其中值粒径值。

（2）断面观测资料。根据河网形状布设断面，采用相应河道测量技术方案，提交断面观测成果。

2. 一维水沙数学模型

（1）模型概述。一维水沙数学模型建立在水动力学、泥沙运动力学和河床演变学三大基本理论体系上，国内外主要成果有以下方面：国外：HEC‑6 模型、FLUVIAL‑12 模型、GSTARS 模型、STREAM2 模型、WIDTH 模型等。国内：①以水文相关分析为基础的模型；②以水动力学和泥沙运动力学为基础的模型；③介于上述两类之间的模型，以张启舜模型为代表。

国内外各种模型的主要区别首先在于水流挟沙力或分组水流挟沙力所采用的经验公式的形式或处理方法不同，其次为求解方程时所采用的方法或方程中物理量、参数的计算方法略有不同，如数值计算方法、水流输沙率计算方法、挟沙力恢复饱和系数计算方法、动床阻力计算方法、横断面概化方法及可动床面床砂级配调整计算方法等。

在泥沙冲淤计算中，现有的泥沙数学模型有平衡输沙和不平衡输沙两种模式。平衡输沙模型认为水流输移的含沙量能够随时随地调整到等于水流的挟沙力，如著名的美国陆军工程兵团的 HEC-6 模型就是建立在此概念的基础上的。事实上，由于水库或河道中每一断面的含沙量调整总有一个过程，不一定正好等于水流挟沙力，当断面含沙量大于水流挟沙力时，河床处于淤积状态；当断面含沙量小于水流挟沙力时，河床处于冲刷状态。泥沙冲淤、悬移质达到饱和状态都有一个过程，实际的水流泥沙运动大多处于这种不平衡输沙状态，因此这种不平衡输沙法可能更符合实际。窦国仁最早将不平衡输沙的概念引入泥沙冲淤计算，之后韩其为又对它进一步完善，现在这种不平衡输沙方法已被普遍接受。

在河床冲淤变形计算中，除了合理地选择基本方程和计算方法外，还需要处理解决好一系列问题，使计算结果可靠和准确。这些问题可归纳如下：

1）河段的划分。河段的划分应使每一河段内的比降、断面形状、流量变化和床面物质组成大致相同，避免在一个河段中有突然的变化。在有支流汇入和分流的情况下，分流点和汇流点应该成为划分河段的分界线。

2）断面特性。当断面形态比较复杂时，应分别计算各个断面单元的流量模数。

3）阻力特性。冲积河流的阻力特性是随水流条件而变化的，因此，合理的做法应该是根据计算过程中每一时刻的水流条件来确定河道对水流的阻力。

4）挟沙力公式的选择。在求解泥沙连续方程时，通常假定河段出口处水流的挟沙量处于饱和状态，河段内的泥沙冲淤量就是上游来沙和本河段水流挟沙力的差值。因此，正确选择挟沙力公式对河床变形计算来说是一个重要的问题。

5）参加冲淤过程的床面层厚度。研究床砂组成变化还需要确定参加冲淤过程的床面层的厚度，这一床面层称为活动层。在活动层之下的床砂属于非活动层。活动层的厚度应取决于水流的强弱和床砂的特性，是随水流条件的变化而不断变化的，在过去的研究工作中，曾经根据河流的可能冲淤幅度规定一个定常的活动层厚度值，并据此计算床砂组成的变化。

6）冲淤量的横向分布和断面形态的变化。在一维计算中只能得到断面面积的变化，而不能决定断面形态的变化或冲淤量在断面上的分布。河相问题在理论上还是一个没有足够的方程来求解所有未知数的问题。因此，目前多数数学模型还只是把河宽看作一个常量，不考虑冲淤过程中河宽的变化。

（2）卡洛特水库冲淤分析。根据水文分析成果，按 1970—2010 年水沙资料统计，卡洛特水库坝址以上流域多年平均悬移质输沙量为 3315 万 t，推移质输沙量为 497 万 t，总输沙量为 3812 万 t，多年平均径流量为 258.3 亿 m^3，多年平均悬移质含沙量为 1.28kg/m^3。

综合考虑上游梯级的建设情况，结合初拟的排沙运行水位 451.00m、446.00m 和 441.00m 方案及排沙分级流量，拟定 10 种泥沙淤积计算方案，见表 6.3-1。淤积总量见图 6.3-3。

表 6.3－1　　　　　　　　　　卡洛特水电站泥沙淤积计算方案

方案编号	排沙水位 /m	排沙分级流量/(m³/s)		上游建库情况
		第一级	第二级	
1	441.00		2100	不考虑上游建库（工况 1）
2				上游 N－J 水电站同步投入（工况 2）
3	446.00	1400	2000	不考虑上游建库（工况 1）
4				上游 N－J 水电站同步投入（工况 2）
5			2100	不考虑上游建库（工况 1）
6				上游 N－J 水电站同步投入（工况 2）
7			2200	不考虑上游建库（工况 1）
8				上游 N－J 水电站同步投入（工况 2）
9	451.00		2100	不考虑上游建库（工况 1）
10				上游 N－J 水电站同步投入（工况 2）

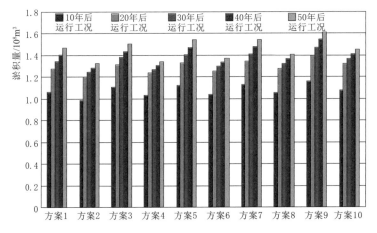

图 6.3－3　不同方案库区泥沙淤积总量

通过计算分析，可得以下结论：

1）由于卡洛特水电站库沙比较小，泥沙问题较为严重。建库后，坝前正常蓄水位较天然情况约抬高 70m，改变了天然条件下的水流特性，降低了河道输沙能力，引起泥沙大量落淤，库区泥沙淤积发展迅速。

2）卡洛特水电站运行 20 年内各方案均已达到相对平衡状态。但仍需指出的是，由于水库入库泥沙中推移质占比达 15％左右，后期推移质持续淤积，虽然由于淤粗悬细的作用，前期淤下的少量悬移质被重新冲起，但总体来看，后期仍有一定的淤积发展。

3）水库蓄水运用后，库区泥沙淤积必将引起水库库容的损失。由于卡洛特水电站泥沙淤积较为严重，淤积三角洲运动至坝前时间较短，库容损失速度较快。

4）天然情况下坝前为 V 形断面，初始运行时在 461.00m 水位下坝前横断面面积为 16387m^2。水库运用 20 年内，坝前泥沙呈强烈淤积状态，主要表现为河槽集中淤积、滩地大幅淤积、河宽明显束窄的现象，逐渐过渡为 U 形断面；2020 年末，各方案坝前深泓高程 424.16～434.92m，坝前断面过水面积减少约 80%。水库运用 20 年后，坝前泥沙淤积变缓，坝前断面变化不大。

3．三维水沙数学模型

（1）计算条件与数学模型。卡洛特水电站泥沙三维模型主要采用基于平面非结构、垂向 σ 网格的三维水流模型。模型采用压力分裂模式并分两步求解。连续性方程、自由水面方程采用有限体积法离散，严格保证水量守恒；联合使用 θ 半隐方法、ELM（Extreme Learning Machine）方法求解动量方程，使计算的时间步长不受 CFL 稳定条件限制；使用多核并行计算技术大幅提高计算速度。泥沙模型仅考虑悬移质，为不平衡非均匀沙模型。引入综合恢复饱和系数 α 考虑不平衡输沙的影响，采用 Van Rijn 公式计算近底泥沙平衡浓度；采用韦直林方法处理非均匀沙分组计算和调整床砂级配。在处理底孔前淤积体水下坍塌问题时采用基于"水下休止角"的淤积体水下坍塌判别方法。

选取坝前长约 5km 的水库河段作为三维数模的计算河段，并采用实测的 1/500 河道地形图塑制模型计算的地形。初始时刻河床泥沙级配组成采用河床组成勘测成果，对整个计算河段分段给定床砂各层厚度及级配。采用四边形无结构网格剖分计算区域，网格节点数为 6566 个。沿水流和垂直水流方向的网格尺度分别为 15～20m、8～10m。σ 网格分 10 层以保证足够的垂向分辨率。计算网格布置及孔口编号见图 6.3－4。

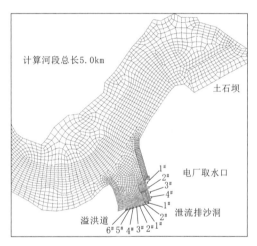

图 6.3－4　计算网格布置及孔口编号图

在计算中设定孔口不再过流的判断标准为：当孔口淤积面积（厚度）占孔口过流面积（高度）超过 50% 时，认为该孔口被堵死。被堵死的孔口不再过流，其出流流量均匀分配给其他未被淤堵的出流孔口。

（2）计算结果分析。由计算结果可知，计算区域最终处于大幅淤积状态。从坝区泥沙淤积总量来看，第 10 年末、第 15 年末、第 20 年末河道淤积量分别为 2182.55 万 m^3、2961.38 万 m^3、3079.85 万 m^3。在水库运行 16 年之后，坝区的泥沙淤积将基本达平衡，纵向深泓高程起伏为 426～432m。

4．实测成果分析

卡洛特库区上下游河段在 2013 年、2017 年分别进行了河道固定断面测量任务，断面间距按平均小于 500～2000m。本书选取坝址上、下游约 10km 范围内 13 个固定断面的两次测量成果进行对比分析，水面线选取坝址处 451m、446m 和 441m 方案，分别计算断面面积、断面间槽蓄量以及总槽蓄量等，成果见表 6.3－2 和表 6.3－3。

表 6.3-2　　　　　　　卡洛特坝址上、下游固定断面测量实测成果冲淤分析

名称	441m 方案				446m 方案				451m 方案			
	断面面积 /m²		断面间槽蓄量 /万 m³		断面面积 /m²		断面间槽蓄量 /万 m³		断面面积 /m²		断面间槽蓄量 /万 m³	
	2013 年	2017 年	2013 年	2017 年	2013 年	2017 年	2013 年	2017 年	2013 年	2017 年	2013 年	2017 年
K10	10345.044	10326.566	412.911	416.595	11871.668	11851.494	473.748	477.488	13542.571	13526.049	538.591	543.094
K09	10300.517	10503.432	471.126	477.934	11815.758	12023.120	541.208	548.125	13387.129	13628.701	615.008	622.758
K08	8571.004	8644.075	460.521	467.742	9861.971	9935.042	531.181	542.331	11244.315	11317.386	606.819	623.917
K07	9864.994	10084.085	426.499	430.125	11403.942	11784.492	492.695	500.146	13050.853	13676.489	563.085	576.290
K06	7261.342	7201.578	384.618	382.522	8381.275	8321.511	446.120	444.022	9562.772	9501.490	512.159	510.020
K05	8131.592	8108.245	326.875	324.771	9474.686	9451.339	381.184	378.702	10939.019	10915.673	439.743	437.292
K04	5063.908	5006.602	306.595	304.941	5912.043	5840.846	357.724	355.651	6812.771	6742.733	414.410	412.369
K03	5156.071	5158.470	775.172	750.520	6012.218	6014.616	912.375	886.147	7001.331	7003.729	1063.219	1034.529
K01	7857.984	7418.433	1471.630	1446.339	9313.985	8845.195	1709.551	1683.461	10859.545	10346.792	1957.078	1933.368
CFDM	6869.386	7046.555	287.286	281.328	7803.774	7996.549	327.874	323.273	8749.200	9002.469	369.316	366.826
CF.1	7499.532	7019.839	1280.027	1244.040	8596.305	8167.420	1480.568	1448.540	9725.183	9339.869	1690.229	1662.163
CF.3	12730.196	12696.590	602.547	601.009	14818.161	14791.457	702.674	701.220	17022.897	17011.937	808.934	808.188
CF.4	10481.094	10455.389	0.000	0.000	12248.518	12219.462	0.000	0.000	14134.683	14117.180	0.000	0.000

表 6.3-3　　　　　　　　　　河段总槽蓄量统计表

方案	河段总槽蓄量/亿 m³		
	2013 年	2017 年	冲刷量
441m	0.7206	0.7128	−0.0078
446m	0.8357	0.8289	−0.0068
451m	0.9579	0.9531	−0.0048

由表 6.3-4 及表 6.3-5 可知：

（1）河道基本处于冲刷状态，但冲刷量不大，选取河段的上游 K10、K09、K08 处于弯道，且有支流汇入，河面稍宽，有砂质边滩，因此这三个断面基本处于微淤状态。

（2）从 441m、446m 及 451m 河段总槽蓄量统计分析可知，河道冲刷情况主要集中在水下区域。

第7章
水文气象预报技术与实践

7.1 洪水特性分析

7.1.1 流域暴雨洪水特性分析

全流域性暴雨洪水是指由发生在卡洛特上游流域现有站点检测范围内的暴雨形成的洪水。根据现有的水雨情资料，选取 2017—2020 年发生的"20170406""20180420""20200327""20200514""20200827"等多场全流域性暴雨洪水进行暴雨洪水特性分析。

1. 暴雨特性

选取 2017—2020 年多场全流域性暴雨，统计其暴雨中心、暴雨历时、面平均降雨量、最大 1h 降雨量等要素信息，见表 7.1-1，以此分析暴雨特性。

表 7.1-1　　　　　　　　　全流域性暴雨要素信息表

暴雨场次	暴雨中心	暴雨历时/h	面平均降雨量/mm	最大 1h 降雨量/mm
20170406	新雨量站 10	20.0	72.5	23.0
20180420	GLD	12.0	35.5	47.0
20200327	坝址	23.0	73.0	17.0
20200514	AP	21.0	56.0	29.0
20200827	坝址	11.0	95.0	49.0

由表 7.1-1 可知，全流域性暴雨存在以下特性：

（1）暴雨中心多在近坝区附近。暴雨中心多在 AP 和卡洛特之间，属于近坝区。

（2）降水历时长、面平均降雨量大。统计场次其降雨历时在 11～23h，说明全流域性降雨历时普遍较长。由于暴雨历时长，降水总量一般较大，根据上述统计，其面平均降雨量在 35.0～95.0mm，不同场次暴雨存在较大差别。

（3）短时降雨强度较大。统计所得最大 1h 降雨强度为 17.0～49.5mm/h，强度都较大。

（4）降雨时程和空间分布多不均。统计分析 2017—2020 年多场全流域性暴雨，除"20180420"和"20200327"等少数几场暴雨时程和空间分布较为均匀外，多数场次暴雨时程和空间分布不均。各地暴雨发生时间有所差别，各时间段降雨量也存在较大差别，不同站点累计降雨量也有所差别。

2. 洪水特性

根据所选取的"20170406""20180420""20200327""20200514""20200827"等多场全流域性暴雨洪水，绘制各控制水文站流量过程线图，见图 7.1-1～图 7.1-5。

由图 7.1-1～图 7.1-5 可知，全流域性暴雨洪水因其暴雨时程和空间分布原因，洪水涨落过程有很大差别。如"20170406""20180420"场次洪水，其降雨时程分布较为均匀，故各控制站点洪水涨落大致同步，但是因其空间分布不均，汇流面积不同，以及各控制水文站位置原因，其洪水涨幅差别较大。从统计多场暴雨洪水所得规律及多年水文预报经验可知，越是上游控制站，洪水涨幅一般越小；汇流面积越小，洪水涨幅越小；区间面

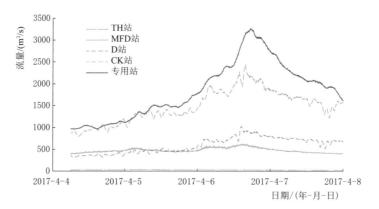

图 7.1－1　"20170406"场次暴雨洪水各控制水文站流量过程线

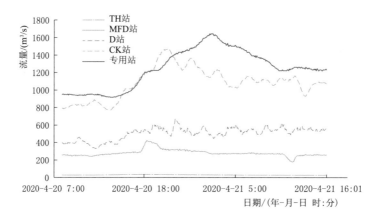

图 7.1－2　"20180420"场次暴雨洪水各控制水文站流量过程线

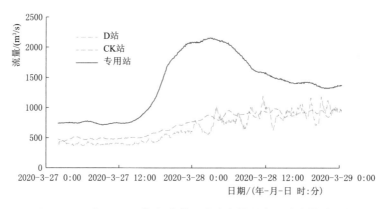

图 7.1－3　"20200327"场次暴雨洪水各控制水文站流量过程线

平均降雨量越小，洪水涨幅越小。如"20200327""20200514""20200827"场次洪水，其降雨时程分布不均，故各控制水文站点洪水涨落有前有后，同样因其空间分布不均，汇流面积不同，以及各控制水文站位置原因，其洪水涨幅差别较大。

统计所选取的多场暴雨洪水预见期等信息，见表 7.1－2。

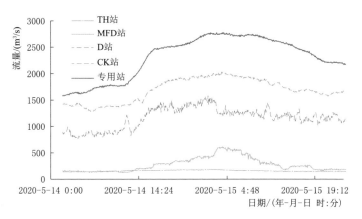

图 7.1－4　"20200514" 场次暴雨洪水各控制水文站流量过程线

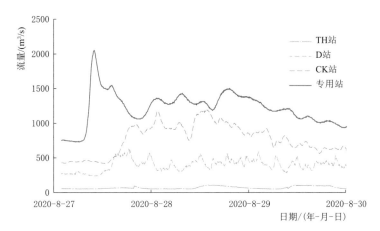

图 7.1－5　"20200827" 场次暴雨洪水各控制水文站流量过程线

表 7.1－2　　　　　　　　　多场全流域性暴雨洪水汇流时间等统计表

暴雨洪水场次	预见期/h	洪水历时/h	洪水涨幅/(m³/s)	退水时间/h
20170406	3.0	62.0	1800	38.5
20180420	5.0	22.0	730	7.5
20200327	2.0	32.0	1400	19.0
20200514	3.0	39.0	980	24.5
20200827	2.0	54.0	1300	28.0

　　由表 7.1－2 可知，全流域性暴雨洪水预见期在 2～5h，暴雨中心离坝址越近，预见期越短；一般暴雨历时越长，洪水历时也越长，全流域性暴雨洪水涨幅都很大，区间来水占比都很高；全流域性暴雨洪水退水时间较长。

　　根据图 7.1－1～图 7.1－5 和表 7.1－2，归纳总结得出全流域性暴雨洪水具有以下特性：

　　（1）洪水预见期较短，多在 2～5h。

（2）因暴雨历时长，其洪水历时也较长，一般下游洪水尚未退去，上游洪水紧接着已经到来，易形成复式峰。

（3）由于全流域性暴雨洪水降水历时长、降水总量大，导致区间来水量大，所以洪水涨幅较大。

7.1.2 工程河段暴雨洪水特性分析

吉拉姆河流域位于季风区，流域内的气候可分为四季：东北季风季节（12 月至次年 2 月）、热季（3—5 月）、西南季风季节（6—9 月）和过渡期（10—11 月）。流域多年平均降雨量 1440mm，多年平均月降雨过程呈典型的双峰形特征，第一个峰值出现在 3 月，平均月降雨量 160mm，第二个峰值出现在 7 月，平均月降雨量 270mm。

吉拉姆河在夏季季风季节，主要受西南季风影响，由于流域地势总体北高南低，加上局部地形影响，有利于来自印度洋的水汽输送和抬升，易发生强暴雨，降雨多集中在流域的南部和西部。位于流域西部的穆里站多年平均降雨量 1730mm，7 月最大降雨量 704mm。

吉拉姆河流域多为高山峡谷，为典型的山区性河流。在 4—5 月，温度开始明显上升，吉拉姆河干流源头地区、尼拉姆河和昆哈河上游地区的降雪融化，形成稳定的入流。在夏季季风季节，来自印度洋的西南暖湿气流北上，将大量水汽输送到该流域，由于地形抬升，常形成强降水，正是这些暴雨导致了大洪水。

以卡洛特水电站近坝区附近的 AP 站实测流量资料分析，受局地强降雨和山区地形影响，流域大洪水过程常陡涨陡落，年最大洪峰的年际差异较大，最小洪峰流量 1334m³/s，发生于 2001 年，最大洪峰流量 14730m³/s，发生于 1992 年。以 1992 年 9 月大洪水为典型进行坝址洪量地区组成分析，1d、3d、7d 洪量主要来自 MFD 以上干流和支流尼拉姆河，占比达 66%～70%，昆哈河占比 13%～14%，区间占比 16%～19%。

根据 2017—2020 年多场暴雨洪水分资料分析，可以大致将卡洛特水电站上游流域暴雨洪水分为两大类：一类是近坝区暴雨洪水，另一类是全流域性暴雨洪水。

1. 暴雨特性

近坝区暴雨洪水：主要是由卡拉斯—卡洛特坝址区间内的暴雨形成的洪水。从 2017—2020 年的暴雨洪水中，选取 "20170713" "20170722" "20180807" "20180813" "20190813" 等多场近坝区暴雨洪水进行近坝区暴雨洪水特性分析。

为了更加直观地得到近坝区暴雨特性，将多场暴雨的暴雨中心、暴雨历时、面平均降雨量、最大 1h 降雨量等要素信息进行统计，统计结果见表 7.1-3。

表 7.1-3 近坝区暴雨要素信息表

暴雨场次	暴雨中心	暴雨历时/h	面平均降雨量/mm	最大 1h 降雨量/mm
20170713	工区雨量站 3	3	67.1	49.5
20170722	工区雨量站 3	1	31.8	55.0
20180807	工区雨量站 3	3	97.4	62.5
20180813	工区雨量站 1	3	46.0	50.0

根据表 7.1-3 可得到近坝区暴雨存在以下特性：

（1）暴雨历时较短。从多场近坝区暴雨分析得知近坝区暴雨降水历时普遍较短，从降水开始到结束一般不超过 6h，尤其是强降水时间主要在 1～3h。近坝区短时暴雨主要发生在 7—8 月，形成原因为西南季风造成的局部气候。

（2）暴雨强度大。统计多场近坝区暴雨，得到暴雨面平均降雨量在 30～120mm，最大 1h 降雨强度可能超过 50mm/h。

2. 洪水特性

根据所选取的"20170713""20170722""20180807""20180813""20190813"等多场近坝区暴雨洪水，绘制上、下游水文站流量过程线图，见图 7.1-6～图 7.1-10。统计多场近坝区暴雨洪水汇流时间等信息见表 7.1-4。

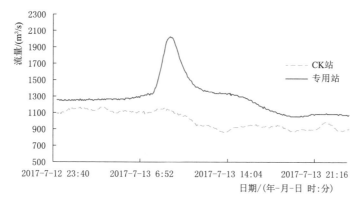

图 7.1-6　"20170713"场次暴雨洪水上、下游水文站流量过程线

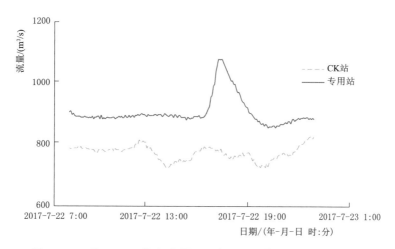

图 7.1-7　"20170722"场次暴雨洪水上、下游水文站流量过程线

根据图 7.1-6～图 7.1-10 的流量过程线和表 7.1-4 统计得到的数据，可以看到近坝区暴雨致使 CK—卡洛特坝址的区间来水量迅速增加，导致坝址流量迅速上涨。CK 站以上来水为坝址洪水起到筑基作用，而 CK—卡洛特坝址的区间来水则起到造峰作用。分析多场近坝区暴雨洪水，总结得出以下洪水特性：

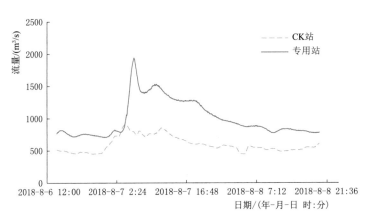

图 7.1－8　"20180807"场次暴雨洪水上、下游水文站流量过程线

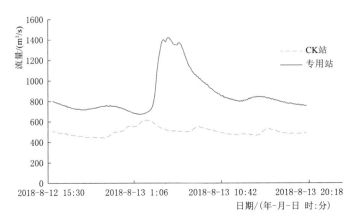

图 7.1－9　"20180813"场次暴雨洪水上、下游水文站流量过程线

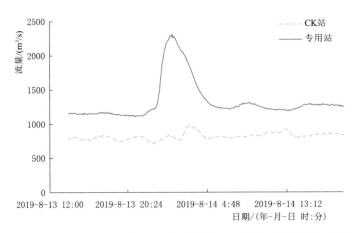

图 7.1－10　"20190813"场次暴雨洪水上、下游水文站流量过程线

表 7.1-4　　　　　　　　　　近坝区多场暴雨洪水汇流时间等统计表

暴雨洪水场次	汇流时间/h	涨水时间/h	洪水涨幅/(m³/s)	退水时间/h
20170713	2	1.33	670	3.17
20170722	1	1.17	191	2.00
20180807	3	2.42	1140	4.42
20180813	1	2.08	720	6.50
20190813	1	1.58	1010	5.00

（1）洪水汇流时间短、上涨快、涨幅大、退水快。由表 7.1-4 可知，近坝区暴雨洪水汇流时间在 1～3h，汇流时间短、速度快；"20170713"场次暴雨洪水 1.33h 洪水涨幅达 670m³/s，退水时间 3.17h。"20170722"场次暴雨洪水 1.17h 洪水涨幅 191m³/s，退水时间 2.00h。"20180807"场次暴雨洪水 2.42h 洪水涨幅 1140m³/s，退水时间 4.42h。"20180813"场次暴雨洪水 2.08h 洪水涨幅 720m³/s，退水时间 6.50h。"20190813"场次暴雨洪水 1.58h 洪水涨幅 1010m³/s，退水时间 5.00h。依据统计，近坝区暴雨洪水上涨迅速、涨幅大、退水快。

（2）洪水预见期短。由于近坝区暴雨发生在坝区范围内，强降雨造成区间洪水迅速发展，根据长期的水文预报经验和对多场近坝区暴雨洪水的分析，得到近坝区暴雨洪水的预见期只有 30～60min，时间极短。

（3）短时区间来水占比大。选取多场近坝区暴雨洪水，统计其区间来水最大 3h 洪量占比，主要在 20%～60%范围内。说明近坝区暴雨洪水区间来水量占比较大，同时其波动范围广。分析其原因主要与暴雨历时、暴雨降水总量和前期土壤含水量 P_a 值的大小有关。P_a 越大、暴雨历时越长、暴雨降水总量越大，其区间来水量占比越大，反之越小。

7.1.3　实测洪水分析

1. 历史大洪水及重现期

吉拉姆河 1992 年发生了特大洪水，距 AP 站上游约 7km 的阿扎德帕坦大桥被洪水冲毁。巴基斯坦水电发展署发布的 1992 年水文年鉴中刊出的该年最大洪峰流量为 14730m³/s。

在 2001 年的曼格拉大坝可能最大洪水复核报告中，从 1929 年、1959 年和 1992 年大暴雨中，挑出最为极端的 1992 年大暴雨作为典型暴雨，认为该年是自 1929 年以来最为恶劣的大暴雨。

通过现场查勘与调查，确定 AP 站 1992 年大洪水为 1929 年以来的最大洪水，比 2010 年发生的大洪水（洪峰流量 9748m³/s）还要大。

综上分析，工程设计阶段将 AP 站 1992 年洪水重现期定为 82 年。

2. 典型洪水分析

（1）"20170406"洪水分析。由于受过境巴基斯坦北部地区的强西风波影响，吉拉姆河流域于 4 月 5—6 日发生了 2 次大范围持续性的强降雨过程，其中 5 日 17：55—

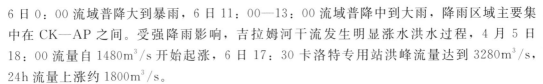

6 日 0：00 流域普降大到暴雨，6 日 11：00—13：00 流域普降中到大雨，降雨区域主要集中在 CK—AP 之间。受强降雨影响，吉拉姆河干流发生明显涨水洪水过程，4 月 5 日 18：00 流量自 1480m³/s 开始起涨，6 日 17：30 卡洛特专用站洪峰流量达到 3280m³/s，24h 流量上涨约 1800m³/s。

1）流域降雨分析。根据遥测站网收集的数据，4 月 5—6 日，吉拉姆河流域发生的 2 次较连续强降雨过程累积历时约 20h，降水中心位于 CK—AP 之间，最大降雨量为雨量站 10，达到 137mm；非降水中心地区大部累计降雨量为 20～80mm。

据统计，累计降雨量大于 100mm 的有 8 个站点，分别是 AP、BL、雨量站 9、雨量站 10、雨量站 11、CH、HB，以及卡洛特专用站，降雨量 80～100mm 的有 6 个站点，分别是入库站、导流洞出口站、雨量站 8、工区雨量站 1、工区雨量站 2、工区雨量站 3。流域内暴雨中心区域有雨量站 10、AP、BL、雨量站 11，其降雨量都大于 100mm。本次降水时段集中、降水强度大，形成陡涨陡落洪水，并且暴雨中心距卡洛特坝址较近，区间洪水汇集至坝区的传播时间缩短为仅 3h 左右，在一定程度上制约了可获得的洪水预报预见期。

2）水情发展。4 月 5 日以前，流域干支流各站来水呈平稳缓涨态势，4 月 4 日，TH、MFD、D、CK、AP、卡洛特专用站的日均流量分别仅 40.0m³/s、440m³/s、390m³/s、950m³/s、1050m³/s、1070m³/s；4 月 5 日 17：55 流域开始出现大范围强降雨过程，受暴雨影响，CK、AP、卡洛特专用站流量开始迅猛上涨，其他站点也呈缓慢增加的态势；暴雨持续至 4 月 6 日 13：00 左右，直至 17：30 坝址以上干支流各站来水相继达到峰值，上述各站瞬时流量洪峰分别达 52m³/s（4 月 5 日 3：30）、635m³/s（4 月 6 日 15：00）、1020m³/s（4 月 6 日 14：00）、2370m³/s（4 月 6 日 16：00）、2730m³/s（4 月 6 日 17：00）、3280m³/s（4 月 6 日 17：30）。4 月 6 日下午以后雨强逐渐减小直至流域内全面停止降雨，干支流各站来水逐渐消退。

3）洪水组成分析。以 TH、MFD、D—CK 为区间 1，统计最大 3h、6h、12h、24h、48h 等不同时段的洪量，并计算各自所占卡拉斯来水的比例，分析卡拉斯站洪水组成，见表 7.1-5；另外，以 CK—卡洛特专用站为区间 2，分析卡洛特专用站洪水组成，见表 7.1-6。

表 7.1-5　　　　　　　　　　　　　CK 站洪水组成分析

测站	最大 3h		最大 6h		最大 12h		最大 24h		最大 48h	
	洪量 /亿 m³	占比/%	洪量 /亿 m³	占比 /%	洪量 /亿 m³	占比 /%	洪量 /亿 m³	占比 /%	洪量 /亿 m³	占比 /%
TH	0.004	12.3	0.062	13.2	0.095	13.6	0.182	13.5	0.338	14.5
MFD	0.009	27.0	0.124	26.5	0.192	27.4	0.365	27.0	0.671	28.7
D	0.017	51.4	0.243	51.9	0.373	53.2	0.709	52.4	1.287	55.1
区间 1	0.003	9.3	0.039	8.3	0.041	5.8	0.097	7.1	0.040	1.7
CK	0.034	100.0	0.468	100.0	0.701	100.0	1.353	100.0	2.336	100.0

表 7.1-6   卡洛特专用站洪水组成分析

测站	最大 3h		最大 6h		最大 12h		最大 24h		最大 48h	
	洪量/亿 m³	占比/%	洪量/亿 m³	占比/%	洪量/亿 m³	占比/%	洪量/亿 m³	占比/%	洪量/亿 m³	占比/%
CK	0.034	50.0	0.468	53.4	0.701	54.1	1.353	53.5	2.336	57.1
区间 2	0.034	50.0	0.409	46.6	0.594	45.9	1.176	46.5	1.756	42.9
卡洛特专用站	0.068	100.0	0.877	100	1.295	100	2.529	100	4.092	100

由表 7.1-5 可知，就本次洪水组成而言，吉拉姆干流 D 站来水是 CK 站洪水的主要来源，其次是尼拉姆、昆哈河的来水，区间 1 来水占比较低，其各时段洪量占 CK 站来水的比例不到 10%。由表 7.6 可知，从最大 3h、6h、12h、24h、48h 洪量占比看，区间 2 占专用站来水的比例分别为 50.0%、46.6%、45.9%、46.5%、42.9%，均达到 40% 以上，可见卡洛特专用站"20170406"洪水主要是区间和干流共同来水的结果，其中 CK 站以上来水起筑底作用，区间来水则起造峰作用。

（2）"20200827"洪水分析。受西南季风影响，吉拉姆河近坝区于 8 月 27 日普降大到暴雨，面平均雨量达 50.0mm，其中专用站为最大降雨站，降雨量 138.5mm；TH 站为最小降雨站，降雨量 0.5mm。此次降雨过程主要集中在新雨量站 11 至坝址之间，降雨历时长、雨强大，主雨期间（6：00—9：00）雨强高达 20.0mm/h，其中 AP 站最大 1h 降雨量 49.5mm，为流域最大。

专用站流量自 27 日 7：00 由 750m³/s 快速上涨，于当日 10：00 洪峰流量达 2050m³/s，流量增加近 1300m³/s。专用站流量后期退水阶段受上游来水影响，流量稳定在 1300m³/s，见图 7.1-11。

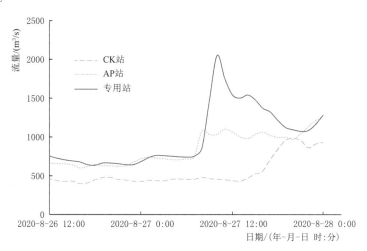

图 7.1-11　上游控制站与专用站流量过程线

1）流域降雨分析。根据遥测站网收集的雨量数据，8 月 27 日各站降雨统计结果见图 7.1-12。

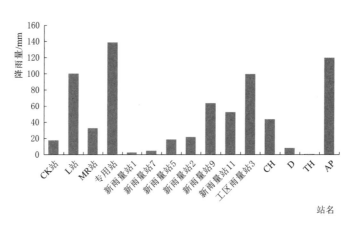

图 7.1-12　各站日降雨量图

经统计，本次降雨有 11 个站点日降雨量超过 50mm。流域内暴雨中心区域位于 MR 站、新雨量站 11 和 L 站至坝址的流域分区内，面雨量达 95mm。

本次全流域降雨过程历时约 11h，降雨时程分配较为不均，主雨期雨强大的时间主要集中在 27 日 6：00—9：00，短期雨强大，是导致此次洪水的原因。

2）水情发展。绘制吉拉姆河干流、上游印巴边界第一个控制站 CH，上游干流及尼拉姆河、昆哈河汇流第一个监测站 CK，坝址上游 16km 处的 AP 站和坝址流量代表站卡洛特专用站流量过程，见图 7.1-13。分别从起涨、洪峰等方面介绍"20200827"洪水的水情发展过程。

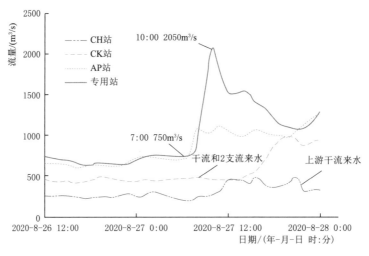

图 7.1-13　干流站逐时流量过程

从图 7.1-13 可知，27 日 7：00 之前，流域干流各站来水呈平稳态势，坝址流量维持在 750m³/s 左右。随着 MR 站、新雨量站 11 和 L 站以下区域上游近坝站 3：00 开始出现强降雨，AP 站流量从 7：00 开始快速上涨，随后专用站流量从 8：00 快速上涨，说明近坝址出现强降雨产流时间约 3h，AP 站至专用站洪水传播时间约 1h。10：00 专用站出现洪峰，流量为 2050m³/s，随后转退。这是由 6：00—8：00 近坝区各站强降雨所致；期间，MR 站、新雨量站 11 和 L 站至坝址区域小时面平均降雨量分别为 7.6mm、18.0mm 和 32.0mm；9：00 之后雨强逐渐减小，随即专用站流量逐渐减退。专用站 21：00 退水至 1050m³/s，受卡拉斯来水影响，专用站流量再次小幅上涨，随后稳定在 1300m³/s。

综上，此次涨水过程为 27 日 7：00—9：00 MR 站、新雨量站 11 和 L 站至坝址区域强降雨所致；近坝区强降雨易形成陡涨陡落型洪峰，随后上游来水使流量再次上涨。说明流域同时出现降雨的情况下，由于产流和洪水河道传播时间的差异，上下游洪峰错开，发生叠加洪水的概率较小。

3）洪水组成分析。以 AP—卡洛特站区间流量为区间 1，统计最大 1h、3h、5h、7h、9h 等不同时段的洪量，并计算上游和区间所占卡洛特坝址处来水的比例，以此分析专用站的来水组成，见表 7.1 - 7。

表 7.1 - 7　　　　　　　　　　　　AP 站洪水组成分析

测站	最大 1h		最大 3h		最大 5h		最大 7h		最大 9h	
	洪量/亿 m³	占比/%	洪量/亿 m³	占比/%	洪量/亿 m³	占比/%	洪量/亿 m³	占比/%	洪量/亿 m³	占比/%
AP	0.038	54.3	0.353	60.6	0.957	66.6	1.807	69.8	2.905	71.5
区间 1	0.032	45.7	0.230	39.4	0.481	33.4	0.781	30.2	1.159	28.5
专用站	0.070	100	0.583	100	1.438	100	2.588	100	4.064	100

由表 7.1 - 7 可知，卡洛特站洪水组成为：最大 1h 区间来水占比达 45.7%，最大 5h 及之后的区间来水占比 30% 左右，说明此次洪峰陡涨陡落、历时短，洪水造峰水量来源主要是 AP 站至坝址区间来水。

7.1.4　水利工程影响分析

1. 卡洛特水电站上游水电工程简介

目前在卡洛特水电站上游水电工程主要有 N - J、Uri 等（表 7.1 - 8），其中 Uri 水电站在非汛期对下游影响较为明显，见图 7.1 - 14。

表 7.1 - 8　　　　　　　　　　　　水电工程统计表

电站名称	河流名称	装机容量/MW	总库容/10⁶m³	调节库容/10⁶m³	备　注
帕春水电站	昆哈河	150			高水头引水电站
SK 水电站		884	10.37	5.17	建设中，高水头引水电站
基尚冈水电站	尼拉姆河	330			印度境内
N - J 水电站		960	10	2.8	高水头引水电站，满发 114.6m³/s

续表

电站名称	河流名称	装机容量 /MW	总库容 /10⁶m³	调节库容 /10⁶m³	备 注
Uri 水电站	吉拉姆河	1 期 480， 2 期 240	径流式电站		印度境内
科哈拉水电站		1124	17.8		筹建中
阿扎德帕坦水电站		700.7	112		筹建中
卡洛特水电站		720	152	49	已建成

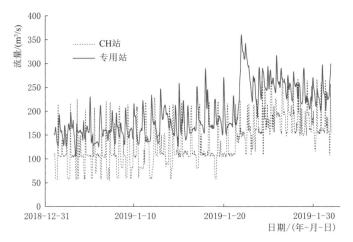

图 7.1-14 2019 年 1 月 CH 与专用站流量过程对比图（同时刻）

2. 影响表现

汛期因区间产流影响明显，故水库对下游的影响主要考虑枯季的影响。图 7.1-15 和图 7.1-16 为 CH 站和卡洛特专用站 2020 年 11 月 25—30 日和 12 月 13—17 日流量过程（因 MFD 站来水不大并稳定故未绘制），从图可见 2 站洪水过程相应性较好。

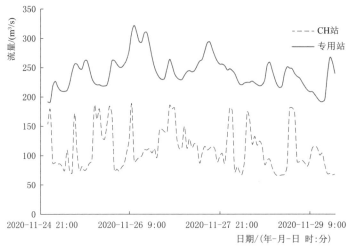

图 7.1-15 2020 年 11 月 25—30 日流量过程（同时刻）

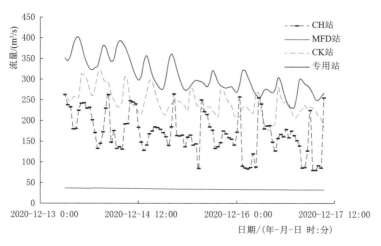

图 7.1－16 2020 年 12 月 13—17 日流量过程（同时刻）

7.2 水文气象预报体系构建

7.2.1 水文预报体系

1. 水文预报方案构建

卡洛特水电站的水文预报基本方案以干流河道流量演算和区间小流域降雨径流预报方案组成。根据卡洛特水电站坝址以上流域的自然地理特征、降雨及洪水特性，将坝址以上流域划分为 8 个降雨径流计算小区，卡洛特水电站短期洪水预报方案框架见图 7.2－1。

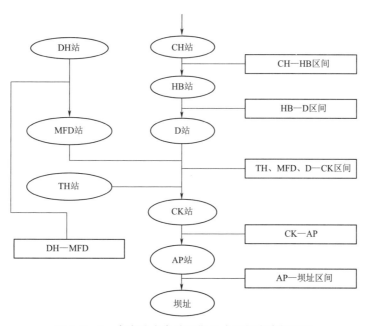

图 7.2－1 卡洛特水电站短期洪水预报方案框架图

降雨径流预报方案为 CH 站—坝址区间流域预报方案，计算时段长为 1h。预报计算边界条件输入为恰可迪站的来水流量过程，计算 2 个闭合流域和 6 个无控区间的产汇流过程并沿程接入各控制站，通过河道流量连续演算，并经逐站校正得到干支流 HB、D、DH、MFD、TH、CK、AP 和卡洛特坝址等站的流量过程，再通过坝区水位预报方案将预报的坝址流量转换得到各水尺断面的水位预报过程。

（1）预报分析模型。根据河道上下游流域洪水特点，预报分析模型由 API 模型方案、新安江模型方案、马斯京根流量演算方案、洪峰（过程）流量（水位）相关图法方案等组成。

（2）短期水情预报方案。根据卡洛特水电站施工期、运行期水情预报需求，建立全流域一体化的预报体系，每站配置主方案及辅助方案，采用多模型、多方案综合会商等手段提高预报精度，预报方案配置详见表 7.2-1。图 7.2-2 和图 7.2-3 分别为 2018 年 4 月 20 日和 8 月 7 日洪水卡洛特流量预报过程图。

表 7.2-1　　　　　　　吉拉姆河卡洛特水电站以上流域水情预报方案配置表

预报分区	预报项目	区间产汇流预报方案			河道汇流预报方案		
		API 模型	新安江模型	单位线	马斯京根流量演算	相关图法	水位流量关系转换
CH—D	D 流量	√	√	√	√	√	
DH 以上	DH 流量	√	√	√			
DH—MFD	MFD 流量	√	√	√	√		
TH 以上	TH 流量		√	√			
D、MFD、TH—CK	CK 流量	√	√	√	√	√	
CK—卡洛特	坝址流量	√	√	√	√	√	
卡洛特坝址	坝址流量和坝区水位					√	√

（3）降水预报方案。降水预报主要为水情预报延长预见期，目前委托巴基斯坦气象公司进行。从 2017 年至今，流域内短期降雨预报精度不断提升，目前旬内降雨趋势基本可以掌握，但 24h 内降雨量精度跟实际需要还有差距。

2018 年，在国内也开展了吉拉姆河流域内短期降雨预报，采用以常规地面、高空气象探测资料分析为主，辅以卫星云图、测雨雷达等信息，并结合欧洲中心模式、日本模式、德国模式和 WRF 模式等数值预报制作降水预报，跟巴基斯坦气象公司流域内降雨预报进行互相比对，不断提高降雨精度。

（4）无资料地区预报方案。无资料地区皆位于吉拉姆河、尼拉姆河和昆哈河的上游，除 5—9 月有降雨径流产生外，其他时间基本为冰雪覆盖。对上述无资料地区，根据上、下游下垫面条件的相似性，预报方法采用下游预报方案移用；同时，根据目前预报经验的不断积累，逐渐建立符合该区域特性的预报方案。

水文比拟法洪水分析步骤如下：①根据水文比拟法分区预报框架计算面雨量、前期降雨量 P_a 和净雨；②根据各分区单位线计算各区间流量；③将各分区区间流量和目前坝址实际流量相加得到日平均流量；④根据日平均流量与洪峰转换关系，即系数采用 1.0～

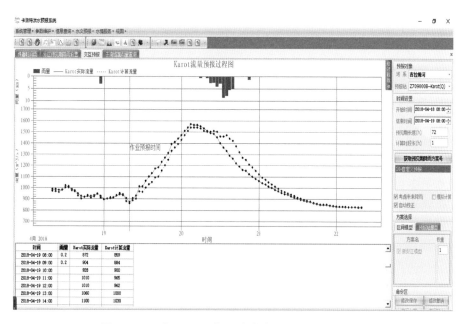

图 7.2-2 "20180420"洪水卡洛特流量预报过程图

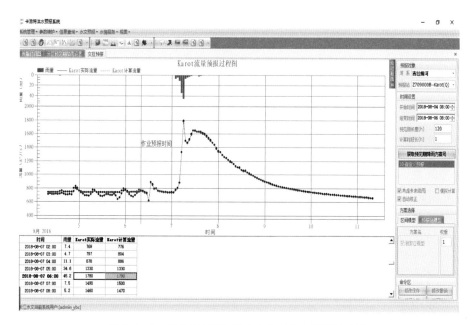

图 7.2-3 "20180807"洪水卡洛特流量预报过程图

1.3,得到洪峰区间。

2. 坝区水情预报方案

卡洛特水电站坝址水情预报是根据已观测到上游流域降水和上游干支流实时水情,预报坝区未来流量过程,根据流量过程,利用坝区水位站已建立的水位流量关系,制作未来坝区水位流量预报成果。

（1）6h 流量预报。目前 CK 站与卡洛特专用站的传播时间为 7h，即根据 CK 站实时水情可做坝区 6h 流量预报，中高水时向 CK 站上一个预报节点进行洪水演算分析或滚动预报。

（2）12h 流量预报。目前依据上游干支流恰可迪、多迈尔等站实时水情及传播时间，可预报坝区 12h 流量，中高水时进行滚动预报。

（3）24h 流量预报。依据流域降雨预报与上游实时水情，结合前期土壤蓄水容量，采用预报模型或水文比拟法进行流量预报估算或进行滚动预报。

（4）上围堰水位预报。查上围堰实测水位—流量关系曲线，无实测则根据设计导流洞泄流曲线查算。

（5）下围堰水位预报。根据流量预报成果，查下围堰实测水位流量关系曲线，无实测则根据坝址设计曲线和实测水位流量关系趋势延长。

（6）入库站水位预报。为保证在中高水时，能为复建大桥施工服务，水情中心编制入库站水位预报方案。在已知坝址流量预报成果的基础上，查专用站流量与入库站水位相关图，即可得到相应坝址流量下的入库站水位。

7.2.2 气象预报体系

水文与气象相结合是延长预见期的基本途径。但由于吉拉姆河流域面积较小和国内气象预报缺乏该流域内气象资料，国内气象预报无法满足水文预报需要。为现实水文与气象相结合延长预见期的目的，满足工区施工对气象的要求，寻求当地气象公司支持，运用当地优势资源实现本地化服务。

1. 常规天气预报

气象预报依托巴基斯坦气象公司开展。工区内，每天提供两次气象预报服务，时间分别为 8：00 和 20：00，预报内容主要为 12h、24h、48h 以及旬内的晴雨分析，12h、24h 内气温和风速风向等。流域内，提供 3d 内短期降雨预报，3～7d 内降雨趋势预报。由于预报方法等限制，降雨预报仅能提供 24h 降雨总量，不能分时段预报。开展的内容有 6h、12h 和 24h 晴雨、降水、最高气温、最低气温预报，48h 和 72h 晴雨、降水预报，流域月度降水趋势预测。针对上述预报成果进行相关考核，考核主要在 3—9 月天气变化较大月份开展。考核主要指标如下：

（1）12h 气象预报准确率 85% 以上，24h 气象预报准确率 80% 以上；48h 晴雨预报准确率 75% 以上。

（2）周晴雨预报准确率达 65%，旬晴雨预报准确率 60% 以上。

（3）考核以施工区六要素气象站观测值为依据。

2. 灾害性天气预报

（1）大到暴雨（1h 降雨量 ≥20mm，12h 降雨量 ≥30mm，或 24h 降雨量 ≥50mm）。

（2）大风（瞬时风速 ≥17m/s）。

（3）强降温（日平均气温 24h 下降 6℃ 以上、48h 下降 8℃ 以上、72h 下降 10℃ 以上）。

（4）雷暴、冰雹、大雾。当施工区未来 6h 内有可能出现或已监测到以上灾害性天气时，及时发布预警，预见期不低于 1h，并根据现场气象观测值变化，进行短时跟踪订正预报，直到该过程结束。除以上内容，巴基斯坦气象公司每年汛期均会派 1 名专业工程师到卡洛特工区现场提供现场气象 24h 服务。

7.2.3　洪水预报软件研发

洪水预报系统通过分析研究洪水特点及河床变形规律，采用水文学、水力学、河流动力学等相结合的方法，建立实用的洪水预报经验方案和数学预报模型；实际应用中，以实时雨情、水情、工情等各类实时信息作为输入，通过启动预报模型和方法，对洪峰水位（流量）、洪水过程、洪量等洪水要素进行实时预报，为各级防汛指挥部门提供决策依据。

为解决巴基斯坦卡洛特水电站施工期洪水预测预报这一难题，开发了卡洛特实时洪水预报系统。

1. 实时洪水预报系统

卡洛特实时洪水预报系统主要分为预报方案构建和系统管理以及洪水作业预报两大模块。建设思路主要是以实时雨水情数据库、历时洪水数据库、地理空间数据库、气象数据库等信息资源作为基础，依托计算机网络环境，遵循统一的技术构架，具有系统管理、预报模型管理、预报方案管理、模型参数率定、实时交互式预报及河系预报、预报评估等功能。

（1）预报方案构建和系统管理。

1）方案构建。卡洛特实时洪水预报系统对坝址进行的水文预报由干流河道流量演算和区间小流域降雨径流预报方案组成。根据卡洛特水电站坝址以上流域的自然地理特征、降雨及洪水特性，将坝址以上流域划分为 8 个降雨径流计算小区。

根据降雨径流分区和分区预报方法，预报模型计算与修正系统针对不同降雨径流计算区间，水文模拟计算和洪水演算的方法也不同。当前卡洛特实时洪水预报系统中的预报模型与修正系统由多个部分构成，根据不同区间预报方法，系统组成部分可分成以下部分：

a. 气象预报。卡洛特实时洪水预报系统中没有气象模型提供定量降雨预报，因此，定量降雨预报委托巴基斯坦当地气象公司提供。

b. 水文模拟。使用实时雨量与定量预报降雨值预测径流量。使用的模型主要有 API 模型、单位线演算和新安江模型。

c. 洪水演算。使用模型预测径流和实测径流作为边界条件，应用多个水力学模型和统计模型洪水演算程序计算不同站点的水位和流量。使用的模型有马斯京根流量演算法，相关图法和水位流量关系转换法。

d. 参数率定。采用人工试错和自动优选两种模型参数率定方式，对水文模拟模型和洪水演算模型参数进行率定，并将流域特征参数、属性和率定后的模型参数配置到定制的预报方案中，构成应用支撑平台中的方案实现类库。

e. 后验分析。人工对模型结果进行分析。结合不同模型给出的预报结果，考虑人类活动或天气动力带来的不确定性，最终确定预报值，这是当前卡洛特洪水预报系统中非常重要的一环。

2）系统管理。卡洛特水电站实时洪水预报系统具有完善的数据管理、预报模型管理、预报方案管理、水文站点管理的功能。可对实时雨水情数据库中的错误数据，缺报的实时雨水情数据，假定的未来雨水情数据进行输入和修改。同时还可对预报方案、预报模型、预报模型参数和水文站点及其属性进行增加、删除和修改等操作。

（2）洪水作业预报。洪水作业预报是卡洛特实时洪水预报系统最主要的组成部分，依据人工输入的流域定量降雨预报、上游断面洪水预报等数据做出预报断面洪水预报。预报人员可根据实际需要选择预报河系、预报断面。卡洛特实时洪水预报系统预报河系可选择吉拉姆河、尼拉姆河以及昆哈河，预报断面有以下两种选择方式：

1）河系预报。在某一河系可选择多个预报断面，每个断面一个方案一次连续运算，即下游断面依据上游断面当次的预报结果进行预报。

2）交互预报。在某一河系选择一个预报断面，多个预报方案一次运行。

根据原预报结果和最新的实测资料，需对洪水预报结果进行实时校正以提高预报精度，还需要结合预报员经验和预报会商，对模型计算的预报结果进行综合分析，并提供对外发布的预报结果。卡洛特实时洪水预报系统框架见图7.2-4。

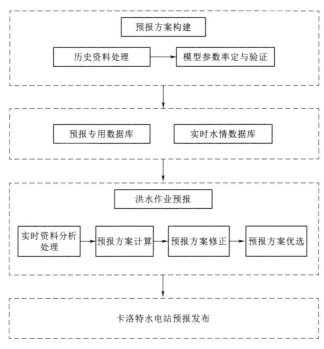

图7.2-4　卡洛特实时洪水预报系统框架图

2. 计算实例

如上所述，目前卡洛特洪水预报系统由多种模型和方法组成，结合气象预报、水文模拟和水力学洪水演算，并且还有预报员经验分析，可为卡洛特水电站坝址提供6~12h洪水预报。在利用历史资料对预报系统中的模型进行参数率定与验证后，为验证卡洛特实时洪水预报系统预报洪水的可靠性和实用性，选取"20180420"和"20180807"洪水（图7.2-5和图7.2-6）为典型洪水，利用卡洛特实时洪水预报系统对吉拉姆河流域CK—

AP区间和AP—卡洛特坝址区间进行检验，对洪峰、峰现时间的相对误差进行统计，最终评定总体效果见表7.2-2、表7.2-3以及图7.2-7、图7.2-8。

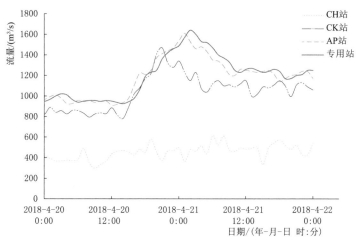

图7.2-5 "20180420" 洪水过程

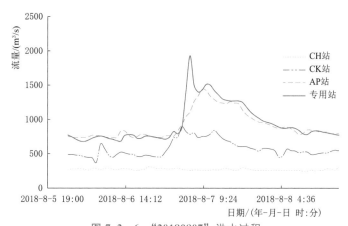

图7.2-6 "20180807" 洪水过程

表7.2-2 CK—AP区间综合检验结果

场次洪水	实测洪峰 /(m³/s)	计算洪峰 /(m³/s)	相对误差 /%	实测峰现时间	计算峰现时间	误差 /h
20180420	1610	1590	1.2	2018-4-21 1：00	2018-4-21 1：00	0
20180807	1440	1120	22.2	2018-8-7 9：00	2018-8-7 8：00	1
平均统计			11.7			0.5

表7.2-3 AP—卡洛特区间方案综合检验结果

场次洪水	实测洪峰 /(m³/s)	计算洪峰 /(m³/s)	相对误差 /%	实测峰现时间	计算峰现时间	误差 /h
20180420	1640	1650	0.6	2018-4-21 2：00	2018-4-21 2：00	0
20180807	1930	1940	0.5	2018-8-7 6：00	2018-8-7 5：00	1
平均统计			0.55			0.5

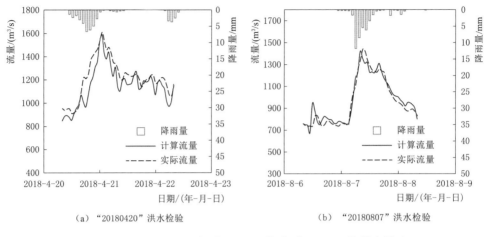

（a）"20180420"洪水检验　　　　　　（b）"20180807"洪水检验

图 7.2－7　CK—AP 区间"20180420"和"20180807"洪水检验

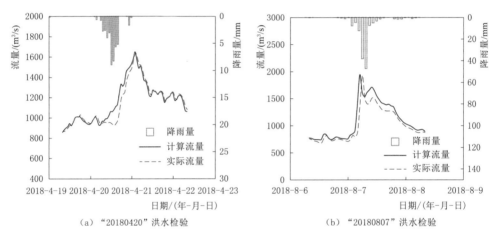

（a）"20180420"洪水检验　　　　　　（b）"20180807"洪水检验

图 7.2－8　AP—卡洛特区间"20180420"和"20180807"洪水检验

由上述图表可以看出，CK—AP 区间检验"20180420"和"20180807"洪水的洪峰平均相对误差和峰现时间分别为 11.7％和 0.5h，AP—卡洛特区间检验这两种洪水的洪峰和峰现时间分别为 0.55％和 0.5h，方案总体效果良好，洪水趋势基本与实况洪水一致。计算洪峰流量值和峰现时间与实况相差较小，在使用过程中对洪峰预报、峰现时间预报可提供较好的预报成果。

7.2.4　服务体系构建

为水电站施工度汛安全提供专业支撑是水情测报服务的第一要务。根据水电站每年防洪度汛要求，水文服务团队及时制定预案，从预报方案、测站驻巡监测、数据中心网络保障、水情信息发布等方面细化处置预案并进行演练。基于流域洪水预报预见期短的实际，实施 24h 水文气象值班，特殊水雨情及关键时刻开展滚动预报，按需启动前后方会商和专家技术支撑保障。积极参与业主防汛决策会商，发挥技术支撑作用，确保度汛安全。不定期对信息发布接收方进行回访，保证信息发布渠道畅通。

由于卡洛特水电站建设采用国际化标准管理，其在社会、环境和安全方面要求较高，保证信息发布畅通显得尤为重要。水情信息发布采用短信、邮件和即时通信工具等极大地提高了水情信息的时效性。

1. 人员组织

水文预报服务与管理是一项专业性较强的工作，为保证工作的顺利开展，保障卡洛特水电站施工安全度汛，水情预报相关人员配置如下：枯季和初期实施阶段在现场配置 2 名专业水文预报人员，主汛期和正式实施阶段在现场配置 3 名专业水文预报人员；在现场配置网络信息管理人员和自动测报系统运行维护管理人员各 1 名；在后方（国内）配置若干水情和气象预报人员负责提供技术支撑和降水预报以及对预报产品进行校核。根据纪要要求，探索执行现场主要专业技术人员实行 A、B 解制度。

2. 发布流程与方式

（1）发布流程。当分析研判上游来水将达到防洪度汛方案对应级别时，卡洛特水情中心及时将信息提交经理部决策，统一发布相关预警信息。水情信息发布内容及流程分别见表 7.2 - 4 和图 7.2 - 9。灾害性天气服务成果由预报单位签发后直接发布。

表 7.2 - 4　　　　　　　　　　水 情 信 息 发 布 内 容

预警等级	具 体 含 义	预警信息发布内容
黄色预警	预计或已达到设防水位（坝址相应流量 4660m³/s，上游围堰高程 418.35m，下游围堰高程 401.24m）	预警短信＋各工区提高警惕，加强防范（黄色预警，防汛办）
橙色预警	预计或已达到警戒水位（坝址相应流量 5800m³/s，上游围堰高程 424.67m，下游围堰高程 402.90m）	预警短信＋各工区加强防范（橙色预警，防汛办）
红色预警	预计或已达到抢险水位（坝址相应流量 6740m³/s，上游围堰高程 433.2m，下游围堰高程 404.64m）	预警短信＋各工区加强防范（红色预警，防汛办）

（2）发布方式。

1）通过短信平台发送卡洛特水电站施工期短期流量和坝区水位的实时及预报信息、气象信息。

2）通过社交平台，卡洛特水情气象信息群发布卡洛特水电站施工期短期流量及坝区水位的实时及预报和卡洛特施工区天气预报信息。

3）当无网络或手机信号时，采用送纸质版的形式直接送达相关部门，如经理部防汛办等。

4）向卡洛特水电工程综合查询系统发布卡洛特水电站施工期短期流量和坝区水位的实时及预报信息。

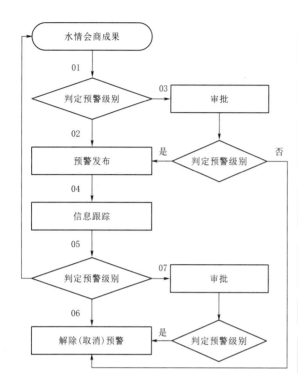

图 7.2-9　水情信息发布流程

7.3　水文预报关键技术研究

7.3.1　新安江模型适用性研究

新安江模型是国内技术成熟、影响力大的水文模型。它是分散型水文模型，把流域分成多块，对每块分别计算产汇流，最后求得出流量过程，适用于湿润、半湿润地区。

1. 新安江模型基本原理

新安江三水源采用蓄满产流概念，即一次降雨过程中，包气带达到田间持水量才产流。产流后，超渗部分为地面径流，下渗部分为壤中流和地下径流。模型由蓄满产流模块、流域蒸散发模块、水源划分模块和汇流模块四部分构成。模型流程见图 7.3-1。

（1）蒸散发计算。新安江（三水源）模型中的蒸散发计算采用三层蒸散发计算模式。它的输入是蒸发器实测水面蒸发，模型参数是流域蒸散发能力折算系数 K（$K=EM/E$），上、下、深层蓄水量 WUM、WLM、WM（$WM=WUM+WLM+WDM$）和深层蒸散发系数 C。输出是上、下、深蒸散发量 EU、EL、ED（$E=EU+EL+ED$）。计算中包括3 个状态参数，即各层土壤含水量 WU、WL、WD（$W=WU+WL+WD$）。WM、E、W分别表示总的土壤蓄水容量、蒸散发量和土壤含水量。

蒸散发计算原则是：上层按蒸散发能力蒸发；上层含水量不够蒸发时，下层蒸发与剩余蒸散发能力及下层含水量成正比，与下层蓄水容量成反比。要求计算的下层蒸散发与剩

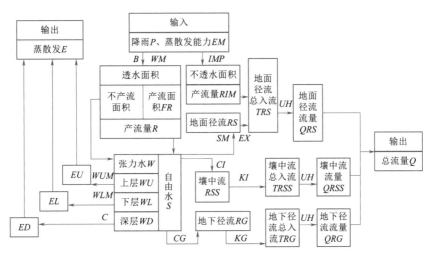

图 7.3-1 新安江（三水源）模型流程

余蒸散发能力之比小于深层蒸散发系数 C，否则不足的部分由下层含水量补给；当下层水量不够补给时，用深层含水量补。具体计算公式在这里不详细给出。

（2）产流量计算。产流量计算根据蓄满产流理论。蓄满是指包气带的含水量达到田间持水量，在土壤湿度未达到田间持水量时不产流，所有降雨都被土壤吸收，成为张力水；而当土壤湿度达到田间持水量后，降雨量减去蒸发量后都产流。

流域内各点的蓄水容量并不相同，新安江（三水源）模型把流域内各点的蓄水容量概化成图 7.3-2 所示的一条抛物曲线。用 W'_{mm} 表示流域内最大点蓄水容量，W'_m 表示流域内某一点的蓄水容量，f 表示蓄水能力不大于 W'_m 值的流域面积，F 表示流域面积，B 表示抛物线指数。

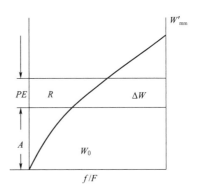

图 7.3-2 流域蓄水容积

其公式为

$$\frac{f}{F} = 1 - \left(1 - \frac{W'_m}{W'_{mm}}\right)^B \tag{7.3-1}$$

当 $PE > 0$，则产流；当 $PE + A < W'_{mm}$，有

$$R = PE - WM + W_0 + WM\left(1 - \frac{PE + A}{W'_{mm}}\right)^{B+1} \tag{7.3-2}$$

当 $PE + A \geqslant W'_{mm}$，有

$$R = PE - (WM - WU) \tag{7.3-3}$$

产流计算时模型输入为 PE，参数包括流域平均蓄水容量 WM 和抛物线指数 B；输出为流域产流量 R 及流域时段平均蓄水量 W。

（3）水源划分。新安江（三水源）模型采用一个自由水蓄水库进行水源划分，自由水蓄水库设置两个出口，其出流系数分别为 KI 和 KG。产流量 R 进入自由水水库内，通过两个出流系数和溢流的方式把它分成地面径流、壤中流和地下径流。

（4）汇流计算。汇流分坡地汇流阶段和河网汇流阶段两个阶段进行。坡地汇流是指水体在坡面上的汇集过程，坡地汇流采用线性水库方法。新安江（三水源）模型把经过水源划分得到的地面径流直接进入河网，成为地面径流对河网的总入流。壤中流流入壤中流水库，经过壤中流蓄水库的消退，成为壤中流对河网的总入流。地下径流进入地下水蓄水水库，经过地下水蓄水库的消退，成为地下水对河网的总入流。

单元面积的河网汇流是指水流由坡面进入河槽后，继续沿河网的汇集过程，在河网汇流阶段，汇流特性受制于河槽水力学条件，各种水源是一致的。

（5）新安江（三水源）模型中参数的率定。概念性模型的参数是有物理意义的，在原则上应按其物理意义来定量，但实际上不可能做到。常用办法是根据经验定好参数的初值，然后用模型计算出流过程，再与实际过程对比分析，调试参数，分析其合理性。

模型参数可分两类：一类为可定参数，例如流域面积、B、IMP、EX、C 等；另一类为待定参数，有 K、WUM、WLM、WDM 等。

2. 方案的建立

（1）方案编制方法。卡洛特水文站（专用水文站）为卡洛特水电站施工来水控制站，测站以上集水面积 $26700km^2$，利用新安江模型计算吉拉姆河流域 AP 站至卡洛特专用站河道加区间方案，区间面积为 $215km^2$。

综合分析得到 AP 站至卡洛特专用站洪水传播时间为 1h 左右，可建立 AP—卡洛特区间的河道演算方案。采用合成流量法构建 AP—卡洛特区间的河道演算方案，公式为

$$Q_{Karot,t} = Q_{AP,t-1} + Q_{区间} \qquad (7.3-4)$$

采用上述河道演算方案分割 AP—卡洛特区间流量过程，采用新安江模型构建区间产汇流方案，由于区间面积较小，考虑区间内产汇流特性，选择 1h 为方案计算时间尺度。AP—卡洛特区间雨量站网权重见表 7.3-1。

表 7.3-1　　　　　　　　　AP—卡洛特区间雨量站网权重

雨量站名	站号	站类	权重	雨量站名	站号	站类	权重
工区雨量站 1	Z726760B	PP	0.335	专用水文站	Z709000B	ZQ	0.17
工区雨量站 2	Z726770B	PP	0.007	AP	Z708900B	ZQ	0.338
工区雨量站 3	Z726780B	PP	0.15				

（2）资料选取及模型参数率定。区间流量过程由分割 AP 站合成流量过程得到，由于资料雨洪过程对应较差，仅选取 2017—2018 年 4 场区间雨洪样本进行新安江模型建模，鉴于场次洪水样本较少，未单独划分检验期，将 4 场次洪水均作为率定样本，采用自动优选与人工调参相结合的方式率定参数。优化后的参数率定结果见表 7.3-2。

表 7.3 - 2　　　　　　　　　　AP—卡洛特区间新安江模型参数率定结果

模型参数	数值	模型参数	数值	模型参数	数值
WM	120	SM	30	C	0.159
X	80	EX	0	CKI	0.9289
Y	20	CI	0.1	CKG	0.9999
CKE	1	CG	0.1	CN	0.35
B	1.9	$CIMP$	0.1	CNK	10.1

3. 方案的评价与检验

选取 2017—2018 年共 4 场次洪过程进行方案的综合检验,对洪峰、峰现时间的相对误差进行统计,最终评定总体效果见表 7.3 - 3、图 7.3 - 3～图 7.3 - 6。由上述图表可以看出,AP—卡洛特区间方案总体效果较好,次洪洪峰和峰现时间平均误差较小,分别仅 122m³/s 和 1h。由于洪峰流量值和峰现时间模拟较好,在使用过程中对洪峰和峰现时间预报可提供参考。

表 7.3 - 3　　　　　　　　　　AP—卡洛特区间方案综合检验结果

场次洪水	实测洪峰 /(m³/s)	计算洪峰 /(m³/s)	误差 /(m³/s)	实测峰现时间	计算峰现时间	时差 /h
20170406	3230	2810	420	2017 - 4 - 6 18:00	2017 - 4 - 6 16:00	2
20180420	1640	1650	10	2018 - 4 - 21 2:00	2018 - 4 - 21 2:00	0
20180807	1930	1940	10	2018 - 8 - 7 6:00	2018 - 8 - 7 5:00	1
20180813	1410	1360	50	2018 - 8 - 13 5:00	2018 - 8 - 13 4:00	1
平均统计			122			1

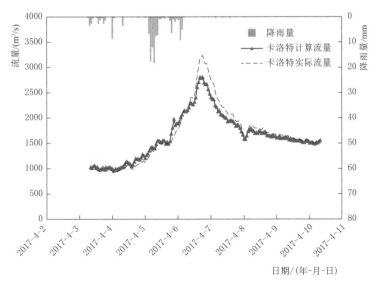

图 7.3 - 3　"20170406"场次洪水总体方案模拟结果图

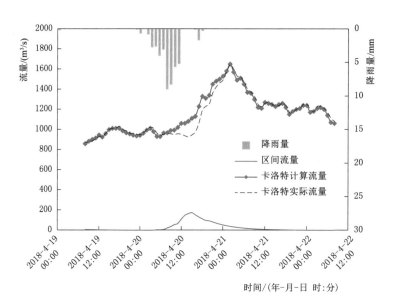

图 7.3-4　"20180420"场次洪水总体方案模拟结果图

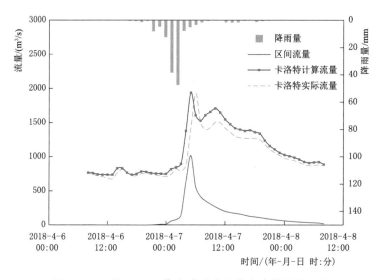

图 7.3-5　"20180807"场次洪水总体方案模拟结果图

7.3.2　地貌单位线适用性研究

1. 地貌单位线的原理

地貌单位线从随机水文学的观点出发，把流域视为随机试验的对象，雨洪在流域上的演化过程可以视为随机现象在各种不同状态下的概率转移。1979 年，委内瑞拉水文学家 Rodriguez-Iturbe 和 Valdes 等将瞬时单位线参数与流域地貌参数相结合，首次提出了基于"粒子"学说的地貌瞬时单位线（R-V GIUH）理论，该理论认为流域瞬时地貌单位线与降落在流域上的雨水到达流域出口断面时间的概率密度函数等价。地貌单位线主要由

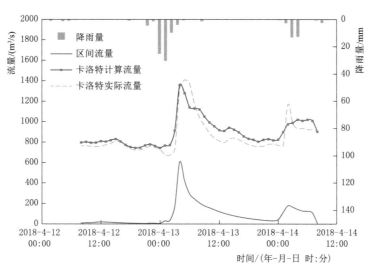

图 7.3－6 "20180813" 场次洪水总体方案模拟结果图

发生场，即初始状态概率 $Q_i(0)$ 和传扩场，即时段 t 内的状态转移概率 $\theta_{i_j}(t)$ 组成，即单位水体流经出口断面的时间分布函数。

地貌瞬时单位线（R－V GIUH）提出后，国内外水文研究者进行了进一步研究和应用。1981 年 Wang 等和 1982 年 Rodriguez－Iturbe 研究了反应函数参数化与参数定量问题。1983 年 Kirshen 等研究线性河槽及其对地貌函数反应的影响。1988 年文康等在三级河网的基础上，推导出了四级、五级河网公式，并总结了通用公式。陆桂华对三级、四级河网公式进行了确定性求解。随着信息技术的发展，GIS 和数字高程模型（DEM）在水文领域广泛应用，为单位线与地貌特征之间搭建了桥梁，进一步促进了地貌瞬时单位线在国内流域的发展与应用。

基于地貌单位线理论的汇流模型需要输入霍顿（Horton）河数率、河长率和面积率等流域信息，公式如下

河数率：$$R_B = N_{i-1}/N_i = C \qquad (i=1,2,\cdots)$$

河长率：$$R_L = \overline{L_i}/\overline{L_{i-1}} = C \qquad (i=1,2,\cdots)$$

面积率：$$R_A = \overline{A_i}/\overline{A_{i-1}} = C \qquad (i=1,2,\cdots)$$

式中：R_B 为河数率；R_L 为河长率；R_A 为面积率；N_i 为第 i 级河流的数目；N_{i-1} 为第 $i-1$ 级河流的数目；$\overline{L_i}$ 为第 i 级河流的平均长度，km；$\overline{L_{i-1}}$ 为第 $i-1$ 级河流的平均长度，km；$\overline{A_i}$ 为对第 i 级河流的径流有贡献的流域面积的平均值，km^2；$\overline{A_{i-1}}$ 为对第 $i-1$ 级河流的径流有贡献的流域面积的平均值，km^2；C 为常数。

随着信息技术的发展，GIS 和数字高程模型在水文领域广泛应用。1988 年，文康、李琪等人将地貌单位线应用在集水面积 $64\sim333$km^2 的 12 个流域内且拟合成果较好；1988 年，谢平用集水面积为 797km^2 的密赛流域对地貌单位线预报精度进行验证；2008 年，数字高程模型数据对集水面积为 17.8km^2 的冯家圪垛流域进行汇流模拟取得不错效果；2012 年，孙龙、石鹏等将基于数字高程模型的地貌单位线应用在集水面积 96km^2 的榆村流域；

2018 年，纪小敏、陈颖冰等对江苏省无资料山丘区洛阳河流域（集水面积 $150.26\mathrm{km}^2$）进行径流模拟，模拟精度较高。上述研究认为地貌单位线汇流模拟效果甚好，但研究流域都为集水面积小于 $1000\mathrm{km}^2$ 的小流域，地貌单位线在较大集水面积的参数率定和使用研究较少。为了解决巴基斯坦吉拉姆河流域内无或缺资料区域洪水预报，第一次将地貌单位线应用在巴基斯坦卡洛特水电站洪水预报实际中，开展了在较大集水面积条件下地貌单位线汇流模拟精度的研究。

地貌瞬时单位线（R-V GIUH）利用斯特拉勒分级方案和 HORDUN 地貌参数推求流域汇流过程，地貌单位线通用公式为

$$u(t) = -\sum_{j=1}^{\Omega} \lambda_j \left[\sum_{i=1}^{j} \theta_{i,\Omega}(0) A_{ij} \right] \mathrm{e}^{-\lambda_j t} \qquad (7.3-5)$$

其中，A_{ij} 为关于 λ_j 和 P_{ij} 函数的概化系数，公式为

$$A_{ij} = \frac{B_{ij}(\Omega)}{\prod\limits_{a=1}^{\Omega} \left[-\lambda_j(\lambda_a - \lambda_j) \right]} \qquad (a \neq j) \qquad (7.3-6)$$

$\theta_{1,\Omega}(0)$ 为 Ω 级流域 j 级河流水质点的初始概率，公式为

$$\theta_{1,\Omega}(0) = \frac{R_B^{\Omega-j}}{R_A^{\Omega-1}} \left(R_A^{j-1} - \sum_{i=1}^{j} R_A^{i-1} R_B^{j-1} P_{ij} \right) \qquad (7.3-7)$$

其中 P_{ij} 为状态转移概率，表示雨滴由 i 级河流流入 j 级河的流概率。

$$P_{ij} = (R_B - 2) R_B^{\Omega-j-1} \frac{\prod\limits_{k=1}^{j-i-1}(R_B^{\Omega-j-k}-1)}{\prod\limits_{k=1}^{j-i}(2R_B^{\Omega-j-k}-1)} + \frac{2}{R_B} \delta_{i+1,j} \qquad (7.3-8)$$

$$\delta_{i+1,j} = \begin{cases} 1 \cdots j = i+1 \\ 0 \cdots j \neq i+1 \end{cases} \qquad (i,j=1,2,\cdots,\Omega) \qquad (7.3-9)$$

式中：λ_a、λ_j 分别为 a、j 级河流的平均汇流时间，其由流域平均流速确定；R_A 为面积率；R_B 为河数率；$B_{ij}(\Omega)$ 为 $S=\lambda_j$ 代入 $P(S)_{j,\Omega+1}$ 后的计算结果。

本书对研究流域提取出三级河网。根据式（7.3-8）和式（7.3-9）计算三级河网地貌瞬时单位线公式为

$$\mu(t) = \theta_1(0) \left[\frac{\lambda_1\lambda_2(\lambda_2-\lambda_1 P_{13})}{(\lambda_2-\lambda_1)(\lambda_3-\lambda_1)} \mathrm{e}^{-\lambda_1 t} + \frac{\lambda_1\lambda_2\lambda_3 P_{12}}{(\lambda_1-\lambda_2)(\lambda_3-\lambda_2)} \mathrm{e}^{-\lambda_2 t} + \frac{\lambda_3(\lambda_1\lambda_2-\lambda_1\lambda_3 P_{13})}{(\lambda_1-\lambda_3)(\lambda_2-\lambda_3)} \mathrm{e}^{-\lambda_3 t} \right]$$
$$+ \theta_2(0) \left(\frac{\lambda_2\lambda_3}{\lambda_3-\lambda_2} \mathrm{e}^{-\lambda_2 t} + \frac{\lambda_2\lambda_3}{\lambda_2-\lambda_3} \mathrm{e}^{-\lambda_3 t} \right) + \theta_3(0)\lambda_3 \mathrm{e}^{-\lambda_3 t} \qquad (7.3-10)$$

式中符号意义同前。

2. 研究实例

（1）CK 站和卡洛特专用站区间流域。CK 站和卡洛特专用站流域区间，历史水文资料由巴基斯坦水电发展署地表水文部门负责收集管理。水文要素观测主要以人工观测为主，测站水位是参照常年水位下某根水尺零高的水深，水位基面不固定，年际间水位常出现系统偏差，且大部分测站仅在每日 9：00—16：00 采用人工逐时观测，其他时段无资料；雨量资料绝大部分为人工观测，仅有日雨量；流量采用流速仪法施测，绝大部分站无

专用渡河设施（如水文缆道、机动船等）和动力设施，主要依托断面附近桥梁渡河开展流量测验。因巴基斯坦水文部门测报方法有限，造成水文历史资料不完整，时段间隔比较大，如水位、降水都为日平均资料，这极大地制约了洪水预报方案的编制和精度等级。

为了满足电站洪水预报的需要，流域站网于 2016 年 10 月新建，建有 10 个雨量站，CK 站和卡洛特专用站 2 个水文站，流域水系与测站分布见图 7.3-7。

1）地貌参数计算。基于地貌单位线理论的汇流模型需要输入霍顿（Horton）河数率、河长率和面积率等流域信息，用地理信息系统分析工具对 90m×90m 数字高程模型经过填洼、水流方向提取、汇流累积量计算、河网分级和分水岭计算等处

图 7.3-7　流域水系与测站分布图

理得到；其中，提取的地貌参数能否有效地反映流域的实际情况关键在集水面积阈值的确定，不同的集水面积阈值提取出来的模拟河网信息不同，通过查找类似文献经验值又具有一定的随意性。本书通过设置一系列集水面积阈值提取出不同密度的河网，通过两者关系可以发现，当集水面积阈值增大时，最初的河网密度减小速率很快，然后在集水面积为 40.5km² 时减小速率明显变缓。因此，可以认为该流域的地貌发育的集水面积阈值选 40.5km² 比较合适（图 7.3-8）。CK 站至卡洛特专用站区间提取并计算的地貌参数见表 7.3-4。

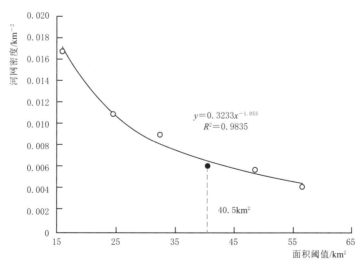

图 7.3-8　河网密度与集水面积阈值的关系

表 7.3 - 4　　　　　　　　　　　　　　CK 站至卡洛特专用站区间流域地貌参数

河流级别	河流数	河流长度/km	河流面积/km²	平均长度/km	平均面积/km²	河数率	河长率	面积率
1	10	93.5	1322	9.4	132.2	1.7		
2	6	53.8	355.5	9.0	59.3	6.0	1.0	0.4
3	1	43	361.9	43.0	361.9		4.8	6.1
平均						3.8	2.9	3.3

2）地貌单位线计算。λ_i 为 i 级河流的平均汇流时间，是单位线动力因子的反映。本书研究流域坡度陡峻（平均比降约在 3‰）且比较均一，可认为流速沿河长基本不变；同时，根据相关文献研究发现，平均流速对洪水洪峰影响有限。所以，流域平均流速采用卡洛特专用站 2017 年 4 月 6 日实测断面平均流速 3.38m/s 计算 λ_i。

通过将地貌参数代入式（7.3-10）计算出流域地貌瞬时单位线为

$$u(t) = 0.00712\mathrm{e}^{-0.361t} + 0.02764\mathrm{e}^{-0.126t} + 0.065273\mathrm{e}^{-0.044t} \quad (7.3-11)$$

将地貌瞬时单位线通过式（7.3-12）积分得到 S 曲线为

$$S(t) = \int_0^t u(t)\mathrm{d}t \quad (7.3-12)$$

$$u(\Delta t, t) = \frac{A}{\Delta t}[S(t) - S(t - \Delta t)] \quad (7.3-13)$$

式中：A 为流域面积；Δt 为时段长。

由式（7.3-12）积分得 S 曲线为

$$S(t) = -0.01972\mathrm{e}^{-0.361t} - 0.21943\mathrm{e}^{-0.126t} - 1.48348\mathrm{e}^{-0.044t} + 1.72263 \quad (7.3-14)$$

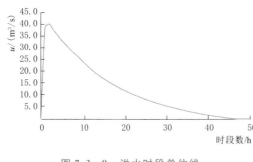

图 7.3 - 9　洪水时段单位线

根据该流域洪水特性，时段长选用 1h，根据式（7.3-13）得到流域时段单位线，见图 7.3-9。

3）地貌单位线洪水计算。根据流域内 2017—2018 年实测洪水资料，选取 2017 年 4 月 6 日和 2018 年 4 月 21 日两场全流域降雨场次洪水进行对比分析。采用蓄满产流模型计算净雨，地貌单位线进行汇流计算，洪水流量过程见图 7.3-10 和图 7.3-11，误差统计见表 7.3-5。由表 7.3-5 可见，地貌瞬时单位线计算结果与实况洪水过程十分接近，洪峰误差在 3% 以内和峰现时间小于 1h，达到满意的效果。

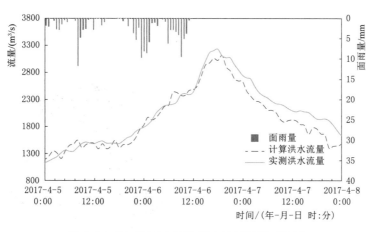

图 7.3-10　"20170406" 洪水流量过程对比图

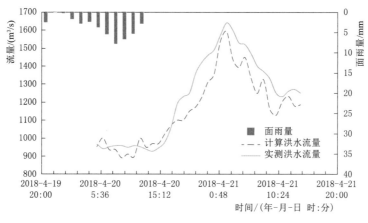

图 7.3-11　"20180421" 洪水流量过程对比图

表 7.3-5　　　　　　　　　　洪峰流量与峰现时间误差统计

洪　水	流量/(m³/s)		峰现时间		误　差	
	预报值	实际值	预报值	实际值	流量/%	峰现时间/min
20170406	3190	3280	2017-4-6 18：30	2019-4-6 17：40	-2.74	50
20180420	1593	1640	2018-4-21 2：00	2018-4-21 2：00	-2.86	0

对面积为 $2039.4km^2$ 的卡洛特水电站洪水预报最直接的流域进行了河网提取，确定了能反映该流域地貌特征的集水面积阈值为 $6000km^2$，计算了流域地貌参数；构建了基于地貌单位线的汇流模型。通过对该流域的 2 场洪水进行产汇流计算，结果令人满意。本方法为无资料地区水文预报提供了很好的解决方案。

（2）拉拉河流域。拉拉河流域位于卡洛特水电站坝址附近，属于亚热带季风气候区。多年平均降水量 $800\sim1200mm$；在夏季季风季节，潮湿的西南气流由于地形抬升作用常在该区域形成强降水，暴雨多集中在 7 月、8 月。流域面积 $85km^2$，流域出口位于东经 $33.5828°$，北纬 $73.6147°$，流域海拔 $400\sim900m$，下游平均坡度在 $21°$ 以上，这些因素导致拉拉河流域洪水具有峰高、陡涨陡落、历时较短的特点，给工程防洪工作带来极大的挑战。拉拉河流域内仅有 2 个雨量站，采用泰森多边形法计算面雨量，在获取流域地貌信息的基础上，选取 3 场典型洪水进行分析。

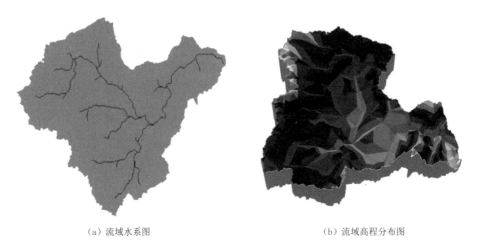

（a）流域水系图　　　　　　　　　　（b）流域高程分布图

图 7.3 - 12　拉拉河流域地形图

1）地貌参数提取。基于 R - V GIUH 理论的汇流模型需要输入霍顿河数率、河长率和面积率等流域信息，通过地理信息系统分析工具对 30m×30m 数字高程模型提取河网信息及地貌参数。

提取的地貌参数能否有效地反映流域的实际情况关键在于集水面积阈值的确定，不同的集水面积阈值提取出来的模拟河网信息不同，通过查找类似文献经验值又具有一定的随意性。本书通过设置一系列集水面积阈值提取出不同密度的河网，通过两者关系可以发现，当集水面积阈值增大时，最初的河网密度减小速率很快，然后在集水面积为 1.35km^2 时减小速率明显变缓。因此，可以认为拉拉河流域的地貌发育的集水面积阈值选 1.35km^2 比较合适。河网密度与集水面积阈值的关系见图 7.3 - 13。

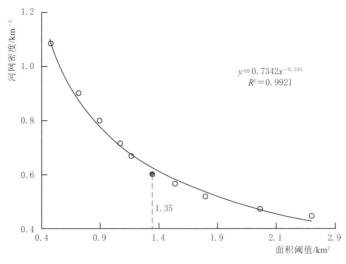

图 7.3 - 13　河网密度与集水面积阈值的关系

流域地貌参数见表7.3-6，Horton河数率、河长率、面积率分别为3.16、2.11、3.61。

表7.3-6 拉拉河流域的地貌参数

河网级别	河流条数	平均河长/km	平均面积/km²	河数率	河长率	面积率
1	20	1.100	2.704			
2	6	1.620	1.088			
3	2	5.295	5.045	3.16	2.11	3.61
4	1	8.876	14.200			

2）洪水过程计算。通过将地貌参数代入式（7.3-5）～式（7.3-9）计算出拉拉河流域地貌瞬时单位线为

$$u(t) = -0.3466e^{-2.4545t} + 0.9541e^{-1.667t} - 5.4690e^{0.7554t} + 4.8384e^{0.6196t} \quad (7.3-15)$$

将地貌瞬时单位线通过式（7.3-15）积分得到S曲线为

$$S(t) = \int_0^t u(t)dt \quad (7.3-16)$$

$$u(\Delta t, t) = \frac{A}{\Delta t}[S(t) - S(t - \Delta t)] \quad (7.3-17)$$

式中：A为流域面积；Δt为时段长。

时段单位线的时段选择为（1/4～1/2）个洪峰滞时，保证一定时长的张洪段；本书结合3场大洪水的张洪过程，确定单位线时长为30min。根据式（7.3-17）得到流域时段单位线，见图7.3-14。

用推求的时段单位线结合净雨，对流域3次较大洪水过程进行还原计算，并将实测值与模拟值进行比较，见图7.3-15和表7.3-7。

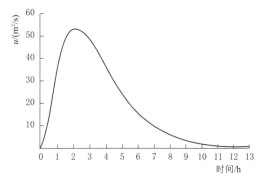

图7.3-14 洪水时段单位线（30min时段）

表7.3-7 洪水实测值与模拟值的比较

洪水编号	实测洪峰/(m³/s)	模拟洪峰/(m³/s)	峰现时间差/h	绝对误差/(m³/s)	相对误差/%	确定性系数
20180813	310	313	−1	3	0.97	0.905
20180821	79	85	−0.5	6	7.59	0.732
20170713	267	269	0	2	0.75	0.864

洪峰流量实测值与模拟值结果显示，模拟值比实测值平均偏大3.1%，偏大的原因可能是雨量统计结果未能反映实际降雨过程。峰现时间对比显示，模拟洪峰与实际洪峰相近。3场洪水的确定性系数均大于0.7。综合评价，利用地貌瞬时单位线对拉拉河流域3场洪水进行模拟的结果令人满意。

利用计算出来的地貌参数计算出河数率、河长率和面积率；构建了基于拉拉河流域的地貌瞬时单位线。通过对该流域的3场洪水进行产汇流计算，结果令人满意。

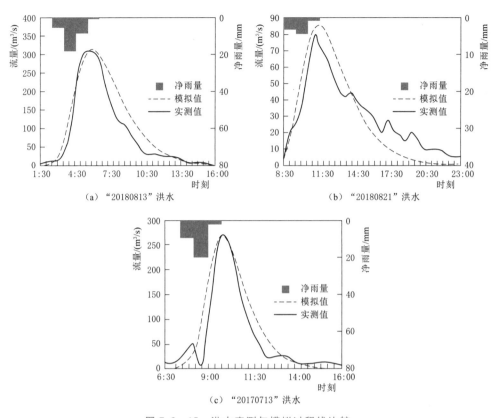

（a）"20180813"洪水　　　　　（b）"20180821"洪水

（c）"20170713"洪水

图 7.3－15　洪水实测与模拟过程线比较

吉拉姆河流域正在梯级开发，上游有很大流域面积无法布设站网，可利用地貌单位线对相关区域进行产汇流计算，开展吉拉姆河流域其他无资料地区水情预报工作。

3. 问题探讨

（1）预报分区对预报成果的影响。由于将坝址以上流域视为一个预报分区，忽略了预报分区内降雨的不均匀性，经过近几年实际监测发现流域内存在 3 个较明显的暴雨中心：上游为尼拉姆河 DH 站以上，中游三江汇合处 CK 站上下游，下游卡洛特坝址附近。"20170406"洪水降雨从上游开始，暴雨中心为 CK—卡洛特专用站，"20200327"洪水降雨主要在 CK—卡洛特专用站，其中 AP—卡洛特专用站为暴雨中心，降雨从下游向上游移动，所以计算结果"20170406"洪水优于"20200327"洪水。

（2）地理条件对预报成果的影响。卡洛特坝址以上流域地理条件复杂，上游地区11月至次年 4 月基本为低温严寒大雪封山（图 7.3－16），期间上游虽有降雨但产流不明显，下游出口控制站流量稳定。

（3）水利工程对预报成果的影响。目前流域内较大水利工程有 N－J 水电站（装机容量969MW）、上游干流 Uri 水电站（1 期和 2 期装机容量约 720MW，见图 7.3－17），上述水电站有蓄洪消峰作用，正常情况下将降低洪水预报峰值，对卡洛特水电站防洪度汛有利；但当遇到全流域大洪水时，可能因为水电站洪水下泄导致下游流量迅速增大，增加卡洛特水电站防洪压力。

（a）MR站

（b）去往NA站的路上

图 7.3 - 16　上游地理环境

注：照片摄于 2017 年 3 月 13—29 日汛前检测。

图 7.3 - 17　Uri 水电站影像图

7.3.3　临近流域替代法适用性研究

卡洛特水电站坝址以上流域面积为 $26700 \mathrm{km}^2$，其中近一半地区不便于设站，为无资料地区。由于洪水从 CH 站传播至坝址时间小于 24h，在中高水时小于 12h，导致坝址洪水预报预见期有限。以上因素给巴基斯坦卡洛特水电站施工期防洪度汛带来巨大困难，因此迫切需要估算上游无资料地区区间洪水和延长坝址洪水预报预见期。

采用临近流域替代法对上游无资料地区来水进行计算，实现卡洛特水电站短期坝址洪峰流量预报计算或估算，延长洪水预报预见期，提前预报灾害性洪水，为卡洛特水电站安全度汛提供技术支撑。

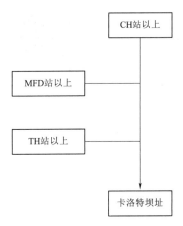

图 7.3-18 卡洛特坝址洪峰流量预报节点图

1. 研究方法

（1）研究分区。卡洛特坝址以上无资料地区，其控制站为 CH 站。卡洛特坝址采用专用站作为控制站。尼拉姆河用 MFD 站作为控制站。昆哈河用 TH 站作为控制站。

根据水系特点，将整个流域划分为 4 个预报分区，基于预报分区的卡洛特坝址洪峰流量预报节点图见图 7.3-18。

（2）预报方法介绍。临近流域替代法计算坝址流量具体分以下步骤：

1）获取流域内短期（目前只能得到 1~3d 相对准确的面降雨资料）面平均日降雨预报信息，1~3d 短期降雨预报是基于数值天气预报产品，参考实况天气探测信息如地面、天气和气象卫星、雷达等，经气象预报员综合分析、会商讨论等完成，具体预报产品为上述区域 1~3d 的逐日面雨量预报范围及倾向值。

2）根据各区前期实况和未来 1~3d 的降雨预报倾向值，计算流域上游各区前期及未来 1~3d 内逐日 P_a 值，并基于各区降雨径流相关图，计算未来 1~3d 各区日产流量。

3）利用各区 24h 单位线，计算各区未来 1~3d 日平均径流过程。

4）将 CH、TH、MFD、AP 区间流量累加，将结果再累加到卡洛特专用站近日日平均流量上，完成卡洛特专用站逐日平均流量过程计算。

将上述计算得到的卡洛特专用站平均流量考虑一个安全系数，即可得到坝址日平均流量和洪峰流量。临近流域替代法流程见图 7.3-19。

（3）24h 单位线。根据预报分区及其预报模型（表 7.3-8），将相应分区内 1h 单位线利用 S 曲线转换法和各分区面积进行时段转换，得到各区 24h 单位线，各区单位线及降雨径流相关图见图 7.3-20~图 7.3-21 和表 7.3-9。由于流域内中高洪水传播时间小于 12h，所以计算时不考虑错时计算问题。

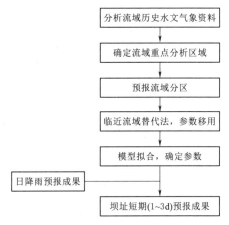

图 7.3-19 临近流域替代法流程图

表 7.3-8　　　　　　　　　　　　　分 区 统 计 表

区编号	控制范围及面积	采用 API 模型和单位线
一区	CH 以上（13500km²）	借用 MFD—DH
二区	MFD 以上（7278km²）	
三区	TH 以上（2350km²）	
四区	以上各站以下至 AP（3572km²）	借用 CK—AP

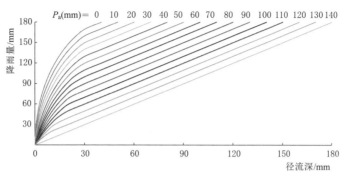

图 7.3-20　一～三区降雨径流相关图

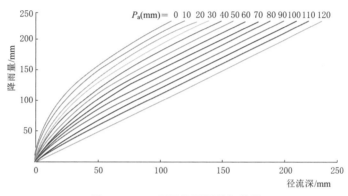

图 7.3-21　四区降雨径流相关图

表 7.3-9　　　　　　　　　一～四区 24h 单位线节点表

时段数	分区单位线（10mm）			
	一区	二区	三区	四区
1	0	0	0	0
2	1214	660	213	342
3	365	198	64.0	58.8
4	5.7	3.1	1.0	10.5
5	0	0	0	0

（4）折减系数与安全系数。

1）区间流量折减系数。为保证各区计算区间流量更符合实际情况，各区计算区间流量均乘以一个折减系数，折减系数取值范围为 0.01～1。为确定各区期间流量折减系数，本书采用试错法对 2017 年发生的各场洪水进行试算，得到各区间流量折减系数结果见表 7.3-10。

表 7.3-10　　　　　　　　　各 区 间 折 减 系 数 表

预报分区	一区	二区	三区	四区
折减系数	0.02	0.1	0.1	0.5

计算一区期间流量计算时，采用结果为区间流量计算结果的 0.02 倍；二区和三区期间流量计算时，采用结果为区间流量计算结果的 0.1 倍；四区期间流量计算时，采用结果为区间流量计算结果的 0.5 倍。

2）日平均流量与洪峰转换系数。经过对 2016—2018 年多场次洪水分析，发现吉拉姆河流域洪峰流量一般是日平均流量的 1.1~1.5 倍。本书对计算日平均流量进行 1.0~1.5 倍放大，估算洪峰。原则为：当预报日降雨量较大，并降雨可能较集中时，计算日平均流量可放大 1.3~1.5 倍，即为洪峰流量；当预报日降雨量一般，且降雨时间较长时，计算日平均流量可放大 1.0~1.3 倍，即为洪峰流量。通过对"20170406""20170220"和"20170711"洪水进行实例分析可得，转换系数取 1.3 一般都能得到较好的效果，所以本书以后均采用该系数。

2. 实例分析

利用临近流域替代法对"20170406"洪水（图 7.3 - 22）进行检验，为提高检验成果的可靠性，利用该场次洪水的实测降雨资料和预报降雨资料（巴基斯坦气象公司提供的流域分区降雨预报）进行计算。

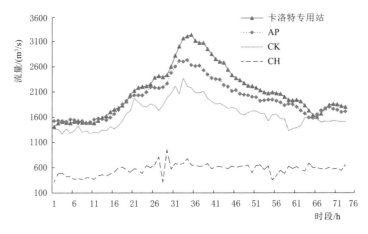

图 7.3 - 22　"20170406"洪水过程

利用各场洪水实测降雨资料和预报降雨资料，以及降雨前初始 P_a，查 $P—P_a—R$ 曲线可知各个区间降雨时段净雨量，再根据各区单位线进行产汇流计算，计算结果见表 7.3 - 11 和表 7.3 - 12。

表 7 - 3 - 11　　　　"20170406"洪水 24h 实测降雨统计、P_a 和净雨量　　　　单位：mm

预报分区	降雨量			累计降雨量			P_a				净雨量		
	4 日	5 日	6 日	4 日	5 日	6 日	3 日	4 日	5 日	6 日	4 日	5 日	6 日
一区	62.5	75	33.5	62.5	137.5	171	84.0	120	120	120	62.5	75.0	33.5
二区	39.8	39.8	21.3	39.8	79.5	100.8	84.0	120	120	120	39.8	39.8	21.3
三区	37.1	12.7	17.8	37.1	49.8	67.6	84.0	120	120	120	37.1	12.7	17.8
四区	38.6	63.2	29.0	38.6	101.7	130.7	46.1	85	140	140	19.9	75.0	33.5

表 7.3-12 "20170406" 洪水 24h 预报降雨统计、P_a 和净雨量 单位：mm

预报分区	降雨量			累计降雨量			P_a				净雨量		
	5日	6日	7日	5日	6日	7日	4日	5日	6日	7日	5日	6日	7日
一区	50.0	40.0	10.0	50	90	100	81.7	120	120	120	50.0	40.0	10.0
二区	50.0	40.0	10.0	50	90	100	120	120	120	120	50.0	40.0	10.0
三区	50.0	40.0	10.0	50	90	100	120	120	120	120	50.0	40.0	10.0
四区	50.0	40.0	10.0	50.0	90	100	78.0	128	140	140	38.0	52.0	10.0

表 7.3-13 卡洛特坝址 "20170406" 洪水 24h 平均流量计算结果 单位：m^3/s

洪水场次		实测降雨计算			预报降雨计算		
		4月4日	4月5日	4月6日	4月5日	4月6日	4月7日
一区	CH 以上期间流量	0	266	400	213	234	95
二区	MFD 以上期间流量	0	241	327	320	352	142
三区	TH 以上期间流量	0	70	48	107	117	47
四区	AP 以上期间流量	0	112	918	561	749	263
坝址前一日平均流量		1080	1080	1080	1450	1450	1450
坝址计算流量		1080	1769	2773	2650	2902	1998
坝址洪峰流量估算值（放大 1~1.3 倍）		1080~1404	1769~2300	2773~3605	2650~3445	2902~3773	1998~2597
坝址 24h 内洪峰流量（实况）		1150	1780	3230	1780	3230	2750
估算流量与实际流量最大相对误差/%		22.1	29.2	11.6	93.5	16.8	5.6

从表 7.3-13 可知，利用 "20170406" 洪水实测降雨资料和预报降雨资料估算洪峰流量与实际洪峰流量最大相对误差分别为 11.6% 和 16.8%，在《水文情报预报规范》允许范围之内（降雨径流预报以实测洪峰流量的 20% 作为许可误差），很好地预估了洪峰范围，且洪水趋势基本一致。在实际应用中，可根据流域各区间 3~7d 降雨预报成果，利用临近流域替代法估算卡洛特水电站坝址未来 1~3d 洪峰流量或洪水涨落趋势，提前预报灾害性洪水。

3. 运用效果

结合现有资料及技术条件，采用气象水文相结合的方法，对卡洛特水电站坝址以上日平均流量进行计算，经过洪水检验，证明该方法正确可行，能反映出洪水涨落变化，对提高洪水预见期具有较好实用价值，主要效果如下：

（1）按照该方案计算值，应为最恶劣的情况，即上下游洪水都遭遇，计算值一般都偏大。

（2）利用 "20170406" 洪水实测降雨和预报降雨资料检验，证明该方法正确可行，能实现卡洛特水电站 1~3d 坝址流量预报成果计算或估算和反映洪水涨落变化。

（3）该方法计算日平均流量准确率与预报降雨量准确率关系密切，随着流域各分区降雨预报的准确性提升，计算洪峰流量与实测洪峰流量的误差将逐渐减小。

（4）该方法能有效延长洪水预报预见期，提前预报灾害性洪水，为卡洛特水电站安全度汛提供技术支撑。

7.3.4　SWAT 模型适用性研究

SWAT（Soil and Water Assessment Tool）模型是由美国农业部研发的一款分布式水文模型，能反映气候和下垫面的空间分布及人类生产管理等特定信息对径流、泥沙和污染物等变量的影响，运算效率高、具备对大流域进行长时段的连续时间模拟的优势。目前，SWAT 模型在全球研究甚广，欧洲的 Vistula 和 Odra 河，美国的密歇根州中部的综合流域和北卡罗来纳州 Neuse 流域；中国的资水流域、汉江流域、洞庭湖流域和锡林河流域等地区均有研究。

吉拉姆河是印度河的上游，发源于克什米尔山谷，受特殊地理位置影响，目前对其径流的研究较少。现有的研究有，对吉拉姆河上游 Ferozpur 子流域 Drung、Terran 和 Trikulbal 三个水测站流量年季变化和季节性变化的研究；基于 Modis 数据的吉拉姆河流域雪被变化对曼格拉水库入流量的影响和利用吉拉姆河 8 个雨量站与曼格拉水库入库流量构建多元回归模型来预测上游来水量的研究等。根据目前已有研究成果发现针对该流域的流域性水文建模研究还有待增强。本研究结合地理信息系统，采用 SWAT 模型对卡洛特水电站以上巴基斯坦境内吉拉姆河流域降雨径流进行模拟和验证，为工程安全度汛和运行期全流域水文模拟提供了技术支撑。

1. 研究区概况

将吉拉姆河上游水文监测站 CH 站作为上游控制站，用 2017—2019 年水文气象资料对巴境内吉拉姆河流域进行研究。经过近几年的观测发现，流域内支流尼拉姆河和昆哈河，其上游均位于高山区，西南季风极少到达该区域；而其下游和吉拉姆河干流流域易发生局部暴雨洪水，其汇流时间很短，当暴雨中心偏流域上游时预见期为 6~12h，暴雨中心在临近坝址时预见期仅为 1h。准确模拟和预测坝址的日均流量变化对卡洛特水电站安全度汛具有重要意义。

2. 数据来源及 SWAT 模型构建

（1）数据来源。构建 SWAT 模型需要准备水文、气象测站的观测数据和空间分布数据，以及数字高程模型、土壤类型数据、土地利用类型数据等下垫面数据。

1）气象数据，其中逐日降水数据来源于流域内的 30 个雨量站 2017—2019 年实测资料［图 7.3-23（d）］。研究区内有卡洛特气象站，气温数据按照雨量站所在地与卡洛特气象站高程差，根据温度递减率理论，以每上升 100m 降低 0.56℃ 的递降率校正。

2）地形数据使用来源于地理空间数据云平台的数字高程，其越精细最后 SWAT 工程划分得到的水系和子流域越精准，本书采用 30m 数据，经地理信息系统软件拼接、裁剪及投影后得到研究区地图［图 7.3-23（a）］。

3）土地利用数据来源于马里兰大学的基于 AVHRR 数据的全球土地覆盖数据（1981—1994 年）；研究区土地利用各类型共 7 类［图 7.3-23（b）］，符合 SWAT 模型中建议的土地利用类型总数，无须重分类，结合 SWAT 土地利用分类标准建立土地利用索引表。本书土壤数据来源于联合国粮农组织发布的 HWSD（Harmonized World Soil Database）数据。由于数据采用的是国际单位，与 SWAT 模型采用的美国标准对应，沙土、黏土、粉粒的粒径不需要转换，再根据土壤水文特征软件 SPAW（Soil - Plant - Air -

Water）计算得到土壤的物理属性。研究区土壤类型分为 5 种［图 7.3－23（c）］。

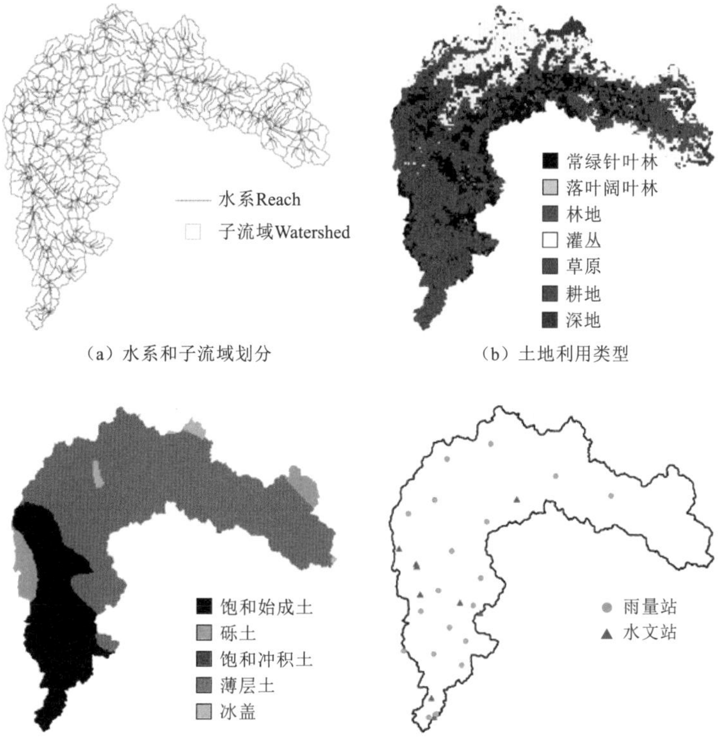

(a) 水系和子流域划分

(b) 土地利用类型

(c) 土壤类型

(d) 测站位置

图 7.3－23　输入数据准备

4）径流数据来自 CH 站和卡洛特专用站实际观测日均流量资料，时间为 2017—2019 年。

（2）SWAT 模型构建。不同的数据需要统一坐标系来实现空间对应，本研究地理坐标选择 WGS_1984，并统一使用 WGS_1984_UTM_Zone_43N 投影。

1）子流域划分。基于 DEM 数据，经多次试验，确定 $20km^2$ 集水面积阈值生成的河网与实际河网相符，定义 CH 站和卡洛特专用站作为流域入水口和出水口，将整个流域划分为 385 个子流域，子流域面积从 $0.01km^2$ 到 $323km^2$ 不等。

2）水文响应单元（HRU）的划分。输入下垫面数据后，SWAT 将相似的土壤类型和土地利用面积具有统一水文行为的部分划分为单个水文响应单元，这样整个流域将被划分为不同的水文响应单元。为了提高模拟精度和运算效率，将土地利用、土壤分布和坡度类型阈值设定为 10%、10% 和 15%，即子流域中占比低于该百分比的土地利用、土壤分布和坡度类型将被拆分并入其他类型中，用上述方法将研究区域划分为 997 个水文响应单元，通过分别计算每个水文响应单元的径流量，最后得到流域的总径流量。

3）气象数据加载及模型运行。将气象数据整理后载入模型，以 CH 站的日实测流量作为研究区的输入数据，通过计算得到卡洛特专用站的模拟日均流量。

（3）参数率定与验证。SWAT－CUP（SWAT Calibration Uncertainty Procedures）

软件是服务于 SWAT 模型参数校准的一款程序，集合了 SUFI2、GLUE、ParaSol、MC-MC 和 PSO 算法，主要用于模型的校准、验证、灵敏度分析及不确定性分析。根据 SWAT－CUP 给出的参数取值范围对模型参数进行率定，列出模型敏感性分析排名前 10 的敏感性参数（表 7.3－14）。分析较敏感参数发现，影响研究区径流的主要因子跟融雪密切相关，这与研究区地处喜马拉雅南缘，地形复杂、山区有积雪密切相关。

表 7.3－14　　　　　　　　　　　　模型参数校准取值及敏感度排序

参　　数		排序	参数值
SMTMP.bsn	融雪基温/℃	1	20.78
SNOCOVMX.bsn	积雪覆盖率/%	2	0.20
GW＿DELAY.gw	地下水滞后时间/d	3	204.33
SMFMN.bsn	最小融雪速度/(m/h)	4	1.67
CH＿K2.rte	主河道的有效水力传导度	5	377.99
SMFMX.bsn	最大融雪速度/(m/h)	6	4.42
TIMP.bsn	雪被温度滞后因子	7	0.48
REVAPMN.gw	浅水极限蒸发深度/mm	8	111.88
CN2.mgt	径流曲线系数	9	37.66
SOL＿AWC.sol	土壤有效含水率/%	10	0.31

采用决定系数 R^2 和效率系数 E_{NS} 对模拟模拟精度进行评定。计算公式为

$$R^2 = \frac{\left[\sum_{i=1}^{n}(Q_{m,i}-\overline{Q}_m)(Q_{s,i}-\overline{Q}_s)\right]^2}{\sum_{i=1}^{n}(Q_{m,i}-\overline{Q}_m)^2\sum_{i}^{n}(Q_{s,i}-\overline{Q}_s)^2} \tag{7.3-18}$$

$$E_{NS} = 1 - \frac{\sum_{i=1}^{n}(Q_m-Q_s)^2}{\sum_{i=1}^{n}(Q_m-\overline{Q}_m)^2} \tag{7.3-19}$$

式中：Q_m 为实测值；Q_s 为模拟值；n 为实测值的个数。

通常，当 $R^2=1$ 时，表示模拟值与实测值非常吻合；当 $R^2<1$ 时，其值越大，两者的相似度就越高。当 E_{NS} 越接近于 1 时，其模拟结果越准确。决定系数的评价等级见表 7.3－15。

表 7.3－15　　　　　　　　　　　　决定系数的评价等级

等级	甲等	乙等	丙等
标准	＞0.9	0.7～0.9	0.5～0.7

3. SWAT 模型运行结果分析

采用卡洛特专用站 2017—2019 年的实测日均流量对模型进行参数率定和验证，校准期为 2017—2018 年。经过 SWAT－CUP 的计算，率定期、验证期日均径流量模拟值和实

测值的决定系数 R^2 和效率系数 E_{NS} 分别达到 0.79、0.79 和 0.84、0.79；验证期模型等级达到了乙等（见图 7.3－24 和图 7.3－25）。一般当 $R^2 > 0.6$ 且 $E_{NS} > 0.5$ 时，认为模型是准确的，可见，针对研究区的日均流量模拟效果较为理想。从图可见：

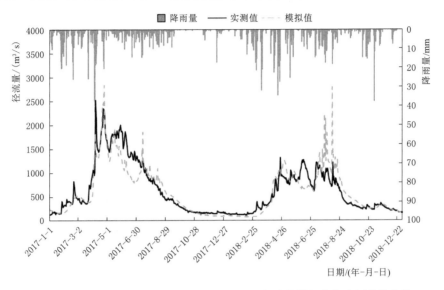

图 7.3－24　2017—2018 年卡洛特水文站日均径流量模拟值与实测值的比较

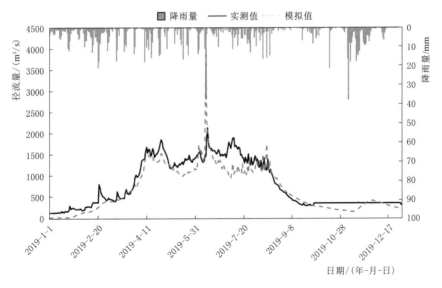

图 7.3－25　2019 年卡洛特水文站日均径流量模拟值与实测值的比较

（1）研究区的 SWAT 模拟值基本反映了径流量的实际变化趋势。

（2）研究区 4—9 月径流量最大，说明气温对山区的径流有显著的调控作用，这与敏感性分析中得出的雪融最低气温（SMTMP）最为敏感相符，冰雪融水对研究区的径流产生了很大影响；同时该时间段受西南季风影响，充沛的降雨也对径流进行了补充。吉拉姆河流域特性：初夏期间，高海拔地区主要以融雪和冰川融化的形式补给径流；夏季末低海拔地区的季风降雨是径流的主因。

（3）模型误差的主要来源是对几场较大降雨的洪峰模拟效果较差。原因有：①越详细的测站资料得到的模拟结果越准确，但目前整个流域都用卡洛特水电站专用气象站资料，该站海拔为 662.00m，而流域内的平均海拔为 2800.00m，用气象站的资料空间插值可能缺乏代表性；②由于山区型河流流域空间变异性较大，有时测站位置不能有效反映暴雨中心，这也是造成模拟结果差的重要因素；③流域内小电站调蓄削峰对模拟精度也有很大的影响，这也是汛末几场较大流量过程的降雨模拟值大于实际值的原因。

4. 运用效果

（1）本研究将 SWAT 模型应用于巴基斯坦境内吉拉姆河卡洛特水电站以上流域区域，利用 2017—2019 年水文气象监测资料以及下垫面空间分布信息，建立流域内 SWAT 模型，将研究划分为 385 个子流域、997 个水文响应单元。以上游 CH 站来水作为输入，模拟卡洛特水电站坝址处日平均流量的变化过程。率定期（2017—2018 年）和验证期（2019 年）相关系数和纳什效率系数分别为 0.79、0.79 和 0.84、0.79。表明 SWAT 模型对研究区的模拟效果较好，对吉拉姆河流域的水文变化模拟具有适用性。

（2）针对气象资料不足的问题，后续将跟巴基斯坦气象公司沟通联系开展相关研究合作，同时也将根据需要布设适当的气象站点，多措并举不断提高模型模拟精度。

（3）SWAT 模型在吉拉姆河的成功应用为全流域的后续径流、泥沙模拟等水文特性研究工作打下了良好的基础。

7.3.5　无资料地区预报技术探讨

1. 发挥已建中巴水文测验团队优势

经过近 8 年的培养和磨合，卡洛特水电站水雨情服务团队已培养了一支技术全面和能力过硬的中巴水文测验团队，在上游无资料地区，可结合经费、实际需要开展相关的测验工作，弥补资料的不足，同时确保现有测站正常运行和水位流量关系正确，逐渐完善和丰富资料。

2. 强化与当地气象部门的合作

需要不断深化与巴基斯坦气象公司的合作并开展相关研究，水文与气象深度耦合不仅解决延长预见期的问题，更需持续强化基于雷达、卫星资料的监测预报预警能力，强化分类别、分强度、极端性灾害性天气监测业务，持续推动基于雷达、卫星等多源资料的降水预报系统建设，建立涵盖雷达、卫星、地面站等资料共享共用机制，发展基于机器学习的雷达识别外推技术等，数值模拟等多种方式结合，提高无资料地区降水资料质量，丰富水文资料。

3. 分布式模型运用提高预报预测能力

将巴境内干流最上测站恰可迪作为上游控制站（图 7.3-26 为模型研究区域，试验阶段），用近年水文气象资料对整个吉拉姆河流域进行研究。如用 SWAT 模型对 2017—2022 年日均流量的模拟，研究相关分布模型作为后续水量管理中长期预报或预测支撑模型的可行性。

4. 研究遥感在水情预报与库容估算中的运用

利用卫星遥感方法能够突破地域和天气的限制，对水文水资源进行全天候的信息监测。目前，国内专家学者利用遥感技术对水库信息进行研究，并提出了许多水库及库区等

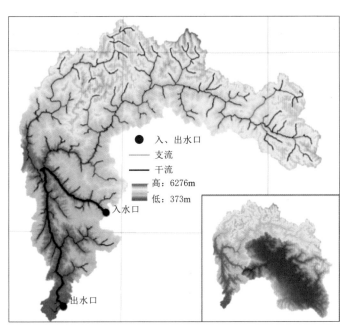

图 7.3 - 26 模型研究区域

注：黑色部分为无资料区域。

多种信息综合处理方法，比如：水库水域面积提取方法、库容测算方法、水库洪水预报模型、水库上游土壤侵蚀研究、水库蓄水期起始时间判定等。田雨等提出一种基于 RS 的水库水位面积曲线测定方法。张行青等利用 HJ-1 卫星遥感对广西水库水面进行监测，分析得出水库水域面积不同时期的变化特征等。

遥感技术与水文发展融合是一个方向。近年来随着遥感技术的发展，在吉拉姆河流域，先对巴控境内数据进行研究，不断试验、探索提高各个时相的遥感影像处理、波段融合、几何校正等时效，开展流域内各个水库、湖泊库容和产汇流规律方面的研究。

7.4 预报方案实例

7.4.1 吉拉姆河 D 站以上区域

吉拉姆河 D 站以上 3 个流域，分别是 CH 站以上流域、CH—HB 区间、HB—D 区间，下面分别介绍对应的预报方案。

7.4.1.1 CH 站以上流域

该站集水面积 13580km^2，为闭合流域，采用新安江模型进行降雨径流的预报方案编制。考虑流域产汇流特性，选择 1h 为模型计算尺度。

观察预报站以上闭合流域内的水雨情站网分布和资料情况，可知由于 CH 站以上流域为无资料区域，无法获取相关资料，因此未来可用的雨量站资料只可从 CH 站观测获得，因此，计算流域面雨量时 CH 站雨量权重为 1。

　　由于目前无雨量观测资料，仅有 CH 站水位流量资料，本流域的预报方案考虑采用借用临近站的降雨径流方案参数，并采用未来的雨量观测数据和 CH 站的流量资料进行检验和修正。

　　CH 站临近流域 DH 站以上流域有较完整的降雨径流预报方案，且高程差异不大，考虑借用 DH 站的 API 方案，流域最大蓄水值取 $I_m = 120mm$。日消退系数表及 P（降雨）—P_a（前期影响雨量）—R（径流深）相关节点分别见表 7.4 - 1 和表 7.4 - 2。

表 7.4 - 1　　　　　　　　借用 DH 站以上流域日消退系数 K 值表

月份	K	月份	K	月份	K
1	0.983	5	0.913	9	0.956
2	0.973	6	0.912	10	0.965
3	0.959	7	0.94	11	0.977
4	0.937	8	0.953	12	0.983

表 7.4 - 2　　　　　　　　DH 站产流相关图节点表

$P/R/P_a$	0	10	20	30	40	50	60	70	80	90	100	110	120
0	0	0	0	0	0	0	0	0	0	0	0	0	0
10	0.2	0.6	1	1.5	1.9	2.5	3	3.6	4.3	5	5.9	7.1	10
20	0.8	1.6	2.5	3.4	4.3	5.3	6.4	7.6	9	10.5	12.3	14.7	20
30	1.8	3	4.3	5.6	7.1	8.6	10.3	12.1	14.1	16.4	19.1	22.8	30
40	3.2	4.8	6.5	8.3	10.2	12.3	14.5	16.9	19.6	22.7	26.4	31.4	40
50	5	7	9.2	11.4	13.8	16.4	19.2	22.2	25.6	29.5	34.1	40.4	50
60	7.2	9.6	12.2	14.9	17.8	20.9	24.3	27.9	32	36.7	42.4	50	60
70	9.8	12.7	15.7	18.9	22.3	25.9	29.8	34.1	38.9	44.4	51	60	70
80	12.8	16.1	19.6	23.2	27.1	31.3	35.8	40.7	46.2	52.5	60.2	70	80
90	16.2	19.9	23.9	28	32.4	37.1	42.2	47.7	54	61.2	70	80	90
100	20.1	24.2	28.6	33.2	38.1	43.3	49	55.2	62.2	70.3	80	90	100
110	24.3	28.9	33.7	38.8	44.2	50	56.3	63.2	71	80	90	100	110
120	29	34	39.3	44.9	50.8	57.2	64	71.6	80.2	90	100	110	120
130	34.1	39.6	45.3	51.4	57.8	64.8	72.3	80.6	90	100	110	120	130
140	39.7	45.6	51.8	58.3	65.3	72.8	81	90.1	100	110	120	130	140
150	45.6	52	58.7	65.7	73.3	81.4	90.2	100	110	120	130	140	150
160	52	58.8	66	73.6	81.7	90.4	100	110	120	130	140	150	160
170	58.9	66.1	73.8	81.9	90.6	100	110	120	130	140	150	160	170
180	66.2	73.9	82.1	90.8	100.1	110	120	130	140	150	160	170	180
190	74	82.2	90.9	100.1	110	120	130	140	150	160	170	180	190
200	82.2	90.9	100.2	110	120	130	140	150	160	170	180	190	200
210	91	100.2	110	120	130	140	150	160	170	180	190	200	210
220	100.2	110	120	130	140	150	160	170	180	190	200	210	220
230	110	120	130	140	150	160	170	180	190	200	210	220	230
240	120	130	140	150	160	170	180	190	200	210	220	230	240

单位线采用 DH 站率定的经验单位线，见图 7.4-1，单位线节点见表 7.4-3。

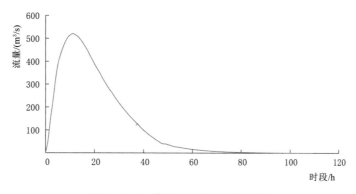

图 7.4-1 借用 DH 站经验单位线

表 7.4-3 借用 DH 站经验单位线节点表

序号	综合线	序号	综合线	序号	综合线	序号	综合线
0	0.36	28	247.74	56	22.67	84	2.53
1	53.25	29	232.49	57	20.97	85	2.33
2	148.32	30	217.74	58	19.37	86	2.13
3	226.19	31	203.4	59	17.9	87	1.97
4	316.38	32	190.21	60	16.57	88	1.87
5	385.55	33	178.22	61	15.3	89	1.73
6	427.1	34	165.14	62	14.17	90	1.57
7	458.77	35	153.95	63	13.13	91	1.47
8	484.86	36	143.15	64	12.13	92	1.37
9	504.33	37	132.69	65	11.2	93	1.23
10	515.28	38	122.63	66	10.37	94	1.17
11	521.34	39	110	67	9.6	95	1.07
12	517.43	40	99.88	68	8.9	96	1
13	510.66	41	91.51	69	8.23	97	0.9
14	499.29	42	82	70	7.6	98	0.83
15	485.2	43	74.26	71	7	99	0.8
16	468.72	44	66.76	72	6.47	100	0.73
17	451.57	45	58.77	73	6	101	0.67
18	430.36	46	51.74	74	5.53	102	0.63
19	409.64	47	44.24	75	5.13	103	0.57
20	389.58	48	40.58	76	4.77	104	0.53
21	370.97	49	40	77	4.37	105	0.5
22	353.26	50	36.74	78	4.07	106	0.43
23	332.15	51	33.61	79	3.7	107	0.37
24	313.51	52	29.92	80	3.43	108	0.37
25	295.91	53	27.13	81	3.17	109	0.33
26	278.7	54	26.5	82	2.93		
27	264.8	55	24.5	83	2.73		

7.4.1.2　CH—HB 区间

HB 站处于吉拉姆河干流，集水面积 13792km^2，是吉拉姆河 CH 站自上而下的第二个水文控制站，其上游来水站为 CH 站，区间面积为 212km^2。

1. 河道演算方案

根据各站洪峰水位传播时间，确定 CH—HB 站的洪水平均传播时间为 1h，采用合成流量法构建 CH—HB 站的河道演算方案，公式为

$$Q_{HB,t} = Q_{CH,t-1} + Q_{区间} \tag{7.4-1}$$

2. 区间降雨径流方案

采用上述河道演算方案分割得到 CH—HB 区间的流量过程，采用新安江模型构建区间产汇流方案，考虑区间内产汇流特性和河道传播时间，选择 1h 为方案计算时间尺度。

由区间内水雨情历史资料收集情况可知 2014 年有同步的水文资料，借用临近 GLD 站计算面雨量（方案 1），由于区间内未来雨量站网报汛发生变化，雨量站网权重更新见表 7.4-4 中方案 2。

表 7.4-4　　　　　　　　　　　　CH—HB 区间雨量站网权重

序号	雨量站名	站号	站类	雨量权重	
				方案 1（2014 年）	方案 2（2017 年及以后）
1	GLD	Z726630B	PP	1.0	
2	HB	Z707900B	ZQ		0.333
3	新雨量站 9	Z708100B	PP		0.333
4	CH	Z708500B	ZQ		0.333

区间每月日蒸发量借用曼格拉水库水面实测资料，见表 7.4-5。

表 7.4-5　　　　　　　　　CH—HB 区间月平均日蒸发量　　　　　　　　　单位：mm

月份	月平均日蒸发量	月份	月平均日蒸发量	月份	月平均日蒸发量
1	2.1	5	10.4	9	5.3
2	3.3	6	10.6	10	4.2
3	4.9	7	7.2	11	2.8
4	7.6	8	5.7	12	2

由于资料收集有限，仅能选取 2014 年 1 场区间雨洪样本进行新安江模型建模，未单独划分检验期，采用自动优选与人工调参相结合的方式率定参数，参数率定结果见表 7.4-6。

表 7.4-6　　　　　　　　CH—HB 区间新安江模型参数率定结果

模型参数	数值	模型参数	数值	模型参数	数值
WM	120	SM	25	C	0.229
X	0.268	EX	0.5	CKI	0.955
Y	0.254	CI	0.06	CKG	0.955
CKE	0.2	CG	0.07	CN	2.7
B	1.592	CIMP	0.001	CNK	8.0

根据优选的模型参数模拟计算场次洪水流量过程，见表 7.4－7。由表可以看出，该场次洪水的确定性系数为 0.61，说明新安江模型在 CH—HB 区间的适用性良好，但由于本次参与建模的样本数据不多，因此方案精度还需积累更多资料后进一步验算和修正。

表 7.4－7　　　　　　　　　　　CH—HB 区间新安江模型结果

场次洪水	实测洪峰 /(m³/s)	计算洪峰 /(m³/s)	相对误差 /%	实测峰 现时间	计算峰 现时间	时差 /h	实测次洪 水量/m³	计算次洪 水量/m³	次洪相对 误差/%	确定性 系数
20140905	840	565	32.74	2014－9－5 22：00	2014－9－5 9：00	13	1.28	0.96	24.52	0.61
平均统计			32.74						24.52	0.61

3. 场次洪水检验

由于资料有限，选取 2014 年典型场次洪过程进行方案的综合检验，对洪峰、峰现时间、过程水量的相对误差进行统计，最终以确定性系数评定总体效果，见表 7.4－8。由表可以看出，CH—HB 区间所建方案的总体效果良好，该场次洪的确定性系数为 0.94，次洪洪峰和水量相对误差分别为 9.9% 和 8.8%，由于次洪样本较少，模型参数还需在后续资料积累中不断验证和修改。

表 7.4－8　　　　　　　　　　　CH—HB 区间方案综合检验结果

场次洪水	实测洪峰 /(m³/s)	计算洪峰 /(m³/s)	相对误差 /%	实测峰 现时间	计算峰 现时间	时差 /h	实测次洪 水量/m³	计算次洪 水量/m³	次洪相对 误差/%	确定性 系数
2014090515	2240	2019	9.9	2014－9－5 16：00	2014－9－5 6：00	10	5.83	5.32	8.8	0.94
平均统计			9.9						8.8	0.94

7.4.1.3　HB—D 区间

D 站位于距离 CK 站上游 23km 处，控制上游 14504km² 的集水区，上游来水站 HB 站距 D 站约 39km。区间遥测雨量站有 HB、新雨量站 10、GLD、D，由于区间目前只有 GLD 站有雨量资料，因此选择该站作为制作预报方案现有雨量站，但现有的降雨径流资料匹配程度较差，在方案拟定时具有一定难度。构建 D 站河道加区间方案，区间面积为 712km²。

1. 河道演算方案

根据各站洪峰水位传播时间，确定 HB—D 区间的洪水传播时间为 3h 左右，可建立 HB—D 区间的河道演算方案。采用合成流量法构建 HB—D 区间的河道演算方案，公式为

$$Q_{D.t} = Q_{HB.t-3} + Q_{区间} \tag{7.4－2}$$

2. 区间降雨径流方案

利用上述河道演算方案分割 HB—D 区间流量过程，采用 API—单位线模型构建区间产汇流方案，考虑区间产汇流及河道传播特性，选择 1h 为方案计算时间尺度。

由区间内水雨情资料收集情况可知 2010 年、2013 年、2014 年有同步的水文资料，选取区间范围内目前仅有的 GLD 站的雨量资料。由于区间内未来雨量站网报汛发生变化，

雨量站网权重更新见表 7.4-9。

表 7.4-9　　　　　　　　　　　　HB—D 区间雨量站网权重

序号	站　号	雨量站名	站　类	雨　量　权　重	
				方案 1（2010 年、2013 年、2014 年）	方案 2（2017 年及以后）
1	Z708300B	HB	河道水文站		0.057
2	Z708400B	D	河道水文站		0.104
3	Z726630B	GLD	雨量站	1.000	0.019

区间每月日蒸发量借用曼格拉水库水面实测资料，见表 7.4-10。

表 7.4-10　　　　　　　　　　曼格拉站月平均蒸发量　　　　　　　　　　单位：mm

月份	月平均日蒸发量	月份	月平均日蒸发量	月份	月平均日蒸发量
1	2.1	5	10.4	9	5.3
2	3.3	6	10.6	10	4.2
3	4.9	7	7.2	11	2.8
4	7.6	8	5.7	12	2

综合流域区气象特性以及水文地理环境等因素，流域最大蓄水值取 $I_m = 120$mm 较适宜，不同月份消退系数见表 7.4-11。

表 7.4-11　　　　　　　　　　HB—D 区间日消退系数 K 值表

月份	K	月份	K	月份	K
1	0.983	5	0.913	9	0.956
2	0.973	6	0.912	10	0.965
3	0.959	7	0.94	11	0.977
4	0.937	8	0.953	12	0.983

区间流量过程由 D 流量分割 HB 上游错时流量过程得到，选取 2010 年、2013 年、2014 年 6 场区间雨洪样本进行 API 建模，鉴于场次洪水样本较少，未单独划分检验期。根据公式及每月的系数 K 值计算 P_a。用退水曲线分割每场次洪的退水过程，用直线分割法分割基流，计算得到次洪的总径流深 R，建立 P（降雨）—P_a（前期影响雨量）—R（径流深）相关图，结果见表 7.4-12。

表 7.4-12　　　　　　　　　　HB—D 区间产流相关图节点表

$P/R/P_a$	0	10	20	30	40	50	60	70	80	90	100	110	120
0	0	0	0	0	0	0	0	0	0	0	0	0	0
10	0.2	0.6	1	1.5	1.9	2.5	3	3.6	4.3	5	5.9	7.1	10
20	0.8	1.6	2.5	3.4	4.3	5.3	6.4	7.6	9	10.5	12.3	14.7	20
30	1.8	3	4.3	5.6	7.1	8.6	10.3	12.1	14.1	16.4	19.1	22.8	30

$P/R/P_a$	0	10	20	30	40	50	60	70	80	90	100	110	120
40	3.2	4.8	6.5	8.3	10.2	12.3	14.5	16.9	19.6	22.7	26.4	31.4	40
50	5	7	9.2	11.4	13.8	16.4	19.2	22.2	25.6	29.5	34.1	40.4	50
60	7.2	9.6	12.2	14.9	17.8	20.9	24.3	27.9	32	36.7	42.4	50	60
70	9.8	12.7	15.7	18.9	22.3	25.9	29.8	34.1	38.9	44.4	51	60	70
80	12.8	16.1	19.6	23.2	27.1	31.3	35.8	40.7	46.2	52.5	60.2	70	80
90	16.2	19.9	23.9	28	32.4	37.1	42.2	47.7	54	61.2	70	80	90
100	20.1	24.2	28.6	33.2	38.1	43.3	49	55.2	62.2	70.3	80	90	100
110	24.3	28.9	33.7	38.8	44.2	50	56.3	63.2	71	80	90	100	110
120	29	34	39.3	44.9	50.8	57.2	64	71.6	80.2	90	100	110	120
130	34.1	39.6	45.3	51.4	57.8	64.8	72.3	80.6	90	100	110	120	130
140	39.7	45.6	51.8	58.3	65.3	72.8	81	90.1	100	110	120	130	140
150	45.6	52	58.7	65.7	73.3	81.4	90.2	100	110	120	130	140	150
160	52	58.8	66	73.6	81.7	90.4	100	110	120	130	140	150	160
170	58.9	66.2	73.8	81.9	90.6	100	110	120	130	140	150	160	170
180	66.2	73.9	82.1	90.8	100.1	110	120	130	140	150	160	170	180
190	74	82.2	90.9	100.1	110	120	130	140	150	160	170	180	190
200	82.2	90.9	100.2	110	120	130	140	150	160	170	180	190	200
210	91	100.2	110	120	130	140	150	160	170	180	190	200	210
220	100.2	110	120	130	140	150	160	170	180	190	200	210	220
230	110	120	130	140	150	160	170	180	190	200	210	220	230
240	120	130	140	150	160	170	180	190	200	210	220	230	240

选取降雨径流过程匹配度相对较好的场次洪水进行单位线率定，采用瞬时单位线法推求 1h 单位线。率定的单位线见表 7.4-13 和图 7.4-2。

表 7.4-13　　　　　　　　　HB—D 区间站单位线节点表

序号	综合线	序号	综合线	序号	综合线	序号	综合线
0	0	10	84.85	20	19.6	30	0.6
1	0	11	74.95	21	14.85	31	0.4
2	0.7	12	69.1	22	11.05	32	0.25
3	10.85	13	64.55	23	8.05	33	0.15
4	46.95	14	59.5	24	5.75	34	0.1
5	99.3	15	53.3	25	4.05	35	0.05
6	135.55	16	46.3	26	2.85	36	0.05
7	140.15	17	38.95	27	1.95	37	0.05
8	123.15	18	31.75	28	1.3		
9	101.4	19	25.25	29	0.9		

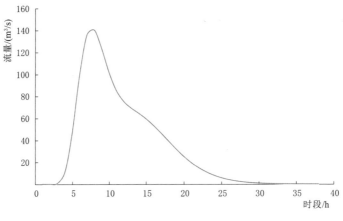

图 7.4 - 2　HB—D 区间单位线图

由于资料有限，仅对 5 场区间次洪过程进行综合评定，洪峰、峰现时间检验结果较好，随着后续资料的不断累积，方案也需及时进行调整、补充、更新、完善。

7.4.2　尼拉姆河区域

尼拉姆河分 2 个区域，分别是 DH 站以上流域，DH—MFD 区间，下面分别介绍对应的预报方案。

7.4.2.1　DH 站以上流域

DH 站控制尼拉姆河上游近 4905km² 的集水区，是尼拉姆河上游重要的水文监测站点，采用 1997 年、2010 年、2013—2015 年的水文资料，但资料完整性一般。该站点以上集水区内有两个雨量站为新建站（新雨量站 5 和新雨量站 6），雨量资料一般，该流域没有与水文资料相匹配的雨量资料，本方案的构建先借用下游 MFD 站的降雨资料，后续需通过完善上游水文、降水观测资料，进一步对预报方案进行修正补充。因借用站点的降雨量资料与 DH 站的水文资料的匹配度较差，洪水过程并没有很好的对应关系。因此在方案拟订时，难度较大。

DH 站以上流域为闭合流域，采用 API - UH 进行降雨径流的预报方案编制。考虑流域产汇流特性，选择 1h 为模型计算尺度。

1. 雨量站网配置

根据水雨情资料，水文站 DH 与雨量站 MFD 仅在 2010 年、2013 年、2014 年资料有相对连续的观测资料，因此选择上述年限进行方案编制。蒸发借用吉拉姆河流域内 MGL 站的蒸发资料。

需要说明的是，虽然本次方案降雨资料选用 MFD 站的降雨资料，但 DH 站以上新雨量站于 2016 年新建完成，后续观测资料会陆续补充，在构建方案时，对尼拉姆河上游 DH 站控制区的雨量站进行配置。雨量站分布及权重见表 7.4 - 14。

2. API - UH 模型构建

综合流域区气象特性以及水文地理环境等因素，流域最大蓄水值取 $I_m = 120mm$ 较适宜，不同月份消退系数见表 7.4 - 15。

表 7.4-14 DH 站控制集水区雨量站分布及权重表

序号	雨量站号	站　　名	类　　型	权　　重
1	Z708000B	DH	河道水文站	0.101
2	Z726690B	新雨量站 5	雨量站	0.32
3	Z726700B	新雨量站 6	雨量站	0.579

表 7.4-15 DH 站以上流域日消退系数 K 值表

月份	K	月份	K	月份	K
1	0.983	5	0.913	9	0.956
2	0.973	6	0.912	10	0.965
3	0.959	7	0.940	11	0.977
4	0.937	8	0.953	12	0.983

根据公式及每月的系数 K 值计算 P_a。用退水曲线分割每场次洪的退水过程，用直线分割法分割基流，计算得到次洪的总径流深 R，建立 P（降雨）—P_a（前期影响雨量）—R（径流深）相关图，结果参见表 7.4-16。

表 7.4-16 DH 站产流相关图节点表

$P/R/P_a$	0	10	20	30	40	50	60	70	80	90	100	110	120
0	0	0	0	0	0	0	0	0	0	0	0	0	0
10	0.2	0.6	1	1.5	1.9	2.5	3	3.6	4.3	5	5.9	7.1	10
20	0.8	1.6	2.5	3.4	4.3	5.3	6.4	7.6	9	10.5	12.3	14.7	20
30	1.8	3	4.3	5.6	7.1	8.6	10.3	12.1	14.1	16.4	19.1	22.8	30
40	3.2	4.8	6.5	8.3	10.2	12.3	14.5	16.9	19.6	22.7	26.4	31.4	40
50	5	7	9.2	11.4	13.8	16.4	19.2	22.2	25.6	29.5	34.1	40.4	50
60	7.2	9.6	12.2	14.9	17.8	20.9	24.3	27.9	32	36.7	42.4	50	60
70	9.8	12.7	15.7	18.9	22.3	25.9	29.8	34.1	38.9	44.4	51	60	70
80	12.8	16.1	19.6	23.2	27.1	31.3	35.8	40.7	46.2	52.5	60.2	70	80
90	16.2	19.9	23.9	28	32.4	37.1	42.2	47.7	54	61.2	70	80	90
100	20.1	24.2	28.6	33.2	38.1	43.3	49	55.2	62.2	70.3	80	90	100
110	24.3	28.9	33.7	38.8	44.2	50	56.3	63.2	71	80	90	100	110
120	29	34	39.3	44.9	50.8	57.2	64	71.6	80.2	90	100	110	120
130	34.1	39.6	45.3	51.4	57.8	64.8	72.3	80.6	90	100	110	120	130
140	39.7	45.6	51.8	58.3	65.3	72.8	81	90.1	100	110	120	130	140
150	45.6	52	58.7	65.7	73.3	81.4	90.2	100	110	120	130	140	150
160	52	58.8	66	73.6	81.7	90.4	100	110	120	130	140	150	160
170	58.9	66.2	73.8	81.9	90.6	100	110	120	130	140	150	160	170
180	66.2	73.9	82.1	90.8	100.1	110	120	130	140	150	160	170	180
190	74	82.2	90.9	100.1	110	120	130	140	150	160	170	180	190

续表

$P/R/P_a$	0	10	20	30	40	50	60	70	80	90	100	110	120
200	82.2	90.9	100.2	110	120	130	140	150	160	170	180	190	200
210	91	100.2	110	120	130	140	150	160	170	180	190	200	210
220	100.2	110	120	130	140	150	160	170	180	190	200	210	220
230	110	120	130	140	150	160	170	180	190	200	210	220	230
240	120	130	140	150	160	170	180	190	200	210	220	230	240

由于资料限制，未划分率定期和检验期，仅从产流样本中选取降雨径流过程匹配度相对较好的 4 场洪水进行单位线率定，采用瞬时单位线法推求 1h 单位线。率定的单位线见表 7.4－17 和图 7.4－3。

表 7.4－17　　　　　　　DH 站单位线节点表

序号	综合线	序号	综合线	序号	综合线	序号	综合线
0	0.36	28	247.74	56	22.67	84	2.53
1	53.25	29	232.49	57	20.97	85	2.33
2	148.32	30	217.74	58	19.37	86	2.13
3	226.19	31	203.4	59	17.9	87	1.97
4	316.38	32	190.21	60	16.57	88	1.87
5	385.55	33	178.22	61	15.3	89	1.73
6	427.1	34	165.14	62	14.17	90	1.57
7	458.77	35	153.95	63	13.13	91	1.47
8	484.86	36	143.15	64	12.13	92	1.37
9	504.33	37	132.69	65	11.2	93	1.23
10	515.28	38	122.63	66	10.37	94	1.17
11	521.34	39	110	67	9.6	95	1.07
12	517.43	40	99.88	68	8.9	96	1
13	510.66	41	91.51	69	8.23	97	0.9
14	499.29	42	82	70	7.6	98	0.83
15	485.2	43	74.26	71	7	99	0.8
16	468.72	44	66.76	72	6.47	100	0.73
17	451.57	45	58.77	73	6	101	0.67
18	430.36	46	51.74	74	5.53	102	0.63
19	409.64	47	44.24	75	5.13	103	0.57
20	389.58	48	40.58	76	4.77	104	0.53
21	370.97	49	40	77	4.37	105	0.5
22	353.26	50	36.74	78	4.07	106	0.43
23	332.15	51	33.61	79	3.7	107	0.37
24	313.51	52	29.92	80	3.43	108	0.37
25	295.91	53	27.13	81	3.17	109	0.33
26	278.7	54	26.5	82	2.93		
27	264.8	55	24.5	83	2.73		

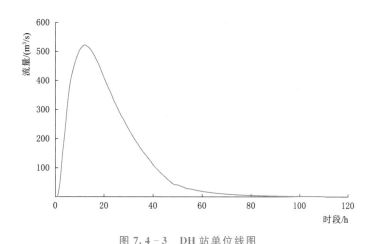

图 7.4-3　DH 站单位线图

由于资料有限，仅对 4 场区间次洪过程进行综合评定，洪峰、峰现时间检验结果较好，随着后续资料会不断累积，方案也需及时进行调整、补充、更新、完善。

7.4.2.2　DH—MFD 区间

MFD 站位于尼拉姆河与吉拉姆河汇合口上游约 2km 处，为尼拉姆河控制站，控制上游 7278km^2 流域面积，上游来水站 DH 站。区间遥测雨量站为 DH、新雨量站 4、新雨量站 8、新雨量站 3、MFD 站，由于区间雨量站基本都于 2016 年 9 月开始建设，目前尚未收集到系列资料，因此制作预报方案现有雨量站只有穆扎法拉巴德站，该站现有的降雨径流资料匹配程度也相对较差，选用 2010 年、2013 年、2014 年三年部分降雨径流过程资料用于构建方案。DH—MFD 区间属于典型的河道加区间类型，区间面积为 2373km^2。

1. 河道演算方案

根据各站洪峰水位传播时间，确定 DH—MFD 站洪水传播时间为 6h 左右，采用合成流量法构建的 DH—MFD 区间的河道演算方案，公式为

$$Q_{\text{MFD},t} = Q_{\text{DH},t-6} + Q_{\text{区间}} \tag{7.4-3}$$

2. 区间降雨径流方案

采用上述河道演算方案分割 DH—MFD 区间流量过程，采用 API-UH 模型构建区间产汇流方案，考虑区间产汇流及河道传播特性，选择 1h 为方案计算时间尺度。

根据已有的水雨情资料，该区间仅有 MFD 站在 2010 年、2013 年、2014 年资料有相对连续的降雨资料。蒸发借用吉拉姆河流域内 MFD 站的蒸发资料。

需要说明的是，虽然本次方案降雨资料仅选用 MFD 站的降雨资料，但区间内新雨量站 3、4、8 于 2016 年 10 月新建完成，后续观测资料会陆续补充，因此在构建方案时，对 DH—MFD 区间内的雨量站进行配置。雨量站分布及权重见表 7.4-18。

表 7.4-18　　　　　　　　　DH—MFD 区间雨量站分布及权重表

序号	雨量站号	站　名	类　型	权　重
1	Z708000B	DH	河道水文站	0.112
2	Z708100B	MFD	河道水文站	0.112

序号	雨量站号	站　名	类　型	权　重
3	Z726670B	新雨量站 3	雨量站	0.263
4	Z726680B	新雨量站 4	雨量站	0.247
5	Z726720B	新雨量站 8	雨量站	0.266

利用 MFD 站流量过程减去上游站演算流量过程得到分割区间径流过程，将区间径流过程经平滑处理后作为实况流量过程。受资料条件限制，仅选出 2010 年、2013 年、2014 年三年 5 场分割区间洪水过程进行 API 模型率定，鉴于场次洪水样本较少，未单独划分检验期。

综合流域区气象特性以及水文地理环境等因素，流域最大蓄水值取 $I_m = 120\text{mm}$ 较适宜，不同月份消退系数见表 7.4 - 19。

表 7.4 - 19　　　　　　　　DH—MFD 区间日消退系数 K 值表

月份	K	月份	K	月份	K
1	0.983	5	0.913	9	0.956
2	0.973	6	0.912	10	0.965
3	0.959	7	0.940	11	0.977
4	0.937	8	0.953	12	0.983

根据公式及每月的系数 K 值计算 P_a。用退水曲线分割每场次洪的退水过程，用直线分割法分割基流，计算得到次洪的总径流深 R，建立 P（降雨）—P_a（前期影响雨量）—R（径流深）相关图，结果见表 7.4 - 20。

表 7.4 - 20　　　　　　　　DH—MFD 区间产流相关图节点表

$P/R/P_a$	0	10	20	30	40	50	60	70	80	90	100	110	120
0	0	0	0	0	0	0	0	0	0	0	0	0	0
10	0.2	0.6	1	1.4	1.9	2.4	2.9	3.5	4.2	4.9	5.9	7.1	10
20	0.8	1.6	2.4	3.3	4.2	5.2	6.3	7.5	8.8	10.3	12.2	14.6	20
30	1.7	2.9	4.2	5.5	6.9	8.4	10.1	11.9	13.9	16.1	18.9	22.6	30
40	3.1	4.7	6.4	8.2	10.1	12.1	14.3	16.7	19.3	22.4	26.1	31.2	40
50	4.9	6.9	9	11.2	13.6	16.1	18.9	21.9	25.3	29.1	33.9	40.3	50
60	7	9.4	12	14.7	17.5	20.6	23.9	27.6	31.6	36.3	42.1	50	60
70	9.6	12.4	15.4	18.6	21.9	25.5	29.4	33.7	38.5	44	50.8	60	70
80	12.6	15.8	19.2	22.8	26.7	30.8	35.3	40.2	45.8	52.2	60.1	70	80
90	15.9	19.6	23.5	27.6	31.9	36.6	41.7	47.3	53.6	60.9	70	80	90
100	19.7	23.8	28.1	32.7	37.6	42.8	48.5	54.8	61.8	70.1	80	90	100
110	23.9	28.5	33.2	38.2	43.7	49.5	55.8	62.8	70.7	80	90	100	110
120	28.6	33.5	38.8	44.3	50.2	56.6	63.6	71.3	80.1	90	100	110	120
130	33.6	39.1	44.8	50.8	57.3	64.3	71.9	80.3	90	100	110	120	130

$P/R/P_a$	0	10	20	30	40	50	60	70	80	90	100	110	120
140	39.1	45	51.2	57.8	64.8	72.4	80.7	90	100	110	120	130	140
150	45.1	51.4	58.1	65.2	72.8	81	90.1	100	110	120	130	140	150
160	51.5	58.3	65.5	73.1	81.3	90.2	100	110	120	130	140	150	160
170	58.3	65.6	73.3	81.5	90.3	100	110	120	130	140	150	160	170
180	65.7	73.4	81.7	90.5	100	110	120	130	140	150	160	170	180
190	73.5	81.8	90.6	100	110	120	130	140	150	160	170	180	190
200	81.8	90.6	100	110	120	130	140	150	160	170	180	190	200
210	90.6	100	110	120	130	140	150	160	170	180	190	200	210
220	100	110	120	130	140	150	160	170	180	190	200	210	220
230	110	120	130	140	150	160	170	180	190	200	210	220	230

由于资料限制，未划分率定期和检验期，选取降雨径流过程匹配度相对较好的 6 次洪水（包括 2010 年、2013 年、2014 年三次最大的洪水样本）进行单位线率定，采用瞬时单位线法推求 1h 单位线。率定的单位线见表 7.4 - 21 和图 7.4 - 4。

表 7.4 - 21   DH—MFD 区间站单位线节点表

序号	综合线	序号	综合线	序号	综合线	序号	综合线
0	0	17	352.2	34	52	51	2.3
1	0.1	18	337.7	35	44.2	52	1.8
2	1.5	19	319.5	36	37.4	53	1.5
3	8.5	20	298.7	37	31.6	54	1.2
4	24.7	21	276.2	38	26.6	55	1
5	51.5	22	253	39	22.3	56	0.8
6	88	23	229.6	40	18.7	57	0.7
7	131.3	24	206.7	41	15.6	58	0.5
8	177.8	25	184.7	42	13	59	0.4
9	223.7	26	163.9	43	10.8	60	0.3
10	265.8	27	144.6	44	8.9	61	0.3
11	301.9	28	126.8	45	7.4	62	0.2
12	330.3	29	110.6	46	6.1	63	0.2
13	350.2	30	95.9	47	5	64	0.1
14	361.8	31	82.8	48	4.1		
15	365.3	32	71.2	49	3.4		
16	361.8	33	61	50	2.8		

由于资料有限，仅对 6 场区间次洪过程进行综合评定，洪峰、峰现时间检验结果较好，随着后续资料的不断累积，方案也需及时进行调整、补充、更新、完善。

7.4.3　昆哈河区域

昆哈河流域不大，作为 1 个区域进行方案研制，具体预报方案如下。

TH 站为昆哈河下游干流控制站，集水面积 2354km²。

TH 站以上流域为闭合流域，可考虑采用新安江模型进行降雨径流的预报方案编制。考虑流域产汇流特性，选择 1h 为模型计算尺度。

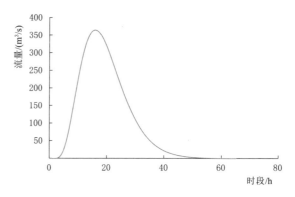

图 7.4-4　DH—MFD 区间单位线图

观察预报站以上闭合流域内的水雨情站网分布和资料情况，可知流域内目前没有雨量观测资料，过去一年里在流域内新布设雨量站 4 个，TH 站已改建完成，未来会开展雨量项目的观测和数据采集工作。因此，本流域的预报方案考虑采用借用临近站的降雨径流方案参数，并采用未来的雨量观测数据和 TH 站的流量资料进行检验和修正。

TH 站以上流域雨量站网权重计算采用泰森多边形法确定，划分范围及权重系数分别见图 7.4-5 和表 7.4-22。

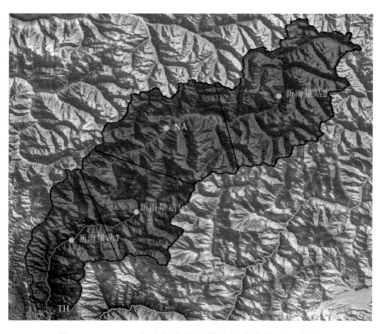

图 7.4-5　TH 站以上流域雨量站网泰森多边形划分

表 7.4-22　　　　　　　　　TH 站以上流域雨量站网权重表

序号	雨量站号	雨量站名	站　类	权　　重
1	Z726640B	NA	PP	0.248
2	Z726650B	新雨量站 1	PP	0.157

序号	雨量站号	雨量站名	站 类	权 重
3	Z726660B	新雨量站2	PP	0.415
4	Z726710B	新雨量站7	PP	0.134
5	Z707900B	TH	ZQ	0.046

TH 站以下 TH、D、MFD—CK 区间有较完整的降雨径流预报方案，且距离较近，属同一水系，考虑借用 CK 区间的新安江模型参数，见表7.4-23。

表 7.4-23　　　　　　　　TH 站以上流域新安江模型借用方案

模型参数	数值	模型参数	数值	模型参数	数值
WM	180	SM	25	C	0.2802
X	0.2811	EX	0.5	CKI	0.9657
Y	0.2219	CI	0.2653	CKG	0.9484
CKE	0.2399	CG	0.3301	CN	1.9999
B	1.145	$CIMP$	0.001	CNK	9.9999

7.4.4　D 站至卡洛特坝址区间

7.4.4.1　D、TH、MFD—CK 区间

CK 站处于吉拉姆河干流，集水面积 24790km^2，是尼拉姆河、吉拉姆河与昆哈河汇合控制站。构建 CK 站河道加区间方案，区间面积为 655km^2。

1. 河道演算方案

根据各站洪峰水位传播时间，确定区间各来水站至 CK 站洪水传播时间见表7.4-24，可建立 D、TH、MFD—CK 区间的河道演算方案。

表 7.4-24　　　　　　　　CK 站洪峰平均传播时间分析成果表

项　　目	TH 站	MFD 站	D 站
至卡拉斯传播时间/h	3	3	3

采用合成流量法构建 D、TH、MFD—CK 区间的河道演算方案，公式为

$$Q_{\text{CK},t} = Q_{\text{D},t-3} + Q_{\text{TH},t-3} + Q_{\text{MFD},t-3} + Q_{\text{区间}} \tag{7.4-4}$$

2. 区间降雨径流方案

采用上述的河道演算方案分割 D、TH、MFD—CK 区间流量过程（CK 站流量减去河道合成流量演算成果），采用新安江模型构建区间产汇流方案，考虑区间内产汇流特性和河道传播时间，选择 1h 为方案计算时间尺度。D、TH、MFD—CK 区间雨量站网权重见表7.4-25。

表 7.4-25　　　　　　　　D、TH、MFD—CK 区间雨量站网权重

序号	雨量站名	站号	站类	雨 量 权 重	
				方案1（2010年、2013年、2014年）	方案2（2017年及以后）
1	B	33333333	PP	0.408	

续表

序号	雨量站名	站号	站类	雨 量 权 重	
				方案1（2010年、2013年、2014年）	方案2（2017年及以后）
2	TH	Z707900B	ZQ		0.216
3	MFD	Z708100B	ZQ	0.592	0.171
4	CK	Z708500B	ZQ		0.295
5	D	Z708400B	ZQ		0.318

由区间内水雨情资料收集情况可知2010年、2013年和2014年有同步的水文资料，选取区间范围内报汛质量较好的2个雨量站采用泰森多边形法计算雨量站网权重（表7.4-26中方案1）。由于区间内未来雨量站网报汛发生变化，雨量站网权重更新见表7.4-26中方案2，未来预报方案中面雨量计算雨量站网权重采用方案2。

区间每月日蒸发量借用曼格拉水库水面实测资料，见表7.4-26。

表7.4-26　　　　　　　　D、TH、MFD—CK区间月平均日蒸发量　　　　　　　单位：mm

月份	月平均日蒸发量	月份	月平均日蒸发量	月份	月平均日蒸发量
1	2.1	5	10.4	9	5.3
2	3.3	6	10.6	10	4.2
3	4.9	7	7.2	11	2.8
4	7.6	8	5.7	12	2

区间流量过程为CK站流量分割D、TH、MFD合成流量过程得到，由于资料收集有限，仅选取2013年4场区间雨洪样本进行新安江模型建模，鉴于场次洪水样本较少，未单独划分检验期，将4场次洪水均作为率定样本，采用自动优选与人工调参相结合的方式率定参数，结果见表7.4-27。

表7.4-27　　　　　　　　D、TH、MFD—CK区间新安江模型参数

模型参数	数值	模型参数	数值	模型参数	数值
WM	180	SM	25	C	0.2802
X	0.2811	EX	0.5	CKI	0.9657
Y	0.2219	CI	0.2653	CKG	0.9484
CKE	0.2399	CG	0.3301	CN	1.9999
B	1.145	$CIMP$	0.001	CNK	9.9999

由于资料有限，仅对4场区间次洪过程进行综合评定，洪峰、峰现时间检验结果较好，随着后续资料的不断累积，方案也需及时进行调整、补充、更新、完善。

7.4.4.2　CK—AP区间

1. 区间概况

AP站位于吉拉姆河距离坝址15km处，控制上游约26485km²的集水区，上游来水站CK站，距离坝址约84km。区间遥测雨量站有CK、入库站、KH、新雨量站10、新雨量站11、MR、BL、L、AP，由于区间部分雨量站属于新建站或者改建站，资料系列连

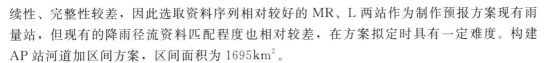

续性、完整性较差，因此选取资料序列相对较好的 MR、L 两站作为制作预报方案现有雨量站，但现有的降雨径流资料匹配程度也相对较差，在方案拟定时具有一定难度。构建 AP 站河道加区间方案，区间面积为 $1695km^2$。

2. 河道演算方案

综合分析各站洪峰水位传播时间，确定 CK—AP 区间的洪水传播时间为 5h 左右，可建立 CK—AP 区间的河道演算方案。采用合成流量法构建 CK—AP 区间的河道演算方案，公式为

$$Q_{AP,t} = Q_{CK,t-5} + Q_{区间} \tag{7.4-5}$$

3. 区间降雨径流方案

利用上述河道演算方案分割 CK—AP 区间流量过程，采用 API—单位线模型构建区间产汇流方案，考虑区间产汇流及河道传播特性，选择 1h 为方案计算时间尺度。

由区间内水雨情资料收集情况可知 2010 年、2013 年有同步的水文资料，选取区间范围内报汛质量较好的 2 个雨量站采用泰森多边形法计算雨量站网权重（表 7.4-28 中方案 1）。由于区间内未来雨量站网报汛发生变化，雨量站网权重更新见表 7.4-28 中方案 2，未来预报方案中面雨量计算雨量站网权重采用方案 2。

表 7.4-28　　　　　　　　　　　CK—AP 区间雨量站网权重

序号	站号	雨量站名	站类	雨量权重 方案 1（2010 年、2013 年）	方案 2（2017 年及以后）
1	Z708500B	CK	河道水文站		0.057
2	Z708800B	入库	河道水文站		0.104
3	Z708900B	AP	河道水文站		0.019
4	Z726600B	L	雨量站	0.579	0.112
5	Z726610B	BL	雨量站		0.19
6	Z726620B	MR	雨量站	0.421	0.078
7	Z726740B	新雨量站 10	雨量站		0.131
8	Z726750B	新雨量站 11	雨量站		0.164
9	Z728600B	KH	雨量站		0.145

区间每月日蒸发量借用曼格拉水库水面实测资料，见表 7.4-29。

表 7.4-29　　　　　　　　　　CK—AP 区间月平均日蒸发量　　　　　　　　　单位：mm

月份	月平均日蒸发量	月份	月平均日蒸发量	月份	月平均日蒸发量
1	2.1	5	10.4	9	5.3
2	3.3	6	10.6	10	4.2
3	4.9	7	7.2	11	2.8
4	7.6	8	5.7	12	2

综合流域区气象特性以及水文地理环境等因素，流域最大蓄水值取 $I_m = 140mm$ 较适宜，不同月份消退系数见表 7.4-30。

表 7.4-30　　　　　　　　　　CK—AP 区间日消退系数 K 值表

月份	K	月份	K	月份	K
1	0.985	5	0.926	9	0.962
2	0.976	6	0.924	10	0.97
3	0.965	7	0.949	11	0.98
4	0.946	8	0.959	12	0.986

区间流量过程为 AP 站流量分割 CK 站的错时流量过程得到，选取 2010 年、2013 年 11 场区间雨洪样本进行 API 建模，鉴于场次洪水样本较少，未单独划分检验期。

根据公式及每月的系数 K 值计算 P_a。用退水曲线分割每场次洪的退水过程，用直线分割法分割基流，计算得到次洪的总径流深 R，建立 P（降雨）—P_a（前期影响雨量）—R（径流深）相关图，结果参见表 7.4-31。

表 7.4-31　　　　　　　　　　CK—AP 区间产流相关图节点表

$P/R/P_a$	0	10	20	30	40	50	60	70	80	90	100	110	120	130	140
0	0	0	0	0	0	0	0	0	0	0	0	0	0	0	0
10	0.1	0.2	0.3	0.5	0.7	0.9	1.1	1.3	1.5	1.8	2.2	2.6	3.2	4.2	10
20	0.3	0.5	0.8	1.2	1.5	1.9	2.3	2.8	3.3	3.9	4.7	5.6	7	10	20
30	0.6	1	1.5	2	2.5	3.1	3.8	4.5	5.4	6.4	7.6	9.2	11.7	20	30
40	1.1	1.7	2.3	3	3.8	4.6	5.5	6.5	7.7	9.2	11	13.5	20	30	40
50	1.8	2.5	3.3	4.2	5.2	6.3	7.5	8.8	10.4	12.4	15	20	30	40	50
60	2.6	3.5	4.5	5.6	6.9	8.2	9.7	11.5	13.6	16.3	20.3	30	40	50	60
70	3.6	4.7	5.9	7.3	8.8	10.4	12.4	14.6	17.4	21.2	30	40	50	60	70
80	4.8	6.1	7.6	9.2	11	13	15.4	18.2	22	30	40	50	60	70	80
90	6.2	7.8	9.5	11.4	13.6	16	19	22.7	30	40	50	60	70	80	90
100	7.8	9.7	11.7	13.9	16.5	19.5	23.3	30	40	50	60	70	80	90	100
110	9.7	11.8	14.2	16.9	20	23.8	30	40	50	60	70	80	90	100	110
120	11.9	14.4	17.1	20.3	24.2	30	40	50	60	70	80	90	100	110	120
130	14.4	17.3	20.6	24.5	30	40	50	60	70	80	90	100	110	120	130
140	17.3	20.7	24.7	30	40	50	60	70	80	90	100	110	120	130	140
150	20.7	24.8	30.1	40	50	60	70	80	90	100	110	120	130	140	150
160	24.8	30.2	40	50	60	70	80	90	100	110	120	130	140	150	160
170	30.2	40	50	60	70	80	90	100	110	120	130	140	150	160	170
180	40	50	60	70	80	90	100	110	120	130	140	150	160	170	180

选取降雨径流过程匹配度相对较好的 11 次洪水进行单位线率定，采用 Nash 瞬时单位线法推求 1h 单位线，率定的单位线见表 7.4-32 和图 7.4-6。

表 7.4－32　　　　　　　　　　　CK—AP 区站单位线节点

序号	综合线	序号	综合线	序号	综合线	序号	综合线
0	0	35	21.1	70	1.7	105	0.14
1	307.97	36	19.41	71	1.59	106	0.13
2	310.07	37	17.93	72	1.47	107	0.11
3	287.01	38	16.57	73	1.39	108	0.11
4	272.01	39	15.36	74	1.29	109	0.09
5	272.76	40	14.23	75	1.2	110	0.09
6	281.3	41	13.24	76	1.1	111	0.09
7	288.33	42	12.31	77	1.03	112	0.09
8	288.84	43	11.44	78	0.96	113	0.07
9	281.87	44	10.66	79	0.89	114	0.07
10	268.87	45	9.93	80	0.84	115	0.07
11	251.99	46	9.24	81	0.77	116	0.06
12	233.11	47	8.6	82	0.71	117	0.06
13	213.69	48	8.03	83	0.67	118	0.06
14	194.59	49	7.47	84	0.61	119	0.04
15	176.24	50	6.99	85	0.57	120	0.04
16	158.99	51	6.51	86	0.54	121	0.04
17	142.89	52	6.07	87	0.5	122	0.04
18	128.01	53	5.66	88	0.46	123	0.03
19	114.4	54	5.27	89	0.43	124	0.03
20	102	55	4.91	90	0.4	125	0.03
21	90.81	56	4.59	91	0.37	126	0.03
22	80.76	57	4.29	92	0.34	127	0.03
23	71.84	58	4	93	0.33	128	0.03
24	63.97	59	3.71	94	0.3	129	0.03
25	56.99	60	3.46	95	0.27	130	0.03
26	50.9	61	3.23	96	0.24	131	0.03
27	45.56	62	3.01	97	0.24	132	0.03
28	40.87	63	2.81	98	0.23	133	0
29	36.83	64	2.61	99	0.21	134	0
30	33.3	65	2.43	100	0.19	135	0
31	30.2	66	2.27	101	0.17	136	0
32	27.47	67	2.11	102	0.17	137	0
33	25.07	68	1.96	103	0.14	138	0
34	22.99	69	1.83	104	0.14		

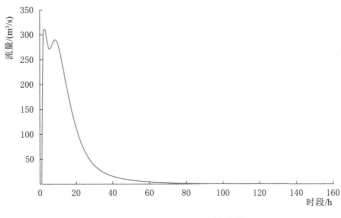

图 7.4 - 6 CK—AP 区间单位线图

由于资料有限，仅对 11 场区间次洪过程进行综合评定，洪峰、峰现时间检验结果较好，随着后续资料的不断累积，方案也需及时进行调整、补充、更新、完善。

7.4.4.3 AP—卡洛特坝址区间

卡洛特专用站为卡洛特水电站施工来水控制站，测站以上集水面积 $26700km^2$，构建卡洛特专用站河道加区间方案，区间面积为 $215km^2$。

1. 河道演算方案

根据上文已综合分析得到的各站洪峰水位传播时间图，确定 AP—卡洛特坝址洪水传播时间为 1h 左右，可建立 AP—卡洛特区间的河道演算方案。采用合成流量法构建 AP—卡洛特区间的河道演算方案，公式为

$$Q_{卡洛特,t} = Q_{AP,t-1} + Q_{区间} \tag{7.4-6}$$

2. 区间降雨径流方案

采用上述的河道演算方案分割 AP—卡洛特区间流量过程，采用新安江模型构建区间产汇流方案，由于区间面积较小，考虑区间内产汇流特性，选择 1h 为方案计算时间尺度。

选取区间内有报汛数据的 4 个雨量站采用泰森多边形法计算雨量站网权重（表 7.4 - 33 中方案 1），其中 AP 站全年有监测雨量资料，卡洛特、工区雨量站 1、工区雨量站 3 于 2016 年 4 月前后开始监测雨量，考虑 4 月前洪水过程较少且 AP 站雨量与洪水过程不对应，计算面雨量权重时考虑该 4 个雨量站的站网分布。由于区间内未来有新增雨量站报汛，雨量站网权重更新见表 7.4 - 33 中方案 2，未来预报方案中面雨量计算雨量站网权重采用方案 2。

表 7.4 - 33　　　　　　　　　　AP—卡洛特区间雨量站网权重

序号	雨量站名	站号	站类	雨 量 权 重	
				方案 1（2016 年）	方案 2（2017 年及以后）
1	工区雨量站 1	Z726760B	PP	0.555	0.513
2	工区雨量站 2	Z726770B	PP		0.028
3	工区雨量站 3	Z726780B	PP	0.2	0.176

续表

序号	雨量站名	站号	站类	雨 量 权 重	
				方案1（2016年）	方案2（2017年及以后）
4	专用站	Z709000B	ZQ	0.02	0.018
5	AP	Z708900B	ZQ	0.225	0.265

区间每月日蒸发量借用曼格拉水库水面实测资料，见表7.4-34。

表7.4-34　　　　　　　AP—卡洛特区间月平均日蒸发量　　　　　　单位：mm

月份	月平均日蒸发量	月份	月平均日蒸发量	月份	月平均日蒸发量
1	2.1	5	10.4	9	5.3
2	3.3	6	10.6	10	4.2
3	4.9	7	7.2	11	2.8
4	7.6	8	5.7	12	2

区间流量过程为卡洛特流量分割 AP 合成流量过程得到，由于资料雨洪过程对应较差，仅选取 2016 年 3 场区间雨洪样本进行新安江模型建模，鉴于场次洪水样本较少，未单独划分检验期，将 3 场次洪水均作为率定样本，采用自动优选与人工调参相结合的方式率定参数，参数率定结果见表7.4-35。

表7.4-35　　　　　　AP—卡洛特区间新安江模型参数率定结果

模型参数	数值	模型参数	数值	模型参数	数值
WM	140.4956	SM	15.6449	C	0.1585
X	0.1416	EX	0.5002	CKI	0.9289
Y	0.2922	CI	0.1112	CKG	0.9999
CKE	0.512	CG	0.2784	CN	1.9812
B	1.9996	$CIMP$	0.0539	CNK	0.9901

根据优选的模型参数模拟计算各场次洪水流量过程，由于本次参与建模的样本数据太少，因此方案还需要积累更多资料后进一步验算和修正。

7.5　施工期典型洪水预报

7.5.1　"20170406"洪水预报

2017年4月6日，由于受过境巴基斯坦北部地区的强西风波影响，吉拉姆河流域于4月5—6日发生了2次大范围持续性的强降雨过程，其中5日17：55至6日0：00流域普降大～暴雨，6日11：00—13：00流域普降中～大雨，降雨区域主要集中在 CK—AP 之间。受强降雨影响，吉拉姆河干流发生明显涨水洪水过程，4月5日18：00流量自1480m³/s开始起涨，6日17：30卡洛特专用站洪峰流量达到3280m³/s，24h流量上涨约1800m³/s。

7.5.1.1　预报精度与社会效益

4月5—6日根据实际预报情况和水情实况进行统计，除常规预报外，还根据水情变化情况开展滚动预报，预报过程见表7.5-1。5日8：00制作的6h、12h、24h预见期坝址流量绝对误差分别为20m³/s、−240～−40m³/s、−550～−250m³/s，6h、12h预见期绝对误差相对较小，预报精度较好，24h预报精度偏低，主要是因为流域现状预见期不够，以及雨情变化的影响。6日0：30制作加报本日9：00的预报流量为1850～2000m³/s，实况为2380m³/s，绝对误差为−530～−380m³/s，由于雨情实况与降雨预报有一定差异，区间来水量超过预期，预报精度偏低。6日8：00制作常规水情预报，预报14：00流量为2400m³/s，实况为2820m³/s，绝对误差为−420m³/s，区间来水量很大，预报精度一般。6日13：30滚动预报了17：00—19：00流量为2900～3300m³/s，实况为3110～3280m³/s，绝对误差为−210～20m³/s，预报精度良好。

表7.5-1　　　　　　　　　　　"20170406"洪水预报过程统计表

时间	对应预见期的实况值			预报值			绝对误差		
	坝址站流量/(m³/s)	导进站水位/m	导出站水位/m	坝址站流量/(m³/s)	导进站水位/m	导出站水位/m	坝址站流量/(m³/s)	导进站水位/m	导出站水位/m
5日14：00	1530	400.25	393.51	1550	400.43	393.69	0.01	0.18	0.18
5日20：00	1590	—	—	1350～1550	—	—	−240～−40	—	—
6日8：00	2250	—	—	1700～2000	—	—	−550～−250	—	—
6日9：00	2380	402.50	395.78	1850～2000	401.15～401.56	394.27～394.66	−530～−380	−0.94	−1.12
6日14：00	2820	403.44	396.67	2400	402.77	395.97	−420	−0.67	−0.7
6日13：00	水位近时段内持续上涨			预计水位还会持续上涨			—	—	—
6日13：57	根据上游来水和降雨情况，向建设方汇报后发出水情预警，水情预警：在17：00—19：00坝址流量为2900～3300m³/s，请施工单位高度注意，加强防范								
6日17：00—19：00	3110～3280	403.83～404.28	397.00～397.53	2900～3300	403.66～404.77	396.85～397.70	−210～20	−0.17～0.49	−0.15～0.17
6日18：13	水位在17：30出现洪峰后持续回落			根据上游来水和降雨情况，发出水情提醒：预计水位会持平或缓慢回落			—	—	—

水文专项项目部在该过程中另外还发布了两条水情预报的重要信息：第一条6日13：00发布"预计水位还会持续上涨"，同时向建设方汇报将人员迅速进行了转移；第二条6日18：00发布"预计水位会持平或缓慢回落"，建设方派遣工程机械对导流洞出口围堰进行排险加固。持续发布的水情预报信息与实际水情走势一致，为导流洞出口围堰抢险做出正确决策提供了准确的前提保障。

7.5.1.2 预报服务

1. 洪水上涨过程中的应对措施

（1）监视遥测系统正常运行，保证数据传输畅通。水雨情信息接收系统分别采用北斗卫星、手机短信、网络等方式接收来自各遥测站发送的水雨情信息。在本次雨洪过程中，水文专项项目部由专人对相关设备的可靠性、安全性，服务器平稳运行以及数据存储安全进行维护，保证整个系统的正常工作，遥测系统及数据存储运行正常。

（2）及时制作水情预报、滚动发布水情信息。一旦水位在未来 3h 内增幅大于或等于 50cm，或水位、流量持续上涨等特殊水情时，预报员根据收集的水雨情和天气信息，及时制作发布了不同预见期的水情预报，通过短信、微信群、QQ 群的形式补发水情预警提示，每 1h 滚动发布水情实况，并主动与巴基斯坦气象公司、国内后方气象保障团队联系，掌握流域内最新降水预测情况，及时接收、转译并发布气象预报、预警。本次洪水期间，通过短信、QQ 群、微信群发布水情实况、预报、天气实况、预报信息约 60 份，其中短信数量超过 2000 余条。

（3）在 4 月 5 日、6 日水位快速上涨过程中，水情中心预报员 24h 值班，并第一时间在群里公布值班电话，提供水情咨询服务。

（4）组织水文测验队伍积极开展流量测验。在流量迅速上涨的过程，及时组织测量人员到卡洛特专用站开展缆道流量测验，4 月 6 日 15：20—16：50 成功施测流量 3040m³/s，与预报系统线上流量 3190m³/s 对比，误差小于 5%。

2. 洪水消退过程中的应对措施

（1）根据水雨情信息，准确推断洪峰时间并发布预测精准判断坝区水位缓慢消退，会商确定后及时发布水情信息，为施工单位做出导流洞出口围堰应急抢险正确决策提供了前提保障，避免了撤离设备和人员带来的损失。

（2）及时开展 2100m³/s、1600m³/s 等流量级水面线测量，掌握坝区重要水尺断面的落差关系和变化规律。

（3）随时进行导流洞进口水位站、导流洞出口水位站水位流量关系的跟踪补点分析，并推算导流洞进口围堰、导流洞出口围堰水位流量关系，分析 5 年一遇、10 年一遇水位流量成果数据。

（4）组织巡测队伍到上游各水文站开了电波流速仪流量测验验证预报方案。

7.5.1.3 预报方案检验和修编

因卡洛特水电站坝址以上流域洪水预报方案编制时所依托的水雨情资料有限，需将本次洪水加入原预报方案中进行重新检验分析，必要时进行修编。

1. 洪水传播时间复核

原预报方案初步分析了干支流控制性水文站之间的洪水传播时间，"20170406"洪水发生时，各站皆有较完善的连续观测资料，采用峰谷特征法重新复核相关成果，对各站之间的洪水传播时间有了新的认识，更新结论见表 7.5-2。

由表分析可知：若流域内无强降雨，对于 3000m³/s 以下流量级，卡洛特坝址来水预见期为 7~12h；若流域中下游有强降雨，对于 3000m³/s 流量级，卡洛特坝址来水预见期仅为 3~4h；若来水量级超出 3000m³/s 以上幅度较大，有效预见期可能更短，需根据不断收集的资料跟踪分析。

表 7.5 - 2　　　　　　　　　　　　　洪水传播时间分析表

河段	距离/km	洪水传播时间/h		河段	距离/km	洪水传播时间/h	
		原结论	更新结论			原结论	更新结论
CK—HB	16	1	0.5～1	D—CK	23	3	1.5～3
HB—D	39	3	2～3	TH—CK	35	3	2～3
DH—MFD	114	6	4～5	CK—AP	68	5	3～5
MFD—CK	24	3	1.5～3	AP—卡洛特坝址	16	1	0.5～1

2. 区间水情预报方案检验与修编

从前述分析可知,在"20170406"洪水中,MFD 站、D 站、TH 站等三站来水仅起底水作用,真正起造峰作用的是中下游区间(CK—卡洛特坝址)的暴雨洪水,呈陡涨陡落特征,预见期短,对卡洛特工区防洪度汛影响较大。因此,检验和修编 CK—卡洛特坝址区间方案,对提高预报精度,保障工区度汛安全意义重大。根据原预报方案的体系架构,对 CK—AP 预报方案进行检验和分析。

根据最新的洪水传播时间成果更新河道演算方案,通过逆计算分割得到 CK—AP 区间实况过程,并利用 2017 年的雨量站网方案和原区间预报方案计算得到区间流量过程,单位线方案修编见图 7.5 - 1。由图可知,原方案计算的区间流量洪峰值与实况分割值基本相当,但在退水面偏慢较多,修编方案的区间来水计算结果与原方案相比在退水面与实况分割值上有所改进。

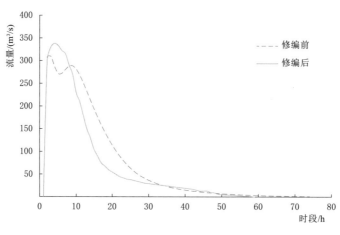

图 7.5 - 1　单位线方案修编

7.5.2 "20200827" 洪水预报

受西南季风影响,吉拉姆河近坝区于 2020 年 8 月 27 日普降大～暴雨,面平均雨量达 50.0mm,其中专用站为最大降雨站,降雨量 138.5mm;TH 站为最小降雨站,降雨量 0.5mm。此次降雨过程主要集中在新雨量站 11 至坝址之间,降雨历时长、雨强大,主雨期间(6:00—9:00)雨强达 20.0mm/h,其中 AP 站最大 1h 降雨量 49.5mm,为流域最大。

专用站流量自 27 日 7：00 由 750m³/s 快速上涨，于当日 10：00 洪峰流量达 2050m³/s，流量增加近 1300m³/s。专用站流量后期退水阶段受上游来水影响，流量稳定在 1300m³/s。

1. 当地洪水警告

2020 年 8 月 26 日，巴基斯坦气象局发布洪水预警，预报西南季风增加将导致巴基斯坦北部出现强降雨，吉拉姆河流域出现大或特大洪水。对此水文专项项目部高度重视。

2. 现场预报

收到巴基斯坦气象局发布的洪水预警后，建设方召集水文专项项目部、施工方进行了度汛安全会议，水文专项项目部进行了专项汇报。

（1）降雨的异同。根据巴基斯坦气象公司 8 月 27 日 8：00 降雨预报，全流域未来 6h、12h、24h 累计降雨分别为 30～50mm、50～70mm 和 100～150mm。上述预报成果与巴基斯坦气象局预报成果一

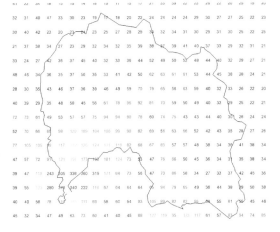

图 7.5－2 国内预报团队降雨量预报

致。但根据国内团队 25 日 20：00 至 28 日 8：00 降雨预报（图 7.5－2），此次降雨主要集中在近坝区，上游量级不大。

（2）洪水预报。综合分析气象预报成果，结合当前水情，水文专项项目部判断此次降雨过程无超标洪水风险，27 日流量约 2500m³/s。

3. 社会效益

8 月 26—28 日是库区自施工（2016 年）以来最强降雨，提前 1 天向建设方提交了坝址流量预报趋势成果，避免启动超标防洪措施造成不必要的损失。

第8章
工程关键节点水文测报技术

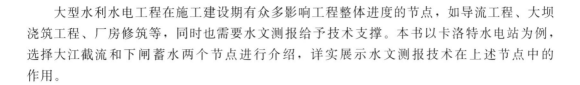

大型水利水电工程在施工建设期有众多影响工程整体进度的节点，如导流工程、大坝浇筑工程、厂房修筑等，同时也需要水文测报给予技术支撑。本书以卡洛特水电站为例，选择大江截流和下闸蓄水两个节点进行介绍，详实展示水文测报技术在上述节点中的作用。

8.1 大江截流水文测报技术

8.1.1 截流期技术要点

大型水电工程施工建设是一项十分复杂的系统工程，其中龙口截流是工程施工的关键环节，截流顺利与否直接关系到工程建设的整体进度和施工工期。大江截流一般存在以下特点：①流速以及水流落差大；②截流施工强度高、工期紧。卡洛特水电站截流期水文测报是截流系统工程的保障服务系统，主要围绕截流河段总落差及上下游戗堤承担落差的分配、龙口流速及其分布对抛投物的影响等进行全面系统的监测和预报，掌握截流全过程的水文要素的变化特征及规律性，为截流施工组织、调度决策提供科学依据，为工程积累大量宝贵的截流期水文水力学要素观测资料，也为类似工程或流域梯级水电开发提供参考。

8.1.1.1 工程地质研究

卡洛特水电站上游土石围堰枯水期江面宽 $40 \sim 50m$，水深一般为 $4 \sim 6m$。左岸下部地形较缓，地形坡度 $8° \sim 10°$，高程 $405.00m$ 以上地形坡度 $25° \sim 35°$，右岸地形坡度 $50° \sim 60°$。左岸漫滩部位分布厚度不大的砂层及崩坡积巨块石，右岸局部零星分布厚度不大的崩坡积物，河床多分布碎块石及少量漂卵石，厚 $8 \sim 10m$。下伏基岩主要为 N_{1na}^{4-3-1} 层～ N_{1na}^{3-3-1} 层砂岩、泥质粉砂岩及粉砂质泥岩互层。基岩强风化厚一般为 $0 \sim 2m$，弱风化厚度一般为 $5 \sim 10m$。覆盖层一般具中等～强透水性，强风化基岩一般具弱～中等透水性，弱风化基岩一般具弱透水性，微新基岩多具微透水性。

上游土石围堰河床、漫滩及两岸堰基以基岩为主，覆盖层厚度较大，无软弱土层分布，堰基稳定性较好。覆盖层堰基存在堰基渗漏问题。

下游土石围堰枯水期江面宽 $45 \sim 55m$，水深一般为 $5 \sim 7m$。左岸岸坡较陡，局部分布基岩陡坎，右岸相对稍缓，地形坡度 $25° \sim 40°$。河床及两岸河滩分布崩塌堆积碎块石，右岸厚度较大。下伏基岩主要为 N_{1na}^{4-3-1} 层～ N_{1na}^{3-3-2} 层砂岩、泥质粉砂岩及粉砂质泥岩。基岩微新岩体埋深多为 $10 \sim 20m$。河床及两岸覆盖层一般具中～强透水性，强风化基岩一般具中透水性，弱风化基岩一般具弱透水性，微新基岩多具微透水性。

下游土石围堰左岸堰基以基岩为主，河床覆盖层厚度不大，右岸覆盖层厚度较大，无软弱土层分布，堰基稳定性较好。覆盖层堰基存在堰基渗漏问题。

8.1.1.2 导流准备及过流能力分析

卡洛特水电站由 3 条导流洞导流，在截流前完成所有施工，应具备过流条件。

导流隧洞属管道泄流。当隧洞进出口高程、长度、结构型式及断面尺寸确定后，根据计算流量相应下游水深，计算隧洞上游水位值。隧洞的水流形态分明流、半有压流及有压流三种。当水流通过隧洞，沿程具有自由表面时为明流；当隧洞进口封闭而部分洞身水流仍保持自由表面时为半有压流；当隧洞进口封闭，洞身充满水流时为有压流。

1. 流态判别

根据《水利水电工程施工组织设计手册》，水流流态有上游临界壅高比和下限流量两种判别方法。半有压流的下限临界壅高比为 $\tau_{pc}=1.2$，半有压流与有压流分界点的上游临界壅高比为 $\tau_{fc}=1.5$，据此当 $h/d<\tau_{pc}$ 时为明流，当 $\tau_{pc}\leqslant h/d<\tau_{fc}$ 时为半有压流，当 $h/d\geqslant\tau_{fc}$ 时为有压流，其中 h 为进口底槛以上的水深，d 为隧洞高度。

半有压流下限流量计算公式为

$$Q_{pc}=\mu A_d \sqrt{2g(\tau_{pc}-\varepsilon)d} \tag{8.1-1}$$

式中：μ 为流量系数，随进口型式不同为 $0.576\sim0.670$；ε 为进口竖向收缩系数，取 $0.715\sim0.740$；A_d 为隧洞出口控制断面净面积，m^2；d 为隧洞高度，m；g 为重力加速度，m/s^2。

有压流下限流量计算公式为

$$Q_{fc}=\mu A_d \sqrt{2g(\tau_{fc}d+il-\eta d)} \tag{8.1-2}$$

其中

$$\mu=\frac{1}{\sqrt{1+\sum\zeta_i\left(\dfrac{A_d}{A_i}\right)^2+\sum\dfrac{2gl_i}{C_i^2R_i}\left(\dfrac{A_d}{A_i}\right)^2}}$$

式中：μ 为隧洞有压流流量系数；C 为隧洞的谢才系数，$m^{1/2}/s$；R 为水力半径，m；η 为有压流出口水头比；$\sum\zeta_i\left(\dfrac{A_d}{A_i}\right)^2$ 为局部损失系数之和，包括隧洞进口、闸门槽、圆弧段等部位的局部水头损失；$\sum\dfrac{2gl_i}{C_i^2R_i}\left(\dfrac{A_d}{A_i}\right)^2$ 为隧洞沿程水头损失之和，按隧洞衬砌分段计算，其中 l_i、C_i、R_i、A_i 分别为相应各计算分段之值；i 为隧洞底坡；l 为隧洞长度，m。

2. 明流水力计算

导流隧洞的长度、底坡、进口型式以及出口条件都直接影响隧洞明流状态的泄流能力。计算导流隧洞明流状态泄流能力时，先计算隧洞的临界水深 h_k 和临界坡度 i_k，以判定导流隧洞的底坡特征。当导流隧洞纵坡 $i<i_k$ 时为缓坡隧洞，$i>i_k$ 时为陡坡隧洞。

临界水深计算公式为 $\dfrac{A_k^3}{B_k}=\dfrac{\alpha Q^2}{g}$，临界底坡计算公式为 $i_k=\dfrac{g}{\alpha C_k^2}\dfrac{P_k}{B_k}$，式中 A_k、B_k、P_k、C_k 分别为临界水深时相应的过水断面面积、水面宽、湿周和谢才系数，α 为动能修正系数，一般情况可令 $\alpha=1$。

自由出流条件下陡坡泄流量、缓坡短管的泄流量按非淹没宽顶堰公式计算，即

$$Q=m\overline{B_k}\sqrt{2g}H_0^{3/2} \tag{8.1-3}$$

其中

$$m=m_0+(0.385-m_0)\frac{A_H}{3A-2A_H}$$

$$\overline{B_k}=\frac{A_k}{h_k}$$

式中：m 为流量系数；$\overline{B_k}$ 为临界水深下的平均过水宽度，m；A 为上游壅高水深处断面

面积，m^2；A_H 为水深 H 与 B_k 的乘积；m_0 为进口系数；H_0 为上游水头。

自由出流条件下缓坡长管的泄流量按淹没宽顶堰公式计算，即

$$Q = \phi A_e \sqrt{2g(H_0 - h_e)} \qquad (8.1-4)$$

式中：ϕ 为流速系数；h_e 为进口断面处水深，m；A_e 为进口 h_e 处过水断面面积，m^2。

淹没出流的条件大致为 $h_s - il \geqslant 0.75H$ 或 $h_s - il \geqslant 1.25h_k$，$h_s$ 为下游水深，淹没出流泄流能力的计算公式为

$$Q = \sigma m \overline{B_k} \sqrt{2g} H_0^{3/2} \qquad (8.1-5)$$

式中：σ 为淹没系数。

3. 半有压流水力计算

当水流封闭洞口，而洞内仍为明流时，为半有压流。在明流条件下，随着泄流量的增加，或在有压自由出流条件下，随着泄流量的减少，均可产生半有压流。上游壅高水深比大于 τ_{pc} 而小于 τ_{fc}，或泄流量超过半有压流的下限流量 Q_{pc} 而小于 Q_{fc} 时，属于半有压流。此种流态属闸下出流，泄流能力按下式计算

$$Q = \mu A_d \sqrt{2g(H_0 - \varepsilon d)} \qquad (8.1-6)$$

4. 有压流水力计算

当下游水位超过出口管顶高程，可近似认为属于淹没出流。在淹没出流条件下为有压流。当下游水位未淹没管顶时为自由出流。在自由出流条件下，上游壅高水深比超过 τ_{fc}，或流量超过其下限流量 Q_{fc} 后，管内将产生有压流。

泄流能力的计算公式为

$$Q = \mu A_d \sqrt{2g(H_0 + il - h_p)} \qquad (8.1-7)$$

式中：h_p 为出口底板以上水深，自由出流时 $h_p = \eta d$；μ 为流量系数。

隧洞淹没出流泄流量计算公式为

$$Q = \mu A_d \sqrt{2gZ} \qquad (8.1-8)$$

式中：Z 为上下游水头，m。

8.1.1.3 龙口位置与流速分析

根据河床地质及施工场地等，上游截流戗堤龙口位置选择在河床中央偏左岸主河流处。

截流合龙过程中的河道流量 Q 可分为四个部分，即

$$Q = Q_g + Q_d + Q_{ac} + Q_s \qquad (8.1-9)$$

式中：Q 为河道流量；Q_g 为龙口流量；Q_d 为导流建筑物分流量；Q_{ac} 为上游河床调蓄流量；Q_s 为戗堤渗流。

Q_s 渗流量较小不计入公式计算，因此截流合龙过程中河道流量由两部分组成：

$$Q = Q_g + Q_d \qquad (8.1-10)$$

龙口流量按宽顶堰公式计算，即

$$Q = m \overline{B} \sqrt{2g} H_0^{3/2} \qquad (8.1-11)$$

其中

$$m = \left(1 - \frac{Z}{H_0}\right) \sqrt{\frac{Z}{H_0}} \qquad (8.1-12)$$

式中：$\overline{B}$ 为龙口平均过水宽度；H_0 为龙口上游水头（龙口如有护底，应从护底顶部算起），$\dfrac{Z}{H_0}<0.3$ 为淹没流，$\dfrac{Z}{H_0}\geqslant0.3$ 为非淹没流；m 为流量系数。

由连续方程可得龙口流速计算公式为

$$V=\frac{Q}{h\overline{B}} \tag{8.1-13}$$

式中：V 为龙口计算断面平均流速；h 为龙口计算断面水深，从护底顶部算起。

在立堵截流中，常常规定，当出现淹没流时，$h=h_s$，h_s 为龙口底部（或护底）以上的下游水深；当出现非淹没流时，$h=h_e$，h_e 为临界水深。

8.1.1.4　上游截流戗堤合龙施工强度分析

1. 截流抛投强度

上游截流戗堤左右岸双向截流有 2 个截流抛投点，根据经验所得每辆车卸料需 3min，每车装料 10m^3，计算 $60\div3\times10\times2=400\text{m}^3/\text{h}$。

2. 截流运输强度

左岸备料场与截流点运距 200m 左右，单车一个运输循环 8min，加上卸料 3min，再考虑装车、调度、不均匀系数等，估算每辆车每趟运输时间为 15min，每辆车 4 趟/h，需 5 辆车，配 7 辆。

右岸备料场与截流点运距 500m 左右，考虑卸料、装车、调度、不均匀系数等，估算每辆车每趟运输时间为 30min，每辆车 2 趟/h，需 10 辆，配 13 辆。

综合估算左右岸运输强度 $4\times7\times10+2\times13\times10=540\text{m}^3/\text{h}>400\text{m}^3/\text{h}$ 截流抛投强度。

3. 截流合龙时间计算

龙口填筑工程量约 6000m^3，考虑抛填水流高速冲走损失，按 1.3 倍填筑量计算：$6000\times1.3\div400\approx20\text{h}$。

8.1.1.5　截流合龙分析

截流合龙过程中的河道流量（设计截流流量按 10 月平均流量 $337\text{m}^3/\text{s}$ 考虑），导流洞进口底板高程 388.00m，出口高程 385.00m，根据导流洞水位与泄流量关系曲线，按梯形或三角形龙口过水断面宽顶堰公式 $Q_g=B_{均}mH_0^{3/2}\sqrt{2g}$、$m=(1-Z/H_0)\sqrt{Z/H_0}$、过流断面求得上游截流戗堤龙口截流水力参数，见表 8.1-1。

表 8.1-1　　　　　　上游截流戗堤龙口截流水力参数表（$Q=337\text{m}^3/\text{s}$）

设计流量 Q /(m^3/s)	导流洞流量 Q_d/(m^3/s)	龙口流量 Q_g/(m^3/s)	上游水位 $H_{上}$/m	龙口水面宽 B/m	龙口水面宽 $B_{均}$/m	龙口水深 H_0/m	龙口落差 Z/m	平均流速 V/(m/s)
337	0	337	394.05	42.5	23	10.17	1.8	1.44
337	210	127	391.7	36.4	20.9	7.9	1.32	0.77
337	250	87	392	20.22	10.11	8.17	2	1.05
337	292	45	392.3	8.2	4.1	4.2	2.7	2.61
337	337	0	392.7	0	0	0	0	0

8.1.2 水文监测分析

1. 卡洛特水电站大江截流技术准备

卡洛特水电站坝区水流湍急，河床狭窄，水流落差大、流速大；另外由于截流水工模型的相关试验资料较欠缺，全面开展截流期水力学要素预测预报也尚缺乏基本条件。因此，根据工程特定的地形、河段水流条件、现有的观测手段以及工期安排，在现有资料和实际施工条件下，采用实用的技术和方法，开展截流期水文测报专题技术服务，为截流施工决策提供科学依据，也为吉拉姆河流域梯级电站截流积累宝贵资料。

（1）监测河段范围。根据施工布局，确定导流洞进口上游水厂至导流洞出口下游复建大桥为坝区水文监测河段，全长约 3.0km。

（2）监测内容。根据工程特定的地形、河段水流条件，在现有资料和实际施工条件下，采用简化、实用的技术和方法，最大限度地为截流施工决策提供科学依据。截流监测主要进行以下工作：

1）水文监测站网（各水位站、断面点、仪器监测点）及控制布设。

2）水文监测专用仪器、设备、设施、技术、安全措施准备。

3）截流期临时水尺布置及水位观测。

4）龙口流速断面布设和监测。

5）流量断面布设和监测。

6）龙口水面宽监测。

7）分流比观测。

8）水文测报信息传输和发布。

9）资料整理、整编。

（3）截流水文监测站网布设。按照截流施工布置，截流监测区域位于电站导流洞进出口附近河段。为满足截流施工、科研、设计、施工决策对水文监测的要求，共布设 4 个水位监测站，2 个流量监测站，1 个河道总流量监测站［卡洛特（专用）水文站，以下简称专用站］，1 个截流龙口流量监测站（龙口下游，根据施工布置而定）；1 个龙口流速监测点，1 个龙口宽度监测点。表 8.1-2 为卡洛特水电站截流水文监测站网一览表。

表 8.1-2　　　　　　　　卡洛特水电站截流水文监测站网一览表

序号	站　名	功　能	备　注
1	专用站	推算河道总流量	已建
2	龙口上游水位站	龙口上游水位	新设，自记/人工观测或全站仪观测
3	龙口下游水位站	龙口下游水位	新设，自记/人工观测或全站仪观测
4	导流洞进口站	水面线	已建
5	导流洞出口站	水面线	已建
6	龙口流量监测站	测量龙口流量	新设，龙口下游
7	龙口宽度监测点	测量龙口宽度	新设
8	龙口流速站监测点	测量龙口流速	电波流速仪，龙口下游

（4）截流水文监测人员配备。卡洛特水电站截流是工程施工的关键环节，截流期间水文监测工作需要进行强有力的组织和协调。因此，组建了一只精干、高效的监测队伍，同时不在一线的工作人员应做到随叫随到，以保证顺利完成任务。

为顺利完成本次截流水文监测工作，计划安排中方人员 9 人，巴基斯坦籍员工 10 人，共计 19 人。人员配备详见卡洛特水电站截流水文监测人力分配见表 8.1－3。

表 8.1－3　　　　　　　　卡洛特水电站截流水文监测人力分配表

序号	项目岗位	人数	任　务	报汛/告频次	人员名单
1	项目负责人	1 人	负责联系建设方、施工单位和专家，指导项目计划、安排和实施		
2	协助项目负责	1 人	（1）负责联系建设方、施工单位和专家，接受任务，落实有关规定，汇报工作等。（2）负责项目工作计划、人员安排、资金掌控、车辆调派等。（3）安全过程控制	（1）各组人员到岗后和收工后向项目负责人报告各组人员安全。（2）根据各组情况，及时向项目负责人汇报进展及反映情况	
3	水文测验员	4 人	进行缆道、ADCP 流量测验/电波流速仪	（1）戗堤进占：每天 10：00 和 16：00 进行监测，成果向水文专项项目部即测即报。（2）龙口合龙时，1h 测验一次，成果向水情中心即测即报	缆道操作：1 人。专用站 ADCP 测验：1 人巴方技术人员。龙口流量测验（ADCP 或电波流速仪）：1 人。冲锋舟驾驶：1 人
4	水文测验辅助员	1 人	龙口流量 ADCP 测验/电波流速仪等		巴方技术人员 1 人
5	龙口宽观测员	2 人	龙口水面宽、堤头宽测量	（1）龙口合龙时，0.5h 测验一次，成果向水情中心即测即报。（2）到岗后和收工后向协助项目负责人报告人员安全	主测：1 人。辅助：1 人
6	龙口流速观测员	1 人	龙口流速测验	（1）截流时，0.5h 测验一次，成果向水情中心即测即报。（2）到岗后和收工后向协助项目负责人报告人员安全	巴方技术人员 1 人
7	水位观测员	2 人	各水位站断面水位观测	（1）截流期根据施工进度进行 12 次以上报汛。（2）到岗后和收工后向协助项目负责人报告人员安全	巴方技术人员 2 人
8	水情分析技术员	3 人	现场截流监测数据成果汇总、分析及发布；水情预报及成果发布	根据建设方要求，及时发布相应成果	

序号	项目岗位	人数	任　　务	报汛/告频次	人员名单
9	驾驶员	3人	车辆驾驶	人员送达和收工后向协助项目负责人报告人员安全	巴方司机2人
10	仪器维护人员	1人	遥测设备维护	到岗后和收工后向协助项目负责人报告人员安全	

（5）水文监测设施设备。截流水文监测是在特殊环境条件下的水文观测，其仪器设备将经受各种不利因素的考验和制约。根据卡洛特水电站截流水文监测的特点，应立足于成熟的先进仪器设备、可靠的技术手段，如 GNSS、ADCP、全站仪、电波流速仪、传输设备等，主要用于快速、准确地监测各水文断面以及龙口流速等水文资料。

卡洛特水电站截流监测仪器设备见表 8.1-4。

表 8.1-4　　　　　　卡洛特水电站截流监测仪器设备一览表

仪器名称	精度/型号	用　　途	数量
TOPCON7502 全站仪	2″（2mm＋2ppm）	控制测量、断面测量、无人立尺水位观测（免棱镜功能）	1台
SVR 测速枪	±0.03m/s	龙口表面流速	1台
测流机器人		龙口表面流速、流量测验	2台
电脑（笔记本）		现场 ADCP 流量测验、资料处理	3台
电脑（台式）		资料处理	3台
对讲机		外业通信	5个
电瓶			6个
使用橡皮冲锋舟为水下测量的测船	30hp①	为断面、流量测验提供水下交通及运载等	1艘
汽车			3辆
压阻式水位计	SUTRON 产 56-114-30-100 型	龙口上、下游水位观测	2台
ADCP	Sontek Riversurveyor M9 和 RDI 600kHz ADCP	龙口断面1台，专用站1台	3台
GPS	中海达 GPS	高程校测和控制点布设	1台

① 1hp＝0.735kW。

2. 卡洛特水电站水文/水力学要素观测

截流期各水文原型观测方法根据实施环境和观测内容的不同采用相应的技术手段实现。

（1）龙口落差观测。根据目前截流河段水文（位）站网布设情况，为满足截流施工、科研、设计、施工决策对水文监测的要求，在截流河段内增设龙口上游和龙口下游共 2 个水位站（注：采用人工/自记观测或全站仪观测，根据现场施工条件确定），并结合目前导流洞进（出）水位站，可控制截流河段分段落差及其变化，截流期根据施工进度进行

12 次或更高段次测报。

（2）龙口流速监测。口门横向布设 1 个流速断面，对其施测断面中间流速（测量 1 点），采用电波流速仪测速，具体实施方式根据现场施工条件确定（初定方式为在龙口下游采用钢丝绳悬挂的方式），截流时每 0.5h 监测一次。

（3）龙口水面宽测量。为掌握截流工程施工进度，有效地服务截流工程施工预报、水文及水力学计算，采用全站仪或经纬仪进行龙口水面宽测量（截流戗堤轴线两水边点间距）。基站架设位置根据现场施工条件确定，监测频率每 0.5h 或 1h 测量一次，视工程进度及时增加测次。

（4）分流比测量。龙口流量测验地点：在龙口下游适当位置选择一个断面。测验方式：采用电波流速仪或 ADCP 测流（注：测验方式根据现场施工条件确定）。

由于龙口到龙口流量测验断面之间没有区间水量加入，因此，该断面的流量就为龙口流量。专用站流量代表河道总流量。专用站流量减去龙口流量即为导流洞过流流量，可以获得分流比。为掌握和验证截流期导流隧洞泄流能力变化，有效地服务截流工程水文及水利学计算，戗堤进占时每天 10：00、16：00 进行监测，龙口合龙时 1h 监测一次。坝区监测河段测流断面和龙口上下游水位站布设见图 8.1-1。

1）电波流速仪测流方案。采用 M9 自带的水深探头测量水深，得到测流断面面积；流量转换系数采用专用站低水比测成果；电波流速仪固定采用左右岸打桩牵引钢丝绳的方式。

2）ADCP 测流方案。在 ADCP 应用条件具备时，采用船载走行式 ADCP 测流；若船载 ADCP 不行，采用左右岸打桩，钢丝绳为主索，缆绳循环牵引的形式，采用人工拖拽的方式；如夜晚或受 ADCP 应用条件限制（水面、河底、两岸盲区大，测验精度受影响时），采用电波流速仪施测。

（5）水文测报信息传输和发布。为了保证数据的及时准确，截流期水文专项将统一建立 QQ 工作群，测验成果统一在上面发布，发布后由内业处理成员统一接收和处理。如果截流期无网络，采用对讲机通信。

水情信息对外成果发布，截流时与业主协商确定，包括服务对象、联系方式、频次等。

8.1.3　水文气象预报

1. 组织实施

为保证各项数据与成果及时可靠、高效、优质，须建立截流水文监测质量保证体系，按健康、安全、环境（3S）要求管理。

（1）卡洛特工程截流期的水文观测的全过程按"3S"进行管理。

（2）根据编制的水文监测项目任务，制定详细的观测和预报实施方案等，报主管部门审定后实施。

（3）技术负责人应深入各专业组作业现场，坚持现场检查与验收，发现质量问题及时处理，重大问题及时报送项目总负责人协调解决。检查验收意见及时反馈至作业单位和主管部门。

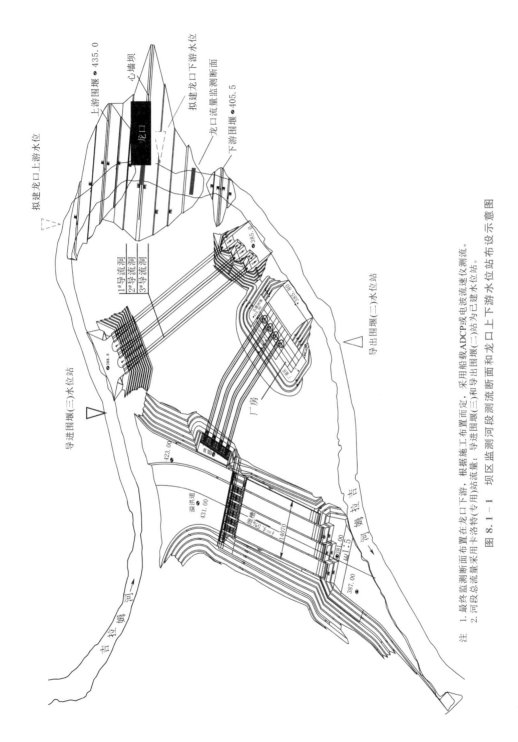

注：1. 最终监测断面布置在龙口下游，根据施工布置而定，采用船载ADCP或电波流速仪测流。
　　2. 河段总流量采用卡洛特(专用)站流量；导进围堰(三)和导出围堰(二)站为已建水位站。

图8.1－1　坝区监测河段测流断面和龙口上下游水位站布设示意图

（4）水文监测均使用卡洛特工程施工控制网基准。未经审定的技术资料和技术手段，不得擅自使用。所有监测成果资料需按业主（或前方技术工作组）要求的规格、时间及时提交。未经检查、验收的成果资料不得对外提供。

（5）截流现场水文测验工作应遵守现场相关安全规定，并做好水上测验安全预案，保障工作环境干净整洁。

2. 水情预报

（1）上游来水量监测及预报。保证水情自动测报系统各站数据正常，实时监测上游降雨、水位、流量变化；同时，结合气象数据，特别是每日面雨量预报，采用水文产汇流模型进行流量预报。

（2）导流洞泄流流量预报。根据设计提供的导流洞泄流能力计算成果，根据上游实测水位，即导流洞进口（三）站水位，进行流量预报。导流洞泄流能力计算成果见表 8.1－5 和图 8.1－2。

表 8.1－5　　　　　　　　　导流洞泄流能力计算成果表

序号	流量/(m³/s)	上游水位/m	序号	流量/(m³/s)	上游水位/m
1	17.9	389.1	10	1250	397.4
2	48.8	389.7	11	1510	398.5
3	102	390.5	12	1790	399.5
4	185	391.4	13	2130	400.8
5	292	392.3	14	2520	402.2
6	424	393.3	15	2950	405.3
7	584	394.2	16	3960	412.1
8	772	395.2	17	5170	422.9
9	994	396.3	18	5880	424.9

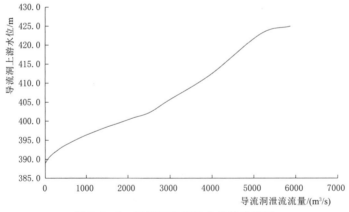

图 8.1－2　导流洞泄流能力计算成果图

同时，根据导流洞上游实测水位与实测分流比，不断修正导流洞泄流能力计算成果，保证导流洞泄流流量预报准确。

3. 气象预报

吉拉姆河天然河床坡降大，水流湍急，河道流量日变化较大，具有典型山区河流徒涨徒落的特性。由于预见期的降雨对山区河流影响较为直接和明显，在不考虑预见期降雨因素的前提下，难以提高水情预报精度和预见期。因此，委托巴基斯坦当地气象公司在9月、10月提供月、旬趋势预报和面雨量预报，并利用气象雷达，预报在龙口合龙当天的天气情况（晴、雨预报）。

4. 主要成果

为保证截流施工顺利进行，2018年9月7—22日，水文专项项目部围绕截流河段龙口落差、龙口水面宽、龙口流速以及分流比、渗流量等进行全面系统的监测（图8.1-3和图8.1-4），成果见表8.1-6、表8.1-7和图8.1-5。通过对水情监测成果和预前分析成果比对可知，前期模型分析成果与监测成果基本吻合，分流比与龙口表面最大流速具有一定的线性关系，而其他监测成果之间无明显的线性关系。

图8.1-3 渗流量监测图

图8.1-4 龙口表面流速监测（单点最大流速）

表8.1-6 截流期水情监测成果（部分成果）

时　间	龙口水位/m	龙口表面最大流速/(m/s)	导进与导出水位落差/m	龙口上下游落差/m	总流量/(m³/s)	龙口流量/(m³/s)	分流比/%
2018-9-7 9：55		3.4			302	250	16.60
2018-9-7 10：20			0.82				
2018-9-7 10：50		4.1	3.02				

表8.1-7 卡洛特水电站截流期合龙时水情监测成果

时　间	龙口表面最大流速/(m/s)	龙口上下游落差/m	总流量/(m³/s)	龙口流量/(m³/s)	分流比/%
2018-9-22 9：00	0.90	0.92	302	1.73	99.4

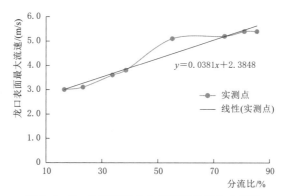

图8.1-5 龙口表面最大流速与分流比曲线图

8.2　下闸蓄水水文测报技术

8.2.1　下闸蓄水期技术要点

1. 下闸蓄水准备工作

蓄水前完成卡洛特水电站坝址以上测站的巡测维护工作，保证监测数据畅通。完成所有设备的调试检查，以确保设备正常运行，根据来水变动及实际需要加密观测和测验频次，保障上游来水及影响区域水文要素的实时动态监测。

根据卡洛特水电站下闸蓄水工作组织机构，建设方建立水文气象组，下设水情中心和气象联络员。水文预报人员 4 人，水文监测人员 4 人，遥测站数据维护人员 1 名。水情信息统一由水情中心对外发布。

2. 蓄水期观测和预报计划

（1）蓄水期水位、流量观测。

1）水位。各站建有压力式水位自记设施，能实时自动测报，为电站运行调度提供保障。人工观测点着重关注 423.00m、438.00m、451.00m 特征水位，确保各部位施工安全。

2）流量。库区以入库水文站为代表站，坝址下泄流量以卡洛特专用站为代表站，监测以缆道流速仪法为常规方案，走航式 ADCP 和电波流速仪法为备用方案。

蓄水期间流量测验测次布置：

a. 根据水位与流量的变化情况布置测次，以能满足蓄水需求为原则。

b. 当有特殊水情发生时，增加流量观测。

（2）长期水雨情预报。蓄水前完成全年/半年水情预测。

2021 年 11 月开始至完成蓄水期间，每月月初制作卡洛特未来一个月的长期水雨情预报，来水预报包括坝址月平均流量、最大流量和最小流量。

（3）中期水雨情预报。下闸至完成蓄水期间，每周日制作卡洛特未来一周水雨情预报，7d 卡洛特日平均流量预报，若遇上游来水变化较大时，增加最大入库流量预报提示。

（4）短期水雨情预报。下闸至完成蓄水期间，每日制作卡洛特入库流量、出库流量、库水位短期 6h 及 12h 预报。

（5）加密预报。根据蓄水进度和相关要求，及时加密入库流量、库水位及关键部位水位预报段次，制作满足工程要求的中、短期入库流量，库水位和相应施工区不同断面水位预报。

（6）预警流程。

1）导流洞下闸期间，预见期内来水会在下闸时限内使上游围堰水位超过 398.0m 时，发布预报预警短信或电话通知水文气象组。

2）库水位从 423.00m 蓄至死水位 451.00m 期间，控制水位上升速率为 1m/d，预见期内当来水量超过该速率时，发布预报预警信息至水文气象组。

3）水库水位从 451.00m 蓄水至 461.00m 期间，控制水位上升速率为 0.5m/d，预见期内当来水量超过该速率时，发布预报预警短信至水文气象组。

（7）水质监测（泥沙＋浊度）。

1）水质监测项目。监测项目根据当地主管部门要求及历史检测数据，从表8.2-1的28项中选择性开展，除泥沙（悬移质）及浊度由水情中心负责完成外，其他项目均委托第三方检测机构检测。

表8.2-1 水 质 监 测 项 目

序号	监测项目	序号	监测项目
1	泥沙（悬移质）	15	锌
2	浊度	16	砷
3	pH	17	锑
4	硬度	18	铝
5	氯化物	19	钡
6	碱度	20	硼
7	硫酸根离子	21	镉
8	硝酸根离子	22	铬
9	亚硝酸根离子	23	铜
10	氰化物	24	铅
11	电导率	25	锰
12	氟化物	26	镍
13	细菌	27	硒
14	大肠杆菌群	28	汞

2）监测断面与取样频次。泥沙检测断面为入库水文站和出库水文站，监测频次根据流量、上游降雨（融雪）情况及工程需要合理安排。

其他监测项目在卡洛特水电站取水口设置监测断面。下闸蓄水前和蓄水至第三阶段（423m以上控泄阶段）2个时段对库区水质各进行1次水质采样监测，分析卡洛特水电站下闸蓄水对库区水质的影响。

8.2.2 下闸蓄水期水文测报方案研究

1. 水位流量关系延长复核

在完成下闸蓄水前近坝区水文测站巡检工作后，为确保下闸蓄水顺利进行，对流域水文站开展了水位流量关系复核工作。根据历年实测点据和上下游关系推算，对上游各站网水位流量关系进行了复核，总体上各测站水位流量关系合理，为蓄水期间水量核算提供了保障。此处以卡洛特专用站为代表。

（1）卡洛特专用站大断面变化分析。选择2016年后的卡洛特（专用）站（以下简称专用站）大断面开展分析，可以发现2018—2020年测验断面冲淤变化不大，河床相对稳定，图8.2-1为卡洛特（专用）站大断面图。

（2）水位流量关系分析。对2016—2020年实测水位流量关系进行分析，在不同时间

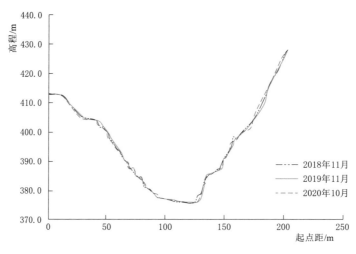

图 8.2 - 1　卡洛特（专用）站大断面图

条件下，专用站水位流量关系稳定，均未见明显的顶托现象，在此不考虑下游曼格拉水库顶托影响。2018 年以来专用站大断面稳定，结合历年实测水位流量（图 8.2 - 2）分析专用站水位流量关系稳定，下闸蓄水期可用目前已有的实测流量范围内的水位流量关系线。

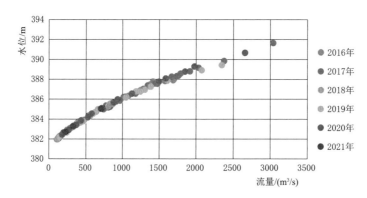

图 8.2 - 2　历年实测点关系图

（3）卡洛特（专用）水文站水位流量关系低水外延。卡洛特（专用）水文站实测最小流量为 $113m^3/s$，针对下闸蓄水期间因闸门变动可能出现的特低水情况，卡洛特水情中心对专用站水位流量关系进行低水延长。

常用的水位流量关系外延方法通常有趋势顺延法和水力学法。水力学法通过大断面资料经曼宁公式计算获得。

首先采用曼宁公式计算水位流量关系，其糙率采用 0.10，比降采用 0.3‰，可以计算水位流量关系曲线，在低水部分（流量低于 $100m^3/s$），曼宁公式计算出了完整的水位流量关系可作为参考。同时，通过实测水位流量关系趋势外延获得水位流量关系。上述两种方法获得的水位流量关系见图 8.2 - 3，水位流量关系低水外延见表 8.2 - 2，根据分析选用经验趋势外延成果。

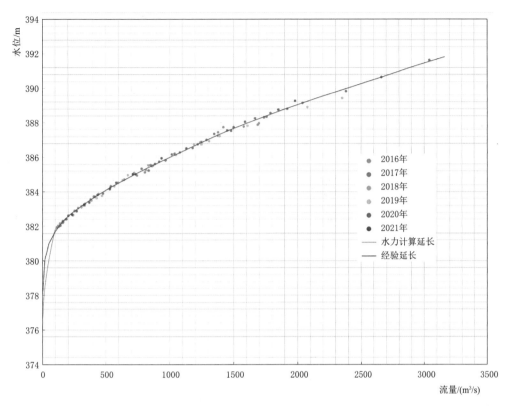

图 8.2-3　专用站水位流量关系

表 8.2-2　　　　　　　　　　　　　水位流量关系低水外延

序号	流量/(m³/s)	水利计算法水位/m	趋势外延法水位/m	序号	流量/(m³/s)	水利计算法水位/m	趋势外延法水位/m
1	10.0	377.83	379.05	6	60.0	380.47	381.14
2	20.0	378.56	380.10	7	70.0	380.85	381.29
3	30.0	379.14	380.40	8	80.0	381.20	381.43
4	40.0	379.63	380.70	9	90.0	381.53	381.57
5	50.0	380.08	381.00	10	100	381.83	381.71

2. 近坝区站网建设

（1）近坝区测站。蓄水前坝区有大坝上游围堰水位站（简称上围堰站）、大坝下游围堰水位站（简称下围堰站），按测洪标准 10 年一遇设站。下闸后水位将快速上涨。为防止原水位站被淹没需撤销下围堰站，同时为全程监测坝前水位变化需新设或改建相关水位站。

坝区水位站主要有坝上水位站、下围堰站（蓄水后期撤销）和卡洛特（专用）水文站。坝前水位站是卡洛特水库水位代表站，建于溢洪道左岸边坡马道上，下闸蓄水进程中随着库水位上升，库水位报汛由上围堰站向坝上水位站过渡；下围堰站位于导流洞出口左岸；卡洛特（专用）水文站位于坝址下游约 2km 处，监测水位、流量、泥沙等水文要素。

为保障下闸蓄水期间库水位的及时准确，采用水位分级测验方式进行。测站建设见图 8.2-4 和图 8.2-5。

图 8.2-4　坝上水位站建设

图 8.2-5　进水渠前边坡水尺刻画

（2）入库水文站建设。入库水文站因受疫情影响，蓄水前入库水文站无法投产使用。蓄水期水文观测暂采用临时替代方案，预计卡洛特水电站发电前完成建设。水位观测路建设和站房见图 8.2-6。

（a）水位观测路修建

（b）建成后的站房

图 8.2-6　入库水文站建设形象

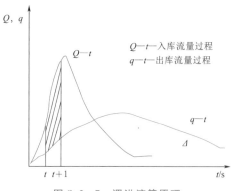

图 8.2-7　调洪演算原理

临时替代方案：水位采用水位自记仪监测，数据实时发送到水情中心。流量采用走航式 ADCP 测验，按照流量变化过程布置测次，满足推求水位流量关系为原则。泥沙采用边沙取样，样品送到水情中心泥沙室分析。

3. 调洪程序编制

（1）调洪程序准备。根据 t 和 $t+1$ 时段出库水量和入库水量的变化量即水量平衡方程制作卡洛特水电站的调洪演算程序，见图 8.2-7。

$$\frac{1}{2}(Q_t+Q_{t+1})\Delta t-\frac{1}{2}(q_t+q_{t+1})\Delta t=V_{t+1}-V_t \qquad (8.2-1)$$

式中：Δt 为计算时段；Q_t、Q_{t+1} 为 t 时段初末入库流量；q_t、q_{t+1} 为 t 时段初末出库流量；V_t、V_{t+1} 为 t 时段初末蓄水量。

卡洛特调洪演算程序根据水工建筑工况共设置 3 种出库方案，出库流量为以下 3 种工况出流之和：

1）溢洪道表孔泄流，设置了溢洪道表孔不同开度（0、2～22m 偶数开度）和溢洪道开孔个数（0～6 整数个），能应对不同组合工况下溢洪道下泄流量计算。

2）发电流量，发电流量控制需要根据发电安排确定。

3）排沙孔泄流，设置 0～10m 不同整数开度和开孔个数（0～2 整数个）。

（2）调洪程序验证。以 2020 年 11 月水文监测数据进行下闸蓄水演练，验证调洪演算程序的可行性，结果如下：

1）库水位采用 2020 年 11 月 1 日 8：00 上围堰水位 391.60m，入库流量采用当日卡洛特坝址日均流量。

2）此阶段出库流量为"0"，预计蓄水至 423m 需要 35h，即 11 月 2 日 18：00（423.07m）。

3）根据下闸蓄水要求确保落闸时水头始终不超过 10m，下闸在平均入流 185m³/s 的工况下需在 3h 内完成。忽略有水调试，直接进入第三阶段蓄水进程。

4）2 日 18：00 至 3 日 8：00，水位按 1m 涨幅控制，到 424.30m，需控制平均出流 153m³/s。

5）423.00～451.00m 阶段，库水位控制在小于 1m/d 增幅，11 月 30 日库水位到达 451.00m，用时 28d。

6）451.00～461.00m 阶段，库水位控制在小于 0.5m/d 增幅，12 月 20 日库水位到达 461.00m，用时 20d。

整个下闸蓄水过程坝址入库流量在 170～369m³/s 波动，出库流量在 141～340m³/s 波动，日均拦蓄流量控制在 20～52m³/s。由于不清楚发电出力情况，这里暂不讨论出库方案。蓄水进程与设计 85% 频率来水结果基本一致，调洪程序是可以投入使用的。

8.2.3 下闸蓄水期水文测报技术实践

1. 参与闸门调度

水情自动测报专项作为水情信息收集部门在水库调度中发挥了举足轻重的作用，主要参加每日闸门调度碰头会，根据来水情况和工程建设需要控制目标库水位，向蓄水领导小组建议闸门调动开度。如 2021 年 12 月 15 日，水情自动测报专项通过建议排沙孔双孔开度 0.65m，通过加大下泄流量，水位抬升倒流至厂房尾水渠进行充水，历时 4h，厂房尾水渠充水至 386.20m 高程，充水量约 14 万 m³，为首台机组有水调试奠定基础，见图 8.2-8 和图 8.2-9。

2022 年 1 月 7—8 日，卡洛特上游持续强降雨，入库流量持续增加，7 日 12：00 水情自动测报专项提前建议将闸门抬升至 1.4m，通过预泄来暂缓库水位上升速率。最终成功保障了上游侧停船码头安全施工和导流洞施工设备安全撤出。图 8.2-10 为泄洪照片。

图 8.2 - 8　防洪调度

图 8.2 - 9　控制下泄流量尾水渠充水

图 8.2 - 10　溢洪道泄洪

2. 导流洞渗流量监测

为评估闸门下放质量，判断采取的闸门堵漏方式是否见效，水情自动测报专项积极承担导流洞渗流量监测任务。考虑到渗流量逐渐变小，且过流断面狭窄、水深浅等因素，采用电波流速仪法进行流量测量，监测成果及时提交给业主技术部门作为导流洞闸门封堵效果的判断指标之一。图8.2-11为导流洞渗流量监测图。

图8.2-11　导流洞渗流量监测图

3. 排沙孔泄流能力复核分析

水工建筑物泄流曲线复核分析有助于实现水库精准调度，从而使水电站产生更高的经济效益。

自2021年11月20日卡洛特水电站下闸蓄水以来，水文情报预报专项实时监测不同闸门开度下的泄流量，截至2022年1月2日，工程仅通过排沙孔泄流，对排沙孔不同开度泄流曲线进行复核（本复核过程不包含发电过流时间段泄流数据）。

复核结果如下：通过系统分析，水电站实际下泄流量比理论下泄流量偏小，即水位流量关系偏左。实际泄流量比理论泄流量平均偏小约13.2%，偏差均随着库水位上升而增加，但增量有限。分析成果见表8.2-3和图8.2-12。

表8.2-3　　　　　　　　实际泄流与理论泄流对比（小开度）

开度/m	库水位/m	偏差/%	开度/m	库水位/m	偏差/%
0.40	441~447	-13.2	0.75	440~445	-13.7
0.45	447~449	-13.0	0.80	447~448	-13.5
0.55	446.5	-12.8	0.85	436~438	-17.5
0.60	438~448	-15.2	1.00	427~432	-14.0
0.65	446~447	-9.2	敞泄	427	-10.6
0.70	432~447	-12.6			

4. 浊度监测

按下闸蓄水期间任务安排，水文专项项目部负责在下闸蓄水前和蓄水至第三阶段（423m以上控泄阶段）2个时段对库区浊度各进行1次监测，监测位置为卡洛特水电站取水口，成果分别为18.8NTU和7.29NTU。浊度监测和分析见图8.2-13。

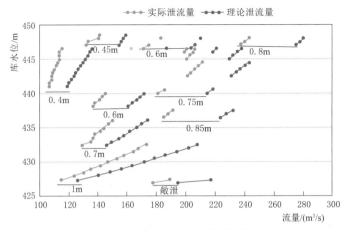

图 8.2 - 12　理论泄流量与实际泄流量对比（小开度）

（a）水电站取水口取样

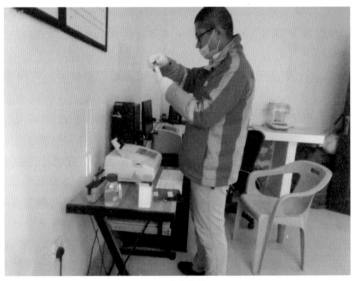

（b）室内分析

图 8.2 - 13　浊度监测和分析

第9章
水文工作管理实践

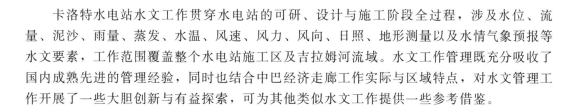

卡洛特水电站水文工作贯穿水电站的可研、设计与施工阶段全过程，涉及水位、流量、泥沙、雨量、蒸发、水温、风速、风力、风向、日照、地形测量以及水情气象预报等水文要素，工作范围覆盖整个水电站施工区及吉拉姆河流域。水文工作管理既充分吸收了国内成熟先进的管理经验，同时也结合中巴经济走廊工作实际与区域特点，对水文管理工作开展了一些大胆创新与有益探索，可为其他类似水文工作提供一些参考借鉴。

9.1 管理体系构建

为保证水文工作保质保量地完成，项目部精心组织，进行合理人力资源和设备资源配置，建立完善质量管理体系和安全管理体系。根据水电站建设工期安排，科学谋划水文工作的过程与进度，保证了卡洛特水电站现场水文服务工作的有序开展。2016 年是卡洛特水电站现场水文工作的关键一年，水情测报站网的施工、建设、运行全面启动，水文气象泥沙监测、施工期水情预报有序实施。做好水文组织管理工作尤为重要，现以 2016 年水文工作组织为例予以阐述。

9.1.1 资源配置

施工期的水文工作内容丰富，涵盖规划设计、测站建设、自动测报系统建设、水文泥沙观测、水文情报预报服务等，涉及专业门类较多，需统筹安排，协调各类资源，科学管理，有序实施。

9.1.1.1 人力资源配置

组建项目部，实施项目管理。由主要行政领导担任项目总负责人，以利于协调各方、统筹安排，项目总技术负责人由具有多年海外项目工作经验的专业领导担任。现场项目负责人、项目技术负责人分别由单位行政领导、技术部门领导担任，并指定安全、质量、宣传、后勤保障负责人。专业工作分水文测验分队、地形测量分队、河床组成勘测调查分队，各分队根据需要分若干小组，配备水文测验、河道测验、泥沙调查、船舶驾驶与轮机等专业人员。参加本项目的全部管理人员及技术人员均需具备相应从业能力。

1. 组建项目机构

为促进巴基斯坦卡洛特水电站专项工作，现场于 2016 年年初成立了水情自动测报、安全监测及物探检测专项工作项目部，水文专项同时成立了巴基斯坦卡洛特水电站项目管理机构——水文专项项目部。水文专项项目部设项目分管领导、项目总工、项目经理投入本项目工作，并建立项目管理办公室，下设综合工作部、生产管理部、财务部、外事管理部、质量控制部、安全生产管理部、驻伊斯兰堡办事处等。各主要负责人员按照如下岗位职责进行有效管理。

（1）项目分管领导：担任项目工作总指挥，负责项目重大事项的决策。

（2）项目总工：负责项目技术总体把关，提出工作总体技术思路，组织审核项目实施计划、技术策划文件。

（3）项目管理办公室负责人：对外负责与业主及相关单位的工作联络沟通，对内综合协调各内外业单位工作。

（4）综合工作部负责人：作为后方负责人，负责联系协调前后方工作，组织实施项目的综合管理具体事务。

（5）项目经理：作为现场负责人，统筹安排项目实施，现场与业主及相关单位进行日常工作联系，检查各分项目实施情况，协调各分项目进程和工作流程，组织制定内部规章制度，负责项目现场财务审批。

（6）生产管理部负责人：负责各自单位的生产工作调度与协调。

（7）财务部负责人：负责清款、结算，指导前方财务管理工作，督促现场资金规范使用。

（8）外事管理部负责人：负责外事宣教及出境报批。

（9）质量控制部负责人：负责项目质量检查与控制。

（10）安全生产管理部负责人：负责项目安全管理。

（11）驻伊斯兰堡办事处负责人：协助项目经理负责现场与业主及相关单位的工作联系，负责现场工作总协调，负责简报、信息报送；负责现场的设备、物资及后勤保障，执行后方下达的管理指令。

水文专项项目部根据水文专项工作所包含的专业工作内容，将工作划分为水情自动测报系统建设及运行、水文泥沙监测、施工期水情服务三部分，明确内部分工，安排后方对应单位部门具体实施。为充分发挥团队优势，集中精干力量，项目部按照合同约定的工作内容，设立了自动测报系统建设组、自动测报系统维护组、自动测报中心站及遥测站设备保障组；预报系统建设与方案编制组、水情预报服务组、后方预报与气象支持组；水文泥沙观测设备保障组、专用水文站建设组、专用水文站观测运行组、阿扎德帕坦水文比测组、地形断面测量组、河床组成勘测调查组等专业工作组，前后方共同努力，协同工作。

巴基斯坦卡洛特水电站水文专项项目组织机构设置见图9.1-1。

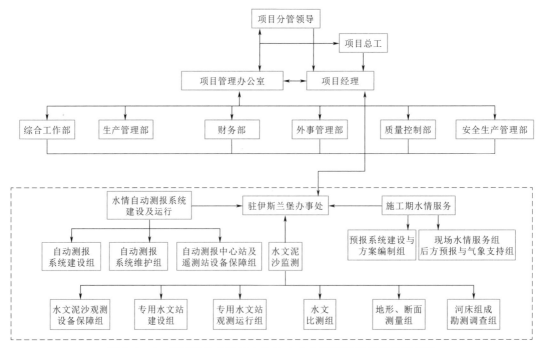

图9.1-1　巴基斯坦卡洛特水电站水文专项项目组织机构设置图

2. 配备专业人员

计划投入各类专业技术人员和管理人员共计 100 余人，其中高级职称 58 人，中级职称 50 人，初级职称 5 人，现场翻译 6 人（进场后聘），项目部下设的各专业组主要人员分布见表 9.1-1。其中，考虑到要在国外长期工作，现场人员采用定期轮换的方式，各专业都宜实行 A、B 角管理。

表 9.1-1　　　　　　　　施工期水文专业技术及管理主要人员分布表

序号	机 构 名	成员	备 注
1	项目分管领导	1	分管领导 1 人、项目总工 1 人、项目经理 1 人
2	项目总工	1	
3	项目经理	1	
4	综合工作部	5	
5	生产管理部	6	
6	财务部	6	
7	外事管理部	4	
8	质量控制部	3	
9	安全生产管理部	4	
10	驻伊斯兰堡办事处	2	
11	水情自动测报系统建设及运行		
11.1	自动测报系统建设组	6	
11.2	自动测报系统维护组	4	
11.3	自动测报中心站及遥测站设备保障组	4	
12	施工期水情服务		
12.1	预报系统建设与方案编制组	8	
12.2	现场水情服务组	8	
12.3	后方预报及气象支持组	6	
13	水文泥沙监测		
13.1	水文泥沙观测设备保障组	8	
13.2	专用水文站建设组	6	
13.3	专用水文站观测运行组	7	
13.4	水文比测组	4	
13.5	地形、断面测量组	12	
13.6	河床组成勘测调查组	5	

其中，根据工程施工进度安排，初步预估分年度投入人员数量见表 9.1-2。

3. 配备安保力量

鉴于工程所在国的公共安全特点，吉拉姆河水电站水文工作需要高度重视安全工作，要确保人员安全、收集到的资料成果安全、贵重仪器设备安全。

表 9.1－2　　　　　　卡洛特水库自动测报系统工作分年度人员投入数量表

年度	管理人员/人	技术人员/人	辅助工/人	合计/人	年度	管理人员/人	技术人员/人	辅助工/人	合计/人
第 1 年	6	31	6	43	第 4 年	4	14	8	26
第 2 年	6	24	8	38	第 5 年	6	24	10	40
第 3 年	4	14	8	26	总计/(人·年)	26	107	40	

注　辅助工为当地聘请工人，主要有司机、翻译、水位观测员等；管理人员为非常驻人员，只是检查工作等方面有需要才到现场；技术人员分为现场人员与在中国境内作后方支撑的人员。

首先要依托大的安全环境和工程的大安保力量。

（1）营地安保力量。技术人员在营地期间服从业主安排，由业主统一提供安全保障。

（2）流动作业安保力量。这是水文工作与工程施工的不同之处，工作除了水电工区外，还延伸到流域面上。安保工作是重中之重。

1）水情自动测报系统建设。站网查勘阶段每组配备警察、保安各1名。遥测站建设阶段每组配备警察、保安各1名。卡洛特（专用）水文站、卡洛特（入库）水位站查勘阶段各组需配备警察、保安各1名；建设期每站配备警察、保安各1名，根据现场工作需要适当增加安保人员；重要建筑材料、设备、物资的临时存放工地需配备安防人员。遥测站设施设备维护期间配备警察、保安各1名。

2）水文气象及泥沙监测。卡洛特（专用）水文站、卡洛特（入库）水位站观测运行期，每站点各配备警察、保安各1名。地形断面测量期间配备警察、保安各2名。河床组成勘测调查期间配备警察、保安各1名。

3）水情预报服务。因水情中心站位于营地管理范围，从事水情预报服务技术人员服从业主安排，由业主统一提供安全保障。技术人员外出进行水情测报系统维护期间由业主提供随行警察、保安各1名。

4）其他流动工作期间根据工作人员的数量确定警察、保安人数。

4．人员服务计划

根据水文专项项目部统一安排部署，2015年年底，第一批技术人员奔赴巴基斯坦卡洛特工地进行现场查勘，对河道测量现场、入库水位站、专用水文站以及雨量站网等进行全面踏勘。2016年2月上旬，第二批技术人员到达现场，开展河道断面地形勘测、水文测验、自动测报系统详细查勘与初期站建设等工作。2016年2月底，第三批人员奔赴现场开展详细查勘、技术论证、水情服务、现场协调、项目管理和伊斯兰堡办事处开办等工作。

根据任务安排，2016年度需要开展的主要工作包括：①营地建设、伊斯兰堡办事处建设；②现场查勘、方案设计；③6个遥测水文站改建、2个遥测水文站新建、5个遥测雨量站改建、15个遥测雨量站新建，建成后即运行；④导流洞进口、出口2个工区遥测水位站新建，建成后即运行；⑤入库水位站、专用水文气象站建设（其中水位、降水量自记设施设备随遥测站网一并建设），建成后即运行，建成前用临时手段监测；⑥水情自动测报中心站建设，建成后即运行；⑦AP站比测及资料收集；⑧实时水情服务、水文预报方案编制及预报服务；TGDC在当地气象部门采购气象预报预警服务后，安排专业人员配合，开展施工期工区气象观测服务工作；⑨河道地形测量；⑩河床组成勘测调查。

（1）现场人员服务计划。根据现场工作需求，2016 年到现场的人员包括现场调研、协调、检查、指导人员，驻伊斯兰堡办事处管理人员，水文技术负责人，以及专用站建设运行一组（卡洛特工区及以下）、专用站建设运行二组（AP 站及以上）、自动测报系统查勘及建设组、水情服务组、断面及地形测量组、河床组成勘测调查组。下述 1)～8) 均指中方人员配备，9) 指巴方人员配备。

1）项目协调组（伊斯兰堡办事处）。本小组拟派 2 人进场，主要负责施工期的组织协调、物资保障、工作汇报联络、应急处置等。该小组成员常驻伊斯兰堡办事处，年初已经进场。

2）水文技术负责人。水文技术负责人考虑常年在现场工作，仅中途回国探亲、休整。

3）专用站建设运行一组（卡洛特工区及以下）。根据工作需要，配备 2～9 人，查勘阶段 2 人，建设高峰期 9 人，其中组长 1 人，高峰期增配组长 1 人、副组长 1 人。全年均有人在现场工作，本组为流动与驻守相结合。

4）专用站建设运行二组（AP 站及以上）。一般不少于 3 人，主汛期不少于 4 人，其中含组长 1 人，副组长 1 人。全年均有人在现场工作，本组为流动与驻守相结合。

5）自动测报系统查勘及建设组。本小组为流动工作，拟安排 4 人进场，其中组长 1 人，副组长 1 人，组员 2 人，主要完成系统土建工程和设备安装调试。2016 年年初，该小组成员已经全部进场，查勘阶段为 1—4 月，建设阶段为 6—9 月。

6）水情服务组。水文预报服务与管理是一项专业性较强的工作，在前方配置 2～3 名专业水情预报人员（2—4 月 2 人，5—9 月 3 人，10—12 月 2 人）、1 名网络信息管理人员及 1 名自动测报系统运行维护管理人员，本组为流动与驻守相结合。

7）断面及地形测量组。本组为流动作业，安排 8 人，其中组长 1 人，副组长 1 人，工作时间段为 2—5 月、10—12 月。

8）河床组成勘测调查组。本组为流动作业，安排 4 人，其中组长 1 人，工作时间段为 10—12 月。

9）翻译安保驾驶员及辅助工人配备。在各小组现有组员的基础上，每个小组配备翻译 1 名，配备业务用车 1～2 辆，每辆车 1 名专业司机，每组或每辆车至少配备 1 名安保人员（军人、警察或专业保安），每组配备临时工人若干名，各组可根据建站需要增加车辆、驾驶员和安保人员。

根据水情自动测报专项会议纪要中人员要相对固定的要求，在现场服务人员的安排中，拟探索实行主要专业人员 A、B 角制度。

（2）后方人员服务计划。在后方（国内）配置水文气象人员负责降水预报制作和水情预报校核把关，配置水文测验技术人员负责水文泥沙监测技术策划、资料校审和质量把关，配置设备物资保障人员负责国内支持，并配备若干人员负责实施项目综合管理。

本项目后方拟投入各类专业技术人员和管理人员近 100 人，其中高级职称 52 人，中级职称 40 人，后方主要人员分布见表 9.1-3。

表 9.1-3　　　　　　　　　　　　后方主要人员分布表

序号	机 构 名 称	负责人	成员	备　　注
1	项目分管领导		1	本项目部设安排分管领导1人、项目总工1人、项目经理1人
2	项目总工		1	
3	项目管理办公室		5	
4	综合工作部		8	
5	项目经理		1	
6	生产管理部		6	
7	财务部		6	
8	外事管理部		4	
9	质量控制部		3	
10	安全生产管理部		4	
11	自动测报中心站及遥测站设备保障组		4	
12	预报系统建设与方案编制组		8	
13	后方预报及气象支持组		6	
14	水文泥沙观测设备保障组		4	
15	后方专家及技术保障人员		15	
16	合　计	16	82	

9.1.1.2　设施设备配置

在卡洛特水电站施工建设期内，水文专项建设包括1个中心站和34个遥测站在内的水情测报系统，另外还建有若干水文站、水位站、雨量站等水文站点，同时在库区与下游开展了控制测量、断面测量、地形测量以及河床组成调查等工作。为保证现场水文数据采集的及时性、准确性，以及水情气象预报预警服务的质量，在水文站点及现场水文作业过程中投入的设施设备应满足相关技术标准及现场服务的要求。

1. 水情自动测报系统中心站

中心站是自动测报系统数据信息接收处理的中枢，主要由遥测数据接收处理系统、水情预报服务系统、计算机网络系统、数据库系统组成。中心站组成结构见图 9.1-2。

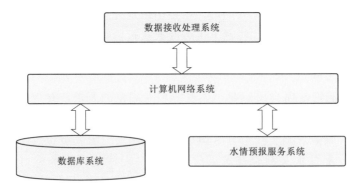

图 9.1-2　中心站组成结构示意图

中心站主要功能如下：

（1）数据接收、处理。能实时、定时和批量接收遥测站的水雨情数据，并进行合理性判别和处理后，自动写入原始数据库中。

（2）远地监控。能远地监控野外遥测站点的工作状况。

（3）数据库的建立与管理。建立原始数据库和水情数据库，对数据库提供维护功能，以及对数据库的检索、查询等。

（4）数据查询。可查询和打印收集到的数据信息，显示、打印、输出相关数据图表。

（5）状态告警。根据设定的告警雨量、水位值，可实现自动告警功能。

（6）通过编制洪水预报方案和洪水预报软件，制作洪水预报，为流域的防汛安全提供水情保障。

（7）有安全、保密的数据维护功能，提供数据备份，以确保数据安全。为方便现场人员，保证中心站实现上述功能，中心站应配置以下设备设施，详见表9.1-4。

表 9.1-4　　　　　　　　　　中心站设备设施配置表

序号	名　称	单位	数量	序号	名　称	单位	数量
一	设备			6	激光打印机	台	1
（1）	数据接收处理			7	应用计算机	台	3
1	北斗卫星指挥机	套	1	（3）	应用软件		
2	数据接收处理计算机	台	2	1	网络操作系统	套	2
3	蓄电池	台	1	2	数据库系统软件	套	1
4	交流充电控制器	台	1	3	网络防病毒软件	套	1
5	维护笔记本电脑	台	1	4	数据接收处理软件	套	1
（2）	计算机网络设备			5	系统及数据维护软件	套	1
1	数据库服务器	台	2	6	洪水预报软件	套	1
2	交换机	台	1	（4）	系统维护常用工具	套	1
3	路由器	台	1	（5）	防雷系统	套	1
4	网络机柜	套	1	二	设施		
5	UPS电源（3kVA/8h）	台	1	1	北斗卫星终端安装支架	套	1

2. 水情自动测报系统遥测站

遥测站分布在野外，负责水雨情信息的采集、存储与发送。遥测站一般采用测、报、控一体化的结构设计，以自动监控及数据采集终端（以下简称RTU）为核心，并根据实际需要，相应地配备水位传感器、雨量传感器、通信设备、人工置数键盘、供电系统、避雷系统等主要设备。遥测站设备宜采用太阳能浮充蓄电池直流供电，以适应恶劣的工作环境。遥测站基本结构见图9.1-3。

遥测站主要功能如下：

（1）水位、雨量自动采集。能自动采集到1cm的水位变化值和0.5mm的降雨量；水位采样间隔可编程设置，并具有数字滤波功能。

（2）定时自报。按预先设置的定时时间间隔，向中心站发送当前的水位、雨量数据，同时包括测站站号、时间、电池电压、报文类型等参数。

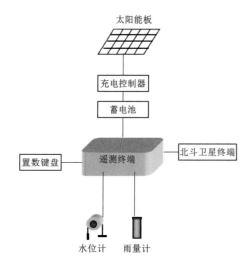

图 9.1-3 遥测站基本结构示意图

（3）自动加报。在规定的时段内水位变幅以及降雨量超过设定值时，且设定的发报时间未到时，自动加报。时段和设定值根据各站实际需要，可编程设置。

（4）现场固态存储。采集的水位、雨量可现场带时标存储，存储时间间隔可编程，至少能够存储 2 年以上的数据，可提供现场人员查看、下载数据功能。

（5）人工置数。可将流量数据和人工观测值通过人工置入的方式，向中心站报送。

（6）自动校时。能通过北斗卫星自动校时。

（7）自维护功能。具有定时工况报告、低电压报警、掉电保护以及自动复位等项自维护功能。

（8）工作环境。能在雷电、暴雨、停电的恶劣条件下正常工作。

为保证遥测站实现上述功能，遥测站应包含以下设备设施，详见表 9.1-5。

表 9.1-5　　　　　　　　　　遥测站设备设施配置表

序号	名　　称	单位	数量	序号	名　　称	单位	数量
一	遥测设备			8	信号避雷器	套	
1	气泡压力式水位计	套	15	二	遥测设施		34
2	翻斗式雨量计	台	30	1	一体化仪器房	套	15
3	遥测终端	套	34	2	气管敷设	处	34
4	北斗卫星终端	套	34	3	避雷接地系统	套	4
5	置数键盘	套	34	4	水尺	组	4
6	蓄电池	套	34	5	永久性水准点建设及水准引测	组	4
7	太阳能板及充电控制器	套	34	6	观测道路	组	15

3. 水文站

水文站是观测搜集水库的水文、气象资料的基础设施。水文站观测的水文要素一般包括水位、流速、流向、波浪、含沙量、水温、冰情、地下水、水质等；气象要素包括降水量、蒸发量、气温、湿度、气压和风等。

以卡洛特水电站专用水文站为例，专用水文站位于电站大坝下游，作为水情报汛和水文资料收集的重要参考站和控制站，观测要素包括水位、水温、流量、悬移质输沙率、悬移质颗粒级配、降水量、蒸发量、气温、湿度、气压、风速风向、日照等。

根据工程河段特点，采用水文缆道作为跨河测验设施。观测执行中国的气象行业标准。专用水文站观测方式如下：

（1）水位观测。采用压力式水位自记仪作为水位采集记录设备，并具备自动测报功能，直立式水尺作为水位基准及校核设备。高程基面可与卡洛特水电站工区采用同一基准面。

（2）水温观测。采用自记水温计作为主要手段，并配备人工观测的水温计作为备用手段，兼作校核用。

（3）流量观测。水文站拟采用水文缆道作为测验渡河设备，配备智能缆道控制系统，流速仪法施测流量，浮标测流、雷达波流速仪作为备用方案。冲锋舟装载 ADCP（含 GNSS）或手持雷达波流速仪作为库尾断面的流量巡测设备。参照连时序法布置测次，收集一定资料后分析优化测验方案。

（4）悬移质输沙率、悬移质颗粒级配。悬沙测验利用水文缆道作为跨河设备，常用方法为用积时式采样器取样，烘干法求含沙量，筛析法、粒径计法、粒移结合法分析泥沙颗粒级配。悬沙采样备用设备有瓶式采样器、器皿式采样器、横式采样器等，或采用 OBS 现场测悬移质含沙量。

（5）降水量观测。降水量在专用的场地内，采用翻斗式自记雨量器观测，并具备自动测报功能。

（6）蒸发量观测。蒸发采用蒸发自记设备观测。

（7）气温、湿度、气压、风速风向、日照观测。气象要素采用自动气象站观测。

（8）报汛。在工程施工及运行期，需要提供实时水情服务及水文预报服务，水位、流量、降水量、蒸发量等基础信息必须通过专用的报汛设备及专用信道发送到中心站及工地水情室。拟好的报文还需及时传达到信息使用部门。

为保证上述水文要素及时准确收集与水文站正常运行，专用水文站应包含以下设施设备，详见表 9.1-6 和表 9.1-7。

表 9.1-6　　　　　　　　　　　　专用水文站设施配置表

序号	名　称	单位	数量	序号	名　称	单位	数量
一	站房			3	化粪池	个	1
1	机械平整场地	m^2	3000	4	供电设施	套	1
2	站房	m^2	240	5	防雷设施	套	1
3	缆道房	m^2	30	6	安保设施	套	1
4	发电配电房	m^2	30	三	水位、水温观测设施		
5	辅助人员营地	m^2	60	1	观测道路	组	1
6	停车遮阳篷	m^2	100	2	水尺	组	1
7	站院硬化	m^2	200	3	水准点建设及引测	处	1
8	硬化路面	m^2	200	4	避雷设施	套	2
9	院内绿化	m^2	500	四	流量、悬沙测验设施		
10	院内修建花坛	个	4	1	断面桩、基线桩	个	7
11	绿化花木、树木	株	50	2	断面标、基线标	个	10
12	大门	处	1	3	保护标志牌	个	6
13	缆道房	m^2	30	4	电动缆道	座	1
14	机械平整场地	m^2	3000	5	泥沙分析工作台	个	2
15	站房	m^2	240	6	粒径计分析台	个	1
二	附属设施			7	铅鱼平台	个	1
1	供水设施	套	1	五	气象观测设施		
2	排水设施	套	1	1	气象观测场	个	1

表 9.1－7　　　　　　　　　专用水文站设备配置表

序号	名　　称	单位	数量	序号	名　　称	单位	数量
一	水位、水温观测仪器设备			四	气象观测仪器设备		
1	水准仪	台	1	1	人工雨量计	台	1
2	水准尺	对	1	2	自记蒸发器	套	1
3	搪瓷水尺板	片	100	3	六要素自动气象站	套	1
4	水温计	只	3	五	数据处理设备		
二	流量测验仪器设备			1	便携式计算机	台	2
1	全站仪	台	1	2	台式微机	台	3
2	流速仪	部	8	3	电子手簿	台	1
3	铅鱼	只	3	4	多功能计算器	台	5
4	测深杆	根	1	5	打印机	台	1
5	电铃	只	2	6	UPS 稳压器	台	4
6	水下信号发射器	个	4	六	安保及监控设备		
7	GNSS	套	1	1	安全监控设备	套	1
8	ADCP	套	1	2	夜间照明设备	套	1
9	GPS 罗经	套	1	3	消防器材	批	1
10	ADCP 浮体及无线电台	套	1	4	安保器材	批	1
11	ADCP 安装支架	套	1	5	内部安保人员卧具	套	3
12	浮标	个	30	6	内部安保人员炊具	套	1
13	雷达波流速仪	套	2	七	其他设备		
14	雷达波流速仪安装支架	套	2	1	办公家具	套	8
15	小型汽油发电机	台	1	2	卧具	套	8
16	电瓶、逆变器等	套	1	3	炊具	套	1
17	冲锋舟	艘	1	4	对讲机	对	2
三	悬移质泥沙测验分析仪器设备			5	卫星电话	部	1
1	长江 AYX2－1 采样器	台	1	6	移动通信电话	部	3
2	瓶式采样器	套	2	7	卫星电视设备	套	1
3	横式采样器	套	1	8	移动因特网接入设备	套	1
4	器皿式采样器	套	1	9	数码照相机	部	1
5	OBS 浊度仪	套	1	10	交通车	台	1
6	盛水器	个	200	11	空调	台	8
7	烘杯（100mL）	个	200	12	冰柜	台	1
8	烘杯（250mL）	个	50	13	洗衣机	台	1
9	烘箱	台	1	14	办公文具	批	1
10	电子天平	台	1	15	文化娱乐用品	批	1
11	干燥器＋变色硅胶	个	4	16	设施设备维护工具	批	1
12	量筒（2000mL）	个	6				

9.1.2 质量管理体系

基于国际化工作的要求，水文专项工作编制了严格的质量管理体系，ISO 质量管理体系贯穿卡洛特水电站水文工作全过程。

1. 质量管理体系架构

质量管理体系文件包括《质量手册》《程序文件》《作业文件》三个层次，涵盖 6 大产品（水文测验、测绘，水环境监测，水文气象预报，水文水资源分析计算，水文自动测报，资源与档案管理等）。

（1）质量方针。科学管理，质量至上，持续改进，优质服务。

（2）总体质量目标。

1）科学管理，全员参与，求真求准，质量至上，产品合格率达 100%。

2）技术领先，设备先进，精益求精，持续改进，创长江水文品牌。

3）信守承诺，诚信为本，顾客至上，优质服务，合同履约率 100%。

（3）过程方法和基于风险的思维。根据水文专项项目部质量管理体系方针和总体目标要求，考虑项目服务进程中内外部变化环境和面临的风险（顾客的要求不断变化、法规变化、上级要求的提高、组织机构调整、国外项目面临的战争与恐怖活动风险等），结合水文专项提供的产品特点、顾客的需求和期望，同时考虑项目部的组织机构和规模，运用"PDCA"过程方法和基于风险的思维，确定建立以过程为基础的水文专项质量管理体系，详见图 2.5-1。

2. 质量管理过程控制与主要措施

（1）主要过程控制。卡洛特水电站的水文工作，包含水文测验、测绘、水文气象预报、水情自动测报等几大产品，产品实现的过程控制见图 9.1-4～图 9.1-10。

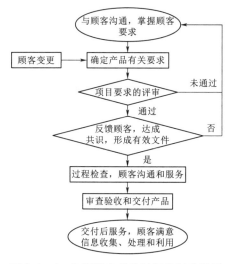

图 9.1-4 与顾客有关的过程控制流程图

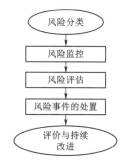

图 9.1-5 风险管理控制基本流程图

（2）质量管理主要措施。为确保卡洛特水文工作顺利实施，严格按照当地法律、法规从事测量任务。在实施过程中，认真执行该项目的若干规范及技术文件，对项目的质量控

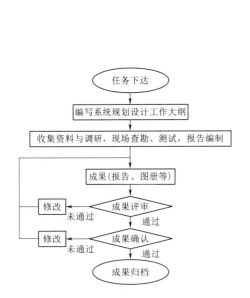

图 9.1 - 6　水情自动测报系统规划
设计过程控制流程图

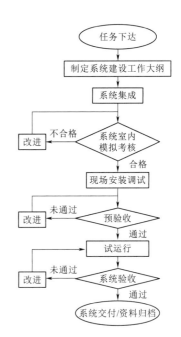

图 9.1 - 7　水情自动测报系统建设
实现过程控制流程图

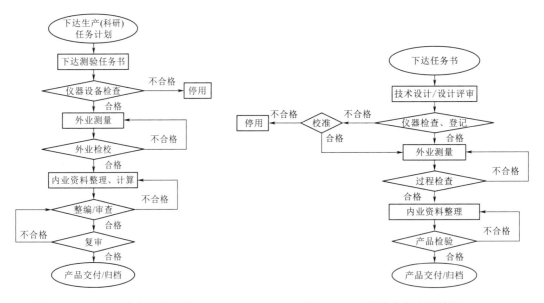

图 9.1 - 8　水文测验产品实现
过程控制流程图

图 9.1 - 9　测绘产品实现过程
控制流程图

制、进度控制、资料成果管理、信息管理和工作协调均按 ISO 9001 的要求及业主的需要
进行。

1) 确定质量目标。本项目质量方针有：对用户（业主）负责，及时有效地提供满足

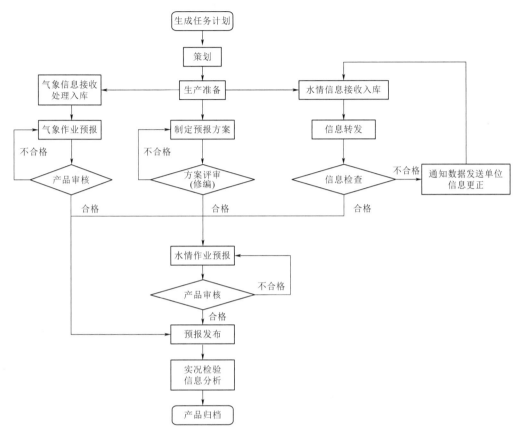

图 9.1 - 10　水文气象预报产品控制流程图

合同要求和用户满意的优质成果。

2）建立项目组织机构。为完成本项目，由经验丰富的项目经理人担任项目经理，并选派多年从事水文勘测、预报、测量工作，技术水平高、工作能力强，具有丰富作业经验的技术人员担任本项目专业负责人及各小组负责人，并成立专门的质量控制部，负责各阶段的测量任务及质量控制、进度控制、资料成果管理、信息管理和工作协调。

3）质量管理要求。

a. 工序管理。任何成果的质量都必须依靠每个作业人员的生产作业过程，因此要求每个作业人员都必须明确本项目的工序内容、质量标准、应提交的资料内容和时间，切实做到进度和质量落实到个人。每道工序结束后都有质检人员进行质量检查，当检查的产品合格后方可流入下道工序。分项目工序完成后，要经质检组进行检查验收，验收合格的产品才准许上交资料室。

b. 岗位责任制。本项目的工作流程和机构设置是一一对应的，机构的各职能管理部门都有明确的岗位职责。

c. 三环节管理。质量管理实行事先指导、中间检查、产品验收的"三环节管理"。

d. "三级检查、二级验收"制度。产品实行"三级检查、二级验收"。所谓三级检查，二级验收，即作业组级检查、项目级检查和局级质检部门检查，项目级验收和局级验收。此项工作由各阶段（分项目）的技术负责人和质检组具体负责执行。

e. 文件管理。按照质量管理体系有关程序的规定，对全部输入文件、输出文件和管理性文件进行编制、审核、批准、发放、更改、标识和处置等进行有效管理，以保证全部文件的有效性。

4）其他措施。要使本项目的质量保证体系工作有效，还需很多配套的管理制度，主要有精神文明建设制度、奖惩制度、信息反馈制度、用户回访制度、资料档案管理制度、安全生产制度、仪器使用保管制度等。

9.1.3　安全管理体系

安全生产是保证项目顺利实施和成果质量的重要措施之一，为此成立了安全生产管理部，全面负责项目安全生产，并根据本项目施工的特殊性，制定有针对性的安全生产要求。

1. 安全管理体系架构

根据类似境外项目安全管理经验，结合本项目的安全工作特点，项目安全管理体系架构见图 9.1－11。

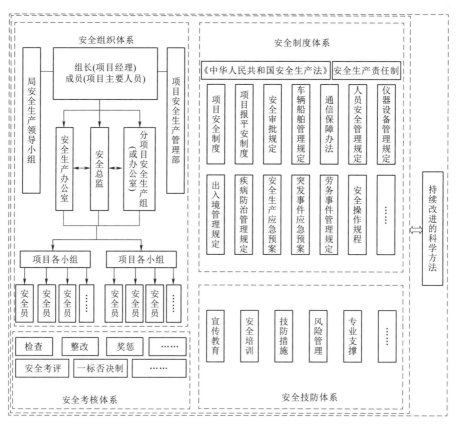

图 9.1－11　安全管理体系架构图

2. 主要安全风险及防范措施

（1）宗教。本项目所在地巴基斯坦是一个多民族国家，宗教信仰忌讳多，社会人文条件复杂，安全隐患较多。

（2）公共安全。可能的危险源突发公共安全事件、地方武装袭扰、恐怖袭击、民风民俗影响、饮食卫生、突发流行疾病等。

（3）自然灾害。主要有暴雨、山洪、泥石流山体滑坡、道路交通安全隐患等。

（4）工作安全。主要有水上作业安全、溺水、落物打击、触电、火灾和突发野外伤害等。

3. 需要业主提供的安全保障

技术人员在营地期间服从业主安排，由业主统一提供安全保障。若业主能协调到位，到克什米尔地区的安保人员也可以为军方人员。

（1）水情自动测报系统。

1）站网查勘阶段每组配备警察、保安各 1 名。

2）遥测站建设阶段每组配备警察、保安各 1 名。

3）卡洛特（专用）水文站、卡洛特（入库）水位站查勘阶段各组需配备警察、保安各 1 名；建设期每站配备警察、保安各 1 名，根据现场工作需要适当增加安保人员；重要建筑材料、设备、物资的临时存放工地需配备安防人员。

4）遥测站设施设备维护期间配备警察、保安各 1 名。

（2）水情预报服务。因水情中心站位于营地管理范围，从事水情预报服务技术人员服从业主安排，由业主统一提供安全保障。技术人员外出进行水情测报系统维护期间由业主提供随行警察、保安各 1 名。

9.1.4 过程与进度控制

1. 卡洛特水电工程施工进度计划

业主计划安排卡洛特水电站项目筹建及准备期工程 2015 年 12 月 21 日开工，主体和导流工程 2016 年 3 月 1 日开工。总体工作计划如下：

（1）2015 年 12 月 21 日，筹建及准备期工程开工。

（2）2016 年 3 月 1 日，主体工程（溢洪道、引水发电系统及导流洞）开工（实际：2016 年 12 月）。

（3）2017 年 10 月 15 日，主河床截流（实际：2018 年 9 月 22 日）。

（4）2019 年 11 月 1 日，水库蓄水（实际：2021 年 11 月 20 日）。

（5）2020 年 1 月 1 日，首台机组具备商业运营条件（实际：2022 年 6 月 29 日）。

（6）2020 年 11 月 30 日，工程完工。

2. 水文工作进度计划

施工阶段水文工作总工期暂定为 5 年，主要分为遥测系统建设期和施工水文预报服务期。系统施工总进度计划见表 9.1-8。

（1）水情自动测报系统。根据业主单位要求，2016 年 9 月底应完成水情自动测报系统建设任务，结合专业技术特点，制订了年度进度计划横道表，见表 9.1-9。

表 9.1-8 卡洛特水电站施工阶段水文工作进度横道表

序号	工作项目	工作月份												工作年份				
		1	2	3	4	5	6	7	8	9	10	11	12	第2年	第3年	第4年	第5年	第6年
一	遥测系统建设																	
1	土建工程查勘、设计及施工																	
2	系统设备采购、制造、包装、运输																	
3	系统应用软件开发																	
4	预报方案编制与预报软件开发																	
5	系统集成、安装调试																	
二	水文测站建设																	
三	施工期水文预报服务																	
四	水文泥沙观测																	

表 9.1-9 自动测报系统建设及运行管理 2016 年度进度计划横道表

序号	任务名称	1月	2月	3月	4月	5月	6月	7月	8月	9月	10—12月
1	现场查勘										
2	土建工程										
3	设备采购及运输										
4	现场安装调试										
5	水文资料收集及方案编制										
6	水情发布及预报服务										
7	资料整编										

系统建设遵循先易后难，先装水文站后装雨量站，先装近坝区的测站后装远坝区的原则逐站建设。

AP 站比测设施设备、卡洛特（入库）水位站、卡洛特（专用）水文站建设工作计划进度见表 9.1-10。

表 9.1-10 AP 站及入库、专用水文站建设 2016 年度进度计划横道表

序号	工作项目	工作月份(2016年)											
		1	2	3	4	5	6	7	8	9	10	11	12
1	查勘选址												
2	站房、水文测验设施设计												
3	土建工程												
4	设施设备安装												

（2）水文气象泥沙监测。根据水情自动测报专项会议纪要中人员要相对固定的要求，在现场服务人员的安排中，拟探索实行主要专业人员 A、B 角制度。监测工作进度计划横道表见表 9.1-11。

表 9.1-11 2016 年度水文气象泥沙监测进度计划横道表

序号	工作项目	工作月份(2016年)											
		1	2	3	4	5	6	7	8	9	10	11	12
1	卡洛特(入库)水位站												
2	卡洛特(专用)水文站												
3	坝区水位站												
4	AP站比测												
5	库区及坝下游河道泥沙观测												

（3）施工期水文预报。本实施方案分初期实施方案和正式实施方案。各项目进度计划横道表见表 9.1 – 12。

表 9.1 – 12　　2016 年卡洛特水电站施工期水情预报各项目进度计划横道表

工作项目			工作月份 (2016年)											
			1	2	3	4	5	6	7	8	9	10	11	12
水文预报服务	前后方信息渠道建设					■								
	水雨情资料收集				■	■	■	■	■					
	预报方案编制	初期预报方案			■	■	■	■						
		完整预报方案							■	■	■	■	■	■
	水文预报系统开发					■	■	■	■	■	■	■	■	■
	预报服务	初期服务			■	■	■	■	■					
		正式服务						■	■	■	■	■	■	■

注　进度表中的虚线表示该部分工作需根据测站建设和资料收集情况动态调整。

9.2　质量和安全管理实践

质量、安全、进度、形象等关键词是水文管理者心中的高频词。在境外高风险地区，这些要求有时难以兼顾，需抓住主要矛盾。质量与安全是做好卡洛特水电站水文工作的前提与基础，在现场工作实践中，水文专项项目部仔细权衡质量与安全，确定合理的质量目标，在保障安全的前提下积极提高现场服务工作质量。

9.2.1　质量管理实践

施工期的水文工作内容丰富，涵盖规划设计、测站建设、自动测报系统建设、水文泥沙观测、水文情报预报服务等，涉及专业门类较多，需统筹安排，协调各类资源，科学管理，有序实施。

1. 主要质量风险

巴基斯坦水文工作的主要质量风险如下：

（1）测站设施设备引起的风险。因安全限制、自然灾害等原因，导致建设方案变更调整，影响施工进度与质量。因水毁、自然灾害等导致观测中断，水文信息丢失。

（2）观测运行质量风险。因天气、交通、公共安全、疫情等因素，或安全审批滞后，影响水文测验工作的时效性；测次控制不足或测验时机不合适，影响水位流量关系线精度，影响资料的使用价值。

（3）水文预报质量风险。因历史资料短缺，水文团队实测资料系列尚短，预报方案代表性不够，影响预报精度，或者因为气象预报的不确定性，导致水文预报的不确定性，增加施工度汛决策难度。

（4）预报预警信息传递风险。因通信、设备故障等原因，水情信息不能或者不能及时传达到各工区施工管理部门。

在实际工作中，安全风险与质量风险往往交织在一起，导致工作开展困难，需要仔细权衡，妥善应对。对一些不可抗力影响，可能还需要采取一定的技术补救措施。

2. 质量风险防范

严格按照当地法律、法规及若干规范及技术文件从事测量任务。水文工作团队应配合好业主工程师的管理，对项目的质量控制、进度控制、资料成果管理、信息管理和工作协调均按 ISO 9001 质量管理体系要求及业主的需要进行。对整个系统实施过程严格执行全面的质量管理和控制，建立完善的项目管理机制，做到事前计划、事中跟踪、事后审查的严格管理。严格控制水文设施建设及设备设计、采购、生产、集成、调试、检验等各个环节，保障建设质量。严格控制水文泥沙观测的策划、实施、检查、整改各个环节，保障观测质量。在制作水情预报预警时，采用多人会商，重大水雨情时启动前后方联合会商机制，把控预报预警成果精度；提供水情预报预警服务时，坚决遵守值班、预警管理等有关规章制度，严格执行制作、校核、签发、发布、确认等服务流程，保障预报预警服务质量。

3. 风险评估实例

卡洛特水电站运行期水文工作开展前，水文专项项目组开展了风险评估专项工作。根据水文专项质量管理体系程序文件《风险管理控制程序》，结合前阶段与卡洛特水电站运营公司方面的沟通意见，组织了卡洛特水电站运行期水文专项项目风险初步评估，并对运营公司方面提出的咨询方式开展工作的风险及可操作性进行评估。主要评估意见如下：

（1）风险初步评估。

1）战略风险。本项目符合国家"一带一路"发展战略要求，且有卡洛特水电站施工期水情自动测报专项工作基础，工作的可持续性强。合作伙伴方面，与卡洛特水电站运营公司在海外是初次合作，中方有与运营公司持续加强合作的愿景，双方合作有互补优势，需与运营公司从促进合作共赢方面对运行管理策略进行进一步探讨。

卡洛特水电站运营也可能是示范引领工程，后续的巴基斯坦中巴经济走廊项目，如即将完工的 SK 水电站项目，以及后续的科哈拉、AP 水电站项目都可能采用该模式，特别是 SK、AP 水电站项目因葛洲坝公司无电站调度运营人员与经验，大概率采用卡洛特运营模式，存在服务一个带动一片的有利可能。

2）市场项目经营风险。中方专业技术人员的数量应适用，要避免技术力量投入不足与工作经费不足双重叠加影响服务质量的风险。若从巴基斯坦支付，需约定合同币种，增加有关税、费。若合同采用国际货币，还要应对汇率波动风险。

3）质量事故责任风险。巴基斯坦没有瞬时过程历史水文资料，工程可研阶段及施工期均未遇到大洪水，越往后，遇大洪水的概率越高。施工期收集的实测资料也有限，工程河段及上游站网中高水资料缺乏，成库后水沙条件变化较大，技术风险及安全风险显著提高。一旦发生质量事故，影响电站运行，会产生恶劣的国际影响。

4）安全生产责任事故风险。与施工期相比，入库站的运行安全风险更大，需妥善应对技术质量与安全的关系。卡洛特水电站无控区间大，是水文预报的一个难点，限制了预见期。运行期成库后有效预见期进一步缩短，导致水电站在高水运行对预报精度要求很高，按考核要求实施调度或保证安全生产的难度较大。

（2）主要意见与建议。

1）质量风险防范方面，专业人干专业事，加强质量管控措施。

2）安全风险防范方面，依托大安保，加强内部安全管理，强化预案措施。

3）经营风险防范方面，综合权衡效益（经济、社会）与成本的关系，合理确定工作内容、合作方式、工作费用。

9.2.2 安全风险识别与控制

巴基斯坦卡洛特水电站在吉拉姆河流域 $13200km^2$ 范围内布设了 32 个水位（文）站和雨量站，水情测报网点所处自然环境、社会环境复杂，河流水文特性差异显著，部分站点靠近印度与巴基斯坦边界，水文测报工作面临诸多安全风险隐患。

水文是为水电站可研、设计、建设、运行全过程提供基础技术支撑的行业，特别是境外水文工作，因其工作周期长、作业区域广、作业环境复杂等特性，决定了自身安全风险系数较高。如何有效降低水文工作过程中的潜在风险，确保作业人员的自身安全，是水文工作者在卡洛特水电站建设中必须探索解决的问题。本节结合卡洛特项目水文专项现场工作和缅甸、老挝、柬埔寨等境外水文项目安全管理工作经验，对水文工作安全生产存在的主要风险因素进行总结分析，提出有针对性的防范措施和建议，为境外类似水文工作的外事安全教育和项目安全生产管理提供思路和经验。

9.2.2.1 水文工作面临的主要风险

1. 自然和社会环境因素

（1）自然环境方面。吉拉姆河流域多年平均降雨量 1430mm，且绝大部分在 3—9 月，降雨非常集中。通过 2016—2019 年收集到的雨情数据分析，阿扎德帕坦坝址发生大暴雨及以上降雨次数达 8 次，其中 2019 年 8 月 13 日 22：00 至 14 日 1：00 降雨量最大，AP 站降雨量为 188.0mm，工区雨量站 2 降雨量达到 103.5mm；同时还有强风、冰雹等强对流天气，其中坝区在 2017 年 6 月出现 1 次 12 级飓风，2017—2019 年 6 级风及以上共有 209d。这些复杂恶劣的天气，直接导致山体滑坡、树木倾倒、河水陡涨等威胁野外水文作业人员的生命安全和身心健康，给水文生产作业带来巨大风险。

针对自然环境风险，要以水文气象预报成果为指导，强化与当地气象部门的协作沟通，深化合作，确保能够及时准确获得预警信息，提前落实好各项安全防范措施。

（2）公共安全方面。水文工作除了有因其工作特点涉及的常规涉水野外作业风险外，境外项目的公共安全风险也需要引起重视。巴基斯坦水文专项项目部水情测报站点点多面广，并且每次汛前和汛后皆需开展一次，15～20d 的巡查维护工作，行程 2000km 以上，出行的人员和车辆较多，山地巡测路况复杂，特别是当关键测站出现故障需要及时进行抢修时，往往时间紧、路程远、天气差，交通安全隐患需要尤其注意。

2. 人的不安全因素

（1）中方员工方面。因当地风俗习惯与国内差异较大，因此中方员工进场前需提前规划好境外行程，做好相关报批报备工作，严格遵守外事工作纪律。

针对中方员工的出行，一是要严把出境人员选派关，选派出境人员必须政治素质高、业务能力强、身体健康。二是严格行前外事安全教育培训，针对不同的目的地国家，编制不同的培训教材，尽量详尽列举项目安全风险隐患点，做好各项防范措施的宣贯学习，要求现场经常开展各项应急预案演练。三是层层签订安全责任书，明确各自责任内容，落实全员安全责任制。四是坚持每天"报平安"制度，加强前后方联系。五是建立并动态更新境外项目应急通讯录，现场项目部至少配备一部卫星电话，并定期进行检查维护，保证随时可用。

（2）巴方员工方面。针对巴方员工，一是要建立健全巴方职工安全行为管理制度，加强对职工不安全行为的监管，做到用制度管人。二是经常性开展安全教育培训，将巴方员工的安全技能与业务技能同检查、同考核，促进安全教育常态化、实用化和规范化。三是拓宽巴方员工招聘途径，从国内留学生、当地知名高校中选择项目本地和偏远地区、艰苦地区的优秀青年，从源头保证巴方员工的基本素质，使其能留得住并可长期培养使用。

3. 物的不安全因素

（1）水文缆道设施管理。水文缆道是进行水文测流取沙的常规测验设施。从内部安全因素来说，水文缆道属于跨河机械设施，有地锚、铁塔、电机、绞车、主索、循环索等机械设备，还有搭载的测流取沙仪器，结构复杂，涉及机械、电路和仪器设备等，风险隐患点相对较多。从外部安全因素来说，吉拉姆河流域为典型的山区性河流，河水涨率快、水位变幅大、流速大，有时上游还有漂浮物等，这些外部客观存在因素，要求在进行水文缆道安全管理时要尤为注意。

针对水文缆道安全管理，首先，需要将国内制定的操作规程结合项目工作实际加以完善修改，在醒目位置张贴操作流程图与警示标语，并翻译成英语或者当地文字。其次，要加强当地员工的制度教育与实操培训，让缆道操作制度化、流程化、规范化。最后，要将缆道测前例行检查和定期维护保养相结合，保证能够及时发现并消除缆道设施设备安全隐患。

（2）水文仪器设备管理。在卡洛特项目中，水文专项项目部投入的仪器设备除了常规的水准仪、全站仪、流速仪等水文仪器外，还投入使用了走航式 ADCP、M9、无线传输电台、测流机器人等一批新型先进设备。由于在境外，这些贵重设备现场一般很少有备份备用仪器，仪器要是损坏、故障或者遗失，维修或者补充起来很不方便。境外项目作业环境一般都较为复杂，很多时候是涉水作业，因而对仪器设备的使用管理就提出了更高的要求。

针对水文仪器设备管理，在仪器使用方面，一定要遵守操作规程，保护爱惜仪器。在涉水作业时，不仅做好仪器的防水保护，还要配好安全绳或者安全网，防止仪器落水遗失。在仪器管理方面，指定专人进行仓库管理，做好仪器借出归还记录，动态更新仪器信息台账。在仪器维护方面，需要年度鉴定的仪器，做好年度计划，错峰带回国内检测鉴定。不能带回国内的仪器设备，需要按照规定，做好年度比测自检，并做好相关记录备查。

（3）遥测设备管理。卡洛特项目中 32 个水情遥测站点遍布在卡洛特水电站坝址至上游不同区域内，站点分布广，涉及区域多，有的在管制区域范围内，管理难度较大。有的站点位置海拔较高，长期低温，供电设施容易出现故障；有的站点在公路附近，易遭到破坏或被盗等。

针对遥测设备管理，在设备选型时，一定要选择性能稳定可靠设备，从产品质量上降低日常维护频次。在站点选址时，应将当地治安情况作为综合考虑的因素之一，降低设备被人为破坏损毁的概率。在站点建设时，有条件的地方应加装视频监控设备、张贴警示标语和联系方式，同时，尽量与站点附近有威望、有责任心的当地民众签订看管协议，负责仪器设备的安全看管。

9.2.2.2　应急预案

1. 境外项目生产安全事故应急预案

（1）总则。

1）编制目的。进一步规范境外项目生产安全事故应急管理，提高生产安全事故应急处置能力，预防和减少生产安全事故的发生，控制、减少和消除生产安全事故危害，最大限度地减少生产安全事故造成的人员伤亡、财产损失、社会危害和不良影响，切实保障境外项目人员的生命财产安全，促进单位和谐、稳定和发展。

2）编制依据。依据《中华人民共和国安全生产法》《中华人民共和国突发事件应对法》《建设工程安全生产管理条例》《生产安全事故报告和调查处理条例》《生产安全事故应急预案管理办法》《水利部关于进一步加强水利安全生产应急管理提高生产安全事故应急处置能力的通知》《关于完善水利行业生产安全事故统计快报和月报制度的通知》《生产经营单位生产安全事故应急预案编制导则》（GB/T 29639—2013）、《水利部生产安全事故应急预案》等有关安全生产法律法规、部门规章及相关文件，结合单位工作实际，制定应急预案。

3）适用范围。应急预案适用于境外项目发生的下列情形之一的生产安全事故应急处置工作。

a. 造成1人以上死亡，或者3人以上重伤，或者直接经济损失200万元以上的生产安全事故。

b. 车辆交通事故、船舶海损事故、火灾事故、重大自然灾害事件、食物中毒、传染疾病暴发等直接危害人身安全的事件等。

c. 后方认为需要直接组织处置的生产安全事故。

上述所称的"以上"包括本数。现场发生恐怖袭击、蓄意破坏、公共危机、政局动荡、骚乱、暴乱、战争、绑架劫持、人质扣留等突发事件按《境外项目突发公共安全事件应急预案》处置。

（2）应急工作原则。坚持"以人为本，安全第一"原则，及时有效实施应急处置与救援工作，保障人员生命安全，最大程度减少财产损失、环境破坏和社会影响。建立快速反应联动协调制度，形成统一指挥、反应灵敏、配合密切、高效运转的应急响应机制。

（3）应急组织机构及职责。后方成立境外项目突发生产安全事故应急指挥部，指挥部下设综合组和救援组，负责应急预案的具体实施。抢救工作所需人、财、物由指挥部统一调度，全体干部职工都有参加抢救突发安全事故的责任和义务，务必服从安排，听从指挥。

1）综合组主要职责。负责及时向上级和业主有关部门报告，争取救援和指导；负责收集、整理、上报事故信息和处置情况；负责协调各方面工作，保障抢救工作所需人员、器材、物资、资金及生活供应；配合有关部门进行事故调查工作；负责事故善后处理工作。

2）救援组主要职责。负责制定抢救措施，组织现场施救；负责协调现场警戒和安全疏散工作；积极争取并配合有关部门做好施救工作；负责保护、收集现场证据资料。

（4）应急处置。

1）处置程序。

a. 事故报告。事发单位在应急报告后，应迅速全面了解事故情况，向项目部详细报告，并及时做好后续报告工作。事故报告内容应包括：发生事故的单位、时间、地点、类型和事故大小；事故的简要经过、待救或伤亡人数和初步估计直接经济损失；事故原因、性质的初步判断；事故抢救处理的情况和采取的措施；需要上级有关部门协助处理事故的有关事宜；事故报告单位、负责人和报告时间。报告医疗急救应告诉对方致伤原因、伤势部位、程度、伤员年龄和性别。

报告形式可以是口头报告、书面报告、电子文件报告，其中以口头形式报告的，应尽快补报书面材料。后方在接到报告后，根据相关规定确定是否向上级主管部门报告。

b. 应急救援。事故发生后，事发单位应立即开展自救，并就近求助。由于境外交通、通信、自然条件恶劣等原因，后方的应急救援组到达现场的时效受限，自救和就近求助是保障人员生命财产安全的重要手段。

后方应急指挥部接到报告后，应立即启动预案。若发生人员伤亡，应火速组织救援力量赶往现场，并火速与现场医院联系，尽快派出救护车和救护医生。若现场情况复杂，营救困难，应请求业主、当地中资机构或者中国大使馆等调集专业营救队伍进行施救。

现场救援工作应精心组织，冷静分析，科学施救，禁止冒险蛮干，防止事态扩大。

除现场救援者外，疏散不必要人员。

c. 应急处置。各小组成员接到指挥部命令后，按分工迅速开展工作，服从指挥部统一调度。办公室要安排好值班人员及信息报送专人，及时报送信息，确保信息畅通。

d. 应急结束。救援工作结束后，经分析确定，没有继续发生事故或者发生次生事故的可能，结束应急状态。

2）处置要点。

a. 车辆交通事故。

a）若在中国境内发生交通事故，应立即拨打 122 报警，在境外发生交通事故，向当地报警。

b）向过往车辆驾驶员和行人求救，保护好现场。

c）向后方应急救援指挥部报告。

d）向保险公司报告。

b. 船舶海损事故。

a）立即启动应变程序，并组织全船人员紧急施救，一旦发生人员落水，应利用各种救生设施施救，落水人员应利用漂浮物自救。

b）利用高频电话、高音喇叭、汽笛、喊话、手势、旗号等向周围船舶发出求救信号。

c）立即利用卫星电话、手机等各种通信工具向营地报告和求救。

d）向后方应急指挥部报告。

c. 火灾。

a) 发现火险时，发现人员在紧急呼叫的同时，利用现场灭火器具进行灭火；如火势较大有可能蔓延成灾时，应立即向当地消防部门迅速报告争取专业灭火，同时还可请求周边居民或军警协助灭火。

b) 注意疏散人员，特别是当有爆炸可能时，应加快疏散人员速度。

c) 如果是因电器、电线起火，只能用干粉灭火器灭火，并迅速切断电源，千万不要用水灭电火，防止触电。

d) 配合消防、医疗等单位做好救援工作。首先是要尽快救出被困人员，同时要疏通消防通道，引导消防车进入现场。

e) 抢救各种物资器材。根据火场情况优先抢救资料、重要设备和贵重物品，尽量减少火灾损失。

f) 迅速向后方应急救援指挥部报告，启动应急预案。各工作组迅速到位，按职责分工开展工作。

g) 保护好现场，做好有关证人证言记录。

d. 雷电灾害。

a) 若人员遭遇雷击，首先救人，若在野外作业遭遇雷击，应立即转移到安全地点。

b) 若缆道设备遭受雷击，在安全前提下，应立即终止测验，切断电源。

c) 若发生人员伤亡，立即向后方报告，并立即启动救援程序。

d) 趁无雷期间，及时检查、修复、改进避雷设施设备，防止再次受灾。

e. 地震、泥石流、山体滑坡、山洪等自然灾害。

a) 切忌恐慌，要沉着冷静，采取迅速有效的自救逃生措施。

b) 科学分析，准确判断，及时将人员转移到安全区域。

c) 立即向后方应急救援指挥部报告。

d) 如发现有人被掩埋，火速利用现场工具进行施救，并就近争取大型施工机械开展营救。营救时，请注意不要伤害被掩埋者，避免造成更大塌陷，并注意对掩埋洞内通风、排水。

e) 附近救援力量不足，且能与被掩埋人员沟通时，应安排专人看守被掩埋人员，想方设法为其输送饮用水、食品、药品，包扎伤口，并为外援做好准备。

f) 灾害减弱期间，在确保人员安全的前提下，优先抢救观测资料、重要设备和贵重物品，做好其他物资防护，尽量减少损失。

g) 在撤离困难的情况下，充分考虑连续灾害、次生灾害的可能性，做好持续防灾、防疫的准备。

h) 保留现场照片、视频等有关信息。

f. 食物中毒、传染疾病暴发。

a) 出现食物中毒、传染疾病暴发事件后，首先要尽快请医院或工地医生进行抢救；利用工地救护车或其他交通工具将重病号紧急送往医院。

b) 立即向后方应急救援指挥部报告，并做好援助准备。

c) 尽快查明原因，以便对症施救和治疗。

d）做好隔离，防止传染和扩散。

e）保护好中毒食物和传染病有关实物，以备化验分析。

g. 其他损毁事故和人身伤亡事故。

a）救人优先，对伤者采取有效措施组织抢救。

b）立即向后方报告，各组按职责分工开展工作。

c）做好安抚工作，防止事态进一步扩大。

d）做好设施设备的损毁登记，尽力抢救贵重设施设备。

e）向保险公司报告人员意外伤害情况，若为贵重设施设备买了保险的，也应立即报告。

f）收集照片和声像资料，做好有关证人证言记录。

（5）事故现场保护。事故发生后，应认真保护现场。在抢救中需要变动事故现场的，应做好标志、拍照（或录像）等工作，并绘制现场简易图，保留重要痕迹和物证，为事故调查取证提供真实有效的证据。

（6）事故调查。事故发生后积极组织有关人员，或配合公安、消防等有关部门，按照实事求是的原则，对事故进行客观公正的调查取证，及时、准确地查清事故原因，查明事故性质和责任，写出事故调查报告。

（7）事故处理。应急处理工作结束后，按照"四不放过"的原则，安全领导小组应及时组织事发单位全体人员，分析原因、总结教训、认真整改、追究责任、奖惩有关人员。

1）召开现场会，认真分析事故原因，吸取教训。

2）对突发事故的迟报、误报、谎报或拖延不报、隐瞒不报造成人员伤亡和财产损失的人员；在处理突发事故中玩忽职守，不听从指挥，不认真负责，或临阵脱逃的救灾人员，通过调查核实，按照有关规定给予行政处分。构成犯罪的，依法移送司法机关追究刑事责任。

3）对事故直接责任人和事故单位责任人，根据事故性质，依据《中华人民共和国安全生产法》和本单位安全生产相关规定进行处罚。

4）安全生产领导小组负责将事故原因、经过及处理情况及时报告上级主管部门。

5）对在突发事故的抢救、指挥、信息传送等方面做出突出贡献的人员给予表彰和奖励。

6）全面总结事故发生、处理全过程的经验、教训，认真制定整改措施。

2. 境外项目突发公共安全事件应急预案

（1）总则。为妥善应对恐怖袭击、蓄意破坏、公共危机、政局动荡、骚乱、暴乱、战争、绑架劫持、人质扣留等突发事件，保障境外工作人员的生命财产安全，维护职工合法权益，特制定本应急预案。

坚持以人为本，确保安全的原则。贯彻落实新时代安全发展理念，最大限度地维护职工生命财产安全，避免或减少损失。

坚持防范为主、防范处置并重的方针。前方各单位应增强忧患意识，强化宣传教育，特别是加强组织纪律性的教育，加强有关危机管理和应急处置知识的学习，做好各种突发事件的思想准备、预案准备和组织准备，并切实开展应急演练工作。

（2）突发事件级别。按照突发事件的性质、严重程度、可控性和影响范围等因素，将突发事件分为Ⅰ级（特别重大）、Ⅱ级（重大）、Ⅲ级（较大）、Ⅳ级（一般）四级。境外项目突发公共安全事件及预警级别一览表见表9.2-1。

表9.2-1　　　　　　　　　境外项目突发公共安全事件及预警级别一览表

类别	Ⅰ级（特别重大）	Ⅱ级（重大）	Ⅲ级（较大）	Ⅳ级（一般）
	红色预警	橙色预警	黄色预警	蓝色预警
恐怖袭击	现场项目组发生恐怖袭击且出现人员伤亡或者驻地临近区域大范围或频繁发生恐怖袭击事件	现场项目组发生恐怖袭击但未出现人员伤亡或者附近发生恐怖袭击事件并出现人员伤亡	驻地附近其他单位遭受恐怖袭击或者情报证实驻地附近有发生恐怖袭击的现实可能性	驻地所在区域有发生恐怖袭击的可能性或临近地区发生恐怖袭击
蓄意破坏	大范围或频繁发生破坏事件或发生人员伤亡	现场测验设施遭受严重破坏或者发生人员受伤	情报证实有可能发生针对本项目的蓄意破坏，或测验设施和其他单位已经遭受破坏	周边对项目不利的舆论、针对本项目的示威活动或者其他可能实施破坏的征兆
公共危机	驻地所在区域群团事件暂时失控，已发生中方人员伤亡并还有升级的可能	驻地所在区域发生大范围群团事件，生产生活秩序无法保障，中方人身安全遭受严重威胁	驻地所在区域发生局部群团事件，对生产生活已经造成影响，但局面仍可控	临近地区发生群团事件或有征兆表明驻地附近可能发生波及中方驻地及人员群团事件
政局动荡	驻地所在区域局势十分严峻，秩序混乱，已发生中方人员伤亡事件	驻地所在区域过激事件或冲突频发，驻地生产生活安全秩序遭受严重破坏，人身安全遭受严重威胁	驻地所在区域过激事件或冲突偶发，公共秩序混乱，政府已经发布戒严令，但局面仍可控	不同政治团体间矛盾加剧并在临近地区有游行示威活动发生，驻地附近暗流涌动，已对生产生活安全造成威胁
骚乱、暴乱	骚乱或暴乱事件中发生中方人员伤亡事件	骚乱或暴乱中发生攻击驻地事件，人身安全遭受严重威胁	驻地附近发生骚乱或暴乱事件，驻地生产生活秩序遭受严重破坏	周边地区发生骚乱或暴乱事件，公共秩序混乱，已对驻地生产生活安全造成威胁

（3）应急组织。处置突发事件的应急组织管理遵循统一指挥、分级负责的原则。

1）应急指挥部。前方有迹象表明即将发生或已经发生公共安全事件时，由项目部申请成立应急指挥部。应急指挥部统一领导、指挥和协调应急处置工作，前方单位还应遵从业主及上级现场应急指挥部门的组织、协调与指挥。

预警通知及应急预案启动、升级、降级、解除的决定一般由单位负责人批准、应急指挥长签发。特殊情况可按相关领导分工接替制度执行。前方单位的具体应急措施由指挥长批准。

2）应急救援组。境外人员自行撤离十分困难，或道路因自然灾害中断，或遭遇绑架劫持、人质扣留事件时，后方立即成立应急救援组，在后方应急指挥部领导下实施应急救援工作。

a. 救援组长。重大救援由分管项目的领导或分管安全工作的领导担任组长；一般救援由项目主要负责人担任组长；风险较小的救援可由部门主要负责人或安全总监担任组长。

b. 救援组成员。救援组成员由熟悉业主、地方政府及项目相关单位负责人情况，熟悉现场情况及形势的人员，具备应急救援经验，具备交涉、谈判等特长的人员及医疗救护、翻译等人员组成，必要时可请求外援。由组长根据面临的威胁及救援工作的性质、风险等提出成员名单，后方应急指挥部批准。

3）后方各相关单位。

a. 办公室负责传达应急指令部署，发动并组织救援；负责调度人力资源，收集公共安全情报，了解并报告现场人员状态，审查前方具体应急措施，开展应急宣传思想工作。

b. 技术部门负责制定应急响应期间的测验方案，督促指导测验及信息安全工作，及时收集测验资料并组织审查归档。

c. 后勤部门负责向指挥部报告前方资源配备情况，与项目部共同实施物资保障和资源调度，审核前方损失统计资料。

d. 信息通信部负责应急通信技术保障工作。

上述各单位根据应急指挥部安排参与事件分析和善后处理工作。

4）项目部办公室。项目部办公室负责处理应急响应日常事务。主要包括安排应急值班、信息报送、记录应急处置情况、归档应急工作记录等。

其中报送上级的信息必须经过指挥长或副指挥长审核后方能报送；报送业主的信息若无特殊情况可由值班人员直接报送，否则通过指挥长或者项目负责人审核后方可报送；应急响应期间的工作月报、安全月报、周报必须经项目负责人或局长审核后方能报送。

5）前方单位。前方单位负责人或临时负责人负责制定本单位的具体应急措施，报批后组织本单位实施应急响应。现场人员应团结一致，一切行动听指挥。

（4）运行机制。

1）预测和预警。

a. 信息收集及预测。前方各单位平时应密切关注境外时局及周边公共安全相关信息，做到早发现、早报告、早应对。项目部保持与业主的联系，跟踪境外局势与有关公共安全信息，及时分析和预测发展趋势。

b. 预警级别。预警级别依据突发公共事件可能造成的危害程度、紧急程度和发展势态，一般划分为四级：Ⅰ级（特别严重）、Ⅱ级（严重）、Ⅲ级（较重）和Ⅳ级（一般），依次用红色、橙色、黄色和蓝色表示。

c. 指令发布。预警通知、应急响应决定由局境外项目安全办公室负责向有关单位及人员分发，通信困难的地方可先口头传达再发正式通知。预警通知（应急响应决定）包括突发公共事件的类别、预警级别（响应级别）、起始时间、可能影响范围、警示事项、应采取的措施和发布机关等。

2）应急处置。

a. 信息报告。获悉驻地即将发生，或者周边已经发生突发事件的可靠消息时，现场负责人应在第一时间向单位负责人或项目部汇报并向现场主管部门通报，并做好应变准备。

驻地发生突发事件后，现场单位应立即报告，同时通报给现场有关单位和部门。报告内容包括：单位，现场人员数量及分布，突发事件发生的时间、地点，事件发生简要经过、危害程度、有无人员伤亡、有无人员被劫持（扣留）、有无破坏或损失、是否需要救援等。

需要向上级报告的，由局领导审查后按相关规定上报。

b. 先期处置。突发事件发生后，现场单位可自行启动应急预案，及时、有效地进行处置，控制事态。

应急指挥部根据现场态势和突发事件影响范围，决定在前方部分单位或全部单位实施应急响应。各有关单位及人员在接到后方发布的预警通知、应急响应决定后应立即启动应急预案。

c. 应急响应。前后方各单位按本预案要求进行应急处置，应急处置过程中，前方单位要及时续报有关情况。

d. 应急解除。突发事件应急处置工作结束，或者相关危险因素消除后，后方应急指挥部发布应急解除的指令。

3）后期处理。突发事件结束后，应及时进行分析总结，并按本预案要求进行损失统计、善后处理及恢复生产等工作。

4）消息传递与信息发布。在未经后方允许的情况下（紧急情况除外），前后方单位及个人不得在网络、QQ群等公共平台传递容易引起恐慌或不安的消息。除国家法律法规有规定的外，一般不对外发布突发事件的信息或报道。

5）其他。考虑到项目所在地区的特殊政治环境，前方各单位平时应未雨绸缪，备足一定的应急资金，安排专人保管，严禁挪用，应急使用后应及时补充。应急响应期间，前方单位在获项目部批准后可适当增强安保人员力量。

（5）响应级别及行动原则。各有关单位及人员在接到预警通知或应急响应决定后，均应立即启动相应级别的应急响应。根据境外局势，本着防范为主、防范处置并重的方针，即使驻地未发生突发事件，在仅收到预警通知的情况下，也应启动同级别响应。

1）Ⅰ级响应，对应红色预警及Ⅰ级突发事件。行动原则：前后方联合采取各项措施保护前方人员生命安全，停止生产。在保证安全的前提下，前方人员紧急撤回国内，若不具备安全撤离条件，则就近寻求保护，同时前方人员应灵活应变。

2）Ⅱ级响应，对应橙色预警及Ⅱ级突发事件。行动原则：此时以保障人身安全为头等大事，前方单位可停止生产，做好随时撤离准备。前后方均应及时收集情报信息、跟踪事件动态，随时分析突发事件的规模、影响及发展势态，及时调整应对措施。

3）Ⅲ级响应，对应黄色预警及Ⅲ级突发事件。行动原则：此时前方单位应切实做好安全防范，保障人身安全，做好两手准备，既要正常生产，又能随时撤离。项目部及前方单位和人员应高度重视，相互提醒，认真分析突发事件的规模、影响及发展势态，完善或制订具体应对措施并开展桌面或实战演练。

4）Ⅳ级响应，对应蓝色预警及Ⅳ级突发事件。行动原则：此时前方单位应积极做好安全防范，生产正常进行，开展应急演练，人员尽量在驻地附近活动，不轻易外出。有关机构和人员要提高警惕，注意收集情报信息，跟踪事件动态。

5）救援组行动原则。当发生突发事件需要救援时，应急救援组要想方设法，尽最大努力尽快赶到救援现场,最大限度保障人员的生命财产安全,同时要切实做好自身安全防范。

(6) 应急指挥部、后方单位响应措施。

1) 在决定发出预警或启动应急响应指令的同时,或在接到前方单位自行启动应急措施的报告时,成立应急指挥部。指挥长应立即召集会议,部署应急响应工作,局境外项目安全办公室负责向前方单位传达启动指令、应急部署。

2) 一旦启动应急预案,局后方各单位、项目部办公室应按本预案要求分工开展工作。其中项目部办公室应每日对前方各单位的卫星小站及卫星电话进行轮询,保持应急通信畅通。

3) 应急响应期间,指挥部全体人员应保持手机 24h 开机。常务副指挥长负责正常上班期间的应急事务协调处理;副指挥长、指挥部成员参与轮流值班,负责值班期间的应急事务协调处理。

4) 项目部办公室应根据前方势态和信息收发要求合理安排人员值班(其中Ⅱ级及以上响应期间应在办公室 24h 安排人员值班,接听值班电话,收发传真信息),有特殊情况及时向当班领导报告,紧急情况可直接向指挥长或局长报告。

5) Ⅰ级响应期间单位负责人靠前指挥。Ⅱ级及以上响应,指挥部靠前指挥,由项目分管领导或分管安全的领导任前方指挥长,必要时到现场指挥。

6) 涉及绑架劫持、人质扣留、人员伤亡等事件,由项目分管领导或分管安全的领导现场指挥。指挥部须与现场保持热线联系,并及时与业主沟通,必要时请求业主协助救援和善后处理。

(7) 前方单位响应措施。

1) 接到任何级别的预警通知或启动应急预案的决定后,或自行启动应急响应后,立即向全体人员通报形势,进行思想动员,迅速完成应急部署。全体人员要提高警惕,并做到不围观、不评议、不对话、少出门。

2) 在应急指挥部的统一指挥下,按本预案规定的原则结合实际情况实施应急处置,密切关注事件发展势态,并及时向应急指挥部报告情况,紧急情况随时报告。

3) 一旦启动本应急预案,安全防护优先级别为:人身安全第一,资料成果安全第二,贵重仪器设备第三,其他财产安全第四。

4) 根据突发事件制定具体应急措施并报局应急指挥部备案,将应急措施落实到人,有针对性地温习预案,开展桌面演练或实战演练。

5) 全面检查安保设施设备,确保状态正常;充分发挥安保设施、技防设备、巡逻犬的作用;加强对安保人员的监管;按后方应急指挥部及业主现场部门的安排开展安全值班。应急响应期间安保人员必须保证 24h 值班。Ⅲ级响应期间中方人员必须实行夜间值班;Ⅱ级及以上响应中方人员应开展 24h 轮流值班。

6) 认真分析突发事件发展势态,准备应急资金,储备适量应急生产、生活、医疗等物资。若物资不足且无法从就近市场上采购,应首先向驻地附近的业主或兄弟单位求援,并及时向后方应急指挥部报告。

7) 对交通工具进行全面检查,使其处于正常状态,并备足燃料。若交通工具遭受破坏，应尽快修复，同时另寻交通工具并向临近单位求助。

8）加强通信设备检查维护，确保应急通信畅通，保持与应急指挥部的热线联系。

9）严格执行报平安制度，Ⅳ级响应每天报 1 次，Ⅲ级响应每天报 2 次，Ⅱ级响应每天报 4 次，Ⅰ级响应随时报。固定报平安的时间为 1 次上午 8：00，2 次 8：00、12：00，4 次 8：00、12：00、15：00、17：00。报平安的同时，报告现场人员数量及分布情况。

10）前方各单位之间应加强联络，互通信息，相互帮助。

11）加强与业主及现场其他单位现场部门的联系，互通情况，商定协同应急措施。

12）加强与当地领导和居民的联系，以备必要时寻求帮助。

13）人员离开营地必须向单位负责人报告，单位负责人离开营地必须向应急指挥部报告。

14）遭遇围攻，面临武装威胁，面临包围，驻地安全难以保障时，应请求当地居民协助，立即转移到安全地点临时避险，并保持与指挥部的联系。

15）若遭受破坏应尽最大的可能保护生命安全，努力把损失减到最小，并及时统计损失，应先报局项目部审查备案，再向业主现场单位报损。

16）发生人员受伤时立即救治，重伤者应就地就近进行伤口处理和包扎，并尽快转移到医疗条件较好的大医院治疗。

17）在恐怖袭击、矛盾冲突等事件中，应尽量当时当场化解矛盾，尽量避免人员被带走或人质被扣事件发生。

18）应急状态持续时间较长时，前方单位领导应加强思想工作，防止麻痹松懈、急躁、激进、悲观等非正常情绪。

19）注意原则性与灵活性相结合，如果发生其他不可预测或人力不可抗拒的突发事件，要小心谨慎，临机处置，用智慧和毅力避免灾难。遇特别紧急情况还可及时联系境外中国大使领馆求助。

（8）应急撤离。

1）撤离前的准备。当前方局势恶化，可能危及人身安全时，或者突发事件已经导致无法正常开展工作，前方单位应提前做好撤离准备：

a. 编制撤离方案，包含撤离组织、人员分工、准备工作、财产保管、工作移交、撤离路线、交通工具、撤离细则、组织纪律、安保措施、联系方式等内容，撤离方案应及时上报应急指挥部。

b. 对单位财产认真登记，列好清单，妥善、有序存放，并结合本单位情况聘请并培训财产保管员。

c. 加强检查，使自动测报系统随时处于良好的工作状态，及时取出仪器数据，备份电子文档，妥善保管各种资料，结合本单位实情，聘请并培训水位、降水、蒸发、气象的观测人员，设法保证观测成果的连续。

d. 所有人员尽量在测站或业主营地集中，不得随意外出。

e. 做好保密处理。

f. 做好缆道等重要设施的安全检查。

g. 统计损失。

h. 结合本单位情况做好其他撤离准备工作。

2）指令发布。一般由应急指挥部发布撤离指令。业主现场单位统一组织撤离的，现场单位应立即向应急指挥部报告，并响应业主撤离指令。

3）撤离要求。前方单位的撤离必须做到安全、有序，撤离主要要求如下：

a. 妥善安排好财产托管，切断缆道等设备电源，随身携带笔记本电脑、贵重仪器设备，到国内后统一保管。

b. 检查维护自动测报系统使其处于正常状态，向聘请人员交代好水位、水温、蒸发、气象观测工作。

c. 收集齐各项观测成果纸介质和电子文档，现场不留任何观测资料和涉密信息介质，防止泄密事件发生。

d. 做好测站（驻地）环境卫生，并将非值班人员使用的房间门窗贴好封条。

e. 妥善安排好撤离交通工具，当陆路交通可靠时，人员原则上乘坐本站（队）工作组车辆撤离。

f. 路途情况由各负责人灵活处理，遇事应冷静，不激化矛盾，特殊情况可用礼品或现金疏通，保障安全。

g. Ⅰ级响应时，对上述要求由前方单位负责人根据情况紧急程度合理取舍。

h. 由于交通、通信条件限制，难免会发生一些不可预见事件，此时前方人员应充分发挥主观能动性，灵活应变。

（9）应急救援。

1）应急救援主要包括交通接应、伤病救助、人质救援等。

2）应急救援坚持人身安全第一的原则，实行自救、互救与外援相结合。当事人员应沉着冷静，临机处置，想方设法开展自救和互救。

3）应急救援组人员应做好自身的安全防护，严禁冒险蛮干，不得搞个人英雄主义。

4）应急救援组应备齐救援装备及交通工具，科学实施救援，必要时请求专业人员参与救援。

5）遭遇恐怖袭击时，自救及外援工作可参照《公民防范恐怖袭击常识》，结合现场情况灵活应对。

6）对绑架劫持、人质扣留事件，要以生命安全为第一要旨，努力周旋，现场人员应随机应变。

（10）后期处理。

1）若发生人员伤亡，善后处理工作参照后方相关规定进行。

2）前方单位若在突发事件中发生财产损失或设施设备损毁，及时统计上报，综合事业中心审核后由局项目部向业主报送。业主现场部门要求报送的，必须先经过后方审核。

3）前方人员安全撤回国内后，局项目部加强与业主和上级单位的联系，密切关注境外局势，待境外局势稳定，确定前方驻地及工作点安全后，再组织人员返回工作岗位，恢复生产。

4）应急处置结束后，局项目部组织分析总结工作，项目部办公室将应急处置资料归档。

（11）监督管理。

1）预案落实。现场单位应根据本预案，结合本单位实际情况编制具体应急措施，报局境外项目安全办公室审批，单位应急响应措施也应上报后方应急指挥部。

2）宣传和培训。局境外项目安全办公室要通过图书、音像制品和电子出版物、网络等媒介，广泛宣传应急法律法规和预防、避险、自救、互救、减灾等常识，增强相关人员的忧患意识、责任意识和自救、互救能力，并有计划地对应急救援和管理人员进行培训，提高其应急技能。

3）预案演练。境外项目安全办公室要结合实际，有计划、有重点地组织前后方有关单位（部门）对预案进行演练。

（12）责任与奖惩。

1）突发公共事件应急处置工作实行责任追究制。

2）对突发公共事件应急管理工作中做出突出贡献的先进集体和个人要给予表彰和奖励。

3）对迟报、谎报、瞒报和漏报突发事件重要情况或者在应急响应中玩忽职守，不认真执行预案的，将追究当事人责任。因失职、渎职导致不良后果的，将根据相关规定进行处罚。

4）不得借危难之机行违法违规违纪之事，一经发现，严肃惩处。

3. 水文缆道突发安全事件专项应急预案

（1）总则。规范缆道突发安全事件应急管理，提高缆道生产安全事故应急处置能力，预防和减少事故的发生，最大限度地减少因缆道事故造成的人员伤亡、财产损失、社会危害和不良影响。

本预案适用于境外项目承担建设、管理和使用的各类水文缆道（包含具有一定危险能量的铅鱼、钢索等附属设施）。

（2）主要事故风险。水文缆道是把水文测验仪器送到测验断面任意指定位置的索道及帮助实现水文数据采集的平台及设施。水文缆道在前期查勘、设计、建设、应用的整个过程中，可能引发物体打击、机械伤害等突发安全事故。

1）事故类型及风险。

a. 物体打击。缆道配件、工具等物体从高空掉落，击伤下方人员。

b. 机械伤害。在运动中的缆道设备、工具等具有一定动能的物体造成人员伤害。

c. 起重伤害。运动中的起重机等起吊设备造成人员伤害。

d. 触电。带电的缆道设备及大功率电器工具等引发人员触电事故。

e. 淹溺。涉水作业中的人员落水。

f. 高处坠落。作业的人员从高空坠落受伤。

g. 坍塌。深基坑作业，或受山体滑坡、泥石流等外部冲击，引发的缆道坍塌，威胁到人员安全。

h. 火灾。缆道设备及大功率电器工具等引发的起火事故。

2）事故发生可能性分析。

a. 物体打击。在缆道塔架高空作业时，人为或设备故障，缆道配件坠落或钢丝绳断裂引发的物体打击，致使塔架下方人员受伤。

b. 机械伤害。在操作手摇绞车或使用工具时，不当的操作引起人员受到伤害，引发机械伤害事故。

c. 起重伤害。在水文缆道塔架架设时，起吊设备故障引起起重设备下方人员的打击伤害事故。

d. 触电。在缆道安装过程中，电焊机等大功率电器的使用和操作水文绞车、缆道控制系统供电时高电流流经人体，造成生理伤害的事故。

e. 淹溺。在进行缆道建设和日常水文测验工作时，工作人员涉水作业，不慎掉入深水水域引发的淹溺事故。

f. 高处坠落。在水文缆道设备安装和维护时，工作人员在塔架高空作业时，未按规定配备或悬挂安全绳引发的高空坠落事故。

g. 坍塌。在水文缆道建设土建施工过程中，缆道房及塔架基础深基坑作业时，未按规定做好深基坑支护，引发土石塌方事故；受山体滑坡、泥石流等外部冲击导致的缆道坍塌，威胁附近生产生活正常秩序。

h. 火灾。工作人员使用大功率设备，如电焊机、电烙等。因设备过载超负荷运行起火，引发的火灾事故。

（3）应急组织机构。

1）现场应急指挥组。现场应急指挥组在应急领导小组下开展工作，组成如下：

a. 组长：项目现场负责人。

b. 副组长：项目水文测验现场负责人。

c. 成员：项目部现场全体成员。

2）应急职责。现场应急指挥组主要职责：组织、指挥、协调安全事故应急处置工作；及时了解和掌握安全事故信息，根据事故情况，向上级报告事故情况；组织开展或配合上级进行事故调查、分析、处理工作；为事故现场提供各类专家和人员；组织开展安全事故应急处置相关知识的宣传、培训和演练。

（4）应急响应。根据现场事故性质、严重程度、可控性和影响范围综合判断，事故达到业主或项目部规定的响应级别，启动相应级别的应急响应。

水文缆道、铅鱼等具备攻击能量的设施及设备发生故障、倒塌、倾斜，或造成了人员发生轻伤以上的伤害，已经直接威胁到自身及周围群众生命和财产安全。应在第一时间启动本专项应急预案，开展应急处置。

事故发生单位应当逐级上报事故情况。

1）信息报告。各单位发生生产安全事故后，应该以事故报告的形式向项目部报告事故情况。事故报告分为事故快报和事故月报两类。发生事故的局属单位应当报送事故快报。事故快报采取电话报告、网上信息报告相结合的形式，先电话口述后再网上信息报告。事故快报内容如下：

a. 事发单位、时间、地点。

b. 事故的简要经过及原因初步分析。

c. 事故已经造成或可能造成的伤亡人数（死亡、失踪、被困、轻伤、重伤、急性工业中毒等），初步估计事故造成的直接经济损失，初判事故等级和类别。

d. 事故救援进展情况和已经采取的措施、尚存的危险因素。

e. 发生事故所涉及其他相关方及联系方式。

f. 其他应当报告的有关情况。

g. 事故报告的单位、报告签发人及报告时间和联系电话。

对事故情况暂时不清楚的，可先报送事故概况，及时跟踪并将新情况续报。自事故发生之日起 30 日内（道路交通事故、火灾事故自发生之日起 7 日内）事故造成的伤亡人数发生变化或直接经济损失发生变动，应当重新确定事故等级并及时补报。发生生产安全事故的局属单位应当及时、主动提供与事故应急救援相关的资料和事故前安全检查的有关资料，为制定应急救援方案提供参考。

发生造成人员伤亡、重伤（包括急性工业中毒）或者直接经济损失在 100 万元以上的生产安全事故的局属单位应当报送事故月报。事故月报内容包括事故发生的时间和单位名称、单位类型、事故死亡和重伤人数、事故类别、事故原因、直接经济损失和事故简要情况等。

事故报告具体流程如下：

a. 信息接收。现场项目部发生生产安全事故后，事故现场负责人应当立即向现场项目部负责人报告。现场项目部负责人接到报告后，应当于 1h 内向后方应急办公室报告。事故报告后出现新情况的，应当及时补报。特别紧急的情况下，事故现场有关人员可以直接向后方应急办公室报告。

b. 信息上报。后方应急办公室接到事故报告后，应当立即报告局应急领导小组。对特别重大、重大、较大和造成人员死亡的一般事故以及严重危及公共安全、社会影响重大的涉险事故，局应急指挥领导小组应在 2h 内按照水利部事故快报制度和要求报送到上级主管部门，非工作时间通过手机直接联系。

发生造成人员伤亡、重伤（包括急性工业中毒）或者直接经济损失在 100 万元以上的生产安全事故的，后方应急办公室应按照有关要求报送上级主管部门。

c. 信息传递。生产安全事故涉及本单位以外的单位时（或可能对其造成影响），事发单位应当及时向相关单位通报事故信息，并及时向后方应急领导小组和后方应急办公室书面报告。

各级应急指挥机构应当明确专人对生产安全事故应急信息的报告、接收情况做出详细电话、传真记录。

2）响应程序。后方接到事故报告后，根据事故性质和严重程度，迅速响应，开展应急处置。

a. 成立现场应急指挥组，分管境外项目的局领导召集会议，布置应急处理工作。

b. 视情况需要，派出由后方主要领导带队的工作组赴一线现场指导、协调事故应急救援及善后处置工作。

c. 根据需要，组织和协调专家进驻事故发生地，指导现场应急处置工作；现场应急指挥组成员、有关职能部门或生产业务部门根据分工，围绕事故应急处置开展工作。

d. 超出应急救援处置能力时，须及时报上级派驻专家以及其他支持，或启动相应生产安全事故应急预案实施救援。

e. 实行滚动汇报，及时、准确向上级部门报告事故进展。

3）资源调配。后方应当根据可能突发的生产安全事故的性质、特征、后果及其本应急预案的要求，配备必要的应急救援船舶、车辆、机械、设备、器材等，以保障应急救援工作的正常开展。

4）应急救援。事故发生后，应当首先充分利用现场配备的船舶、车辆、机械、设备、器材、物资等，确保航路、道路、通信畅通，立即阻断危险源，并开展人员救护。必要时，请求当地公安、消防、卫生、环保等专业应急部门和其他社会资源给予应急救援支持。

a. 报警电话。熟知综合报警、火警报警、救生求援、海事报警、医疗急救等的报警电话。

b. 报警内容。报警内容包括：发生事故的单位、地点、时间、危险程度、有无人员伤亡、报警人姓名和联系电话。此外，还应针对不同的险情，采取以下不同的报警方式：

a）火警。应报告火灾的性质是普通火、电火、气体燃烧、化学品燃烧，还是气体钢瓶或高压锅爆炸等。

b）海事警。应报告遇险船舶的船名、船质、吨位、船上人数，发生何种海损海事类别（火灾、触礁、碰撞、搁浅、渗漏水或翻沉等）。

c）医疗急救。告诉对方致伤原因、伤势部位、程度及伤员年龄和性别等。

（5）处置措施。

1）当起重索、循环索、主索、拉索发生断裂，或铅鱼、行车落入水中或滑至主索最低处影响水上通航或路上交通等情况，应立即安排专人监视水面，打开高音喇叭，通知过往船舶注意避让；影响道路交通的，立即安排专人临时拦截行人和车辆，发出安全警示，引导安全通行；在确保人员安全的情况下，采取切断钢索等方式排除险情。同时，向当地海事、交通及交警部门报告，获得支援。

2）当发现缆道支架弯曲，或施工基坑有倒塌等危险，应立即安排专人监视，并划定警戒区、拉警戒线、竖立警示牌，提醒过往行人和车辆避让，直至排除险情。

3）若水文缆道遭遇雷击损毁，应迅速切断电源；存在威胁人身安全的情况，应立即疏散人员，直至排除险情。

4）若发生电气火灾，应迅速切断电源，第一时间扑灭初期火灾；一旦失去控制，尽快拨打火警电话，并告知人员撤离。

（6）保障措施。

1）通信与信息保障。

a. 后方应急办公室人员、各单位应急指挥机构应当保持通信设备24小时正常畅通。

b. 各单位应急指挥机构应当将成员单位（部门）、人员的通信方式纳入本单位应急预案，并及时更新，保障事故应急处置的信息畅通。

c. 生产安全事故发生后，通信设备不能正常工作时，有关单位应当立即启动通信应

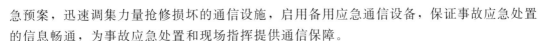

急预案，迅速调集力量抢修损坏的通信设施，启用备用应急通信设备，保证事故应急处置的信息畅通，为事故应急处置和现场指挥提供通信保障。

2）应急队伍保障。

a. 项目部现场应当加强生产安全事故应急能力建设，项目部现场应当建立本单位专（兼）职应急救援组织或与邻近专职救援队签订救援协议，并报报文应急办公室备案。

b. 项目部现场应当同当地安全监督部门、消防、医疗机构、环保、特种设备等单位建立联系，掌握联系方式，以便发生事故时及时联系。

3）经费与物资装备保障。

a. 项目部现场应将应急工作所需经费列入预算，为突发生产安全事故应急工作提供经费保障。

b. 项目部现场应当根据可能突发的生产安全事故的性质、特征、后果及其本应急预案的要求，配备必要的应急救援船舶、车辆、机械、设备、器材等，以保障应急救援调用。

c. 事故发生后，应当充分利用现场配备的船舶、车辆、机械、设备、器材等，现场应急指挥组可向业主申请、协调救援物资、设备。必要时，请求当地警局、应急、卫健、环保等专业应急部门和其他社会资源给予应急救援支持。

（7）应急结束。

1）应急结束的条件。

a. 现场救援处置工作结束。

b. 可能导致的次生和衍生事故隐患得到消除。

c. 伤亡人员脱离事发现场，受伤人员得到妥善医疗救治。

d. 事故现场得到有效控制。

e. 应急指挥机构认为可以结束的其他条件。

2）应急结束的程序。

a. 按照"谁启动，谁结束"原则，经相应的应急指挥机构核实，或由事发单位提出结束申请，报启动机构批准。特殊情况下，报请后方决定应急结束。

b. 应急预案实施结束后，应采取有效的措施防止事故扩大，保护事故现场，需要移动现场物品时，应当做出标记和书面记录，妥善保管有关物证，及时向后方及有关部门进行事故报告。

c. 对事故过程中造成的人员伤亡和财务损失做收集统计、归纳，形成文件，为进一步处理事故的工作提供资料。

d. 对应急预案在事故应急处置中的运用情况，应认真科学地做出总结，完善预案中的不足和缺陷，为今后的预案建立、制定提供经验和完善的依据。妥善处理好事故中伤亡人员的善后工作，尽快恢复生产。

9.2.2.3 应急常识

卡洛特水电站水文作业点多面广，区域跨度大，外出频次高，工作环境复杂，水文测工掌握一定的应急常识非常必要。

1. 人身伤亡急救常识

（1）塌方现场伤员急救。

1）迅速救出伤员。

2）救出现场时，搬动要细心，严禁拖拉伤员而加重伤情；清除口腔、鼻腔泥沙、痰液等杂物，对呼吸困难者或呼吸停止者，做人工呼吸；大出血伤员须止血；骨折者就地固定后运送。颈椎骨折者搬运时需一人扶住伤员头部并稍加牵引，同时头部两侧放沙袋固定。

3）伤员清醒后喂少量盐水。

4）送医院急救。

（2）落水伤员急救。

1）当有人跌落水中时，目击者应立即呼救。

2）熟悉水性者方可下水迅速将溺水者从水中托出水面，上岸后以最快速度清除口鼻污物，进行人工呼吸。

3）送医院急救。

（3）雷击伤员急救。

1）当有人被雷电击伤，在雷电停止发生时，迅速将伤员平移到干燥低洼处（不得在金属构架或大树下）。

2）当伤员呼吸停止或呼吸微弱时应立即口对口人工呼吸，直至恢复其自动呼吸能力。

3）有心跳停止或呼吸、心跳均停止时宜做心肺复苏术，直至心肺功能恢复或出现尸斑方可停止。

（4）触电急救。

1）脱离电源。如果触电后尚未脱离电源，救护者不得直接接触其身体，应迅速使其脱离电源，脱离的方法有：①断开电源开关；②用相适应的绝缘物使触电者脱离电源；③其他现场可采用的方法，如用短路法使开关跳闸或用重物冲开导线使其脱离，但需防止触电者摔伤。

2）急救。触电者呼吸停止，心脏不跳动，如果没有其他致命的伤处，必须立即进行抢救，争分夺秒是关键。请医生和送医院的途中不能停止抢救，抢救以人工呼吸和胸外心脏按压为主。

（5）交通伤亡急救。

1）当发生交通事故，引起人员伤亡时，同车未伤或轻伤人员应立即向医院求救并报告本单位领导。

2）在车上开展自救行动。将车上的伤员转移到平地，将受伤者平放在地上，判断其神智是否清醒，若清醒，可让其平躺休息；若不清醒，将受伤者平放地上，实施心肺复苏法抢救，并等待医务人员到现场进行救护。

（6）骨折、出血、烧伤急救。

1）凡疑有骨折就要予以固定，然后运送，这样可以止痛、止血及减轻组织损伤。固定时如没有现成的夹板，可就地取材，用树皮、树枝、木条、木棍、硬板纸等代替。

2）遇到开放性骨折，骨折断端刺出皮肤外面时，千万不要就地把骨折端送回去，应在原位上夹板固定。骨折处伤口出血时，不要将止血粉、磺胺等药品撒进伤口，而应该采取外用绷带、布条加适当压力包扎止血。

3）遇有关节脱位时，有条件的可就地手法整复。如现场不能处理，在运送过程中应用夹板固定，即上肢与躯干固定，下肢互相捆住固定。

4）有严重出血伤口的伤员，应立即给予止血，避免因大出血引起休克而致死亡，如断肢残端冒血或伤口出血不止时，应采用止血带止血。止血带可用绳子、手巾、塑料带、橡皮管等代替。

5）烧伤伤员在脱离险区后，由于大面积烧伤，伤员很容易发生休克，最好尽快给予淡盐水、盐茶水服用，可能时给一些止痛药。对烧伤部位不要随便处理，以防感染。包扎后速送医疗机构进一步处治。

2. 自然灾害应急常识

（1）遭遇野兽袭击、毒虫叮咬威胁的防范与急救措施。在我们工作区域，目前发现的对人类构成威胁和伤害的野兽和蚊虫主要有野猪、蟒蛇和毒蚊、毒蜂。应对措施如下：

1）野猪体大力大，遭遇野猪袭击时，要集体应对，充分利用随身携带的棍棒、砍刀作为自卫武器。

2）蟒蛇有很多种类，有的性情温和，有的凶恶善于攻击。如果遭遇蟒蛇，应该保持镇定，盯住蟒蛇慢慢后退，在没有受到蟒蛇袭击的情况下，切忌与蟒蛇硬拼。蟒蛇袭击一般是将人吞到腹中把人闷死，或把人缠死，万一遭到蟒蛇袭击，最有效的办法就是利用随身携带的砍刀与蟒蛇搏斗。

3）毒蜂一般情况下也不会主动袭击人，所以看见毒蜂窝要离得远远的。如在工作和生活场所发现蜂窝影响工作和生活必须铲除时，之前必须做好充分的个人防护。

如遭遇以上袭击或叮咬后，要立即对伤口进行现场处置，尽快联系车辆将伤者送往医院救治。情况严重的要向基地、当地政府或军队报告求援，同时向有关负责人报告。

（2）毒蛇咬伤及救治防御知识。

1）有毒蛇的判断。蛇不是全都有毒，85％的蛇都是无毒的，只有一小部分有毒。可那一小部分有毒蛇又是不愿接触人类的，所以蛇一般不会主动进攻人，你不惹它，它是不会咬你的。

如果遇到蛇，它不向你主动进攻，你千万不要惊扰它。尤其不要振动地面，尽快后退。万一被蛇追赶，由于蛇跑得很快，千万不能和它较劲往前直跑，必须要跑曲线，使蛇看不到你，就有可能脱险了。

是否是被毒蛇咬伤的判断方法如下：

a. 最简单的方法是看蛇的头型：毒蛇脖子很细，腮部突出，头部多呈三角形，尾巴粗短，行动缓慢，盘起来休息时头是埋在身体下面的。无毒蛇尾巴细长，行动敏捷（或凶猛），盘起来休息时，头搭在身体上面注意观察周围状况。

b. 依据颜色判断：颜色越艳丽的蛇毒性越强。

c. 依据牙痕判断：毒蛇牙痕呈两点或数点，且齿痕较深；无毒蛇牙痕大多成排，且齿痕较浅。若无牙痕，或牙痕仅是成排的细齿状"八"字形，并在20min内没有局部疼痛、肿胀、麻木和无力等症状，说明被无毒蛇咬伤，无须特殊处理，只需对伤口进行清洗、止血并用红汞和碘酊药物外搽伤口包扎即可。若有条件再送到医院注射破伤风针更好。

2）预防措施。

a. 蛇最怕雄黄和烟油，在腿上擦雄黄或烟油，蛇就会离你远远的。

b. 在野外工作时，带上解蛇毒药品，穿上长裤、长靴、厚袜或用厚帆布绑腿，加强下肢防护。

c. 手持木根或手杖在前方左右拨草驱蛇，夜间行走时要携带照明工具，防止踩踏到蛇招致咬伤。

d. 在野外宿营时，要避开草丛、石缝、树丛、竹林等阴暗潮湿的地方。

e. 揭水准点盖板前，先用铁锹在周围驱赶，然后用铁锹撬开盖板，千万不要用手直接去揭盖板。

3）救治办法。

a. 坐下或卧下。不要惊慌乱跑，减少活动尽可能延缓毒液向全身扩散。若随身备有蛇药可立即口服解蛇毒药片（较好的蛇药有湛江蛇药、南通蛇药、广州蛇药、蛇伤解毒片等），并将解蛇毒药粉涂抹在伤口周围，但千万不要在伤口处涂酒精消毒。

b. 绑扎止血。一般而言，被毒蛇咬伤 10～20min 后，症状才会逐渐呈现，只有当毒液进入血液循环系统以后才对生命产生危险。所以被毒蛇咬伤后，争取时间是最重要的。要迅速用止血带或鞋带、裤带之类的细绳在距伤口 5～10cm 的肢体近心端绑扎，如果手指被咬伤可绑扎指根；手掌或前臂被咬伤可绑扎肘关节上；脚趾被咬伤可绑扎趾根部；足部或小腿被咬伤可绑扎膝关节下；大腿被咬伤可绑扎大腿根部，以阻断和减缓毒液经静脉和淋巴回流入心。

绑扎无须过紧，松紧度掌握在能够使被绑扎的下部肢体动脉搏动稍微减弱为宜。绑扎后每隔 30min 左右松解 1～2min，以免影响血液循环造成组织坏死。

c. 清洗毒液。用清水、茶水、肥皂水或用 1：5000 高锰酸钾溶液冲洗伤口及周围外表毒液。如果伤口内有毒牙残留，应迅速用小刀或碎玻璃片经酒精或火烧消毒后，挑出残留毒牙。

d. 排除毒液。以牙痕为中心，用经过消毒后的利器把伤口作十字切开，深至皮下，然后用手从肢体的近心端向伤口方向及伤口周围反复挤压，促使毒液从切开的伤口排出体外，边挤压边用清水冲洗伤口，冲洗挤压排毒须持续 20～30min。蛇毒是剧毒物，只需极小剂量即可致人死亡，所以绝不能因惧怕疼痛而拒绝对伤口切开排毒处理。

如果随身带有茶杯（或药瓶）可对伤口作拔火罐处理：先在茶杯内点燃一小团纸，然后迅速将杯口（或瓶口）扣在伤口上，使杯口（或瓶口）紧贴伤口周围皮肤，利用杯内产生的负压吸出毒液。

如无茶杯，也可在伤口上覆盖 4～5 层纱布，用嘴吮吸伤口排毒。但吮吸者的口腔、嘴唇必须无破损、无龋齿，否则有中毒的危险。吸出的毒液随即吐掉，吸后要反复用清水漱口。

若无吮吸条件，甚至可以考虑用火柴、烟头烧灼伤口以破坏蛇毒。

e. 排毒完成后，伤口要湿敷以利毒液流出。

f. 送医院抢救。现场紧急处理后，应尽快用担架、车辆送往医院做进一步救治，尽早用抗蛇毒血清治疗。运送途中要注意保暖、多喝水，消除病人紧张心理，保持安静。

（3）雷电安全防范知识。

1）缆道站要对整套设备防雷接地可靠性进行经常性的检查，每次测流结束必须做到断电源、断连接线、信号接地，即断开控制台电源，断开信号线和编码器与缆道控制系统的连接线，信号开关置于接地端。测验期间遇到打雷，应立即将铅鱼绞到不影响通航状态后停止工作，并且断电源、断连接线、信号接地。

2）如发生雷电时在室内，应立即关好门窗，不要靠近门窗和金属管道，避免因室内湿度大引起导电效应而发生雷击灾害；应断开用电器电源，关上煤气、天然气和水龙头开关；不要接打电话和手机，切忌使用电吹风、电动剃须刀等；不要使用无防雷措施或防雷措施不足的电视、音响、收音机、电脑等。如发生雷电时在汽车内，关好车门车窗即可。

3）如在野外遇到雷电时，应立即停止各项作业，摘下手表、眼镜、首饰、发夹等金属物品，不要触摸金属物体（如铁锹、铁锤、天线、水管、铁丝网、金属门窗等），并远离山顶、楼顶、铁轨、铁栅栏、金属晒衣绳、架空金属体等；不要在空旷场地打伞，尽量降低身体的高度，以减少直接雷击的危险；衣服淋湿后不要靠近潮湿的墙壁，不要几个人拥挤成堆相互接触，以防电流互相传导；不要赤脚站在泥土地或水泥地上，双脚并拢减少"跨步电压"；不要在大树下和电源、电杆、高塔、烟囱、房角屋檐、孤立楼房、广告牌附近避雷，更不能接近导电性高的物体；野外最好的避雷场所是洞穴、沟渠、峡谷或高大树丛下面的林间空地。

4）天空突然阴暗，并伴有闪电时，应尽快躲到有遮蔽的安全地方，如装有避雷针的钢架、钢筋混凝土建筑物内或有金属顶的各种车辆内；不宜进入和靠近无防雷设施的建筑物、车库、车棚、临时棚屋、岗亭等低矮建筑。

5）雷电时不宜在野外骑自行车或摩托车，不宜进行室外球类运动，不宜游泳或从事其他水上活动，也不宜停留在游泳池、湖泊、海滨、水田或小船上等水中和近水面上。

6）建筑物防雷至少应有的三项措施：一是基础施工阶段安装一些防雷设备将雷电引入地下；二是安装屏蔽措施，外墙金属体应该与主体钢筋连接在一起；三是楼板的钢筋应该布成方格网状，以利于雷电快速分离释放。

7）用电设备应安装电涌保护器，并采取屏蔽、接地等措施；太阳能热水器必须安装在楼房避雷装置的下方，或者直接在热水器附近安装避雷针。

（4）地震灾害防御知识。

1）在高楼内和人员密集场所，应就地选择跨度较窄的厨房卫生间或利用墙角、桌下、床下等坚固家具旁形成的三角空间躲避，抱头闭眼，并用毛巾或衣物捂住口鼻防尘、防烟。千万不要惊慌失措、互相拥挤踩踏造成伤亡。不要使用电梯，更不要跳楼。

2）在楼房低层和平房内应充分利用12s时间迅速撤离到室外空旷场地，尽量避开高大建筑物、立交桥，远离高压线、变压器、油库及化学、煤气等工厂或设施。来不及逃跑时采取高楼内就近躲避方案避险。

3）接到地震预警出逃时，应尽快关闭所有的电源、气源和火源。

4）在野外工作时，应尽量避开水库、桥梁、山脚、陡崖，以防洪水、滚石和滑坡；如遇山崩，要向远离滚石前进方向的两侧方向奔跑。

5）正在海边时，应迅速远离海边，以防地震引起海啸。

6）驾车行驶时，应迅速躲开立交桥、陡崖、电线杆等，并尽快选择空旷处立即停车。

7）身体遭到地震伤害时，应设法清除压在身上的物体，尽可能用湿毛巾等捂住口鼻防尘、防烟；用石块或铁器等敲击物体与外界联系，不要大声呼救，注意保存体力；设法用砖石等支撑上方不稳的重物，保护自己的生存空间。

8）震后快速撤离到室外，注意收听、收看电视台、电台播发的有关新闻，了解震情趋势，做好防震准备。不要听信、传播谣言，确保社会稳定。

（5）山洪暴发、泥石流或山体滑坡灾害防御知识。

1）山洪暴发灾害防御。

a. 如果山区普降大雨，在半小时之内就会暴发山洪。山洪来势猛、流速快、冲刷能力强，具有很大的破坏力，会造成道路塌陷或者道路被拦腰切断并有急流通过、桥梁涵洞冲毁、河流水急等重大灾害和险情。此时必须立即找个安全地方暂时避难，绝对不能冒险强行通过。

b. 遭遇洪水围困时，应及时向屋顶、山坡等较高位置转移，或沿着山坡横向跑，千万不要顺着山坡或山谷出口往下游跑；溪沟或河水洪水迅速上涨时，应向溪沟或河谷两岸转移，不要沿着河谷跑，更不能冒险涉水过河。如果发生被河水冲走意外险情，头脑要清醒，想办法抓住河中漂浮物或岸边树根、树权尽快脱险。

2）泥石流或山体滑坡灾害防御。

a. 地质条件和植被较差的山区发生暴雨洪水时，有时会同时产生泥石流，山谷中的石、砂、土、果树及建筑物、居民点等，会全部被推出山谷之外，发出类似打炮的轰轰声。暴发泥石流的时间很短，无论是白天还是黑夜，在室内避雨时只要听到这种声音，应迅速跑到室外向山顶转移。转移时要防止雷击、浮石、滑坡伤人，遇到高压线杆（塔）倾倒、电线横垂路面时，要尽量离远点，防止触电。

b. 发生泥石流时，应向沟岸两侧山坡转移，不要顺着泥石流沟向上或下游跑，更不要惊慌失措地停留在凹坡处。

c. 发生山体滑坡时，应向滑坡体两侧跑，不要沿着滑坡体滑动方向跑。

d. 建立临时躲避棚时，躲避棚的位置要避开沟渠凸岸和陡峭的山坡下，应安置在距离村庄较近的低缓山坡或位置较高的阶台地上。

3）被洪水围困时的防御和求救。

a. 在突遭洪水围困于基础较牢固的高岗台地或砖混结构的住宅楼房时，必须立即向最高处或屋顶转移，并想方设法发出呼救信号，尽快与外界取得联系，以便得到及时救援，或等待陡涨陡落的山洪消退后即可解围。

b. 如果被洪水围困于低洼处的溪岸、土坎或木结构的住房里，情况危急时有通信条件的，可利用通信工具向当地政府报告洪水态势和受困情况，寻求救援；无通信条件的，可制造烟火或来回挥动颜色鲜艳的衣物或大声呼救，不断向外界发出紧急求助信号，争取尽早获救；同时要寻求体积较大的漂浮物，采取主动自救措施。

（6）食物中毒防治知识。

1）什么是食物中毒？健康人吃了"有毒食物"而导致的急性中毒疾病，叫作食物中毒。"有毒食物"包括：

a. 被细菌、真菌等微生物污染的食物。

b. 被致病微生物污染，并在繁殖过程中产生大量毒素的食物。

c. 被有毒化学物质污染，并达到了中毒剂量的食物，如打农药后没有冲洗干净的新鲜蔬菜、水果等。

d. 本身就含有毒性物质，在加工过程中毒性又未被去除的食物，如木薯、苦杏仁、毒蕈、毒鱼、河豚等。

e. 在储藏过程中，产生或增加了有毒成分的食物，如发芽土豆、霉变甘蔗、经高温熬炼后的食油等。

f. 外形与无毒食物难以区别而实际有毒的食物，如毒蘑菇等。

另外，生的或没有煮熟的食物容易致病，必须翻面才能热透的食物煮时要不时翻面，确保食物热透。

吃了未成熟的水果、暴饮暴食、对某些食物过敏，或经口感染的传染病、寄生虫病等导致的病理症状，不属于食物中毒的范畴。

2）怎样预防食物中毒？

a. 要养成良好的饮食卫生习惯，饭前饭后及上洗手间后要勤洗手，所有餐具、筲箕、砧板及菜刀在使用前都要清洗干净，并经常高温消毒，防止"病从口入"。

b. 生吃瓜果、蔬菜要反复洗净。有残留农药的蔬菜、水果食用前应浸泡几次并反复冲洗。

c. 肉类食物要煮熟，防止外熟内生。有些食物在食前应高温或高压处理，更不能吃腐烂、变质、变味的食物。

d. 按照低温冷藏的要求储存食物，控制微生物的繁殖。生熟食物要分开存放。各种食物都不宜存放过久。

e. 对不熟悉、不认识的动植物不随意采捕食用，更不能食用病死畜禽。

与中毒食物接触的餐具、用具、容器等要彻底清洗消毒，可用碱水清洗，然后煮沸。不能煮沸的用 0.5% 漂白粉浸泡 10min，然后清洗干净。

3）食物中毒后的急救方法。食物中毒一般多发生在夏秋季，发病一般在就餐后 24h 内出现恶心、呕吐、腹痛腹泻，严重的出现脱水和血压下降甚至导致休克危及生命。所以食物中毒后要及早进行救治，千万不要惊慌失措，冷静地分析发病的原因，针对引起中毒的食物以及吃下去的时间长短，及时采取如下三点应急措施：

a. 催吐。中毒早期可进行催吐、洗胃，常用的急救方法如下：

a）如有毒食物吃下去的时间在 1～2h 内，可采取催吐方法：立即取食盐 20g，加温开水 200mL 一次喝下。如还不吐，可多喝几次促进呕吐。也可用鲜生姜 100g，捣碎取汁用 200mL 温水冲服。如果吃下去的是变质的荤食品，则可服用"十滴水"来促进迅速呕吐。还可用手指、鹅毛或筷子等刺激咽喉，引发呕吐。如以上方法都无效可应用药物催吐，如口服吐根糖浆 30mL；口服吐酒石 0.1g 加 100mL 水；皮下注射盐酸阿扑吗啡 5～8mg。

　　b）洗胃，催吐效果不好者，立即洗胃。对于原因不明的食物中毒者，可用温开水、温盐水、淡肥皂水洗胃。

　　b. 导泻。如果病人吃下去有毒的食物时间超过 2h，且精神尚好，则可服用些泻药，促使中毒食物尽快排出体外。常用的导泻方法如下：用大黄 30g，一次煎服。老年患者可选用元明粉 20g，用开水冲服即可缓泻。老年体质较好者，也可采用番泻叶 15g，一次煎服，或用开水冲服，也能达到导泻的目的。

　　c. 解毒。如果是吃了变质的鱼、虾、蟹等引起的食物中毒，可采用以下方法解毒：取食醋 100mL，加水 200mL，稀释后一次服下。或采用紫苏 30g、生甘草 10g 一次煎服。若是误食了变质的饮料或防腐剂，最好的急救方法是用鲜牛奶或其他含蛋白质的饮料灌服。

　　需要强调的是，呕吐与腹泻是肌体防御功能起作用的一种表现，它可排除一定数量的致病菌释放的肠毒素，故不应立即用止泻药如易蒙停等。特别对有高热、毒血症及黏液脓血便的病人应避免使用，以免加重中毒症状。

　　但是，由于呕吐、腹泻造成钾、钠及葡萄糖等电解质的大量流失，会引起多种并发症状，直接威胁病人的生命。必须给病人饮用大量的温开水或其他透明的液体，这样可以促进致病菌及其产生的肠毒素的排除，减轻中毒症状。

　　如果经上述急救，病人的症状未见好转，或中毒较重者，应尽快送医院治疗。在治疗过程中，要给病人以良好的护理，尽量使其安静，避免精神紧张，注意休息保温，同时补充足量的淡盐开水。中毒病人的饮食要清淡，先食用容易消化的食物，禁止食用容易刺激胃的食品。

9.3　管理创新

9.3.1　水文巡测方案研究

　　卡洛特水电站坝址以上流域年内有双雨季，径流及洪水组成复杂，山区性河流产汇流快，预见期短。同时，由于测站所处位置交通、电力、通信等环境相对较差，安全环境情况复杂，在流域关键测站均安排中方水文人员驻测可行性不高。所以在吉拉姆河流域开展水文巡测管理实践非常紧迫且有必要，也可为"一带一路"类似项目水文测验提供经验借鉴和参考。

9.3.1.1　组织保障与技术路线

　　1. 组织保障

　　成立以项目组为领导小组的管理团队，由现场技术负责人负责具体组织。巡测成员以巴方员工为主，包含巴方工程师和巴方司机等专业成员。巴方工程师具体分工见表 9.3-1。为了在水情紧张、出勤频次较高时，能保障巴方员工可以轮换或者分组行动，现场定期对巴方员工开展水文基础业务技能培训，要求巴方员工重点学习和掌握，巴方员工常规业务技能见表 9.3-2。

表 9.3-1 巴方员工岗位职责（摘录）

序号	姓名	职称	工 作 职 责
1	巴方员工 1	首席工程师	（1）组织巴方测验人员认真学习和领会有关技术要求和测验方法。 （2）负责现场资料收集整理及临时问题的现场处理。 （3）合理组织生产，不断提高工作效率，严格按操作规程作业，保质保量按时完成生产任务，不出现违章操作现象。 （4）负责仪器设备管理，做到不丢失、不损坏。 （5）及时了解驻地安全形势，发生事故后立即采取措施，并按规定及时向中方人员和军方报告
2	巴方员工 2	工程师	（1）负责现场资料收集整理及临时问题的现场处理。 （2）合理组织生产，不断提高工作效率，严格按操作规程作业，保质保量按时完成生产任务，不出现违章操作现象。 （3）爱护仪器设备，确保不丢失、不损坏。 （4）及时了解驻地安全形势，发生事故后立即采取措施，并按规定及时向中方人员和军方报告
3	巴方员工 3	工程师	（1）负责现场资料收集整理及临时问题的现场处理。 （2）合理组织生产，不断提高工作效率，严格按操作规程作业，保质保量按时完成生产任务，不出现违章操作现象。 （3）爱护仪器设备，确保不丢失、不损坏。 （4）及时了解驻地安全形势，发生事故后立即采取措施，并按规定及时向中方人员和军方报告

表 9.3-2 巴方员工常规业务技能表

能力类别	培训和考评项目	能力类别	培训和考评项目
语言能力	能听懂中文，能说简单中文	专业技能	M9 流量测验
专业技能	流速仪清洗		水文缆道流量测验
	水尺校测		RTK GPS 测量
	三等水准测量		水位自记仪气管安装
	电波流速仪流量测验		雨量计清洗及注水试验
	瑞江 600kHz ADCP 流量测验		水位雨量遥测系统安装及维护

2. 技术路线

根据卡洛特以上吉拉姆河流域特点，并结合区域特点和水文站分布，将水文测验范围划分成 3 个区域，详见表 9.3-3。

表 9.3-3 卡洛特以上流域水文测验范围区域划分表

序号	巡测区域	区域特点	测验模式	住宿地点	人员安排
1	坝区	专用水文站、大坝上下围堰水位站、坝区雨量站以及临时观测设施	驻测	2G 信号覆盖，4G 信号主营地范围覆盖	以中方人员为主
2	坝区以上	MFD 站、CK 站、CH 站和 AP 站	驻巡结合	MFD 和 CK 站 4G 信号覆盖，其他无信号	以巴方人员为主，中方人员不定期检查
3		雨量站 1～11 等雨量站和水位站	巡测	6 号和 8 号雨量站无信号，其他站 2G 或 4G 信号	以巴方人员为主，中方人员进行汛前/后检查

根据水文测验区域划分，水文巡测管理从技术培训、制度建设、人文关怀等方面进行管理方案研究，基本技术路线见图 9.3-1。

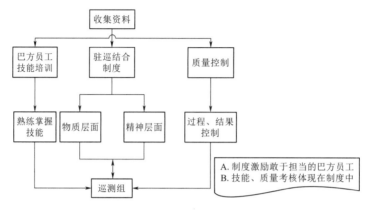

图 9.3-1　巡测基本技术路线结构图

9.3.1.2　测验方案和管理模式

1. 坝区

（1）管理模式。坝区各站包括专用水文站、大坝上下围堰水位站、坝区雨量站以及临时观测设施，其距卡洛特营地较近，管理模式采用驻测形式。除专用水文站因路暂不通，步行约需 50min 外，其他站驱车约在 30min 内到达。

（2）测验方案。

1）流量测验。常规测验方法采用缆道流速仪法，备用方法为 ADCP 走航测量、雷达波流速仪测流。

a. 测次布置。

a）按单一线布置测次，各测次大致均匀分布于各级水位，满足定线要求，年施测 30 次以上。

b）根据流量级施测多线两点，可用流速仪、走航式 ADCP 走航施测或 ADCP 定点施测。采用走航式 ADCP 施测时，提取多线垂线实测流速。分析流速横向分布情况。

c）观测期内的最高、最低水位附近布置测次。

d）当水流情况发生明显变化，改变了水位流量关系时，应根据实际情况适时增加测次。

e）测验条件允许的特殊水情宜增加测次。

f）如有洪水预报、水情报汛需要和业主需求时应及时增加测次。

b. 流速仪测流。

a）一般情况下，流速测量采用两点法（相对水深 0.2、0.8）进行测验，测速垂线的布设应能控制流速分布的转折点。

b）当 1.50m≤水深＜3.00m 时，流速按一点法（相对水深 0.6）施测；当 1.20m≤水深＜1.50m 时，流速按一点法（相对水深 0.5）施测；当水深小于 1.20m 时，测速垂线改为测深垂线。

c）水道断面可借用近期大断面的河底高程。测深垂线见表9.3-4。

表9.3-4 测 深 垂 线 表

测验方法	测速线点	起点距/m
铅鱼或测深仪	9～23线两点法	35、40、50、60、70、80、85、90、95、100、105、110、115、120、125、130、135、140、145、150、155、165、175

注 测流同时注意观测悬索偏角，并按规范要求进行湿绳改正；遇特殊水情或抓测洪峰时，可采用一点法（相对水深0.2）施测。

d）流速仪法测速垂线见表9.3-5。

表9.3-5 流速仪法测速垂线统计表

测验方法	测速线点	起点距/m
常规测验方法	6～13线两点法或一点法（相对水深0.2位置）	35、50、70、80、90、100、110、115、120、130、140、150、165
多线法	9～23线两点法	35、40、50、60、70、80、85、90、95、100、105、110、115、120、125、130、135、140、145、150、155、165、175

注 岸边流速系数0.70；半深流速系数0.96；相对水深0.2位置流速系数1.03；死水边界系数0.60。

c. ADCP测流。

a）采用ADCP走航测量时，一般情况应测2个测回，各半测回与2个测回平均流量之差一般不得超过5%，不能满足时应补测同航向的半测回。

b）水情变化急剧、测验条件困难时可只测1个测回，各半测回与1个测回平均流量之差一般不得超过5%，不能满足时应补测同航向的半测回。

c）ADCP流量资料按有关技术要求进行整理。

d）ADCP断面数据后处理软件提取水道断面数据，岸边距应实测或在大断面图上查读计算。

d. 雷达波流速仪测流。在不能使用流速仪或ADCP测流时，可用雷达波流速仪测流。

a）水面流速采用雷达波流速仪测定，垂线位置基本和测速垂线重合。

b）流量计算借用近期大断面成果。

雷达波流速仪测流水面流速系数为0.924。

e. 大断面测量。

a）流量断面，每年汛前、汛后各测1次（测至当年最高洪水位以上），测深垂线应均匀分布并能控制河床变化的转折点。

b）断面测量分岸上测量和水道断面测量两部分，测量点应控制地形变化的转折点。

c）岸上测量范围原则上测至调查最高洪水位以上0.5m。

f. 相应水位观测。

a）水位从自记固态存储数据中摘录。

b）每次测流后应及时点绘 $Z—Q$、$Z—A$、$Z—V$ 关系图，进行合理性检查。

2）泥沙测验——悬移质输沙率。

a. 测次布置。按断面平均含沙量过程线法布置测次，以控制含沙量的变化过程。测次主要布置在洪水时期，平、枯水期每月不少于 1 次。

进行流量选点法测验时配套进行悬移质输沙率选点法测验。

b. 测验方法。悬移质输沙率施测垂线统计见表 9.3 - 6。

表 9.3 - 6　　　　　　　　　　悬移质输沙率施测垂线统计表

测验方法	取样线点	起点距/m	使用条件
瓶式积深	3 线积深法	90、110、130	调压式采样器出现故障或超出调压式采样器适用范围
调压式全断面混合法	5 线两点法	90、100、110、120、130 各垂线取样历时分配权重：0.243、0.175、0.190、0.199、0.193	382.00m<水位<400.00m
多线法	6～13 线两点法	35、50、70、80、90、100、110、115、120、130、140、150、165	

注　当缆道故障时或特殊水情时，可在岸边取样，建立边断沙关系推求断沙。

3）泥沙测验——悬移质颗粒级配。

a. 测次布置。在洪峰或沙峰的变化转折处附近应布置测次，非汛期每月至少取样 1 次。进行悬移质输沙率选点法测验时配套进行悬移质颗粒级配选点法测验。

b. 测验方法和起点距。测验方法和对应起点距统计见表 9.3 - 7。

表 9.3 - 7　　　　　　　　　　测验方法和对应起点距统计表

测验方法	取样线点	起点距/m
全断面混合法	3 线 9 点法或 3 线积深法	90、110、130
多线法	5 线两点法	90、100、110、120、130

c. 沙样处理及分析。沙样从采样之日算起 15 天之内将浓缩处理后的沙样送泥沙分析室，采用 Bettersize2000 激光粒度仪分析，及时完成计算、校核、整编工作。

2. 坝区以上

（1）MFD 站、CK 站、CH 站和 AP 站。

1）管理模式。MFD、CK、CH 和 AP 站都采用驻巡结合的方式进行管理。除 AP 站距卡洛特营地约 2h 路程外，其他站都超 5h 路程，最远的恰可迪约需 8h，所以住宿除 AP 住卡洛特外，其他都住宿在 MFD。

2）测验方案。因上述所有站水文测验的主要目的是合理率定水位流量关系，为水情预报提供可靠的水文基础数据，所以，测验方案更关注中高水实测流量和满足率定水位流量关系曲线。

a. 测次布置。按卡洛特水情中心预报需求施测，主要分布于中高水位级。常规测验方法 ADCP 走航式施测，备用和高水时测验方案为雷达波流速仪施测。

b. ADCP 测流。

a）采用 ADCP 走航测量时，一般应测 2 个测回，每半个测回与 2 个测回平均流量之

差一般不得超过 5%，不能满足时应补测同航向的半测回。

　　b）水情变化急剧、测验条件困难时可只测 1 个测回，各半个测回与 1 个测回平均流量之差一般不得超过 5%，不能满足时应补测同航向的半测回。

　　c）用 ADCP 断面数据后处理软件提取水道断面数据，岸边距应实测或在大断面图上查读计算。

　　c. 雷达波流速仪测流。

　　a）在不能使用 ADCP 或流速仪测流时，可用雷达波流速仪测流。

　　b）雷达波流速仪测流与 ADCP 同步比测，不少于 3 次。

　　（2）雨量站 1～11 等雨量站和水位站。

　　1）管理模式。遥测雨量站和水位站分布在约 13500km^2 的面积内，站网平均密度约 440km^2，采用巡测的方式，全年汛前和汛后组织 1 名中方人员，2 名巴方工程师重点进行巡查，平时采用巴方工程师巡测的方式进行。

　　2）巡测方案。

　　a. 所有雨量站或水位站均按"无人值守，有人看管"的自动测报方式运行。

　　b. 自动测报段制：全年每天按 24 段制次（即 1h 发报 1 次）无条件自动报。

　　c. 各雨量站或水位站现场看管员负责现场设备保管及简单维护，如发现有损坏及时电话通知遥测设备维护人员。

　　d. 遥测设备维护人员每年汛前对所有站点进行巡查维护，完成雨量计检查，汛后（高海拔测站大雪封山前）对站点进行巡查维护；当仪器发生故障时，维护人员及时前往该站进行故障排除。汛前或汛后巡测行程基本安排见表 9.3－8。

表 9.3－8　　　　　　　　　　汛前或汛后巡测行程基本安排表

天数	内　容	备　注
第 1 天	上午从营地出发，途经 MR、KH 和 CK 时，将 MR、KH 检测完毕；住 MFD	检测 CK 雨量设施
第 2 天	雨量站 9、HB；住 MFD	
第 3 天	检测 CH；住 MFD	
第 4 天	检测 D、MFD；住 MFD	
第 5 天	检测 GLD；住 MFD	
第 6 天	检测 TH；住 MFD	
第 7 天	检测雨量站 1 和雨量站 7；住 NA	
第 8 天	检测 NA；住 MFD	单程约 100km
第 9 天	检测雨量站 3；住 MFD	
第 10 天	检测 CK 水文设备；住 MFD	
第 11 天	检测雨量站 10 和 BL；住 BL	
第 12 天	L 和雨量站 11；住伊斯兰堡	
第 13 天	返回营地	

9.3.2　员工属地化管理研究

　　水情自动测报专项在卡洛特水电站建设期现场服务过程中，分别涵盖办事处的设立运行、遥测站网基础设施建设维护，以及水情气象预报、水文测验、河道勘测、河床组成调查等业务工作。根据巴基斯坦国情和现场工作实际，需要聘请一些当地巴方人员，协助中方人员从事一些临时性、辅助性或者技术性工作。

1. 用工种类

从现场巴方员工的工作性质看，主要包括工勤类和技术类，且工勤类占比高于技术类。

（1）工勤类。此类巴方人员岗位主要包括司机、翻译、内务、设施设备看管、水尺水位观测等。

（2）技术类。此类巴方人员岗位主要包括遥测站网设备维护和水文测验技术专业人员。

2. 用工来源与形式

（1）来源。巴方员工来源一般通过社会招聘或者劳务中介公司推荐，也有少部分是通过新闻媒体、社交平台发布招聘信息而来，还有部分是协作方指派安排。

（2）用工形式。

1）直接聘用。现场项目部直接与巴方员工签订用工协议。

2）间接聘用。项目部与劳务公司签订用工合同，不与巴方员工直接发生合同关系。这种用工方式管理灵活，但用工成本相对较高，而且要找到一个正规、有实力、认真负责的劳务公司不太容易，想达到预期的效果较难。

3）外协用工。项目部需要对外委托当地机构提供一些技术服务工作，比如现场的气象预报。现场在要求对方提供技术服务成果的同时，还要求对方安排技术服务人员到现场值班值守，随时关注天气变化，及时修正更新气象预报成果。这类用工可以直接在外委合同中进行约定，并纳入合同执行考核，人员管理起来也相对规范。

水情自动测报专项在现场的用工根据不同阶段和需求，采用不同方式。在用工环节发生纠纷频次较高的，大多在合同中止环节。原因主要是对巴基斯坦的劳动法律法规不够熟悉，按照国内惯例与当地员工签订用工协议，协议条款不严谨，双方权利与责任约定不细等。

3. 管理方式

近年来，水文专项项目部积极响应国家的"走出去"战略，将技术服务拓展到缅甸、泰国、巴基斯坦、马来西亚、赤道几内亚等国。我们对即将赴现场工作的中方人员开展外事教育，要求他们尊重当地宗教信仰和风俗习惯，要求他们与当地居民和睦相处，要求现场的管理人员加强外籍员工的培养，取得了一定实效。以下方面还须进一步加强：

（1）充分考虑文化差异。在海外工作中，我们针对国内的员工长期在境外工作的实情，提高前方职工待遇并根据人员的需求和工作需求确定合理的人员轮换周期，后方采取了一些人性化措施，帮助员工解除后顾之忧，稳定了职工队伍，这是符合行为学观点的。我们将外籍人员的聘用和管理权限授予现场单位，并提出了友善热情等措施以留住外籍员工，调整工资方案及奖励方案以激励他们的业务学习、积极工作。但从实施的情况来看，主动性不足、技术培养难等问题难以妥善解决，外籍员工的管理难达到预期效果。现在看来，我们在异域文化的研究方面还很欠缺，还有待学习和改进。在人员招聘、管理、绩效评价体系及激励机制方面都应充分考虑文化因素。

（2）持续建章立制，培育制度意识。在项目实施初期，除了与巴方员工签订用工协议与安全协议外，对巴方员工的管理主要由现场负责人负责。但不同的负责人管理方式与风格各有差异，既给巴方员工带来工作苦恼，也不利于现场的工作交接与人员管理。

为此，项目部决定建立完善巴方员工管理制度，现场用工逐步规范，管理日趋顺畅。项目部先后制定了《巴方员工管理办法》《巴方员工考核办法》《巴方员工薪资管理办法》等规章制度，并通过现场的实践不断修改完善。

巴方员工从开始的适应中方现场负责人的管理方式，逐步转变为学制度、用制度、守制度的思想自觉和行为自觉。

（3）强化业务培训，提升用工效率。水文专业属于小众专业，在巴基斯坦很难找到专业完全对口的技术人员，因此技术类岗位的人员，在入职后均需要进行一定时间的专业培训方可正式上岗。

在岗前培训阶段，一方面是由现场中方人员一对一讲授岗位专业知识与仪器基本操作技能，另一方面也会用以老带新的方式，由技术能力较为扎实的巴方员工帮带新入职员工。本阶段的培训主要是满足最为基本的岗位需求，掌握最基础的仪器操作。

根据相关管理办法，巴方员工的薪资与其掌握业务技能挂钩。因此巴方员工入职后，要想上涨薪资，必须持续不断地学习，了解更多的专业技术知识，掌握更多专业仪器的使用操作方法。为便于巴方员工学习，项目部专门印制了英文版水文基本知识学习资料，每种仪器都有对应的英文操作指南，只要巴方员工想学，可以随时接受技术咨询。实际工作中，给新员工创造实操机会，现场指导帮助。现场也会根据中方人员工作情况，开展一些有针对性的业务技能培训。通过这些方式，最大限度地帮助巴方员工尽快成长。

项目部每 6 个月开展一次业务技能考核，考核项目由巴方员工自愿申请，考核结果作为薪资调整的重要依据。

从巴基斯坦的实际国情分析，项目部一般采取由巴方员工到达现场解决问题，中方人员在后方远程提供技术支撑的方式。这种方式从现在来看，是一种成熟可行的操作方式，不仅可以快速提升巴方技术人员技能水平，也可以很大程度地提高现场工作效率，保证服务质量。

（4）涵养企业文化，强化身份认同。由于中巴语言不通、风俗不同，中巴员工在身份融合上存在一些客观困难。为进一步加强融合，促进团结，凝聚合力，项目部一直致力于涵养企业文化，不断强化巴方员工的身份认同。

中巴两国的深厚友谊，彼此融合认同有坚实的基础，存在很大的可能。项目部尊重巴方员工的宗教信仰与风俗习惯，在工作生活中，做到平等对待，互帮互助。中方员工开展篮球、足球、羽毛球等娱乐活动，邀请巴方员工一块参加。巴方员工过斋月、开斋节等重要节日时，给巴方员工送上慰问，并参与他们的相关庆祝活动。中方员工过元旦、中秋、春节时，邀请巴方员工一起庆祝等。

巴方员工家属生病或者家庭存在较大困难时，积极组织项目部成员伸出援手，捐款相助。巴方员工工作表现突出，年度成长较快时，及时给予表扬，进行适当奖励。

总的来说，对于巴方员工的管理，现场采取工作上约束与激励并重，生活上关心与支持并举的方式，积累了一定的管理经验，可供大家借鉴参考。

4. 管理制度

（1）巴方员工管理办法。

一、总则

第一条　根据巴基斯坦卡洛特项目管理要求，结合水文工作实际，进一步规范巴基斯坦卡洛特项目水文专项项目部巴方员工管理，特制定本规定。

第二条　本规定适用于为卡洛特项目水文专项服务和工作的巴方员工。

二、招聘

第三条　人员招聘

（一）人员招聘按照因事设岗、总量控制、严格条件、注重素质、计划招聘、合同管理的原则。

（二）现场工作组如确因工作需要，需招聘巴方员工且用工时间超过三个月及以上时，需提出书面申请，报后方批准。

（三）招聘需根据岗位需求，按人员素质择优聘用。

（四）对替代性、辅助性岗位，由以长江设计院巴分公司名义与劳务派遣公司签订劳务派遣协议，实行劳务派遣；劳务派遣用工及临时性用工需签订安全生产协议。

（五）凡有吸食毒品、品行不端、身体状况不能满足工作岗位要求、未到法定用工年龄等情况者，不得聘用。

（六）经审查合格的巴方人员，由项目部办理聘用手续。根据不同工作性质，签订相应合同：由项目部直接聘用的，签订《劳动合同书》；对替代性、辅助性岗位，与相应劳务派遣公司签订派遣协议。

（七）聘用人员上岗前三个月为试用期，试用人员报到时，应向项目部缴验：身份证原件、复印件及有效健康证明；无犯罪记录证明；最高学历毕业证书、学位证书；人事档案资料（含家庭成员相关信息）；其他必要资料。

第四条　人员解聘

（一）合同期满解聘：根据签订的聘用合同，期满后没有续签聘用合同的，可视为解聘。

（二）协商解聘：合同期未满，但根据工作需要或双方意愿，经聘用双方协商一致，可以解除聘用合同。

（三）员工有下列情形之一的，项目部可单方面解除用工合同：

（1）员工试用期考核不合格的。

（2）连续旷工超过3个工作日或者1年内累计旷工超过7个工作日的。

（3）不服从工作安排，或无特殊原因不按时完成工作任务，经项目部负责人提出2次正式警告，拒不改正的。

（4）屡次违反劳动纪律，项目部负责人提出2次以上正式警告，拒不改正的。

（5）严重扰乱工作秩序，致使工作不能正常进行的，经项目部提出警告，拒不改正的。

（6）连续2次技术考核最后一名，项目部将解除该工程师劳动合同。

（7）连续2次行车检查未按要求记录者，项目部将解除该驾驶员劳动合同。

（8）帮厨连续 2 次受到警告，项目部将解除劳动合同。

（9）清洁工连续 2 次受到警告，项目部将解除劳动合同。其要保持营地公共区域的卫生和整洁，如营地内垃圾清理、除草和房屋打扫等。

（四）员工违反工作规定或操作规程，发生责任事故或者失职、渎职，造成较大经济损失或造成不良社会影响的。员工违反当地法律、教规和风俗的，并且责任由员工自己承担，项目部可单方面解除用工合同。由第三方造成的事故，不属于本条。

三、工资及待遇

第五条　巴方人员的工资及其他待遇根据员工基本条件、所在岗位技术含量、任务完成情况并参考当地同类人员工资指导价确定，在合同中明确。

第六条　特殊工作岗位由双方根据社会同等工作岗位的基本工资标准，协商确定。

第七条　工资调整

（一）工资标准可依据社会同等岗位薪资调整幅度，予以适当调整，具体调整幅度由现场项目负责人确定。

（二）工程师可根据其业务掌握程度，申请晋级，根据《卡洛特项目水情专项工程师工资待遇管理办法》调整工资待遇。

第八条　巴方员工工资统一在当月最后一天发放，其他时间不发放工资，除当月最后一天，财务人员未在现场例外。

第九条　其他

解聘当月，工资一般按实际工作天数计算。试用不满三日，不发工资；离职但未提前一月书面报告，不发当月工资。

四、日常管理

第十条　考勤

（一）除巴国法定且经项目部认可的节假日外，其余时间均为工作日，在工作日期间，巴方员工需按劳务合同要求，每日上午 8：00 到指定中方人员处签到（帮厨可延迟到上午8：30），并按照当日工作内容做好工作准备，无特殊原因未按时签到者按迟到统计。

（二）晚上 7：00 后仍在工作，从下午 5：00 至工作结束计入工时，并累计时间，参照 24h 为 1 天的计算方法，公司单月支付超时工资，12～24h 为 1 天，小于 12h 不计算工资。计算超时工作时间，只在营地范围内，其他不计算。

（三）每月第一天由中方人员统计上月巴方工作人员出勤情况，按迟到、旷工、请假三种情况统计缺勤情况。

（四）迟到 3 次以上者扣发当月工资的 2％，迟到 5 次以上者扣发当月工资 4％，迟到10 次以上者扣发当月工资的 10％；无故旷工 1 天者扣发当月工资的 5％，无故旷工 2 天者扣发当月工资的 10％；每月正常休假及请假需经现场项目负责人批准，除每月 4 天正常休假外，请假天数每天按月工资 2.5％扣减。无故旷工超过 10 天（含 10 天）以上者，将无条件予以辞退。

第十一条　休假程序

（一）巴方员工享有休假权利，每月最多可休假 4 天，其余时间为工作日（帮厨和清洁工除外）。休假天数原则上不得累加，需要累加者，需向现场负责人提出书面申请，同意后方可累加。

（二）休假前巴方人员需提前向现场项目负责人提出口头申请，并填写休假申请单，获得负责人同意后，方可休假。休假申请单由中方专人负责管理，未提出申请，未获得现场负责人同意，私自休假者按旷工处理。休假结束后需及时返回，最晚不能晚于休假结束后的第二日上午 8：00。

（三）每月休假未超过 4 日者，正常发放当月工资、补休或发放加班费。超过 4 日者按照第十条的规定执行。

五、安全管理

第十二条　巴方员工人身安全由自己负责。

第十三条　除劳动（劳务）合同外，巴方员工还应签订《安全生产合同》。员工应严格遵守《安全生产合同》有关规定，确保安全生产。

（2）巴方工员工技能考核方案。

为进一步规范现场巴方员工管理，巴方员工需以自学与集中培训相结合方法开展技能培训，巴方员工掌握专业技能的多少与熟练程度作为工资待遇调整的重要参考。现场项目部定期组织巴方员工开展技能考核测评，考核内容主要有语言能力、社会能力、和专业技能等方面，具体教育方案如下。

一、语言能力考评

第一条　英语水平考试，考试内容为与工作相关的信函起草，在 45 分钟内完成，考核组按照考试完成质量给予赋分，满分 10 分。

考核内容：①给安保人员写一份关于中国人计划去开展水文巡测需申请安保的信函；②独立完成一张请假条。

第二条　按照平时的工作实际，考核组对巴方技术人员进行中文语言能力评定，考察的主要内容为水文工作场景对话、测验方法、仪器设备名称等，按中文交流顺畅程度、中文口语表达能力、中文理解能力、水文项目常用中文水文名词熟悉程度四个方面对其赋分，每项 2.5 分，共计 10 分。

考核内容：①展示一张工作场景图片，考生用中文描述工作内容、所用仪器、工作方法等；②随机展示 5 张水文仪器设备图片，准确说出其中文名称。

第三条　语言能力考评综合得分按下式计算：

综合得分＝考试成绩×60％＋语言能力评定×40％。

二、社会能力考评

第四条　社会能力考试，考试内容为公司相关工作制度、水文站网和测验项目等，在 45 分钟内完成，考核组按照考试完成质量给予赋分，满分 10 分。

第五条　按照平时的工作实际，考核组对巴方技术人员进行社会能力评定，按对制度熟悉程度、巴基斯坦地理及法律熟悉程度，与对方沟通协调能力，解决工作中的突发问题的能力，对卡洛特水文站网及地理环境的熟悉程度，个人勤奋程度及个人卫生状况等 6 个方面对其赋分，每项 1.5 分，共计 10 分。

注：本项由中方评委根据平日工作表现逐一进行评分，不需要书面考试。

第六条　社会能力考评综合得分按下式计算：

综合得分＝考试成绩×60％＋社会能力评定×40％。

三、专业技能

第七条 流速仪清洗

（一）清洗前准备 2.0 分（5 分钟）

准备好汽油、托盘、干毛巾、毛刷、万用表、钟表螺丝刀，并按次序摆放整齐，打开流速仪仪器箱，检查仪器桨叶编号与鉴定证书编号是否一致，用干毛巾擦拭干净流速仪上的泥沙、水分等。

（二）流速仪清洗 5.0 分（10 分钟）

依次拆下尾翼、旋桨、身架、轴套，按顺序清洗轴承、内外隔套、接触齿轮，用万用表检查接触丝，清洗完成后逆序安装各部件，在旋桨内腔加注润滑油，把转轴靠自身重力落入旋桨内腔，安装轴套、身架等。

（三）流速仪检查 2.0 分（3 分钟）

将流速仪水平悬空放置，口吹桨叶，检查旋转灵敏度。用万用表检查信号清晰度及长度。检查喇叭口缝隙，保持 0.2～0.3mm 为宜。

（四）流速仪装箱 1.0 分（2 分钟）

用干抹布擦拭流速仪，桨叶编号朝上放入仪器箱，检查鉴定证书及其他部件是否齐全，关箱。整理工具，将废油倒入回收容器。

第八条 水尺校测

（一）仪器整平 3.0 分（时间控制：5 分钟）

（1）松开三脚架的伸缩螺旋，按需要调节三条腿的长度后，旋紧螺旋。安置脚架时，应使架头大致水平，对泥土地面，应将三脚架的脚尖踩入土中，以防仪器下沉；对水泥地面，要采取防滑措施；对倾斜地面，应将三脚架的一只脚安放在高处，另两只脚安置在低处。

（2）打开仪器箱，记住仪器摆放位置，以便仪器装箱时按原位摆放。双手将仪器从仪器箱中拿出平稳地放在脚架架头，接着一手握住仪器，另一手将中心螺旋旋入仪器基座内旋紧，并用手试推一下仪器检验是否已真正连接牢固。

（3）调平。水准仪的粗平是通过旋转仪器的脚螺旋使圆水准的气泡居中而达到的。精平操作时，右手大拇指旋转微倾螺旋的方向与左侧半气泡影像的移动方向一致，注意微倾螺旋转动方向与水准管气泡向移动方向的一致性，可以使这一步的操作既快又准。

（二）观测记录 4 分（时间控制：20 分钟）

在专用站测量评委指定的任意连续五根水尺桩，并记录在测量本上。

（三）结果计算 3 分（时间控制：5 分钟）

在规定时间内整理出结果。

第九条 三等水准测量

（一）仪器整平 3.0 分（时间控制：5 分钟）

（1）松开三脚架的伸缩螺旋，按需要调节三条腿的长度后，旋紧螺旋。安置脚架时，应使架头大致水平，对泥土地面，应将三脚架的脚尖踩入土中，以防仪器下沉；对水泥地面，要采取防滑措施；对倾斜地面，应将三脚架的一只脚安放在高处，另两只脚安置在低处。

（2）打开仪器箱，记住仪器摆放位置，以便仪器装箱时按原位摆放。双手将仪器从仪器箱中拿出平稳地放在脚架架头，接着一手握住仪器，另一手将中心螺旋旋入仪器基座内旋紧，并用手试推一下仪器检验是否已真正连接牢固。

（3）调平。水准仪的粗平是通过旋转仪器的脚螺旋使圆水准的气泡居中而达到的。精平操作时，右手大拇指旋转微倾螺旋的方向与左侧半气泡影像的移动方向一致，注意微倾螺旋转动方向与水准管气泡向移动方向的一致性，可以使这一步的操作既快又准。

（二）观测记录5分（时间控制：30分钟）

在专用站，从基本点测到校核点，并记录在测量本上。

（三）结果计算2分（时间控制：5分钟）

在规定时间内整理出结果。

第十条　雷达波流速仪测流

（一）安置仪器2分（时间控制：5分钟）

准确放置固定雷达波流速仪的起始位置；检查连接雷达波发射探头，要求：必须保持45°角且面对来水方向；检查连接电脑端无线接收器。

（二）雷达波测流行车控制程序准备2分（时间控制：5分钟）

准确填入测时水位、停泊点起点距、待测速垂线起点距；打开机器人电源开关，通过串口与机器人建立数据通信，信息确认无误后，点击"行车状态"，机器人行车状态信息将显示在通信信息窗口，检查状态良好后，方可测流。

（三）电波流速仪测量3分（时间控制：20分钟）

点击"启动测流"，完成所有垂线表面流速测量后自动返回停泊点；测流完成后，行车返回到停泊点时，要按一下"停泊点复位开关"行车才能停下来，并关闭电源。要求：记录测量结果，并记录出开始、结束时间。

（四）水位引测并计算结果3分（时间控制：10分钟）

用水准仪测量出从引据点到水边的水位，操作规范，结果记录合理。结果计算误差在±1cm内为正确，得3分；误差超过±(1～2)cm扣0.5分；误差超过±(2～3)cm扣1.0分；误差超过±(3～4)cm扣1.5分；误差超过±5cm为0分。

第十一条　瑞江600kHz ADPC测流

（一）仪器设备检查1分（时间控制：5分钟）

检查仪器设备，岸边操作穿戴好救生衣。

（二）仪器连接2分（时间控制：15分钟）

依次正确连接好水下电台、ADCP、GPS；岸上电台与电脑连接，确认连接正确后，将电源线与电源分别连接，切勿接反；安装时ADCP 3#探头方向必须保证与船头一致。

（三）WinRiver2.0软件操作测流4分（时间控制：20分钟）

选择端口连接，端口测试；站点名设置；保存文件名设置。

按F4，开始发射，按F5开始采集，输入左岸距离，此时应稳住测船，定点采集5～10组信号。采集5～10组信号完毕后，指挥三体船，开始走航，走航时应保持船速与流速接近或小于流速。三体船快要接近岸边时，提示缆道操作人，停止走航，稳住测船，采集岸边 5～10 组信号后，F5 停止采集。重复以上过程，进行至少四个测回。完成后按 F4 停止发射。回放数据，尽量满足信号完整，水深分布合理，流速矢量棒均匀，往返偏差 5％内。关闭软件。

（四）结束测量 2 分（时间控制：10 分钟）

关闭 WinRiver2.0 软件，测量完毕后断开电源，拆解水下岸上设备及其他部件，装箱归位。

（五）结果计算 1 分

结果正确得 1 分。

第十二条　Sontek M9 测流

（一）仪器设备检查 1 分（时间控制：3 分钟）

检查仪器设备是否齐全完好，水边操作穿戴好救生衣。

（二）仪器安装连接 2 分（时间控制：10 分钟）

依次将 M9 探头、通信模块、GPS 天线正确安装在三体船上并有效连接、确认连接正确后打开电源开关，并检查牵引绳是否结实安全牢靠。然后将岸上部分通信模块和电脑连接。

（三）RiverSurveyor Live 软件操作测流 4 分（时间控制：20 分钟）

在电脑上打开 RiverSurveyor Live 程序，连接系统，更改站点设置（站名、站号、地点、组织人员等信息），进行罗盘校正（原地转 2 圈用 1～2 分钟时间），更改系统设置（探头入水深和 GGA 模式），然后三体船下水，将三体船停在岸边，（F5）开始系统—（F5）开始河岸输入岸边距—（F5）开始走航，尽可能停住开始采集数据，采集 10 个剖面数据，然后均匀移动三体船开始走航，到河对岸停住三体船采集 10 个剖面数据（F5）结束河岸输入岸边距，（F5）结束本航次。测 2 个来回，然后停止测量。

（四）结束测量 2 分（时间控制：10 分钟）

关闭 RiverSurveyor Live 软件，测量完毕后断开电源，依次拆解水下岸上设备及其他部件，有序把设备装箱归位。在安装和拆解设备过程中，动作要轻拿轻放，条理清晰。

（五）结果计算 1 分（时间控制：2 分钟）

结果正确得 1 分。

第十三条　水文缆道测流操作

（一）流速仪安装 2.0 分（5 分钟）

打开流速仪仪器箱，检查流速仪鉴定证书，水平拿起流速仪，口吹流速仪检查灵敏度，万用表打到蜂鸣器，检查流速仪信号是否正常。安装好流速仪尾翼，将流速仪安装在铅鱼支架上，安装好信号线，安装好铅鱼尾部开关，接通铅鱼上部信号线。

（二）发电机开机 1.0 分（5 分钟）

检查发电机机油状况，检查发电机水箱水量，检查发电机油箱存油量，用钥匙开启启动锁，打开电瓶开关，按下打火按钮启动发电机，等发电机运行 5 分钟输出电压稳定后，打开发电机送电开关，打开配电箱中的空气开关给操作房供电。

（三）信号测试 2.0 分（5 分钟）

开启电脑，打开操作房中铅鱼信号开关，打开控制台电源开关，铅鱼连接测试信号线，依次检查水面信号、流速仪信号。

（四）测流软件及缆道控制操作 4.0 分（30 分钟）

打开测流程序，输入开始水位，开始测流时间，填入流速仪公式、测次、天气等测流信息，按照考核组要求按两点法施测两条垂线的流速。

按下上升按钮缓缓升起铅鱼，上升 2m 左右后按下停止按钮，按下操作台上的"复位"按钮，起点距复位。按下前进按钮，调节变频器旋钮控制铅鱼按照合适速度前进至目标垂线，按下停止按钮，按下下降按钮，将铅鱼下放到相对水深 0.2、0.8 出施测流速，测速时间 100s，测速完成后收回铅鱼，检查铅鱼归零情况。填写结束时间，完善测流信息。计算测流成果，打印流量测验记载表。

（五）成果检查 1.0 分（5 分钟）

检查断面对比图，检查流速对比图，在水位流量关系图上点绘流量、面积、流速测点，判断其合理性。

第十四条 RTK GPS 测量

（一）安置仪器 4 分（时间控制：8 分钟）

将基准站脚架置于已知点后，并将基座对中整平；检查并用延长杆连接 GPS 接收机置于基座上；检查连接外挂电台天线，并将天线杆拉到位置；将数据线、天线、电源线与移动电台分别连接。检查外部设备确认连接无误后，再将电源线与电源连接，必须保证连接正确，切勿接反。将 GPS 测量杆装好，调至需要的高度紧固。将手簿固定夹连接好，安装在测量杆上，将电台天线安装在 GPS 接收机上。

（二）设置基准站、移动站 3 分（时间控制：8 分钟）

依次打开移动电台、基准站、移动站。拿起手簿，打开软件，新建项目（以选手编号）。检查参数（坐标系统源参数）、当地椭球选择、输入设置转换模型参数以及选择（中央子午线）坐标系统投影方法。

通过蓝牙连接手簿和基准站，量取并输入正确的杆高以及已知点坐标，数据链选择外部数据链，点击设置成功，此时检查移动电台信号灯不停闪烁，连接成功。可断开基准站。

（三）碎部测量 1 分（时间控制：5 分钟）

采集时输入正确天线高并保持气泡居中。对一个已知点进行校核。测量完毕校核无误后进行未知点测量。注意：采集状态应该是固定解。

（四）结束测量 1 分（时间控制：8 分钟）

测量完毕后取下手簿。将外挂电台、基准站、移动站依次关机，拆卸测量杆及其他部件，装箱归位。

（五）查看结果 1 分（时间控制：3 分钟）

打开：记录点库，进行坐标抄录。

第十五条 水位自记仪气管安装

（一）仪器端气管安装 4 分（10 分钟）

用小刀将气管一端切出平整截面，依次将气密螺母，气密垫圈套在气管上，将气管塞入仪器下部出气铜管，压入气密垫圈，扭紧气密螺母。

（二）水位自记仪探头安装 4 分（10 分钟）

用小刀将气管另一端切出平整截面，依次将气密螺母，气密垫圈套在气管上，将气管塞入铜质探头气管孔，压入气密垫圈，扭紧气密螺母。

（三）气密性检查 1 分（10 分钟）

用肥皂水涂抹在气管与供气设备连接处，看是否有气泡冒出，确定气密性良好。

（四）水位自记探头高程计算 1 分（3 分钟）

水位自记仪示数稳定后，观读人工水尺水位，通过水位－仪器示数＝探头高，计算探头高。

第十六条　雨量计清洗及注水试验

（一）雨量计清洗 4 分（10 分钟）

打开雨量计外筒底部螺丝，轻轻取下外筒，拆开数据线，用万用表检查干簧管是否正常，用毛刷轻轻刷洗雨量计翻斗，清除翻斗内部杂物，拆下雨量计外筒滤网，用清水清洗干净，将滤网装在外筒上，检查雨量计底部气泡是否居中，如果未居中调节基脚螺丝，将气泡调居中，将雨量计外桶轻轻套在雨量计底座上，将水平尺放在器口，三个方向保持水平，扭紧螺丝。

（二）注水试验 4 分（10 分钟）

按照 0.5mm、2mm、4mm 雨强各做一次注水试验，0.5mm 注水量 4mL，2mm 雨强注水量 15mm，4mm 雨强注水量 30mm。注水速度尽量均匀，单次注水时间不能少于 7 分钟。将注水试验成果填入表格。

（三）雨量计精度评定 2（5 分钟）

分别计算 0.5mm、2mm、4mm 雨强注水试验仪器误差，0.5mm 雨强用绝对误差表示，2mm、4mm 雨强用相对误差表示。模拟小雨强误差不超过±0.5mm，模拟中、大雨强误差不超过±4％。

第十七条　水位雨量遥测系统安装及维护

（一）遥测系统连接组装 3.0 分（时间控制：15 分钟）

全套遥测系统连接组装，并能正常运行。设备包括：太阳能板、蓄电池、YAC9900、雨量计、水位计、北斗终端机。

（二）SD 卡数据备份及读取 1 分（时间控制：5 分钟）

SD 卡数据备份至笔记本，理解 SD 卡中的数据并正确读取出时间、雨量、水位。

（三）RTU 配置 3 分（时间控制：10 分钟）

能根据需求正确配置 RTU，数据接收正常。

（四）注水实验 1 分（时间控制：10 分钟）

根据要求向雨量筒注水，并进行数据验证。

（五）常规问题定位及排查 2 分（时间控制：20 分钟）

评委现场随机对遥测系统制造故障，被考核人员进行故障排查。

9.3.3　技术合作与交流

1. 气象合作

为保障现场水情预报精度，需要当地准确的气象预报做支撑。为此，水文专项项目部与巴基斯坦当地气象服务公司自 2016 年起开展气象合作，双方签订气象服务协议，为中方提供短、中、长期天气预报，极端天气预报以及区域天气预报等服务，根据现场实际需要，派气象工程师到现场驻守服务，大大提高了现场水情预报的精度与质量。

为进一步提高预报精度，2017 年业主和项目部相关技术人员到气象服务公司参观交流，就预报区域划分、卫星雷达布设、实测数据共享、气象成果研究、人才培养交流等方面开展讨论，为提高预报质量与深化服务合作奠定坚实基础。2018 年气象服务公司负责人到卡洛特水电站现场调研水文气象服务工作，介绍了巴基斯坦相关气象预报采用的技术方法，气象雷达调试运用情况以及年度气象服务计划。

从连续多年的合作成效看，水文与气象深度耦合对延长水情预报预见期大有帮助，双方交流合作也有较大的潜在空间。比如可以持续强化基于雷达、卫星资料的监测预报预警能力，强化分类别、分强度、极端性灾害性天气监测业务，持续推动基于雷达、卫星等多源资料的降水预报系统建设，建立涵盖雷达、卫星、地面站雷电等资料共享共用，发展基于机器学习的雷达识别外推技术等，利用数值模拟等多种方式结合，提高无资料地区降水资料质量，丰富水文资料。

2. 业务交流

水文专项项目部根据现场工作安排，为将现场水情预报服务工作做得更好，积极同巴基斯坦政府相关部门或者流域水电站开展业务交流学习，相互借鉴，共同提高。

（1）水电发展署。巴基斯坦水电发展署（WAPDA）代表政府统管全国水利、电力基础设施的发展、建设，是主管巴基斯坦水文业务的政府机构，总部位于巴基斯坦拉合尔市。

在卡洛特水电站施工建设期间，水文专项项目部每年至少到水电发展署拜访一次，了解巴基斯坦水文工作开展情况和水文资料收集情况，介绍卡洛特水电站水文服务中使用的新技术新设备新方法。

2018 年水电发展署安排技术团队到卡洛特水电站对水文工作开展考察调研，参观了卡洛特水电站施工现场和水情中心，观摩了水文缆道流量测验、测流机器人流量测验，并就中方水文测验技术与方法进行了讨论交流。

（2）N-J 水电站。巴基斯坦尼鲁姆·杰鲁姆水电站（N-J 水电站）位于卡洛特水电站上游，目前已建成投产，该电站发电泄流对卡洛特水电站入库水量变化有一定影响。

2019 年 N-J 水电站项目总监率组到访卡洛特水电站，对现场水文服务工作进行调研交流。调研组参观了卡洛特水电站施工现场和水情中心，对水文专项的气象站，水文测验设施设备进行了详细了解，并向现场人员介绍了 N-J 水电站相关信息。双方还就 N-J 水电站水文资料收集观测、蓄放水信息共享等方面进行了交流。

第10章
结论与展望

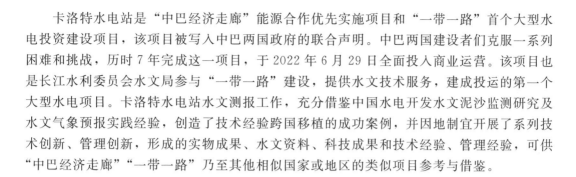

卡洛特水电站是"中巴经济走廊"能源合作优先实施项目和"一带一路"首个大型水电投资建设项目，该项目被写入中巴两国政府的联合声明。中巴两国建设者们克服一系列困难和挑战，历时 7 年完成这一项目，于 2022 年 6 月 29 日全面投入商业运营。该项目也是长江水利委员会水文局参与"一带一路"建设，提供水文技术服务，建成投运的第一个大型水电项目。卡洛特水电站水文测报工作，充分借鉴中国水电开发水文泥沙监测研究及水文气象预报实践经验，创造了技术经验跨国移植的成功案例，并因地制宜开展了系列技术创新、管理创新，形成的实物成果、水文资料、科技成果和技术经验、管理经验，可供"中巴经济走廊""一带一路"乃至其他相似国家或地区的类似项目参考与借鉴。

10.1　主要研究成果

本书发稿时，水文测报工作已经进入工程运行服务阶段。

卡洛特前期水文监测工作主要在 2012—2013 年实施，设测 E 级 GPS 控制 4 点、1 级图根控制 50 点，测绘 1∶1000 大断面 58 个、1∶2000 水下地形 0.52km^2、岸上地形 6.8km^2，洪水调查 33 处；新设水文（位）站 3 个，观测水位 3 站年、降雨量 2 站年，开展大断面测量 1 次，流量测验 64 次，悬移质含沙量测验 27 次，颗粒级配测验 4 次，收集含沙量历史资料 3 站年；在坝址河段及库尾河段各设测水位标点 12 个，各 12 个比降观测断面、各 8 个流场测验断面高、中、低水测验各 1 次；河床组成勘测标准坑 20 个、散点 17 个，调查河段 30km。收集到宝贵的一手资料在水文设计复核中发挥了重要作用。

卡洛特水电站施工期水文测报工作从 2015 年 12 月开始，到 2022 年 6 月结束，建设了卡洛特以上吉拉姆河流域巴基斯坦境内水文泥沙观测及自动测报站网，建立了较为健全的测报技术体系和质量管理体系。通过 7 年的努力，收集到丰富的水文泥沙、气象、河道地形观测资料和分析成果。截至 2022 年 12 月，已开展了 7 年度观测和分析，共计完成水文（泥沙）、水位观测 85 站年，气象观测 7 站年，上游站网巡测 20 站次；测绘 1∶1000 大断面 58 个、1∶2000 水下地形 4km^2、岸上地形 18km^2；河床组成勘测标准坑 20 个、散点 17 个，调查河段 30 余 km；发布预报预警信息近 730000 条；编制专题洪水分析报告 15 余篇。这些工作为卡洛特水电站施工安全度汛提供了重要支撑，为卡洛特水库泥沙淤积、库尾河段演变分析、排沙调度、溃坝试验研究及数学模型验证提供了重要基础，为运行调度研究积累了大量原型观测成果。

（1）吉拉姆河为印度河流域中较大的流域水系之一，位于季风区，12 月至次年 2 月为东北季风季节，3—5 月为热季，6—9 月为西南季风季节，10—11 月为过渡期，径流以融雪水和季节性降雨补给为主，源头没有永久冰川覆盖。受地形和季节影响，降水分配不均，有双雨季特征。

1）卡洛特水电站工区 2017—2021 年 3 月平均降水量占全年的 3.1%～19.9%，年际变化较大，7—8 月降水量占全年的 40.9%～58.3%，年降水量在 1154.5～1502.5mm 之间变化。根据 2016—2021 年资料分析结果，卡洛特坝址的径流主要集中在 3—9 月，最大月平均流量值为 1710m^3/s，出现在 5 月，最小月平均流量值为 123m^3/s，出现在 1 月；观测期内最大流量为 3180m^3/s，年径流量在 155.9 亿～258.6 亿 m^3 之间变化。卡洛特专用水文站实测最大含沙量为 6.20kg/m^3，悬移质年输沙量在 399 万～1160 万 t 之间变化。流域内泥沙大多数由地质侵蚀和地震运动引起，也包括降雨及人类活动引起的土壤侵蚀。施工期实测资料成果表明，吉拉姆河实测水文资料成果与设计阶段收集的水文、气象、泥沙特性成果基本一致。

2）全流域性暴雨洪水是卡洛特坝址的主要洪水类型之一。通过对 2017—2020 年多场全流域性暴雨洪水分析，暴雨历时在 11.0～23.0h 之间，面平均降雨量在 35.5～95.0mm 之间，最大 1h 降雨量在 17.0～49.0mm 之间，暴雨中心多在 AP—卡洛特之间，属于近坝区。除"20180420"和"20200327"等少数几场暴雨时程和空间分布较为均匀外，多数场次暴雨时程和空间分布不均。各地暴雨发生时间有所差别，各时间段降雨量也存在较大差别，不同站点累计降雨量也有所差别。全流域性暴雨洪水因其暴雨时程和空间分布原因，洪水涨落过程有很大差别。从统计多场暴雨洪水所得规律及多年水文预报经验可知，越是上游控制站，洪水涨幅一般越小；汇流面积越小，洪水涨幅越小；区间面平均降雨量越小，洪水涨幅越小。全流域暴雨洪水的洪水预见期较短，多在 2～5h，洪水历时在 22.0～62.0h 之间，与暴雨历时相应，洪水涨幅在 730～1800m^3/s 之间，退水时间在 7.5～38.5h 之间。一般下游洪水尚未退去，上游洪水紧接着已经到来，易形成复式峰。由于全流域性暴雨洪水降水历时长、降水总量大，导致区间来水量大，所以洪水涨幅较大。

3）根据 2017—2020 年多场暴雨洪水分资料分析，近坝区暴雨洪水是卡洛特水电站坝址洪水的另一主要类型。近坝区暴雨洪水主要是由 CK—卡洛特坝址区间暴雨形成的洪水。近坝区暴雨降水历时普遍较短，从降水开始到结束一般不超过 6h，尤其是强降水时间主要在 1～3h。近坝区短时暴雨主要发生在 7—8 月，形成原因为西南季风造成的局部气候。统计多场近坝区暴雨，得到暴雨面平均降雨量在 30.0～120.0mm，最大 1h 降雨强度可能超过 50mm/h。分析期内多场洪水统计结果表明，近坝区暴雨洪水汇流时间短，仅为 1～3h；涨水快，历时仅在 1.17～2.42h，洪水涨幅在 191～1140m^3/s 之间，历史退水也快，仅在 2.00～6.50h；近坝区暴雨洪水的预见期只有 30～60min，时间极短。选取多场近坝区暴雨洪水，统计其区间来水最大 3h 洪量占比，主要在 20%～60% 范围内，与暴雨历时、暴雨降水总量和前期土壤含水量 P_a 值正相关。分析表明，CK 站以上来水为坝址洪水起到筑基作用，而 CK—卡洛特坝址的区间来水则起到造峰作用。

由于实测资料有限，卡洛特坝址洪水特性仍有待进一步研究。

（2）水电开发水文测报技术体系构建，宜先摸清开发流域内的水文技术现状及已有研究基础，深入分析工程对水文技术工作的需求后进行。水文测报体系构建应遵循符合资方发展战略并满足工程需要、兼顾阶段需求与长远需求、符合项目所在国法律法规政策、满足规程规范的规定，以及因地制宜、科学高效、生产安全、管理方便、经济实用、可靠性与先进性相结合等基本原则。体系构建工作内容一般包括：分析需解决的技术问题、界定技术研究范围、明确技术工作内容与要求、研究技术方法与参数指标、提出资源配置方案、研提适用技术标准、拟定质量管理要求、确定科技成果凝练目标等。水文测报技术体系构建要注意通用性与针对性相结合，考虑现状与远景，在综合分析技术、经济、安全的基础上，科学审慎地提出切实可行的方案，并结合拟定的进度计划有序实施，遵循 PDCA

方法，以工作质量促水文成果质量。可在总体框架下，构建水文监测体系、水文气象预报体系、质量管理体系等二级体系。中国的三峡工程、金沙江梯级水电工程，以及卡洛特水电站，其水文泥沙监测研究及水文气象预报实践成果十分值得借鉴。对于国际水电开发水文技术标准，有中国国家及行业标准、ISO 标准、WMO 标准、项目所在国家或地区标准可供选用，需视项目工作实际需要及监理单位或"业主工程师"要求协调采标，工程设计、建设采用中国标准的，水文技术标准宜采用中国标准。国际化项目，一般采用 ISO 9001 质量管理体系进行质量控制，并视需要执行 ISO 14001 环境管理体系、ISO 45001 职业健康安全管理体系。

（3）水电工程水文泥沙监测、水文气象预报都是重要的非工程措施。其中，监测布局是核心基础，其工作思路、监测手段、技术要求与基本水文测站相比有所异同。水文气象信息保障是水文气象预报体系正常运行的重要前提和基础。

1）工程前期的水文监测，主要为工程设计或者设计复核服务。有些监测是为了实测验证水位基面一致性、断面稳定性、水位流量关系可靠性、入库泥沙计算/推算合理性等，有些监测是为了补充收集实测资料，弥补历史资料的不足，这类工作一般仅建设标准相对较低的临时水文监测设施，采用固定仪器设备在线监测与流动作业装备巡回测验相结合，监测调查的工作量，以满足水文资料可靠性、一致性、代表性验证需要为宜。有些监测是为了研究特定河段的水面线变化，或分析库容曲线，或了解工程河段地形断面情况，或研究产沙及输移特性，或为了其他特定的研究目的，这类水文监测一般以专题方式开展，多采用流动技术装备巡回作业。

2）施工期水文测报工作的首要目的是工程施工安全度汛，焦点在坝址工区，工作在全流域。一般要规划流域遥测站网并确定重要控制站，建设工区水文、水位、气象站，建设自动测报系统，构建预报服务体系，开展施工期水文气象预报预警服务。有时还需要收集工程河段在天然水流状态下河道地形、水文泥沙、河床组成等本底资料。施工期水文技术资源配备遵循临时和永久相结合的原则。其中，测站包括永久站和临时站，永久站既为施工期服务，也将作为水电工程运行的非工程措施，长期开展监测；临时站一般满足施工期对水文信息的需求，在施工过程中动态调整，完工后会迁移或撤销。本底地形或断面测量的范围一般涵盖库区、坝址河段、坝下游影响河段，可在施工期内安排多次测量，了解河道冲淤特点，为运行期积累一定基础。河床组成勘测调查的河段范围一般包括干流和主要支流口门段，主要采用坑测、散点床砂取样、拍照调查等方法，从立体空间和平面分布查明测验河段内床砂分布情况及级配组成情况。

3）水电工程开发水文站网规划，应首先满足工程需求，遵循"临时与永久相结合"原则，符合"容许最稀站网"技术要求。应在分析流域水文气象特性、自然地理条件基础上，以满足工程水文资料收集、水文预报要求为主导，充分考虑水电站建设对水文特性的影响，组建水情测报水文站网框架，在现场查勘及通信测试基础上论证并确定最终站网。站网布局应能控制水文预报区间的基本水情，满足预报精度、时效性要求，在来水对工程影响较大的未控支流，适当增设测站实时收集掌握支流水雨情资料，在所需水文信息可实时获取的前提下，优先利用现有站网。水文测站的测验次数方面，关键节点控制站的水位、流量、泥沙测验次数多；站网建设初期掌握测站特性之前的测次多，收集一定成果后逐步精简，测站特性发生变化时或特殊水雨沙情期间增加测验频次；工程有特殊需求时应果断加测。站网运行初期一般用经典方法测验，掌握基本规律后，逐步引入先进的在线监测方式。在测验方式选择上，关键测站宜驻测，面上测站宜巡测，部分水位级补测，建立基本关系后优化测验方案。除此之外，还可根据需要在预报控制节点设置一些巡测站或巡测断面，建立新的或验证已有的水位—流量关系。气象站主要布置在工程附近区域，既可作实时天气、大风预警用，也可作气象预报精度的检验与修正用，还可作灾害性天气损失索赔依据用。在施工过程中、工程完工后，应根据工程需要适时调整站网。

　　河卡洛特坝址吉拉姆以上流域，地理位置特殊，安全风险较大。一方面，从自然条件来看，流域内高差落差大，洪水涨率大，峰高流急，传播时间短；流域内气候差别较大，雨水丰富，部分高山区域还有积雪、少量冰川，吉拉姆河水系丰富，且受工程影响，径流组成复杂，泥沙问题较严重。另一方面，流域内可供利用的技术资源匮乏。如此错综复杂的综合条件，进一步加大了工作难度。卡洛特水电站最初的站网规划方案是：吉拉姆河干流利用原有的 6 个水文站，主要支流尼拉姆河设 1 个站，较大支流昆哈河设 1 个站，这 8 个站新建水位、雨量自动测报设施，并充分利用其历史水位流量关系开展流量报汛；在卡洛特水库入库（库尾）、坝下游附近（出库）分别设立 2 个专用水文站，测验项目有水位、流量、泥沙、雨量、气象，水位、雨量、气象自动测报，其中入库站可待水电站完工前建设；在导流洞进口、导流洞出口、上围堰、下围堰各设 1 个自动测报水位站，施工期完后下围堰水位站迁建为坝上水位站，其他站撤销；在卡洛特坝址以上流域现有 6 个雨量站设立雨量自动测报设施，在卡洛特水电站坝址以上巴基斯坦境内流域新设 13 个自动测报雨量站，加之前述 11 个水文（水位）站兼报雨量，累计共 30 个，平均雨量站网密度约为 $450km^2$/站。查勘后，综合考虑交通、通信、供电、供水、日照、治安、水利水电工程影响、建设用地，以及实地调查洪水、雷电、泥石流和滑坡等自然灾害对站点安全运行的风险情况，进行了两次优化调整。第一次查勘后在尼拉姆河新建 DH 站；将原流域内拟新设雨量站中的 3 个调整到工区重点部位。第二次查勘后，原规划改建的 KH 站和 C 站已经被撤销，改为在吉拉姆河干流上游新设 1 个站；原规划昆哈河上的加赫里哈比卜拉已被撤销，调整为 TH 站。两次调整均维持 34 个站的总数不变。运行方式设计方面，近中期卡洛特（出库）站采用驻测模式，入库水文站采用驻巡结合模式，其他测站采用巡测和汛前汛后巡查模式，发挥好中巴联合测验组的作用和优势；长远目标是将测站交由当地公司维护和观测。

　　在卡洛特水电站施工过程中，测站方案也发生了局部调整优化。如在弃渣场等区域设立雨量站，在排洪沟监测水量，在坝下与出库站之间的拉拉河设立临时断面监测水量。又如，规划站网中并未包含 CK 站，2016 年 6 月因导流洞围堰施工、场内道路施工度汛需要，开展水文预报，但站网建设尚未完成，此时在尼拉姆河、昆哈河均汇入吉拉姆河后的河段，设立 CK 站，自动监测水位、雨量并巡测流量，成功解决了初期预报问题，并作为后续工作的一个重要控制节点使用。原计划充分利用已有测站的水位流量关系，但在对收集的历史资料进行分析后，发现由于技术方法、规范标准等方面的差异，以及测验技术条件的改变等原因，有些站的水位流量关系无法投入使用，因此挑选 CH、MFD、HB 等重要节点控制站，开展流量巡测，复核修订水位流量关系。入库水文站的建设，在综合考虑

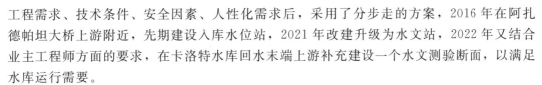

工程需求、技术条件、安全因素、人性化需求后，采用了分步走的方案，2016 年在阿扎德帕坦大桥上游附近，先期建设入库水位站，2021 年改建升级为水文站，2022 年又结合业主工程师方面的要求，在卡洛特水库回水末端上游补充建设一个水文测验断面，以满足水库运行需要。

这些建成的站网与水文预报体系结合运用，为卡洛特水电站安全施工提供了重要的、十分有效的基础支撑，并将在工程运行期继续发挥重要作用。

（4）自动测报系统是水电开发水情工作的"尖兵"和"耳目"，其建设与运行是一个多学科交叉、覆盖范围广、技术复杂的系统工程，是专业技术含量较高的工作。卡洛特水电站的水情遥测站布设在约 13200km^2 区域内，海拔范围在 600～3500m，遥测站气候各异，昼夜温差悬殊，有的测站处于高温高湿环境。遥测站网能自动采集到 1cm 的水位变化值和 0.5mm 的降雨量，水位采样间隔可编程设置，并具有数字滤波功能。遥测站均为"无人值守"设计，水位、雨量数据带时间标记现场固态存储，定时自报、自动加报、应答查询相结合，具有自动校时、定时工况报告、低电压报警、掉电保护以及自动复位等自维护功能。所有遥测雨量站均采用单杆式安装方式以节约用地，采用太阳能浮充＋蓄电池供电，安装避雷针防雷保护。所有水文（位）站采用自主研制的金属仪器柜一体化站房安装方式，可拆卸运输、现场组装，RTU、蓄电池、卫星终端、气泡水位计安装在仪器柜内，雨量计、避雷针、太阳能板、卫星天线安装在仪器柜顶盖上，压力式管线从仪器房引出，沿测验断面敷设，视河道边坡不同分别采用四种方式固定水位计探头。经过实际摸索，采用了更换密封圈、放置干燥剂、驱虫等措施，提升测报系统的可靠性和稳定性。主中心站设在水电站建设工地的水情中心，构建 GSM 信息发布系统，人工或自动向业主和相关单位人员发布水情信息，并通过 VPN 方式实现现场与后方遥测数据信息共享、后方水文气象预报产品与现场 ftp 传送信息、外网 Web 查询系统等方式，为实施现场与后方专家团队远程会商提供支撑。

流域上游广大地区无公众电信网络，开发了基于北斗短报文通信技术的卡洛特水情测报系统，为实现信息传输和增加卡洛特水电站水情测报系统通信保证率，除采用水情测站与水情中心站点到点的通信模式外，增加卫星地面网管中心通过地面公众电信网络连接到水情中心的备份通信方式，采用冗余备份设计，有利于消除薄弱环节，增强了系统的可靠性。通过合理设计和科学组网，延伸了北斗导航系统在大海拔差异流域、高信息安全要求、单信道通信备份的应用实景。基于北斗通信技术的卡洛特水情测报系统射频采用 L/S/C 波段，多年实践表明该波段雨衰非常小，在小时降雨量达 82.5mm 的雨强条件下各站数据传输稳定正常。2017—2021 年卡洛特水电站水情测报系统平均通畅率分别为 94.9％、97.1％、98.2％、95.6％和 96.0％，除初期略低外，其他年份都符合《水电工程水情自动测报系统技术规范》（NB/T 35003）通畅率达到 95％以上的要求，2020—2021 年在受新冠疫情影响巴基斯坦很长时间处于"智慧封城"条件下，水情测报系统在无维护条件中依然能保持较好工况。

（5）创新是第一动力，更是推动水文技术发展的力量源泉。多年来，水利水电工程建设就是水文测报技术创新的主要驱动因素，工程建设催生了一批批工程水文新技术。在卡洛特水电站的水文监测中，开展了系列技术创新，有效解决了生产实际问题。

1) 在大比降高流速条件下的流量、悬移质泥沙测验方法研究方面：①开展了声学多普勒无线传输流量测验研究，主要包括人工牵引三体船无线通信走航测验、机动船载声学多普勒流速剖面仪走航测验、水文缆道牵引三体船无线通信走航测验；②针对常规 PVC 三体船中高水走航测验中易侧翻的问题，采用计算流体力学方法，自主设计研制了加强型不锈钢三体船，通过下水试验，不断改进、完善设计，三体船对声学多普勒流速剖面仪内部罗经无磁场干扰，在水面流速大于 5m/s 的情况下依然能平稳航行，半测回流量测验偏差均在 5% 以内；③开展了雷达波测流机器人应用研究，雷达波测流机器人系统由雷达波测速探头、电动行车、无线信号传输装置、测流软件、简易缆道等部分组成，通过岸上计算机使用测流软件控制可以实现雷达波流速仪沿简易缆道自动定位，自动测速，自动返回等一系列功能；2017 年 5—12 月开展了雷达波测流机器人系统与 LS25‑3A 流速仪 18 次流量比测试验，率定出 $Q=0.960Q_{雷}-36.7$，$v_{0.0}=0.839v_{雷}+0.126$，用直线回归方程计算得到的流量绘制水位—流量关系曲线，三种检验全部合格，系统误差 0.6%，标准差 5.0%，随机不确定度 10.0%，满足二类精度水文站单一曲线定线精度要求；④在水文缆道泥沙测验方法研究方面，开展了等部分流量等取样容积全断面混合法、等水面宽等速积深全断面混合法研究，并试验提出了卡洛特水文站面积、历时加权全断面混合法施测断面平均含沙量的新方法。

2) 在新仪器新设备研究方面：①开展了中国产激光粒度仪的试验研究，严格按照规范规定的方法对仪器的准确性、稳定性（含重复性、平行性、人员对比）等进行了测试分析，各项技术指标皆能满足现行的技术规范要求，并在卡洛特成功应用；②自主研制了水温在线监测平台，解决了大变幅水位条件下水位、水温平台一体化部署难题，成功应用于卡洛特坝上水位站。

3) 在水文资料整编误差控制研究方面：①突破现有规范，引入史蒂文森法进行水位—流量关系高水延长，通过实测资料验证，在对资料条件限制、延长误差，特别在峡谷型河道高水延长等方面都优于曼宁公式法，史蒂文斯法适用性更广；②研制了一种以水位过程线的面积进行累加误差为控制的精简算法，对自记水位进行智能摘录处理，用摘录后数据和原始固态数据分别计算日平均水位，最大误差不超过 2cm，摘录后水位精简量大于 95%，且具有一定的滤波效果；③通过中巴水文测验整编技术的比较研究，提出了中巴水文资料转换应用的方法。

（6）首次开展了吉拉姆河卡洛特上下游河段的河床组成勘测调查研究。勘测调查工作范围为卡洛特水电站工程库区及坝下游，干流范围为卡洛特水电站下游 4km 至上游 29km，包括勘测河段范围内吉拉姆河的主要支流口门段。主要采用坑测、散点床砂取样等方法，从立体空间和平面分布首次查明了勘测调查河段内床砂分布情况及级配组成情况。

1) 坝上游干流河段只有一处卵石洲滩和几处纯砂质小边滩，区间的溪口滩多为大块石及中小卵石夹砂的混合体，干流沿程普遍散落着大块石，这些大块石分布在枯水位以上 2～3m，其粒径大多在 600mm 以上，大者可达到 5000mm。河段的卵石洲滩床砂级配（可参与推移质运动的部分）总体较细，其 D_{50} 的变化范围为 43.9～144mm，D_{max} 为 374mm。小于 2mm 的尾砂样 D_{50} 的变化范围为 0.239～0.759mm。支流溪口滩的尾砂样较粗，D_{50} 的变化范围为 0.523～0.759mm。干流边滩的尾砂样较细，D_{50} 的变化范围为

0.170～0.239mm。小于2mm的尾砂百分数一般在10%左右，干流边滩的尾砂较支流溪口滩略多。2～10mm的砂砾含量一般在3%～20%。干流边滩的砂砾含量少，一般在3%左右；支流溪口滩的砂砾含量多，一般在11.2%～19.5%。

2）坝下游河段的床砂级配有如下特点：干流的河床组成与上游差不多，主要区别在于右岸支流泥沙成分不同。从卡洛特水库坝下游右岸第一条支流开始，往下一直到曼格拉大坝，分布有大片的卵石山丘，这些卵石多为黄色的石英岩、石英砂岩，磨圆度很好，由暴雨洪水的挟带，经小溪沟汇集到干流，因此，在曼格拉大坝下游大片的卵石洲滩就是这些古河床的卵石聚集而成。卡洛特水库坝上游支流卵石的岩性多为砂岩、页岩、黏土岩，磨圆度差，易破碎。

3）调查河段卵石洲滩床砂级配沿垂向分布特点：表层普遍存在粗化层；表层不含小于2mm的细颗粒泥沙；深层大多无明显分层。

4）卡洛特水库泥沙主要来源于上游干流，同时由于山坡陡峻，在库区干、支流发现多处山体滑坡现象，是区间泥沙的主要来源之一。该河段水流湍急，中、低水时，水面流速能达到5m/s左右，因此，该河段输沙能力极强。通过调查上游穆扎法拉巴德地区的泥沙输移和堆积情况，以及下游曼格拉水库的库尾淤积情况，卡洛特水库入库的卵石推移质数量极少，应以砂质推移质为主。按实测悬移质多年平均输沙量的10%～15%估算，该河段推移质多年平均输沙量为300万～450万t。

5）调查河段的洲滩类型主要有坡积锥（裙）、冲积锥（扇）、边滩、碛坝等。坡积锥（裙）是库区河段最普遍、最常见的洲滩形态；冲积锥（扇）主要分布在支流溪沟口门，绝大多数卵石洲滩形态为溪口滩；边滩不太发育，边滩规模都不大，干流仅有一处卵石边滩和多处纯砂质边滩；河段内没有发现江心洲滩；碛坝主要分布在干流卡口处和溪沟口门。在卡洛特水库坝下与曼格拉水库库尾之间，有大量的卵石山及卵石冲积沟，呈带状分布，走向为西（偏北）—东（偏南），这些卵石是古河床的覆盖层，在喜马拉雅造山运动中，塑造成如今的沟壑地形。

（7）吉拉姆河位于喜马拉雅山南麓，地貌复杂、跌宕起伏，河道区域质条件复杂，水流湍急、洪枯比大，径流量及输沙量年际分配不均匀。在卡洛特水电站工程河段的测绘作业中，开展了基于精密星历控制测量技术、局部大地水准面精化技术、无验潮水道测量技术应用研究，解决了高山峡谷地区控制测量、水深测量的技术难题。根据卡洛特水电站库区河道本底地形测量成果，采用基于GIS＋DEM方法计算本底库容曲线，并分别采用一维、三维水沙数学模型和物理模型试验进行了泥沙淤积分析计算。采用一维水沙数学模型，综合考虑上游梯级的建设情况，结合初拟的排沙运行水位451m、446m和441m方案及排沙分级流量，拟定10种泥沙淤积计算方案，预计水电站运行20年各方案均已达到相对平衡状态；水库运用20年内，坝前泥沙呈强烈淤积状态，主要表现为河槽集中淤积、滩地大幅淤积、河宽明显束窄的现象，逐渐过渡为U形断面，第20年末，各方案坝前深泓高程424.16～434.92m，坝前断面过水面积减少约80%，水库运用20年后，坝前泥沙淤积变缓，坝前断面变化不大。三维水沙数学模型计算结果为，从坝区泥沙淤积总量来看，第10年末、第15年末、第20年末河道淤积量分别为2182.55万m³、2961.38万m³、3079.85万m³。在水库运行16年之后，坝区的泥沙淤积将基本达平衡，纵向深泓高程起伏在 426～432m。根据库区大断面测量成果，对 5 年一遇洪峰流量为 4660m³/s、20 年一遇洪峰流量为 9020m³/s，河道综合糙率采用 0.0527，进行水面线计算分析，按照天然河道断面及水库运行 20 年后的河道泥沙淤积地形（推算 20 年后坝前淤积近 50m）推算 20 年一遇和 5 年一遇标准洪水的天然水位及建库后淤积回水水位，坝前水位抬升超过 50m。根据卡洛特库区上下游河段在 2013 年、2017 年实测河道固定断面测量成果分析，库区河道基本处于冲刷状态，但冲刷量不大。

（8）卡洛特水电站的水文预报基本方案由干流河道流量演算和区间小流域降雨径流预报方案组成。根据卡洛特水电站坝址以上流域的自然地理特征、降雨及洪水特性，将坝址以上流域划分为 8 个降雨径流计算小区。根据河道上下游流域洪水特点，采用 API 模型、新安江模型、马斯京根河道演算、洪峰（过程）流量（水位）相关图法等方案。对无资料地区，根据上、下游下垫面条件的相似性，预报方法采用下游预报方案移用。日常开展 6h、12h、24h 卡洛特坝址流量作业预报，并预报导流洞进口、出口、上、下围堰及入库水位站水位。功能完备的卡洛特水电站实时洪水预报系统提高了预报作业时效，水情信息发布采用短信、邮件和即时通信工具等极大提高了水情信息时效性。

降水预报主要为水情预报延长预见期，委托巴基斯坦气象公司进行，预报内容主要为 12h、24h、48h 以及旬内的晴雨分析，12h、24h 内气温和风速风向等，以及大到暴雨、大风、强降温、雷暴、冰雹、大雾等灾害性天气预报。从 2017 年至今，流域内短期降雨预报精度不断提升，目前旬内降雨趋势基本可以掌握，但 24h 内降雨量精度跟实际需要还有差距。2018 年，在中国后方也采用以常规地面、高空气象探测资料分析为主，辅以卫星云图、测雨雷达等信息，并结合欧洲中心模式、日本模式、德国模式和 WRF 模式等数值预报制作降水预报，与巴基斯坦气象公司流域内降雨预报进行互相比对，不断提高降雨精度。12h 气象预报准确率 85% 以上，24h 气象预报准确率 80% 以上；48h 晴雨预报准确率 75% 以上。周晴雨预报准确率达 65%，旬晴雨预报准确率 60% 以上。

预报技术研究方面：①开展了新安江模型适用性研究，AP—卡洛特区间方案总体效果较好，次洪洪峰和峰现时间平均误差较小，分别仅 122m³/s 和 1h；②开展了地貌单位线适用性研究，CK 站和卡洛特（专用）水文站区间流域地貌瞬时单位线计算结果与实况洪水过程十分接近，洪峰误差在 3% 以内，峰现时间误差小于 1h；拉拉河流域面积 85km²，模拟值比实测值相比，洪峰平均偏大 3.1%，峰现时间相近；③开展了临近流域替代法适用性研究，对 13500km² 的无资料地区来水进行计算，延长洪水预报预见期，提前预报灾害性洪水，1～3d 短期降雨预报基于数值天气预报产品，利用"20170406"洪水实测降雨资料和预报降雨资料估算洪峰流量与实际洪峰流量最大相对误差分别为 11.6% 和 16.8%；④开展了 SWAT 模型适用性研究，研究区的 SWAT 模拟值基本反映了径流量的实际变化趋势，对几场较大降雨的洪峰模拟效果较差；⑤提出了双雨季气候、短河长大比降河网、融雪径流与降雨径流组合、水文气象过程资料匮乏复合应用情景的一种基于深度学习的特征提取的洪水预报模型与参数研制新方法，从训练特征因子获得不同流域水文预报特征因子作用下"量值"和"过程形态"相似的多组场次洪水集合，利用深度学习算法形成模型、方法与参数方案配套的模型库和方法库，在传统方法预报基础上有效提升预报精度、延长预见期。

水文气象预报团队，在"20170406""20200827"等典型洪水中，通过高精度的作业预报，高质量的预报服务，为导流洞出口围堰抢险、是否启动超标防洪措施等重要确决策提供了准确的前提保障，产生了很好的经济效益与安全效益。

（9）大型水利水电工程在施工建设期有众多影响工程整体进度的节点，如导流工程、大坝浇筑工程、厂房修筑等，需要水文测报给予技术支撑。卡洛特水电站截流期水文测报是截流系统工程的保障服务系统，主要围绕截流河段总落差及上下游戗堤承担落差的分配、龙口流速及其分布对抛投物的影响等进行全面系统的监测和预报，掌握截流全过程的水文要素的变化特征及规律性，为截流施工组织、调度决策提供科学依据，为工程积累大量宝贵的截流期水文水力学要素观测资料。采用 GNSS、ADCP、全站仪、电波流速仪、传输设备等快速、准确地监测各水文断面以及龙口落差、流速、口门宽度、分流比等水文水力学资料；开展上游来水量监测及预报、导流洞泄流流量预报，以及月、旬趋势预报和面雨量预报，并利用气象雷达，预报在龙口合龙当天的天气情况（晴、雨预报）。

下闸蓄水前实施了卡洛特水电站坝址以上测站的巡测维护工作，保证监测数据畅通。完成所有设备的调试检查，以确保设备正常运行，根据来水变动及实际需要加密观测和测验频次，保障上游来水及影响区域水文要素的实时动态监测，并提前开展全年/半年水情预测。蓄水期重点加强各站水位及入库代表站、泄流代表站的流量监测，以及蓄水期水质监测。开展 7d 中期水雨情预报，6h、12h 短期水雨情预报，根据蓄水进度和相关要求，及时加密入库流量、库水位及关键部位水位预报段次，制作满足工程要求的中、短期入库流量、库水位和相应施工区不同断面水位预报。蓄水期间，还开展了近坝区站网建设、卡洛特（专用）水文站水位流量关系低水延长研究、调洪演算软件编制等工作，水文技术人员还参与闸门调度，实施了导流洞渗流量监测、排沙孔泄流能力复核分析、库区浊度监测等技术工作。

（10）卡洛特水电站施工期水文工作管理既充分吸收了国内成熟先进的管理经验，也结合中巴经济走廊工作实际与区域特点开展了一些大胆创新与有益探索。为保证水文工作保质保量地完成，项目部精心组织，进行合理人力资源和设备资源配置，建立完善质量管理体系和安全管理体系。人力资源配备方面，组建项目部实施项目管理。由主要行政领导担任项目总负责人，以利于协调各方、统筹安排，项目总技术负责人由具有多年海外项目工作经验的专业领导担任。现场项目负责人、项目技术负责人分别由单位行政领导、技术部门领导担任，并指定安全、质量、宣传、后勤保障负责人。专业工作分水文测验分队、地形测量分队、河床组成勘测调查分队，各分队根据需要分若干小组，配备水文测验、河道测验、泥沙调查、船舶驾驶与轮机等专业人员。参加本项目的全部管理人员及技术人员均需具备相应从业能力。为保证现场水文数据采集的及时性、准确性，以及水情气象预报预警服务的质量，作业过程中投入的设施设备，均满足相关技术标准及现场服务的要求。鉴于工程所在国的公共安全特点，水文工作高度重视安全工作，开展项目风险评估，识别安全风险，制订应急预案，并采取针对性的控制措施，增强人员安排的计划性，配备适量的安保力量，确保人员安全、收集到的资料成果安全、贵重仪器设备安全。

管理创新实践方面：①开展了水文巡测研究，按测站功能重要性及交通、电力、通信及安全环境差异分区，提出了各片区的技术方案、管理模式和巡测方案；②开展了员工属地化管理研究，采用直接聘用、间接聘用、外协用工等多种形式，在人员管理与培养过程中重视文化差异、个体差异，用制度管理人，涵养企业文化，强化身份认同，建立激励机制，聘用的巴籍员工，在卡洛特水文测报工作中发挥了积极作用；③积极开展 PMD、WAPDA、N-J 水电等机构的技术合作与交流。

针对卡洛特水电开发流域内恶劣的自然条件和公共安全较高风险地区作业，水文测报工作采用了定点监测、流动监测、巡回测验、远程在线监测、卫星监测相结合的水文泥沙监测模式，构建了中巴通力协作的水文气象预报服务体系，创建了作业标准化、监测高效化、预警智能化、规章体系化、管理国际化的水文业务新范例，可为"一带一路"类似项目水文测验提供经验借鉴和参考。

10.2　展望

卡洛特水电站投入商业运营，给施工期的水文工作画上了句号。水文怎样才能支撑好工程运行，这是要立即面对的第一个问题。解决这个问题，既要做好运行期水文技术的布局与优化，也要重视科技创新与分析研究。另外，归纳凝练卡洛特水电站水文工作成果与经验，并在深化国际合作与交流中进一步发挥其应用价值，也是一件十分有意义的事情。

10.2.1　运行期水文技术布局优化

卡洛特水电站运行期的水文测报工作，关注点主要体现在工程自身防洪安全、发电调度、水库淤积、排沙调度、下游冲刷等方面，技术工作布局需做出相应调整。

已建水位（文）站资源配置可沿用施工期配置，其中入库水文站按驻巡结合模式，卡洛特（出库）水文站驻测模式运行；水位站和雨量站采用"无人值守，有人看管"模式运行。

1. 主要工作内容及技术要点

（1）水位（文）站与气象站观测。

1）水位（文）站观测要素。根据需求开展水位、流量、水温、悬移质输沙率、悬移质颗粒级配、降水量、蒸发、气温、湿度、气压、风速风向、日照等水文气象要素观测。

2）年度提交成果。逐站水文资料整编成果。

（2）水库淤积观测。吉拉姆河为多沙河流，水库泥沙冲淤对水库运行影响较大，运行期第 1 年开展控制测量和库区地形测量（比例尺 1∶2000），控制测量可在施工期控制测量成果基础上补充完善，测量人员待实施时组建。后续视需要逐年或间隔开展断面或地形测量（比例尺 1∶1000）。

及时对观测资料进行整理，并对库区泥沙淤积量、分布以及淤积过程等进行分析。

（3）水文气象服务工作。

1）水情站网维护工作。水情自动测报系统是卡洛特水电站运行期水情预报和工程度汛的信息基础来源，系统的可靠正常运行关系到洪水预报得是否准确、及时、合理，是发挥系统最大效益的重要基础。因此，系统的运行管理和维护工作尤显重要。

2）预报方案编制。施工期预报方案系根据历史资料编制，运行期由河道预报变为水库预报，需对相关预报方法重新进行编制。编制后预报方案体系和方案配置分别见表 10.2－1。

表 10.2－1　　　　　吉拉姆河卡洛特水电站运行期水情预报方案配置表

| 预报分区 | 预报项目 | 区间产汇流预报方案 | | 河道汇流预报方案 | | | | 调洪演算 | 洪水传播时间分析 |
		API 模型	新安江模型	单位线	马斯京根流量演算	相关图方案	库容曲线转换		
CH—D	D 流量	√	√	√	√	√			√
DH 以上	DH 流量	√	√	√					√
DH—MFD	MFD 流量	√	√	√	√				
TH 以上	TH 流量	√	√	√					√
D—MFD—TH—CK	CK 流量	√	√	√	√				√
CK—入库水文站	入库水文站流量	√	√	√	√	√			√
卡洛特坝址	入库流量和坝前水位					√	√	√	
总计		6 套	6 套	6 套	4 套	4 套	1 套	1 套	6 套

3）短期水文和气象预报。气象预报（主要为流域面雨量预报）由业主委托巴基斯坦当地气象公司开展，可充分依托当地气象雷达等气象资源，并请气象工程师到现场进行气象预报，提供 6h、12h、24h 及 3d 天气预报成果。

水情预报由现场中方水情预报员根据遥测站网数据结合气象预报成果，采用新安江模型、单位线、调洪模型等模型方法分析现场制作。

4）中长期水文和气象预报。委托巴基斯坦当地气象部门开展，努力提供短中长期气象预报。各类气象信息收集，如常规地面、高空天气、雷达和卫星云图信息，跟踪监视和分析系统性强降雨的发展过程等，根据当地气象预报部门技术手段和方法而定。

让气象服务委托方尽量收集影响流域来水各类气候因子、数值天气气候预测产品，建立流域中长期来水量预测预报模型，提出月、旬尺度的来水量预报，为分析预测流域可调水量、水量调度计划的编制与实施提供参考。

水情预测由现场中方水情预报员根据历史数据和模型结合气象数据现场分析制作。

（4）上游水库信息共享。上游水库群水情信息是卡洛特水电站防汛与调度等综合利用的基础数据之一，技术支撑的前提条件。目前 N－J、帕春水电站已正常运行，SK 水电站也即将建成，急需开展上述上游水库信息共享工作，该工作由业主直接开展。

（5）备品备件。运行年份根据消耗情况按年度补充备品备件。

运行期使用仪器设备统一进行仪器检（鉴）定，或根据规范规程要求进行专业检查。

2．其他工作

（1）库区以上重要上游控制节点站水位流量关系检验。在关键控制测站增加流量和泥沙测验次数，分析上游来水来沙情况，并结合上游梯级电站运行与建设及卡洛特水电站水库泥沙淤积情况，优化水库调度运行方式，更好提高水电站发电效益。测站信息见表 10.2 - 2。

表 10.2 - 2　　　　　　　　　库区以上控制节点测站统计表

序号	站名	河名	站类	测报项目				备　注
				水位	流量	泥沙	雨量	
1	CH	吉拉姆河	水文	√	√		√	流量巡测
2	D	吉拉姆河	水文	√	√		√	流量巡测
3	CK	吉拉姆河	水文	√	√	√	√	驻巡结合，增加泥沙项目
4	MFD	尼拉姆河	水文	√	√		√	流量巡测

（2）CK 站增加测沙项。CK 站位于昆哈河、尼拉姆河和吉拉姆河三河交汇口下游，地理位置优越，其开展泥沙观测后可与入库水文站联动，更全面了解区间产沙特性，控制来沙组成，优化水库排沙调度。

（3）泄水建筑物泄流能力曲线率定。运行初期溢洪道、排沙孔等泄水建筑物都将在大坝安全、发电调度中发挥重要的作用，故前期将结合上游来水、发电调度等对泄流能力曲线进行复核。

根据发电机组、溢洪道等泄水建筑物不同工况的组合，在出库水文站或者坝下游河段开展高精度测验，率定泄流曲线，为工程可靠运行提供保障。

（4）库区泥沙补充观测。如果库区地形监测频次不够，可适当补充安排断面法监测水库淤积。视需要安排进出库水文泥沙测验、库区水文测验、变动回水区水流泥沙测验、坝区水文泥沙测验、水库异重流测验、水库水文水资源水环境监测调查、水库水文泥沙资料整编等工作。

（5）坝区水下地形扫描。对近坝区水下地形进行精准扫描，分析坝前淤积与坝体情况。

（6）坝下游观测。如果下游有需要，适当安排地形或断面监测。

3. 运行期水文工作的动态调整

遥测站网收集到一定时长序列的实测水文资料成果后，需开展分析研究，进一步优化水文站网，并开展水文监测方案调整、预报方案修编、管理模式创新调整等工作。

吉拉姆河规划有 5 座装机容量超 500MW 的水电站，卡洛特以上分别为科哈拉、玛尔、阿扎德帕坦，目前均正在进行前期研究，待上述水电站建成后需加入预报节点，构建新的预报框架体系。

本书成稿前，水电站的运行期刚刚开始。值得一提的是，运行期的水文工作，哪些工作能落地，工作如何开展，要看水电站运行业主的管理思路，以及对水文工作的重视程度，还会受到经济因素影响，实施时，与上述工作布局产生差异在所难免。

10.2.2　科技创新与分析研究

2022 年 6 月，卡洛特水电站进入商业运营，BOOT 方式 30 年的运行期，各专业可以开展系列科学技术研究。在水电站运行阶段，有必要将已有技术经验与卡洛特复杂的综合条件相结合，开展针对性的水文科技研究，以更加科学高效的技术，继续为水库安全运行、水电站运行调度提供最专业的水文技术支撑，并充分发挥技术优势和引领性，同时为"一带一路"类似项目提供样板案例。

1. 科技创新

卡洛特水电站位于吉拉姆河中游，是典型的山区性河道，为多沙河流，现阶段的水文泥沙观测、库区特别是某些无人区滑坡体监测和变化分析、电站封闭空间的表观质量检查等工作，仍以传统手段为主，高新技术投入不够，离"可视化、自动化、智能化"的水文现代化方向还有差距。探索水库水文河道信息联合监测手段，开展水库泥沙、库容研究，研发适应水电站库区地形冲淤、含沙量、库容等多参数的快速分析测算展示平台；利用影像和地形开展滑坡体识别研究，对已知滑坡体地形变化分析和展示；实现机组尾水管（锥管、肘管、扩散段）封闭空间的表观质量检查、裂缝宽度长度测量、坑洞面积测量、拍照摄像，用无人机搭载激光雷达（LiDAR）结合超低空航摄实现溢洪道泄槽混凝土表观质量检查、裂缝宽度长度测量、坑洞面积测量等研究，为卡洛特水电站水库水量、泥沙管理、水工建筑物检测提供信息支持，提升水电站发电效率十分必要。

30年可以做很多有意义的工作。现阶段，根据需要和可能，至少可以开展以下创新工作：

（1）高植被覆盖山区低空机载激光雷达（LiDAR）快速地形测量和溢洪道泄槽表观测量技术。

（2）耦合空天影像和实测地形数据的滑坡体识别。

（3）基于三维激光扫描的机组尾水管（锥管、肘管、扩散段）封闭空间表观质量自动检查、测量及数字孪生。

（4）基于量子点光谱或浊度法的实时含沙量监测技术。

（5）多源周期性水库气象水文泥沙（含水下地形与冲淤分析）数据智能筛选与融合。

（6）高海拔地区面雨量监测技术。

通过以上研究主要实现以下目标：

（1）破解山区高植被覆盖特别是无人区域陆域地形测量及水体边界获取难题，解决大水深条件下水下测量速效低的问题，将卡洛特水电站陆域地形测量时效由施工期的1.5～2.0个月缩减至7d，水下地形测量时效由以前的1个月缩减至10d。

（2）突破滑坡体地形快速精细测量技术，实现滑坡体识别及三维展示。

（3）实现卡洛特水电站机组尾水管封闭空间表观质量的自动检查、测量及数字孪生和溢洪道泄槽无人机表观测量及数字孪生。

（4）提出卡洛特水电站入库含沙量实时监测方法，提高水位、流量、泥沙一体化测量精度和时效。

（5）研究卡洛特水电站多源气象水文泥沙数据的智能筛选与融合技术，实现水库库容、淤积量的快速计算，重点对进水渠底板部分区域冲淤变化进行分析。

开展数字孪生研究与建设，将"预报、预警、预演、预案"管理理念率先运用到海外工程。这次研究的实施可望发挥较强的引领作用。

2. 分析研究

鉴于卡洛特水电站施工期收集的水文泥沙资料相对有限，运行期宜开展以下方面的研究：

（1）历史资料表明，1992 年水文年鉴中刊出的最大洪峰流量为 14730m^3/s，重现期为 82 年，2010 年发生的大洪水洪峰流量 9750m^3/s，施工期实测的卡洛特坝址最大流量未超过 4000m^3/s，其洪水特性还有待进一步研究。

（2）施工期水文技术工作的焦点在保障施工安全，运行期向支撑工程可靠运行及产生应有的效益方面转变，施工期的水文工作以监测、预报为主，运行期需加强分析研究，特别是在多沙河流工程的长期可靠运行方面，应投入一定的精力。泥沙来源组成及输移变化特征有待研究，水库泥沙淤积问题与时空分布、河床形态响应规律有待研究，坝下游河道冲刷发展过程有待研究；若需估算上级水库下游因河道下切可能供应和恢复的沙量，需收集本级库尾到上级坝下河道河床边界组成资料，若经济条件许可，可适当开展推移质实测。近期，可分析研究利用代表性断面，监测水库淤积情况，为水库排沙调度决策提供支撑。

（3）当前 PPA 协议对卡洛特水电站发电效益的考核指标也还有待进一步研究。在本就缺电的巴基斯坦，开展优化水库调度、发电调度研究，用好管好来水来沙，进一步增强水电站综合效益。

（4）进一步开展无资料地区的遥感技术及预报技术研究。

（5）吉拉姆河规划有 5 座装机容量超 500MW 的水电站，随着电站梯级开发的推进，可适时开展水文测报体系联合设计和水库联合调度研究。

10.2.3　国际合作与交流

1. 推动中国水文技术走出去

在卡洛特水电站的可研、建设阶段，长江水利委员会水文局众多科研成果融入水文工作实践中，为卡洛特水电站提供了卓有成效的专业支撑。以 YAC9900 为代表的系列中国仪器已经"走出去"，在线监测的思路理念、全感技术生态理念，以及水文创新发展系列成果，也可以依托中巴经济走廊、"一带一路"，迈入国际化轨道。

2. 加强国际合作交流

长江水利委员会水文局参与联合国教科文组织政府间水文计划（IHP）等国际组织的重大活动，负责国际标准化组织水文测验技术委员会（ISO/TC 113）中国方面的日常联络管理，承担国际义务，也具备国际合作交流的优势条件，中国的自动测报、泥沙测验等优势标准的国际化进程需要加快。卡洛特水电站项目建设期间，长江水利委员会水文局在水电站建设现场的专业人员，与巴基斯坦水电发展署（WAPDA）的水文机构、巴基斯坦国家气象局（PMD）开展了多次技术交流，建立了较好的合作情谊，今后可在专业领域开展更广泛的交流合作。如基础研究方面，可开展无资料地区的预报技术合作研究；应用研究方面，可开展数字孪生应用研究，还可对一些技术或管理难题开展研究。

3. 服务向民生领域拓展

巴基斯坦是中国的"铁杆"朋友和全天候战略合作伙伴，中巴经济走廊全方位、多领域的合作，有助于进一步密切和强化中巴全天候战略合作伙伴关系，它既是中国"一带一路"倡议的样板工程和旗舰项目，也为巴基斯坦的发展提供了重要机遇。中国水文可在巴基斯坦发挥的作用，不仅仅局限于支撑水电开发，或者交通、港口、能源。在中国，水文为水旱灾害防御、水资源管理、水污染治理和水生态建设提供技术支撑，为流域规划和综合治理、涉水工程建设及经济社会民生提供专业服务，可通过国际援助、亚洲合作基金等渠道，在巴基斯坦民生领域内开展服务与交流。2022 年 7—9 月，巴基斯坦先后出现10 次持续性强降雨过程，致使巴基斯坦遭受"前所未有"的洪灾，严重影响人民生命安全和当地经济社会发展，中国政府派出专家团指导巴基斯坦防洪减灾，也开启了水文服务向民生领域拓展的契机。

参 考 文 献

［1］ 中国水利. 国外水文站网和业务管理［EB/OL］. ［2006－08－11］. http：//www. chinawater. com. cn/ztgz/xwzt/2006shw/200608/t20060811＿127937. htm.

［2］ 中华人民共和国水利部. 水文站网规划技术导则：SL 34—2013［S］. 北京：中国水利水电出版社，2014.

［3］ 王俊，王建群，余达征. 现代水文监测技术［M］. 北京：中国水利水电出版社，2016.

［4］ 王俊，熊明，等. 内陆水体边界测量原理与方法［M］. 北京：中国水利水电出版社，2019.

［5］ 王俊，刘东生，陈松生，魏进春，等. 河流流量测验误差的理论与实践［M］. 武汉：长江出版社，2017.

［6］ 王俊，熊明，等. 水文监测体系创新及关键技术研究［M］. 北京：中国水利水电出版社，2015.

［7］ 段光磊. 冲积河流冲淤量计算模式研究［M］. 北京：中国水利水电出版社，2016.

［8］ 詹道江，徐向阳，陈元芳，等. 工程水文学［M］. 北京：中国水利水电出版社，2010.

［9］ 包为民. 水文预报［M］. 北京：中国水利水电出版社，2006.

［10］ 王俊. 水文应急实用技术［M］. 北京：中国水利水电出版社，2011.

［11］ 王俊，陈松生，赵昕，等. 中美水文测验比较研究［M］. 北京：科学出版社，2017.

［12］ 中华人民共和国水利部. 中国水文：精益求精 准上加准——长江水文致力攻关预报精准度与预见期［EB/OL］. ［2020－08－14］. http：//swgl. mwr. gov. cn/mtjj/202008/t20200814＿1432526. html.

［13］ 中国长江三峡集团公司，长江水利委员会水文局. 长江三峡工程水文泥沙观测与研究［M］. 北京：科学出版社，2015.

［14］ 许弟兵. "智慧水文"构建初探［J］. 中国水利，2017（19）：15－18.

［15］ 许全喜，李思璇，袁晶，等. 三峡水库蓄水运用以来长江中下游沙量平衡分析［J］. Lake Sci.，2021，33（3）：806－807.

［16］ 段光磊，彭严波，郭满姣. 河道实测冲淤量不同计算方法结果比较分析［J］. 长江科学院院报，2014，31（2）：108－113，118.

［17］ 朱晓原，张留柱，姚永熙. 水文测验实用手册［M］. 北京：中国水利水电出版社，2013.

［18］ 段光磊，王维国，周儒夫，彭玉明，等. 河床组成勘测调查技术与实践［M］. 北京：中国水利水电出版社，2016.

［19］ 长江水利委员会水文局荆江水文水资源勘测局. 枝城站 TES－91 含沙量在线监测系统比测分析及投产方案［R］. 长江水利委员会水文局荆江水文水资源勘测局，2020.

［20］ Zheng Shouren. Reflections on the Three Gorges Project Since Its Operation［J］. Engineering，2016，2（4）：389－397.

［21］ Xu Dibing. Online monitoring of suspended sediment at the Zhicheng Gauging Station on the Yangtze River［R］. ISI Online Training Workshop on Sediment Transport Measurement and Monitoring，2021.

［22］ 张志林，史芳斌，胡国栋，等. ADCP 反射散射强度估算悬移质浓度的原理及其应用［M］. 武汉：长江出版社，2008.

［23］ 程海云，欧应均，等. 现代水文质量管理体系构建与实践［M］. 武汉：长江出版社，2015.

［24］ 刘元波，吴桂平，柯长青，等. 水文遥感［M］. 北京：科学出版社，2016.

［25］ 林祚顶，朱春龙，余达征，等. 水文现代化与水文新技术［M］. 北京：中国水利水电出版社，

2018.

[26] 王俊，熊明，等. 长江水文测报自动化技术研究 [M]. 北京：中国水利水电出版社，2009.

[27] 於三大，陈松生，董先勇，等. 金沙江下游梯级水电站水文泥沙监测与研究 [M]. 北京：中国水利水电出版社，2022.

[28] 程海云，郭彬，官学文，等. 金沙江下游梯级水电站施工期水文气象预报技术与实践 [M]. 北京：中国水利水电出版社，2022.

[29] 中华人民共和国国家质量监督检验检疫总局，中国国家标准化管理委员会. 标准化工作指南　第1部分：标准化和相关活动的通用术语：GB/T 20000.1—2014 [S]. 北京：中国标准出版社，2015.

[30] 国家市场监督管理总局，国家标准化管理委员会. 标准化工作导则　第1部分：标准化文件的结构和起草规则：GB/T 1.1—2020 [S]. 北京：中国标准出版社，2020.

[31] ISO. Standards by ISO/TC 113 Hydrometry [EB/OL]. [2022 - 09 - 26]. https：//www. iso. org/committee/51678/x/catalogue/p/1/u/0/w/0/d/0.

[32] 郑寓，顾晓伟. 关于我国水利技术标准国际化的认识和思考 [J]. 中国水能及电气化，2015，119 (2)：8 - 11.

[33] 北极星水力发电网. 水电 "走出去" 标准须先行 [EB/OL]. [2022 - 09 - 26]. https：//news. bjx. com. cn/html/ 20170328/817119. shtml.

[34] 邱文博，田政，李冠宇，等. 北斗卫星通信技术在水文测报数据传输中的应用能力分析 [J]. 行业与应用安全，2018 (1)：96.

[35] 武震，贾文，张宁. 北斗卫星通信在水文测报数据传输中的应用 [J]. 新应用，2013，15 (21)：60.

[36] 刘尧成，华小军，韩友平. 北斗卫星通信在水文测报数据传输中的应用 [J]. 人民长江，2007，38 (10)：120.

[37] 中华人民共和国国家发展和改革委员会. 水情自动测报系统技术条件：DL/T 1085—2008 [S]. 北京：中国电力出版社，2008.

[38] 中华人民共和国能源局. 水电工程水情自动测报系统技术规范：NB/T 35003—2013 [S]. 北京：中国电力出版社，2013.

[39] 中华人民共和国水利部. 水文情报预报规范：SL 250—2008 [S]. 北京：中国水利水电出版社，2008.

[40] 许弟兵，杨军，邓颂霖. 巴基斯坦卡洛特水电站施工期水文工作实践与研究探讨 [J]. 水利水电快报，2020，41 (3)：6.

[41] 房灵常. 百色水库水文自动测报系统设计与研究 [D]. 南京：河海大学，2005.

[42] 彭佳. 头屯河流域水情监测系统的改造及应用 [D]. 乌鲁木齐：新疆农业大学，2015.

[43] 夏永成. 东义河流域水情自动测报系统设计与实现 [D]. 成都：电子科技大学，2016.

[44] 邓颂霖，张利，樊亮. 境外水电开发项目中水情测报系统建设与维护 [J]. 人民长江，2018，49 (S2)：202.

[45] 王玉华，赵学民，刘艳武. 北斗卫星通信功能在水文自动测报系统中的应用 [J]. 水文，2003，23 (5)：50.

[46] 中华人民共和国水利部. 水文资料整编规范：SL 247—2012 [S]. 北京：中国水利水电出版社，2013.

[47] 赵志贡，岳利军，赵彦增，等. 水文测验学 [M]. 郑州：黄河水利出版社，2005.

[48] 李文杰，陈望春. 单一水位流量关系曲线高水延长方法探讨 [J]. 浙江水利科技，2002，4：48 - 49.

[49] 冯竹玲. 水文站水位流量关系线高水延长方法探讨 [J]. 科学展望，2016，25：103.

［50］ 刘汉臣，陈玉敏. 江桥水文站水位流量关系曲线高水延长方法［J］. 黑龙江水专学报，1999，1：41－42.

［51］ 徐鸿昌，何旭东，朱锦华. 高水延长法在柿树岭水文站的应用［J］. 浙江水利水电专科学校学报，2009，21（1）：24.

［52］ 杨小力. 高水延长法在小罗水文站的应用［J］. 广东水利水电，2010（6）：4－5.

［53］ 唐健奇，韩长峰. 单一水位流量关系曲线高水延长方法探讨［J］. 广东水利水电，2008（4）：26－27.

［54］ 程银才，范世香. 水位流量关系曲线高水延长方法新探讨［J］. 水电能源科学，2011，29（7）：8－9.

［55］ 喇承芳，陈国梁，郭西军. 黄河安宁渡水文站水位～流量关系曲线高水延长分析探讨［J］. 甘肃水利水电技术，2010，46（11）：4－5.

［56］ 姚德贵，宋晓波. 水位—流量关系曲线高水延长分析探讨［J］. 水利水电工程设计，2009，28（3）：26－27.

［57］ 苏启东，闫永新，崔传杰，等. 黄河高村、孙口站漫滩洪水高水延长方法的研究［J］. 水文，2000，20（6）：37，41.

［58］ 宋运凯，栗颜博. 乌云河东风站水位流量关系曲线高水延长计算分析［J］. 水利科技，2015（29）：215－216.

［59］ 刘涛. 基于 Matlab 水位—流量关系曲线的高水延长［J］. 南方农业，2015，9（27）：240－241.

［60］ 付晓忠，沈会君. 水位流量关系单一曲线延长方法的探讨［J］. 吉林水利，2009（3）：33－34.

［61］ 林宗信. 曼宁公式计算流量的误差分析［J］. 水电能源科学，2018，26（1）：95.

［62］ 贾界峰，赵井卫，陈客贤. 曼宁公式及其误差分析［J］. 山西建筑，2010，36（7）：313－314.

［63］ 袁世琼. 天然河道的糙率计算［J］. 水电站设计，1997，13（1）：83－84.

［64］ 马经安. 单一水位流量关系曲线高水延长方法分析［J］. 水利水电快报，2017，38（6）：27.

［65］ 高鹏. 头道沟站糙率分析研究［J］. 新疆水利，2017（3）：27.

［66］ 李厚永，刘凯芒. 用拟合曲线法消除水位固存数据的波动影响［J］. 人民长江，2002，33（9）：10－12.

［67］ 孙永远，张玉田，陈家大. 折线逼近法在水文遥测数据处理中的应用［J］. 水文，2010，30（2）：59.

［68］ 赵良民. 固态存储水位精简摘录的研究［J］. 水文，2014，34（2）：84－85.

［69］ 王桂花. 基于 CAD 平台的遥测水位精简方法探讨［J］. 科技推广与应用，2018（1）：34－35.

［70］ 曾义华，刘家林，邓荣. 水位摘录数学模型的探讨［J］. 企业技术开发，2011，30（19）：30－31.

［71］ 王维国，曹大卫，冯荆州. 金沙江白鹤滩水库变动回水区河床组成勘测调查［J］. 泥沙研究，2016（2）：57－60.

［72］ 董先勇，王维国. 金沙江溪洛渡水电站变动回水区河床组成调查［J］. 泥沙研究，2010（6）：54－59.

［73］ 中华人民共和国水利部. 河流推移质泥沙及床沙测验规程：SL 43—92［S］. 北京：中国电力出版社，1994.

［74］ 武汉测绘科技大学《测量学》编写组. 测量学［M］. 北京：测绘出版社，2000.

［75］ 张世明，马耀昌，孙振勇，等. 长江上游大中型水利工程河道测绘实践［M］. 南京：河海大学出版社，2021.

［76］ 解祥成，邓宇，赖修蔚，等. 多波束测深系统在荆江河段应用初探与精度分析［J］. 水资源研究，2019，8（6）：603－610.

［77］ 解祥成，周儒夫. 基于 Hypack 2018 软件 GNSS 三维水道观测技术［J］. 水资源研究，2019，8（5）：491－498.

［78］ 解祥成，郭文周. 水位改正方法对水道测量精度的影响分析 ［J］. 水资源研究，2019，8（6）：567－574.

［79］ 解祥成，张香云，孙仁勤，等. 基于 HBCORS 无验潮水深测量技术在荆江河段的应用初探 ［J］. 水资源与水工程学报，2012，23（4）：141－144.

［80］ 解祥成，杨军，郭文周，等. GPS 水准在长江中游河道演变控制测量中的应用初探 ［J］. 水资源与水工程学报，2010，21（2）：170－173.

［81］ 曾勇，解祥成，许波，等. 基于网络 CORS 技术在长江水道地形测量中的精度分析 ［J］. 测绘与空间地理信息，2014，37（8）：136－139.

［82］ 中华人民共和国质量监督检验检疫总局，中国国家标准化管理委员会. 国家一、二等水准测量规范：GB/T 12897—2006 ［S］. 北京：中国质检出版社，2006.

［83］ 中华人民共和国水利部. 水利水电工程测量规范：SL 197—2013 ［S］. 北京：中国水利水电出版社，2013.

［84］ 中华人民共和国水利部. 水道观测规范：SL 257—2017 ［S］. 北京：中国水利水电出版社，2017.

［85］ 马力，白峰，周传松，等. 巴基斯坦卡洛特水电站地形测量的组织实施 ［J］. 水利水电快报，2020，41（3），33－35，46.

［86］ 黄志文. 基于 GIS 技术的泥沙冲淤及河床演变分析 ［D］. 西安：西安理工大学，2006.

［87］ 周儒夫，解祥成. 水道观测水位节点布设及水位推算方法探讨 ［J］. 人民珠江，2017，38（4）：25－28.

［88］ 张正康，赵绥忠. 流域地貌瞬时单位线计算洪水深讨 ［J］. 浙江水利科技，1988（4）：10.

［89］ 文康，李琪，陆卫鲜. R－V 地貌单位线通用公式及其应用 ［J］. 水文，1988（3）：22－23.

［90］ 谢平. 地貌瞬时单位线的验证 ［J］. 水文，1988（3）：18.

［91］ 伊璇，周丰，周璟，等. 区划方法在无资料地区水文预报中的应用研究 ［J］. 水文，2014，34（4）：21－27.

［92］ 喻杉，纪昌明，赵璧奎，等. 降雨径流相关模型在丹江口水库洪水预报中的应用研究 ［J］. 中国农村水利水电，2011（9）：145－148.

［93］ 张文华，夏军，张翔，等. 考虑降雨时空变化的单位线研究 ［J］. 水文，2007（5）：1－6.

［94］ Strahler A N. Quantitative analysis of watershed geomorphology ［J］. Eos Transactions American Geophysical Union，1957，38：913－920.

［95］ 郝芳华，程红光，杨胜天. 非点源污染模型——理论方法与应用 ［M］. 北京：中国环境科学出版社，2007.

［96］ Gassman P W，Sadeghi A M，Srinivasan R. Applications of the SWAT model Special Section：Overview and Insights ［J］. Journal of Environmental Quality，2014，43（1）：13.

［97］ Abbaspour K C，Rouholahnejad E，Vaghefi S，et al. A continental-scale hydrology and water quality model for Europe：Calibration and uncertainty of a high-resolution large-scale SWAT model ［J］. Journal of Hydrology，2015，524：733－752.

［98］ Sunde M，He H，Hubbart J，et al. An integrated modeling approach for estimating hydrologic responses to future urbanization and climate changes in a mixed-use midwestern watershed ［J］. Journal of Environmental Management，2018，220（AUG.15）：149－162.

［99］ Ercan M，Maghami I，Bowes B，et al. Estimating Potential Climate Change Effects on the Upper Neuse Watershed Water Balance Using the SWAT Model ［J］. JAWRA Journal of the American Water Resources Association，2017，56（1）：35.

［100］ 张爱玲，王韶伟，汪萍，等. 基于 SWAT 模型的资水流域径流模拟 ［J］. 水文，2017，37（5）：38－42.

［101］ 李泽君，刘攀，张旺，等. SWAT 模型和新安江模型在汉江旬河流域的应用比较研究 ［J］. 水

资源研究，2014（3）：307－312.

[102] 谢南，刘攀，宋平，等. 基于 SWAT 模型的洞庭湖区间径流模拟研究 [J]. 中国农村水利水电，2020，(5)：39－40.

[103] 段超宇，司建宁. 基于 SWAT 模型的寒旱区积雪与融雪期径流模拟应用研究——以锡林河流域上游为例 [J]. 中国农村水利水电，2017（2）：94－97.

[104] Azmat M，Liaqa U，Qamar M，et al. Impacts of changing climate and snow cover on the flow regime of Jhelum River，Western Himalayas [J]. Regional Environmental Change，2016，17（3）：1－13.

[105] Archer D，Fowler H. Using meteorological data to forecast seasonal runoff on the River Jhelum，Pakistan [J]. Journal of Hydrology，2008，361（1－2）：10－23.

[106] Abbaspour K C，Jing Y，Maximov I，et al. Modelling of Hydrology and Water Quality in the Pre-Alpine/Alpine Thur Watershed Using SWAT [J]. Journal of Hydrology，2007，333（2－4）：413－430.

[107] Beven K，Binley A. The future of distributed models：Model calibration and uncertainty prediction [J]. Hydrological Processes，1992，6（3）：279－281.

[108] Moussa R，Chahinian N，Boc quillon C. Distributed hydrological modelling of a Mediterranean mountainous catchment-Model construction and multi-site validation [J]. Journal of Hydrology，2007，337（1－2）：35－51.